Projeto de Fábrica e Layout

O GEN | Grupo Editorial Nacional – maior plataforma editorial brasileira no segmento científico, técnico e profissional – publica conteúdos nas áreas de ciências exatas, humanas, jurídicas, da saúde e sociais aplicadas, além de prover serviços direcionados à educação continuada e à preparação para concursos.

As editoras que integram o GEN, das mais respeitadas no mercado editorial, construíram catálogos inigualáveis, com obras decisivas para a formação acadêmica e o aperfeiçoamento de várias gerações de profissionais e estudantes, tendo se tornado sinônimo de qualidade e seriedade.

A missão do GEN e dos núcleos de conteúdo que o compõem é prover a melhor informação científica e distribuí-la de maneira flexível e conveniente, a preços justos, gerando benefícios e servindo a autores, docentes, livreiros, funcionários, colaboradores e acionistas.

Nosso comportamento ético incondicional e nossa responsabilidade social e ambiental são reforçados pela natureza educacional de nossa atividade e dão sustentabilidade ao crescimento contínuo e à rentabilidade do grupo.

Projeto de Fábrica e Layout

Clóvis Neumann

e

Régis Kovacs Scalice

3ª tiragem

- **Atendimento ao cliente: (11) 5080-0751 | faleconosco@grupogen.com.br**

  LTC | Livros Técnicos e Científicos Editora Ltda.
  Uma editora integrante do GEN | Grupo Editorial Nacional
  Travessa do Ouvidor, 11
  Rio de Janeiro – RJ – 20040-040
  www.grupogen.com.br

- Copidesque: Wilton Fernandes Palha
- Revisão tipográfica: Adriana Kramer
- Editoração Eletrônica: DTPhoenix Editorial
- Ficha catalográfica

N411p

Neumann, Clóvis
Projeto de fábrica e layout / Clóvis Neumann, Régis Kovacs Scalice. – 1 ed. - [Reimpr.] - Rio de Janeiro: Grupo Editorial Nacional. Publicado pelo seu selo LTC | Livros Técnicos e Científicos Ltda, 2021.
il. ; 17x24 cm.

ISBN 978-85-352-5407-5

1. Engenharia de produção. I. Scalice, Régis Kovacs. Título.

14-18076 CDD: 658.5
CDU: 658.5

Dedicatórias

Dedico este livro à minha amada esposa Simone, companheira da minha vida; e aos meus queridos filhos Matheus e Isabella, presentes preciosos de Deus, que tornam a cada dia minha vida mais feliz e realizada.

Clóvis Neumann

Dedico este livro à minha esposa, Daniela Becker, que está sempre ao meu lado.

Régis Kovacs Scalice

Agradecimentos

Agradecemos aos alunos do curso de Engenharia de Produção da Universidade Federal de Juiz de Fora — UFJF e da Universidade para o Desenvolvimento de Santa Catarina — UDESC, da Universidade de Brasília – UnB e da Universidade Federal de Santa Catarina – UFSC, que na saudável relação aluno-professor constantemente nos cobravam por novas abordagens e metodologias sobre o tema deste livro, trazendo-nos o desafio permanente pela nossa atualização profissional e que certamente em muito nos motivou para o desenvolvimento deste livro.

Agradecemos também às empresas Mercedes-Benz e à Embraco S.A. que sempre mantiveram suas portas abertas para que professores e alunos da UFJF e UDESC, respectivamente, realizassem estágios, estudos, e que também liberaram algumas das imagens utilizadas nesta obra.

Apresentação

Um dos problemas mais complexos para as organizações é o do projeto de configurações dos seus sistemas produtivos. Nestas atividades, planejamento e tomada de decisão são mais amplos em escopo, envolvendo políticas corporativas, escolha de linhas de produtos, estimativas de vendas e produção, seleção de tecnologia, fatores relacionados à gestão e à ordem organizacional, recursos humanos, fatores ambientais, seleção dos processos de fabricação, de montagem e de produção, localização de novas unidades etc. E, consequentemente, envolve horizontes de longo prazo e altos graus de riscos e incertezas.

Segundo Neumann (2013), os sistemas produtivos são sistemas que produzem algo lhes adicionando valor e atendendo a objetivos predefinidos pela organização. Dentre esses, há os que produzem bens físicos, há os que prestam serviços, ou ambas as coisas. Eles se apresentam na forma de ambientes organizacionais e são tão numerosos e tão diversificados que quase não percebemos a sua presença e a sua influência em nossas vidas. São exemplos as indústrias, supermercados, lojas, escolas e universidades, hospitais, bancos e financeiras, clubes, repartições públicas, empresas estatais etc.

Na busca de competitividade pelas empresas, o mercado é o foco de todos os esforços em termos de projetos de sistemas produtivos, nesse sentido, as empresas competitivas necessitam reduzir o espaço de tempo entre a análise de mercado, concepção dos produtos, testes, adequações no produto, adequações no processo produtivo, e o lançamento desses novos produtos no mercado. Como atender tal demanda sem altos níveis de desempenho, sem flexibilidade, sem agilidade, sem qualidade, sem custo competitivo e sem novidade no que se oferece? Eis um desafio interessante.

A importância desta área de estudo é crescente devido à necessidade do aumento da competitividade das organizações, tendo em vista que a compreensão, o projeto e o desenvolvimento do Projeto de Fábrica e Layout em um sistema eficaz e competitivo são fundamentais para o sucesso de longo prazo da organização, uma vez que materializam a estratégia da produção e são a base sob a qual a produção é executada.

O problema abordado neste livro está focado num conjunto de decisões estruturais no projeto das empresas. A abordagem dos elementos que compõem seu ambiente organizacional é o foco desta busca da evolução. Este é um livro que tem como objetivo demonstrar que um conjunto estruturado de princípios e ferramentas pode contribuir para a construção do alicerce de um sistema de produção e operações que, assim como o coração em nossos organismos, tem um papel essencial para a sobrevivência das empresas.

O Projeto de Fábrica e Layout compreende uma série de itens relacionados às vantagens competitivas que as empresas pretendem poder oferecer aos seus clientes futuramente. Os temas relacionados ao Projeto de Fábrica e Layout integram um amplo conjunto de conhecimentos de diversas áreas envolvidas no planejamento racional das atividades da produção com efeitos que se farão presentes no longo prazo, que iniciam na Estruturação do projeto da Unidade de Negócios e vão até ao Projeto da Edificação, sintetizados de forma hierárquica em cinco macro níveis de decisão apresentados na Figura 1.

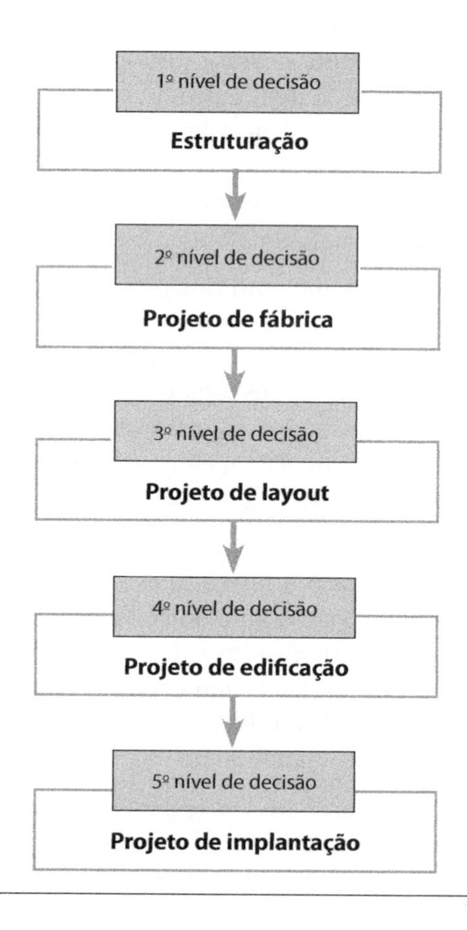

FIGURA 1
Níveis de decisão para o Projeto de Fábrica e Layout.

O objetivo principal desta obra é integrar os conceitos e as técnicas relacionadas para o desenvolvimento do Projeto de Fábrica e Layout (PFL), tendo como referência seus níveis de decisão, em uma nova metodologia que, sob uma abordagem da Engenharia de Produção, englobe as principais áreas de decisão que lhe são mais específicas, e proporcione uma visão integrada de sua aplicação nas organizações industriais e de serviços. Esta metodologia contempla o conjunto de objetivos e políticas de longo prazo, que dizem respeito ao projeto da atividade de produção de bens e serviços das empresas, que servem de guia para todas as decisões neste setor e podem ser utilizadas como diferencial competitivo das empresas.

A metodologia desenvolvida, integrando as quatro macroáreas de decisão, tem como característica inerente à sua complexidade o desenvolvimento dos projetos de unidades de produção por equipes multidisciplinares e tem como principal razão unificar objetivos, produtos, processos e tecnologias, visando evitar conflitos e assim otimizar os resultados. Além da possibilidade de dar apoio às atividades de desenvolvimento de projetos, a metodologia permite melhor interação entre as áreas de decisão, resultando no aumento da eficiencia, eficácia e efetividade dos trabalhos.

Devido à abrangência do tema, adota-se nesta obra a abordagem sistêmica, que é uma metodologia que busca conjugar conceitos de diversas áreas a respeito de determinado objeto de pesquisa. É baseada na ideia de que o Projeto de Fábrica e de Layout possui diversas dimensões e facetas que podem ser estudadas e entendidas por múltiplas áreas do conhecimento, cujos conceitos e princípios emanados podem ser empregados no estudo e compreensão deste.

Será apresentada uma breve revisão teórica buscando resgatar os estudos e as metodologias históricas de referência sobre Projeto de Layout e dos principais aspectos que envolvem o tema Projeto de Fábrica e de Layout, para destacar sua evolução e facilitar a compreensão de sua complexidade e suas interações entre diversas áreas internas e externas à organização que impactam em seu comportamento e desempenho.

Nesse sentido, este livro apresenta uma nova metodologia para o Projeto de Fábrica e Layout (PFL), sob a ótica de sistemas produtivos, visando aumentar a competitividade das empresas no mercado. Paralelamente, tem-se o desafio de apresentar a importância da aplicação de conceitos e técnicas aplicados aos projetos de longo prazo, que culturalmente, por não estarem incorporados ao nosso cotidiano pessoal e por via de regra, também geralmente não estão incorporados ao dia a dia da maioria das empresas.

Este livro está organizado tomando como referência as fases do ciclo da metodologia PFL, divididos em 16 capítulos organizados em 4 partes. Durante todo seu desenvolvimento é apresentada uma releitura dos conceitos pertinentes ao seu tema principal e que gradualmente estruturam os conhecimentos para o Projeto de Fábrica e Layout.

Na primeira parte deste livro, apresentam-se abordagens mais amplas sobre o tema, a falta de competitividade das empresas brasileiras, as oportunidades de mercado para Engenheiros de Produção, uma breve revisão teórica e, ao final, apresenta-se de forma inédita a metodologia PFL.

Na segunda parte, apresenta-se um conjunto de conceitos estruturantes da metodologia PFL (1º nível de decisão), focando na fase de projeto de Unidades Produtivas (UP), também denominadas empresas, que são a forma de organização e articulação dos fatores produtivos para exercício de uma atividade econômica no ambiente organizacional. Apesar de esses conceitos serem difundidos nas últimas décadas do século XX, ainda assim a maioria dos profissionais e das empresas estão presos às abordagens e aos contextos acadêmicos.

Na terceira parte, apresenta-se um conjunto de conceitos e técnicas estruturantes da metodologia PFL, referentes ao Projeto de Fábrica (2º nível de decisão) que desempenha um papel central para obtenção da otimização do desempenho de todo sistema produtivo. Estes temas atendem a demanda das atividades econômicas da área industrial e de serviços, pois para serem competitivas, ambas necessitam de um processo racional na sua criação.

Na quarta e última parte desta obra, apresenta-se um conjunto de conceitos e técnicas estruturantes da metodologia PFL, agora referentes especificamente ao Projeto de Layout (3º nível de decisão), que junto dos temas referentes ao Projeto de Fábrica podem ser considerados como o resultado físico e visível do projeto de Sistemas Produtivos.

Por não fazer parte do escopo deste texto, não estão inseridos aqui o conjunto de temas relacionados às 4ª e 5ª fases da metodologia PFL, Projeto da Edificação (4º nível de decisão) e Projeto da Implantação (5º nível de decisão), respectivamente. Entretanto, uma vez que essas duas fases são partes integrantes da metodologia PFL e partes essenciais para aumentar a competitividade das Unidades Produtivas, seus objetivos e etapas são apresentados no Capítulo 4 (Metodologia PFL).

Sugere-se que este livro seja utilizado como livro-texto para a disciplina de Projeto de Fábrica e Layout, nos cursos de graduação em Engenharia de Produção, que, associado às atividades complementares e contextualizadas desenvolvidas pelos professores, certamente tornará mais fácil a assimilação e associação dos demais conhecimentos específicos do curso. Entretanto, devido à abrangência dos temas abordados, este livro pode ser usado em disciplinas nos cursos de graduação em Engenharia, Administração, Arquitetura etc. Da mesma forma, sugere-se que esta obra possa ser utilizada como um manual inovador para estruturação e projeto de sistemas de produção que visam alcançar altos níveis de desempenho para empresas industriais e de serviços.

São dezenas de temas e questões que foram objeto de concursos públicos recentes, complementares por outras de nossa criação, razão pela qual certamente é uma excelente opção de bibliografia para consulta dos candidatos a concursos públicos na área de Engenharia de Produção. De forma geral, é indicado como leitura de atualização para profissionais da área de Engenharia de Produção e por todos profissionais que buscam melhores oportunidades no mercado, pois sabem que, para se manterem profissionalmente competitivos, é necessária a atualização constante. Portanto, este livro aborda de forma inédita e atualizada diversos temas importantes no mundo dos negócios.

Devido aos principais conceitos e técnicas desta área de estudo terem sua origem na área industrial, ao longo dos tempos os temas relacionados ao Projeto de Fábrica e de Layout estão normalmente associados à área industrial. No entanto, nas últimas décadas, devido à crescente participação da área de serviços (escolas, bancos, hospitais, aeroportos etc) no PIB, cresceu também a necessidade de as indústrias serem racionalmente projetadas, planejadas, organizadas e controladas, empregando basicamente o mesmo conjunto de áreas de decisão e os mesmos conceitos e técnicas.

Fato este que justifica por que buscou-se desenvolver este livro apresentando conceitos e técnicas que atendam a área industrial e de serviços, motivo pelo qual utilizam-se termos mais gerais: Unidade de Negócios (UN) utilizado na fase de estruturação da metodologia PFL e Unidade Produtiva (UP), utilizado nas demais fases da metodologia PFL, ou seja, Projeto de Fábrica, Projeto de Layout e Projeto da Edificação.

No contexto de projetos, o termo Unidade de Negócios representa o projeto conceitual e está associado aos aspectos clássicos ao projeto de novos empreendimentos, enquanto o termo Unidade Produtiva (UP) representa o projeto operacional, que parte da seleção dos investimentos em máquinas, equipamentos ou infraestrutura específicos de uma empresa em particular e segue por toda sua operação.

Convém ressaltar que as terminologias usadas nesta obra não são, e nem pretendem ser, o padrão. São, na opinião dos autores, os termos mais adequados, entretanto que nem sempre reúnem consenso entre os acadêmicos e os profissionais das diversas atividades econômicas. As terminologias usadas variam enormemente com o tipo de atividade, com a sua história, com as experiências passadas dos seus profissionais e com a influência dos seus fornecedores e clientes que em muitos casos são estrangeiros. De qualquer modo, é importante conhecer bem alguns conceitos básicos de forma a interpretar os termos usados por diferentes profissionais.

Sumário

Lista de figuras

Lista de quadros

PARTE I

ASPECTOS GERAIS

1

Introdução

Nas últimas décadas, o acirramento competitivo entre as empresas vem se constituindo num fator qualificador dos níveis de exigências e necessidades de clientes e consumidores. Nesse contexto, a Engenharia de Produção tem um grande potencial para a adequação das nossas empresas ao cenário de competição global e, de forma geral, para o desenvolvimento do Brasil, pois esta área forma profissionais que atuam em indústrias, empresas de serviços e empresas públicas de vários segmentos, desenvolvendo em sua essência atividades relacionadas ao projeto e gestão de sistemas produtivos.

No que tange à competitividade das indústrias brasileiras, constata-se que mesmo com o mercado aquecido, a maioria das nossas empresas não consegue crescer de forma sustentada e consolidar posições. A indústria brasileira está perdendo sua competitividade no mercado interno e externo, as importações de manufaturados estão aumentando rapidamente, e o país corre o risco de uma forte desindustrialização, fruto da substituição da produção interna por produtos importados. E o que é ainda mais desapontador, mesmo quando alguns ganhos tangíveis foram obtidos, percebe-se que a capacidade de muitas empresas em lidar com as mudanças aceleradas não foi fortalecida.

Com o crescente aumento da concorrência e das exigências do mercado, ser de fato uma empresa competitiva não é algo que acontece por acaso. Hoje não é mais possível simplesmente copiar casos de empresas de sucesso. Cada uma delas precisa encontrar seu próprio caminho e além de trabalho duro, precisa estabelecer uma cultura de desenvolver seus projetos, quer seja de longo, médio ou curto prazos, mais rápido do que seus concorrentes e assim criar uma vantagem competitiva.

Se existem conceitos e técnicas mais recentes, as empresas precisam aprender, trazer para seu contexto e implantá-las. Se existem tecnologias mais modernas que podem mudar seu trabalho, as empresas devem comprá-las e implantá-las. Tudo isso é muito importante, porém, é somente o básico para alcançar a eficiência operacional. Mas só isso não cria valor para o cliente, porque seus concorrentes diretos fazem a mesma coisa.

Esses problemas são, na verdade, efeitos que, para serem adequadamente compreendidos e tratados, requerem a abordagem de suas reais causas, que se manifestam nos elementos que compõem os ambientes produtivos da empresa em decorrência da desarmoniosa e inadequada operação do negócio em relação ao seu planejamento estratégico, suas metas e objetivos.

Embora a maioria dos projetos realizados nas empresas não objetive de forma consciente a transformação operacional integral, é fato que para que o processo possa ser considerado completo, deve atingir como resultado final a transformação de elementos tangíveis e intangíveis do ambiente empresarial: produtos, processos, recursos físicos e tecnologias.

Por trás dos problemas associados à baixa competitividade está uma característica fundamental dos complexos sistemas produtivos: causa e efeitos não estão próximos no tempo e no espaço. Na maioria das situações, a relação entre causa e efeitos é sutil, porque os efeitos das intervenções, ao longo do tempo, não são óbvios.

De modo geral, desde a fase de projeto das Unidades Produtivas, fica claro que é preciso haver uma conexão entre as decisões tomadas para a sobrevivência das empresas, projetando o todo para o longo prazo e somente depois os detalhes e assim alcançar os desejados níveis de competitividade no longo prazo.

É impossível dizer como serão as empresas que serão líderes nas próximas décadas, mas as empresas que quiserem se tornar competitivas têm a necessidade de realizarem um esforço sustentado e pelo incremento de processos formais de seus processos de planejamento, tomada de decisão e do projeto sistemas produtivos.

As antigas crenças em mercados com baixa competitividade e altas margens de lucros não se aplicam mais. Hoje todas as empresas têm de estar preparadas para o acirramento das disputas pelos clientes, e quanto mais cedo perceberem que a única maneira de sobreviver é através da melhoria sustentada dos seus indicadores de desempenho, melhor. Nesse contexto, as empresas têm de projetar seus sistemas de produção e/ou operações para a melhoria contínua da produtividade, criando sistemas flexíveis, sustentáveis, com rapidez de projeto e desenvolvimento de novos produtos, além de *lead time* e estoques reduzidos objetivando o atendimento das necessidades do cliente.

Em paralelo a todo esse desenvolvimento tecnológico e metodológico, questões ambientais de sustentabilidade e de responsabilidade social assumem importância vital para o projeto e gestão de sistemas produtivos, impactando diretamente as funções da produção, em especial a do planejamento, considerando a implantação da produção mais limpa, para atender às demandas de adesão das empresas aos princípios do desenvolvimento sustentável, ou comumente denominado de sustentabilidade empresarial.

Por sua vez, o mercado oferece excelentes oportunidades de trabalho para os graduados que efetivamente estão melhor preparados, nesse contexto é imprescindível que o graduado em Engenharia de Produção, assim como os profissionais egressos das outras áreas do conhecimento, conheçam e saibam adotar corretamente os termos técnicos específicos ou expressões (jargões) para identificar ou classificar elementos importantes para seu grupo profissional. O conhecimento desses conceitos e sua correta aplicação em situações reais é de suma importância para todo profissional da área e resulta em uma série de implicações em todas as fases de projeto e gestão dos sistemas de operações.

Consolidada como uma das principais áreas de engenharia no mercado brasileiro, a Engenharia de Produção é uma engenharia em sintonia com as demandas da sociedade. Devido à sua formação diversificada, os Engenheiros de Produção são profissionais solidamente comprometidos com a sustentabilidade do desenvolvimento econômico, social e ambiental, por meio da utilização racional dos recursos produtivos com uma visão sistêmica, estando aptos a contribuir para o desenvolvimento regional e a melhoria da qualidade de vida.

A Fundação Nacional da Qualidade (FNQ), na publicação dos critérios de excelência 2006, descreve em sua mensagem aos executivos: "O século XXI traz à tona um novo sistema de conhecimento e de relacionamento, fazendo emergir o conceito da rede multiplicadora. Não há como pensar em um mundo novo sem a ideia da teia interdependente e dinâmica, que interliga as questões econômicas, sociais e ambientais. É o que conecta todos os sistemas que suportam a vida no planeta."

Em todas suas áreas de atuação, para que um projeto de melhoria passe de teoria à prática, o Engenheiro de Produção sabe que é necessário que sejam reunidas diversas tecnologias conceitualmente coerentes. Isso reforça a necessidade de não incorrer no erro de eliminar as questões conceituais e se concentrar apenas na aplicação prática, pois se corre o risco de, por uma escolha mal feita, inviabilizar a utilização eficaz de todas as estruturas, recursos e competências, interatuantes e que devem ser harmônicos entre si.

Para o Engenheiro de Produção, tradicionalmente a melhoria dos processos produtivos representa um dos problemas mais peculiares à sua atividade profissional e, com o domínio dos conteúdos relacionados à área de Projeto de Fábrica e Layout, este terá uma grande oportunidade de demonstrar ao mercado toda amplitude e importância de sua formação profissional.

Destaca-se que em especial para a Engenharia da Produção, uma engenharia plural por origem, todas as disciplinas são igualmente importantes, apesar de alguns esforços para elevar uma ou outra à categoria de mais importante, no entanto a dinâmica e a complexidade dos mercados modernos, bem como das próprias empresas, comprova que qualquer abordagem unilateral fica limitada sem as outras.

Nos últimos anos, a consciência da importância do papel da função produção e/ou operações para a posição da empresa perante seus concorrentes acabou se cristalizando em um movimento que realça esta atividade como vital dentro de qualquer organização, tendo sido vista e utilizada como uma arma competitiva. Paralelamente, é senso comum que o ensino nos Cursos de Graduação em Engenharia de Produção precisa estar alinhado às necessidades de mercado, dessa forma, um dos tópicos de maior relevância atualmente no mercado é a busca pela maximização da produtividade, da lucratividade e da competitividade das empresas.

Na formação de nossos egressos, dois aspectos preocupantes nos chamam a atenção neste cenário. O primeiro está relacionado à escassez de Engenheiros de Produção recém-formados no mercado, cuja formação desenvolva um perfil profissional que os habilite a manipular os conceitos e as técnicas para o Projeto de Fábrica e Layout. Essa escassez de profissionais se deve ao distanciamento entre a realidade industrial e as grades curriculares da grande maioria das instituições de ensino superior no país.

O segundo aspecto interessante e também preocupante é que, ao final das contas, o complemento da formação do recém-formado é feito no local onde agora o profissional deveria estar aplicando as ferramentas conhecidas e utilizadas no ambiente acadêmico. Vemos que os papéis não estão com o *script* correto, pois na empresa o recém-formado iniciaria a aplicação em *cases* reais do que ele aprendeu no mundo acadêmico, e o que tem ocorrido é que a empresa assume o papel acadêmico de complementação de conteúdos, para que somente então o aluno/profissional comece a atuar em sua área e atender a empresa em suas necessidades.

2

Revisão teórica

A 1ª Revolução Industrial teve inicio na Inglaterra, no século XVIII, com a utilização intensiva de máquinas e a criação de fábricas, porém os grandes avanços ocorreram no início do século XX, particularmente nos Estados Unidos, com a produção em massa nas linhas de montagem dos automóveis de Henry Ford e a administração científica da produção de Frederick Taylor.

Apesar de esse período marcar o início da produção industrial moderna, somente entre o período de 1950 a 1985 surgiram os principais estudos que resultaram nas metodologias clássicas normalmente usadas como referência para o projeto de layout, sintetizadas na Figura 2.1 e apresentadas em ordem cronológica a seguir:

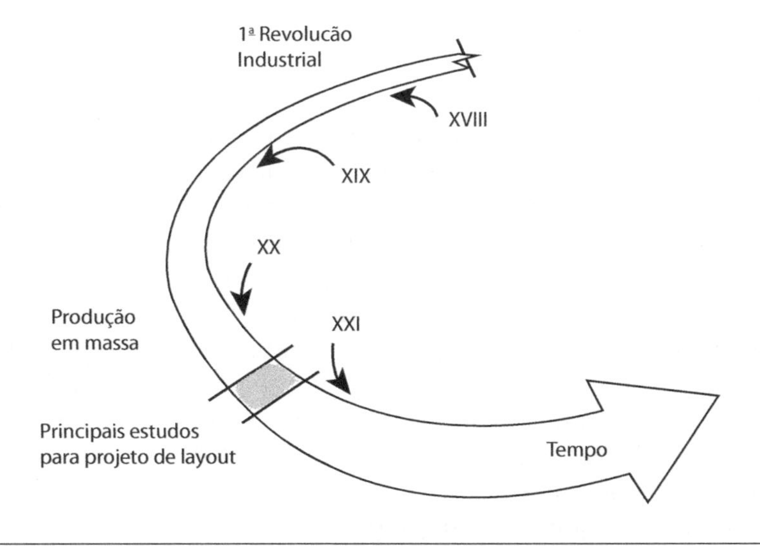

FIGURA 2.1
Estudos de layout no tempo.

a) **John R. Immer (1950)**: A enfase nos estudos de Immer era posicionar as máquinas para obter a máxima eficiência, percorrendo a menor distância no menor tempo, não havendo preocupação com ergonomia, segurança ou satisfação no posto de trabalho. O método visava representar em detalhes o problema para promover o melhoramento dos fluxos que determinariam o posicionamento dos equipamentos. Este método é constituído por três fases distintas:
- Descrever detalhadamente o problema;
- Representar as linhas de fluxo;
- Transformar as linhas de fluxo em sequências de máquinas.

b) **Ruddell Reed (1961)**: Redd apresenta o que foi denominado de Plano Sistemático de Ataque. Sua principal contribuição foi o desenvolvimento de cartas de processo detalhadas com informações sobre os fluxos, sistemas de transporte, ocupação de recursos etc. O método de Reed utiliza a carta de planejamento de um layout, a qual possui uma série de informações relativas à produção de cada parte do produto, bem como informação sobre a sua armazenagem, o seu transporte, a ocupação da mão de obra e as condições de movimentação. Este método é constituído pelos seguintes passos:
- Analisar os produtos a produzir;
- Determinar os processos necessários na produção;
- Preparar as cartas para o planejamento do layout;
- Determinar os postos de trabalho;
- Estudar as necessidades das áreas de armazenamento;
- Definir as larguras mínimas dos corredores;
- Estabelecer as necessidades dos escritórios;
- Considerar o pessoal de manutenção e de serviços;
- Analisar os serviços da fábrica;
- Planejar futuras expansões da fábrica.

c) **James M. Moore (1962)**: Moore diferenciou o projeto da fábrica (*plant design*) do layout da fábrica (*plant layout*). O projeto da fábrica é definido como o projeto total de uma empresa. Segundo Moore, um projeto de layout ótimo é aquele que fornece a máxima satisfação para todas as partes envolvidas. Moore apresentou como diferencial a introdução de bases metodológicas para o desenvolvimento do projeto de fábrica, incluindo o projeto do layout. Envolve questões como: aquisição de capital, projeto do produto, tamanho da planta, localização da fábrica, layout da fábrica, seleção do tipo de construção (edifícios), dentre outras. Já o layout da fábrica é apenas uma parte do projeto da fábrica e tem uma função mais limitada: a de planejar o arranjo físico adequado da unidade fabril. O método de Moore é constituído pelos seguintes passos:
- Determinação do volume de produção;
- Detalhamento de produtos, materiais e processos de produção;
- Cálculo da necessidade de máquinas e equipamentos;

- Medição do trabalho (estudo de tempos);
- Estudo do fluxograma do processo do produto;
- Determinação das necessidades de espaços;
- Conhecimento das características do edifício;
- Construção da planta de localização (*plot plan*);
- Construção da planta de blocos (*block plan*);
- Construção do layout detalhado (*detailed layout*);
- Checagem e consulta do layout;
- Instalação;
- Avaliação.

d) **Allan Nadler (1965)**: A metodologia de Nadler apresentou uma discussão comparativa entre a maneira como se desevolveriam esses projetos considerando situações ideais e propõe uma hierarquização de projetos de atividades de desenvolvimento de sistemas de trabalho. Este método foi desenvolvido para planejar sistemas de trabalho, aplicáveis ao planejamento de instalações, procurando identificar a solução ideal. Este método é constituído pelos seguintes procedimentos:
   - Teorização do sistema ideal;
   - Conceituação do sistema ideal;
   - Projeto do sistema de trabalho com a tecnologia ideal;
   - Instalação do sistema recomendado.

e) **Cyro Eyer do Valle (1975)**: Para Valle a localização da indústria é definida em duas etapas: a macrolocalização e a microlocalização. Determinar a macrolocalização é definir a região de implantação da unidade industrial. É feito um alerta para o surgimento de um novo custo em relação à água, além dos custos de captação, transporte, armazenamento e tratamento. Refere-se ao custo de tratamento da água a ser devolvida ao meio ambiente, de acordo com os padrões mínimos legais de pureza e descontaminação. Lembra que, em certas regiões onde a industrialização é acelerada, os critérios legais para a descontaminação da água podem, em curto espaço de tempo, tornar-se mais severos e levar a custos não esperados pelas empresas. Este método é constituído pelos seguintes passos:
   - Estudos de viabilidade técnica, econômica e financeira do empreendimento;
   - Estudos de localização da indústria, para a seleção da região e do terreno de implantação;
   - Preparação do projeto básico e dos projetos construtivos das instalações industriais;
   - Compra dos equipamentos e materiais necessários para executar os projetos elaborados;
   - Realização das obras de construção e montagem das instalações;
   - Aplicação dos testes pré-operacionais e a pré-operação da unidade;
   - Início do regime normal de operação da indústria.

f) **James Mcgregor Apple (1977)**: Apple define como layout da fábrica (*plant layout*) o projeto do arranjo dos elementos físicos de uma atividade. Este método pretendeu ser geral o suficiente para ser aplicado em qualquer tipo de atividade ou instalação física (loja, restaurante, entre outras), e não somente na área industrial; o autor utiliza um termo mais geral: projeto de instalações (*facilities design*). O projeto de instalações é, segundo ele, o arranjo das instalações físicas (equipamentos, terreno, edifícios, utilidades) de uma atividade, que tem como objetivo organizar os relacionamentos entre funcionários, métodos de trabalho e fluxo de materiais e de informações. Segundo Apple, para se obter um layout de instalações industriais é necessário seguir um conjunto de procedimentos que, independente do tipo de instalação, do tipo de processos de produção ou do tamanho da fábrica, devem seguir estes passos:
   - Obter e analisar os dados básicos;
   - Projetar o processo produtivo;
   - Planejar o padrão de fluxo de material;
   - Considerar o modelo de manuseio de materiais;
   - Calcular os requisitos necessários para os equipamentos;
   - Planejar os postos de trabalho individuais;
   - Selecionar os equipamentos específicos para o manuseio de materiais;
   - Cooordenar os grupos das operações que estão relacionadas;
   - Delinear a relação entre as várias atividades;
   - Determinar os requisitos de armazenagem;
   - Planejar as atividades auxiliares e de serviços;
   - Determinar os requistos do espaço;
   - Atribuir as atividades no espaço total;
   - Considerar as características da edificação;
   - Construir o layout geral;
   - Avaliar, ajustar e conferir o layout;
   - Discutir a valiadação do projeto;
   - Detalhar e implementar o layout;
   - Acompanhar a implantação do layout.

g) **Richard Muther (1978)**: Na concepção de Muther todo projeto de instalações tem como dados de entrada: produto (o que produzir?), quantidade (quanto de cada item será fabricado?), roteiro (como serão produzidos os itens?), serviços de apoio (em que serviços se apoiará a produção?) e tempo (quando serão produzidos os itens?). O autor apresentou um método que sistematizou os conhecimentos e as ferramentas até então disponíveis para o projeto de layout denominado sistema SLP (*Systematic Layout Planning*), que é composto de: estruturação de fases; modelo de procedimentos; conjunto de convenções. Este método trabalha com as seguintes variáveis: Produto (materiais), Quantidade (volumes), Roteiro (sequência do processo de fabricação), Serviços de suporte e Tempo (P, Q, R, S, T). Essas variáveis e a identificação das atividades a incluir num layout são os dados básicos para o seu desenvolvimento. O planejamento do layout segundo os procedimentos SLP deve passar por quatro fases distintas, as quais devem ser verificadas e aprovadas convenientemente. Estas fases são:

- Localização;
- Layout geral;
- Layout detalhado.

h) **James A. Tompkins & John A. White (1984)**: Os autores basicamente resumem os métodos anteriores e mencionam que o planejamento das instalações (*facilities planning*) é formado pela localização das instalações (*facilities location*) e pelo projeto das instalações (*facilities design*). Este é composto pelo projeto estrutural do edifício e dos serviços de apoio (*structural design*), projeto do layout (*layout design*) e projeto do sistema de movimentação de materiais (*handling system design*). É citado que o projeto das instalações pode ser necessário para aumentar a produtividade, diminuir custos, garantir a segurança dos funcionários, economia de energia, atendimento da comunidade, proteção contra incêndio e segurança contra roubos. O método de Tompkins & White é constituído pelos seguintes passos:

- Definir (ou redefinir) o objetivo da instalação (definição dos produtos e volumes de produção);
- Especificar as atividades primárias e de suporte;
- Determinar o inter-relacionamento entre as atividades;
- Determinar as necessidades de espaço para todas as atividades;
- Gerar planos alternativos de instalações;
- Avaliar os planos alternativos de instalações;
- Selecionar um plano de instalação;
- Implementar o plano de instalação;
- Manter e adaptar o plano de instalação;
- Redefinir o objetivo da instalação (reiniciar o processo).

Analisando as etapas destas oito metodologias clássicas, constata-se que muitas abordagens comuns estão presentes, podendo sinteticamente ser agrupadas em cinco grupos, conforme sua similaridade.

Quadro 2.1 Classificação das metodologias clássicas

Grupo	Ênfase
1	Coleta de Dados / Pré-requisitos / Estudo básico
2	Questões Estratégicas
3	Projeto das necessidades de espaços, projeto do layout
4	Instalação, avaliação e operação do layout projetado
5	Projeto da edificação

A paticipação percentual das abordagens nos grupos estão apresentadas de forma sintetizada na figura a seguir:

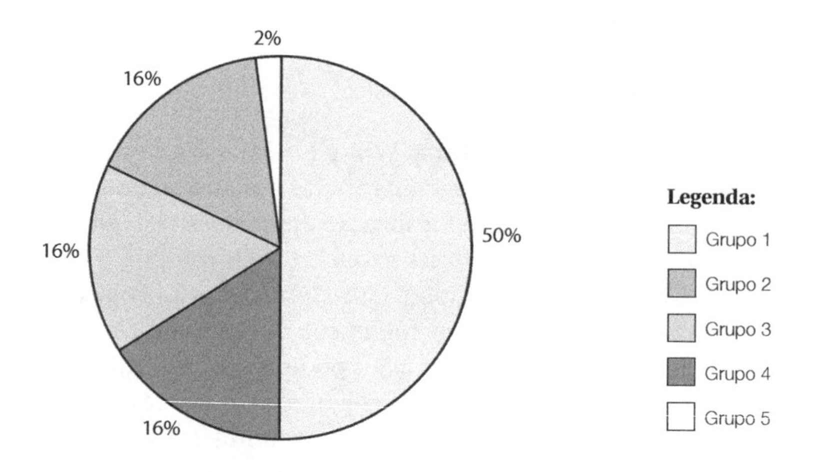

FIGURA 2.2
Participação das abordagens clássicas.

No quadro a seguir destacam-se quais das metodologias clássicas estão associadas a cada um dos grupos:

Quadro 2.2 Metodologias clássicas associadas a cada grupo

Grupo	Metodologias
1	a; b; c; d; e; f; h
2	a; b; c; d; e; g; h;
3	c; d; f; g; h;
4	c; d; e; f;
5	c; e;

Constata-se que cerca de 50% dessas etapas estão concentradas no primeiro grupo cuja ênfase está relacionada a coleta de dados, análise de pré-requisitos e estudo básico. Neste primeiro grupo estão associadas etapas de sete das oito metodologias apresentadas, o que reflete a importância de conhecer detalhadamente todas as variáveis que impactam no funcionamento do sistema de produção.

Em seguida, com cerca de 16% cada, estão tecnicamente empatados três grupos cuja ênfase está relacionada a questões estratégicas, projeto das necessidades de espaços, projeto de layout e instalação, avaliação e operação do layout projetado, respectivamente. Desses destaca-se que, no grupo cuja ênfase está associada a questões estratégicas, também estão associadas etapas de sete das oito metodologias, o qual destaca a importância de avaliar as decisões relacionadas ao Projeto de Fábrica e Layout de forma sistêmica num horizonte de longo prazo.

Formando o último e menor grupo estão etapas relacionadas ao projeto da edificação. Constata-se que já entre as metodologias clássicas apenas 2% das etapas e apenas duas das oito metodologias apresentadas entendem ser esta uma ênfase do Projeto de Fábrica e Layout, o que corrobora a visão dos autores, que será melhor esplanada no decorrer do livro.

3

Metodologia PFL

Para alcançar a competitividade e manterem-se competitivas, tanto as empresas da área industrial como da área de serviços, precisam implantar uma trajetória consistente para o Projeto de Fábrica e Layout, que não se constitui numa atividade simples ou isolada, mas está relacionada com a otimização de uma sequência de decisões estruturais e não estruturais essenciais para obtenção do máximo desempenho de uma Unidade Produtiva.

Este trabalho não tem a pretensão de prover a resposta final e definitiva para um tema tão complexo, mas sim deve ser considerado como uma nova alternativa que propõe também uma reflexão sobre esses novos conceitos e, tendo como referência seus níveis de decisão, apresenta de forma concreta uma nova metodologia para o Projeto de Fábrica e Layout, dentro de um complexo cenário de competição que se intensifica.

Embora não exista uma forma padronizada para se elaborar o Projeto de Fábrica e Layout que se adapte a qualquer empresa, produtos e nível de tecnologia empregada, a metodologia a seguir tem como objetvo apresentar um roteiro estruturado de fácil assimilação para seu desenvolvimento e certamente pode sofrer modificações competentes caso a caso.

Nesse sentido apresenta-se a metodologia PFL, composta por 5 fases e 23 etapas. Com a Figura 3.1 pode-se visualizar a metodologia PFL como um quadro referencial e ver os inter-relacionamentos dessas fases, em vez de eventos isolados. Nesta metodologia todas as fases influem nos prazos e custos de operação das unidades produtivas e também todas têm como foco central as demandas do mercado e podem ser aplicadas em qualquer tipo de atividade econômica.

Acredita-se que a metodologia PFL pode atuar como roteiro contra as deficiências no projeto das Unidades Produtivas, no entanto primeiro é preciso entendê-las mais claramente, pois, com frequência, elas se encontram perdidas em meio a ideias e conceitos aparentemente abstratos.

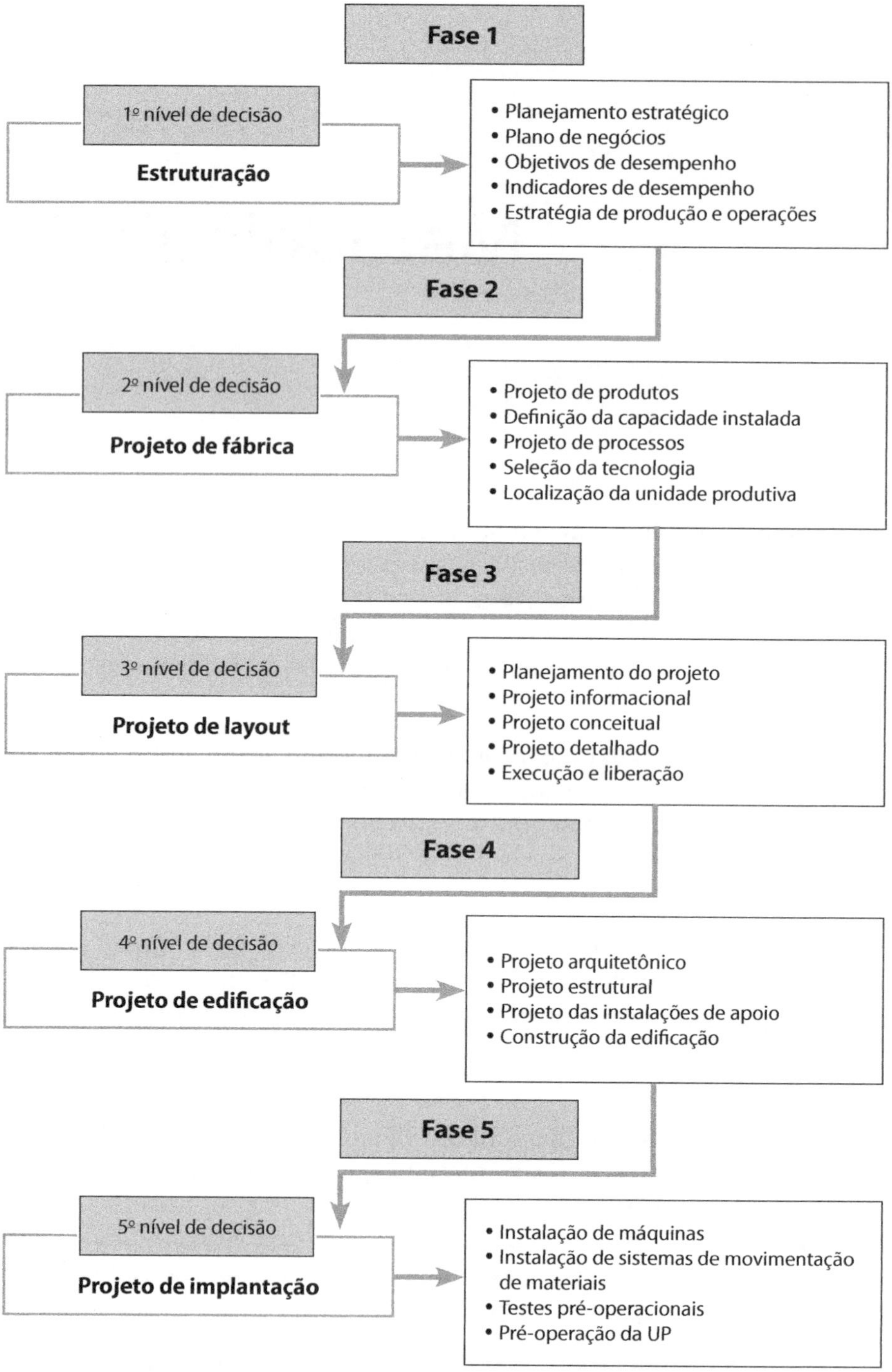

Fase 1

1º nível de decisão

Estruturação

- Planejamento estratégico
- Plano de negócios
- Objetivos de desempenho
- Indicadores de desempenho
- Estratégia de produção e operações

Fase 2

2º nível de decisão

Projeto de fábrica

- Projeto de produtos
- Definição da capacidade instalada
- Projeto de processos
- Seleção da tecnologia
- Localização da unidade produtiva

Fase 3

3º nível de decisão

Projeto de layout

- Planejamento do projeto
- Projeto informacional
- Projeto conceitual
- Projeto detalhado
- Execução e liberação

Fase 4

4º nível de decisão

Projeto de edificação

- Projeto arquitetônico
- Projeto estrutural
- Projeto das instalações de apoio
- Construção da edificação

Fase 5

5º nível de decisão

Projeto de implantação

- Instalação de máquinas
- Instalação de sistemas de movimentação de materiais
- Testes pré-operacionais
- Pré-operação da UP

FIGURA 3.1
Metodologia PFL.

Fase 1: Estruturação

A primeira fase da metodologia PFL engloba um conjunto de etapas clássicas utilizadas para o projeto de novas empresas. Neste livro é apresentada sob uma abordagem sistêmica nos temas relacionados ao projeto de um sistema produtivo. Nesta fase são obtidos dados e informações que visam analisar se existem as condições básicas para que as empresas alcancem altos índices de sucesso do negócio, destaca-se:

- Definir qual é a ideia geral do sistema produtivo;
- Definir qual o contexto em que será aplicado;
- Executar estudos preliminares do mercado e volume de produção;
- Executar estudos de viabilidade técnica, econômica e ambiental do projeto;
- Executar estudos preliminares dos produtos, materiais e processos de produção;
- Definir qual a finalidade e os objetivos da produção;
- Definir quais as bases e os princípios que devem ser obedecidos.

Esta fase está dividida em cinco etapas, relacionadas a seguir:

- 1ª Etapa: Planejamento estratégico;
- 2ª Etapa: Plano de negócios;
- 3ª Etapa: Objetivos de desempenho;
- 4ª Etapa: Indicadores de desempenho;
- 5ª Etapa: Estratégia de produção e operações.

Fase 2: Projeto de Fábrica

A segunda fase da metodologia PFL foca no conjunto dos cinco núcleos de decisões estruturais para o projeto de uma nova Unidade Produtiva, considerados os elementos principais para o Projeto de Fábrica, destaca-se:

- Projeto do sistema de produção;
- Estudos detalhados do volume de produção;
- Detalhamento de produtos, materiais e processos de produção;
- Determinação da necessidade e compra de máquinas, equipamentos e insumos necessários para fabricar e montar os produtos e componentes selecionados;
- Estudos e análises para definição da localização exata da Unidade Produtiva.

Esta fase está dividida em cinco etapas, relacionadas a seguir:

- 1ª Etapa: Projeto de Produtos;
- 2ª Etapa: Definição da Capacidade Instalada;
- 3ª Etapa: Projeto de Processos;
- 4ª Etapa: Seleção da Tecnologia;
- 5ª Etapa: Localização da Unidade Produtiva.

Fase 3: Projeto de Layout

Na terceira fase da metodologia PFL é determinado de forma detalhada o posicionamento relativo entre as áreas da Unidade Produtiva e são estabelecidas as posições específicas de cada máquina, equipamento, insumos e serviços de apoio, destaca-se:

- Estudo do fluxo dos processos de fabricação e montagem dos produtos;
- Determinação das necessidades de espaços para produção, estoques, atividades auxiliares e de serviços;
- Projeto do layout departamental;
- Projeto do layout detalhado;
- Avaliação e otimização do layout.

Esta fase está dividida em cinco etapas, relacionadas a seguir:

- 1ª Etapa: Planejamento do projeto;
- 2ª Etapa: Projeto informacional;
- 3ª Etapa: Projeto conceitual;
- 4ª Etapa: Projeto detalhado;
- 5ª Etapa: Execução e liberação.

Fase 4: Projeto da Edificação

Na quarta fase da metodologia PFL, o Projeto da Edificação envolve o projeto das construções e das suas respectivas instalações de apoio, incluindo a etapa de construção da planta que abrigará as atividades relacionadas à produção dos bens e/ou serviços da unidade produtiva. Destaca-se:

- Determinação das características construtivas necessárias da edificação;
- Estudo dos tipos básicos de edificações para fins industriais;
- Preparação do projeto básico e dos projetos construtivos da edificação e das instalações de apoio;
- Construção da Edificação.

Esta fase está dividida em quatro etapas, relacionadas a seguir:

- 1ª Etapa: Projeto Arquitetônico;
- 2ª Etapa: Projeto Estrutural;
- 3ª Etapa: Projeto das Instalações de Apoio;
- 4ª Etapa: Construção da edificação.

Fase 5: Projeto da Implantação

Na quinta e última fase da metodologia PFL estão os temas relacionados ao Projeto da Implantação da Unidade Produtiva, que envolve o planejamento da instalação das máquinas e equipamentos e de todos os testes pré-operacionais necessários para a entrada da planta em regime normal de operação. O êxito de todo empreendimento dependerá do correto dimensionamento e perfeito desempenho dos seus recursos produtivos. Destaca-se:

- Analisar as especificações dos produtos e do seu processo produtivo, as quais irão orientar a implantação dos diversos setores da unidade produtiva;
- Descrever as ações e os procedimentos para implantação de máquinas e equipamentos da unidade produtiva;
- Descrever as ações e os procedimentos para os testes pré-operacionais.

Esta fase está dividida em quatro etapas, relacionadas a seguir:

- 1ª Etapa: Implantação de máquinas e equipamentos;
- 2ª Etapa: Implantação dos sistemas de movimentação de materiais;
- 3ª Etapa: Testes pré-operacionais das máquinas e equipamentos;
- 4ª Etapa: Pré-operação da unidade produtiva.

PARTE II

ESTRUTURAÇÃO

Apresentação

As condições para o desenvolvimento de um Projeto de Fábrica e Layout competitivo não acontecem espontaneamente. É necessário que, quando da formulação do seu planejamento estratégico, as empresas definam em quais mercados atuarão e de que forma irão competir; certamente o planejamento não elimina as decisões que precisam ser tomadas nas fases subsequentes, mas é o ponto de partida essencial e necessário para referenciar as próximas tomadas de decisão.

Para corresponder às exigências dos clientes as empresas precisam saber que é necessário incluir um conjunto de decisões estruturais e não estruturais desde o início de seus pré-projetos e, assim, definir qual o papel desejado desta nova Unidade de Negócios (UN), englobando os produtos produzidos, as tecnologias e os processos empregados, o layout necessário e, no final, sua edificação e instalações de apoio, pois a excelência operacional começa na formulação da estratégia.

Na fase de estruturação, que antecede quaisquer investimentos em máquinas, equipamentos ou infraestrutura, o objetivo é o desenho inicial do sistema produtivo que avalie também os importantes fatores externos que influenciam o projeto das Unidade de Negócios (UN), em termos de suas relações gerais de natureza econômica, ambiental, organizacional e evolução da tecnologia, as políticas governamentais, facilidade de crédito, as medidas econômicas e financeiras, como taxas de juros, concorrência etc. Para tanto, devem ser buscadas respostas às seguintes questões:

- Definir qual é a ideia geral do sistema produtivo;
- Definir qual o contexto em que será aplicado;
- Executar estudos preliminares do mercado e volume de produção;
- Executar estudos de viabilidade técnica, econômica e ambiental do projeto;
- Executar estudos preliminares dos produtos, materiais e processos de produção;
- Definir qual a finalidade e os objetivos da produção;
- Definir quais as bases e os princípios que devem ser obedecidos.

Formulada a ideia inicial, deve ser executada a fase de planejamento, cujo objetivo é analisar os dados e as informações secundárias do contexto estratégico, definindo e descrevendo as diretrizes táticas e operacionais do sistema concebido. A natureza e a complexidade dos resultados desta fase refletem o grau de incerteza, imprecisão e/ou inexatidão aceitável em função do dispêndio de esforços e recursos.

Apresenta-se a seguir a fase de estruturação da metodologia PFL. Esta fase é formada por um conjunto de cinco etapas que são executadas de forma dinâmica, todas alinhadas a partir dos objetivos estratégicos da empresa, relacionados às vantagens competitivas e comparativas que as empresas pretendem oferecer aos seus clientes no longo prazo.

O ponto de partida na fase de estruturação da metodologia PFL é a formação de uma equipe multidiscilinar para elaboração dos estudos e análises para o PFL. Essa equipe será responsável por promover e alinhar todos os projetos visando atingir os objetivos estratégicos selecionados. A equipe PFL compreende um grupo de pessoas que estará envolvida no projeto de forma a tornar possível/factível os projetos propostos, ou seja, todos os participantes precisam ter proatividade e estar engajados com o projeto.

Uma equipe PFL é uma resposta à necessidade de se institucionalizar o PFL na cultura de desenvolvimento de projetos, de modo que se defina de forma prévia e clara

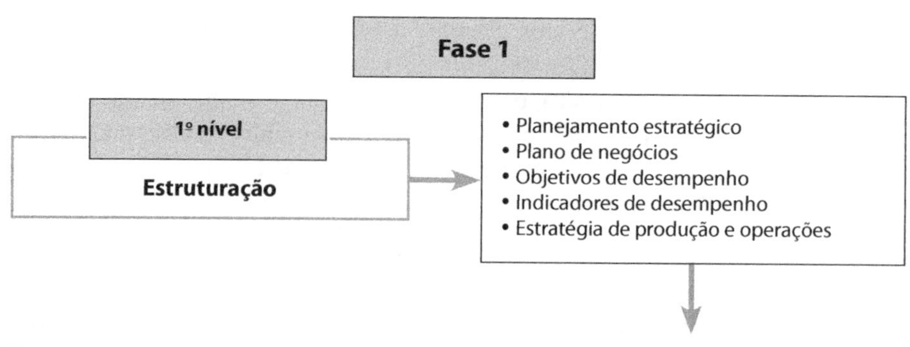

FIGURA 2
Metodologia PFL – Estruturação.

quais as expectativas a longo prazo que a empresa tem para esta nova Unidade de Negócios. A equipe tem algumas atribuições típicas:

- Realizar a interlocução entre os gestores e a direção quanto ao acompanhamento e avaliação dos projetos.
- Avaliar criticamente as tecnologias atuais ou selecionar novas tecnologias a serem utilizadas para cada área de decisão (padrões, regras, medidas de desempenho etc.).
- Garantir a integração e o controle dos projetos, recuperação de dados de projetos anteriores, documentações, memórias de cálculo e difusão do aprendizado durante a execução dos projetos.
- Supervisionar o treinamento e desenvolvimento de pessoal na fase de início das operações da nova unidade.

1ª ETAPA – Planejamento Estratégico

O planejamento estratégico é um processo contínuo e sistemático, que diz respeito a definição para onde você quer ir. Normalmente, de responsabilidade dos níveis mais altos da companhia, que estabelece o rumo a ser seguido e assim criar uma direção a fim de construir uma empresa única, que entregue valores únicos aos clientes que escolhe atender. O planejamento estratégico envolve a formulação de objetivos que afetam toda a empresa por longos períodos de tempo com vistas a obter um nível de otimização na relação com seu ambiente, levando em conta as condições internas e externas à empresa e sua evolução esperada.

Porém, diversas empresas possuem várias linhas de negócio, nesses casos cabe a estratégia corporativa saber combinar os vários ramos de modo a melhorar a vantagem competitiva e gerar valor para a organização. Várias são as iniciativas para implementação da estratégia, ou seja, definir os passos para chegar lá, se globalizar, ser inovador etc. Do planejamento estratégico extraem-se informações para o desenvolvimento do plano de negócios da empresa que definirá suas prioridades, incluindo metas e diretrizes de atuação nas áreas administrativas, financeira, marketing e operações, visando dar à empresa vantagens competitivas. Tais informações são registradas a seguir, no Plano Estratégico de Negócios (PEN).

2ª ETAPA – Plano Estratégico de Negócios

O Plano de Negócios é um documento que descreve o resultado concreto do planejamento estratégico, e serve de referência para o que é ou o que pretende ser uma empresa, assim como um guia para um negócio que se quer iniciar ou que já está iniciado. O Plano de Negócio é básico para qualquer organização, pois contempla de forma objetiva a formulação estratégica da empresa, especifica um conjunto de informações consolidadas e consiste em definir como ela será competitiva no setor em que atua. É aí que se descobre no que é importante investir, que clientes atingir, qual é a dinânica da concorrência.

Um Plano de Negócios descreve seus objetivos estratégicos, portanto avaliação e controle são fundamentais. Nesse sentido, serve como forma de sobrevivência das empresas do mercado, e serve também de ferramenta de gestão para orientar os empresários dando suporte para a melhor tomada de decisão frente aos clientes, concorrentes, funcionários, fornecedores etc.

Como principais diretrizes resultantes do Plano de Negócios tem-se a definição do produto e/ou serviço, o mercado, a avaliação da capacidade empresarial, da estratégia de negócios, do plano de marketing, como será planejado e desenvolvido o projeto para sua produção e o plano financeiro.

3ª ETAPA – Objetivos de Desempenho

Na terceira etapa da fase de estruturação da metodologia PFL ocorre o desdobramento do Plano de Negócios em objetivos de desempenho. Objetivos de Desempenho são destinações pretendidas que indicam a direção para o planejamento da empresa e, como em qualquer processo, é fundamental monitorar os resultados obtidos por meio da análise de indicadores de desempenho. Os sistemas de medição de desempenho constituem os elos entre os objetivos e a execução prática das atividades nas empresas.

Por um lado, os cinco objetivos de desempenho clássicos: confiabilidade, flexibilidade; qualidade, rapidez e custo; são os guias básicos que suportam a tomada de decisão e por outro lado são a lógica dos critérios de avaliação e controle dos resultados através dos indicadores de desempenho. Na sequência, planos e programas funcionais e operacionais são selecionados com base na sua contribuição aos objetivos.

Cada uma das Unidades de Negócios (UN) de uma organização deve definir seus objetivos de desempenho. Para projetar e gerir uma UN é necessário definir objetivos de desempenho para esse sistema, pois gerir uma Unidade Produtiva sem o conhecimento do seu desempenho é como navegar no nevoeiro sem instrumentos. Muitos são os sistemas produtivos que são projetados e geridos sem uma definição cuidadosa das medidas de desempenho, mas não são com certeza sistemas produtivos competitivos.

4ª ETAPA – Indicadores de Desempenho

Indicador de desempenho é um índice de monitoramento de algo que pode ser mensurável. Indicadores de desempenho nos permitem manter, mudar ou abortar o rumo de nossas ações, de processos empresarias, de atividades etc. A competitividade é o indicador mais frequente no contexto da economia de mercado e o principal indicador de desempenho associado ao sucesso de uma empresa, mas não é o único.

Eficiência, eficácia, produtividade, lucratividade, no ambiente interno da UN e a efetividade no ambiente externo à UN são alguns dos principais indicadores de desempenho para avaliar a gestão do sistema de produção e operações nas empresas.

5ª ETAPA – Estratégia de Produção e Operações

Na sequência, como quinta e última etapa para estruturação da metodologia PFL, a partir da definição dos objetivos de desempenho, é elaborada a Estratégia de Produção e Operações (EPO). A Estratégia de Produção e Operações pode ser entendida como um roteiro estruturado de decisões, que engloba uma série de procedimentos nos quais serão definidas as metas e as diretrizes de atuação nas áreas de Gestão dos Sistemas de Produção e Operações (GESPO), e a partir destas tomar uma série de decisões com impacto em todos os funcionários, com o propósito de direcionar a atividade fabril para a performance que se deseja alcançar, visando dar à fábrica vantagens competitivas.

Os objetivos de desempenho são uma das principais questões para definição da EPO, pois traduzem a estratégia competitiva da Unidade Produtiva para atividades e tarefas nas quais, em conjunto com as demais funções, as operações são responsáveis por desempenhar, como, por exemplo, confiabilidade, flexibilidade, qualidade, rapidez e custo. Os objetivos de desempenho priorizados para as operações são, de fato, realizados por meio do padrão de decisões funcionais que são tomadas.

A partir da elaboração do planejamento estratégico de produção e operações serão definidas suas prioridades, incluindo metas e diretrizes de atuação nas áreas de produção e serviços, mas com impacto nas áreas administrativas, financeira e de marketing, visando dar à UN vantagens competitivas.

4

Planejamento estratégico

4.1 Estratégia

Estratégia é o padrão global de decisões e ações que posicionam tanto a organização como as empresas em seu ambiente e tem o objetivo de fazê-las atingir seus objetivos de longo prazo. Para que se mantenha competitiva, toda organização precisa de algum direcionamento estratégico. O mesmo acontece com suas unidades de negócios e com suas funções, sendo que, para cada ambiente, estão associadas responsabilidades e níveis de decisões.

A palavra estratégia deriva do grego *strategos* e significa chefe do exército, tendo sido usada durante muito tempo apenas no sentido militar, indicando ações levadas a efeito a fim de obter vitórias nas batalhas. A literatura passou a usar o termo estratégia apenas em 1948 com Von Neuman e Morgenstern, através da transposição do conceito a partir de seu uso na teoria de jogos.

O processo pelo qual as estratégias são formadas é tradicionalmente tratado na literatura segundo os aspectos de formulação e implementação. A formulação de estratégias é responsável por desenvolver e estabelecer as estratégias futuras dos ambientes organizacionais, de uma forma ampla, através da qual uma empresa ou um grupo delas vai concorrer, quais devam ser seus objetivos e que políticas serão necessárias para se alcançar esses objetivos.

Ao passo que a implementação de estratégias coloca em prática aquelas previamente planejadas. É uma atividade gerencial que tem como objetivo aplicar o plano, além de apresentar e analisar as dificuldades para sua implementação.

Decisões estratégicas são as que têm efeito abrangente, e por isso são significativas na parte da organização à qual a estratégia se refere; definem a posição da organização relativamente em seu ambiente; aproximam a organização de seus objetivos de longo prazo.

O posicionamento estratégico da organização influencia em larga escala a sua capacidade de competir. Para o entendimento de sua importância para a estratégia das organizações é importante destacar seu significado e os processos decisórios nos quais ele coopera e atua.

4.2 Planejamento Estratégico

O Planejamento Estratégico parte do processo de gestão global de uma empresa ou organização, permitindo a construção do futuro que se deseja, a partir de objetivos viáveis e realistas. Esclarece a missão, traduz a visão e a estratégia em objetivos claros, associados a indicadores, metas e prazos.

O planejamento estratégico é de responsabilidade dos níveis mais altos da empresa e diz respeito tanto à formulação de objetivos quanto a seleção de cursos de ação a serem adquiridos para a sua consecução. Pode ser conceituado como um processo de gestão que possibilita ao executivo estabelecer o rumo a ser seguido pela empresa, com vistas a obter um nível de otimização na relação da empresa com o seu ambiente.

O nível estratégico considera a estrutura organizacional de toda a empresa e a melhor interação desta com o ambiente, envolvem planos e programas que afetam integralmente a companhia por longos períodos de tempo. Nesse caso, o nível da informação é macro, contemplando a empresa como um todo, ou seja, meio ambiente interno e/ou externo. O planejamento estratégico é um processo gerencial contínuo e sistemático, que além da formulação de objetivos diz respeito à seleção de programas de ação para sua execução, levando em conta as condições internas e externas à empresa e sua evolução esperada. É necessário ter escolhas claras sobre o que em uma organização vai se diferenciar, pois terão sucesso aquelas empresas que entenderem quem são e o que as diferencia das demais.

Com o cenário cada vez mais globalizado, fica difícil para as empresas se firmarem no mercado competitivo sem adotarem estratégias e medidas que tragam qualidade e maior índice de eficiência em seus processos, acarretando em um melhor retorno financeiro. O panorama contemporâneo propõe aos gestores ações no processo gerencial, vislumbrando novas variáveis e perspectivas, buscando medir fatores que possam contribuir para o melhor desempenho e controle empresarial, no qual cada empresa deve desenvolver atividades que promovam sua sustentação em um mercado cuja concorrência está cada vez mais intensa.

Uma das causas comuns de fracasso das estratégias não é por falta de uma visão clara e viável; elas fracassam por serem mal implementadas. Logo, as ações para implementar uma estratégia precisam ser planejadas, executadas, monitoradas e alinhadas com as estratégias da organização para obtenção de resultados coerentes e qualificados. Segundo Oliveira (1997), os seguintes princípios norteiam sua execução:

a) Princípio da Precedência do Planejamento: Corresponde a uma atividade administrativa que vem antes das outras (organização, direção e controle). Na realidade é difícil separar e sequenciar as atividades administrativas, mas pode-se considerar que, de maneira geral, o planejamento "do que é como vai ser feito" aparece no início do processo. Como consequência, o planejamento assume uma situação de maior importância no processo administrativo.

b) Princípio da Contribuição aos Objetivos: Neste aspecto o planejamento deve sempre visar aos objetivos máximos da empresa. No processo de planejamento devem-se hierarquizar os objetivos estabelecidos e procurar alcançá-los em sua totalidade, tendo em vista a interligação entre eles.

c) Análise Ambiental: Corresponde ao estudo dos diversos fatores e forças do ambiente, às relações entre eles ao longo do tempo e seus efeitos ou potenciais efeitos sobre a empresa, sendo baseada nas percepções das áreas em que as decisões estratégicas da empresa deverão ser tomadas.

O Quadro 4.1 a seguir apresenta de forma sintética os principais elementos do Planejamento Estratégico para uma Unidade de Negócios.

Quadro 4.1 Elementos do Planejamento Estratégico

<table>
<tr><th>Elementos</th><th colspan="2">Conceito</th></tr>
<tr><td>Negócio</td><td colspan="2">Âmbito de atuação da empresa</td></tr>
<tr><td>Missão</td><td colspan="2">A missão deve representar o que a empresa quer ser. Papel desempenhado pela empresa no seu Negócio.</td></tr>
<tr><td>Visão</td><td colspan="2">A visão deve representar um sonho a ser perseguido.</td></tr>
<tr><td>Valores / Princípios</td><td colspan="2">Devem representar a forma de conduta de todas as pessoas da empresa. Balizamentos para o processo decisório e o comportamento da empresa no cumprimento de sua Missão.</td></tr>
<tr><td rowspan="5">Análise do Ambiente</td><td colspan="2">Processo de identificação das Oportunidades, Ameaças, Forças e Fraquezas que afetam a empresa no cumprimento de sua Missão.</td></tr>
<tr><td rowspan="2">Externo</td><td>Oportunidades:
Situações externas, atuais ou futuras que, se adequadamente aproveitadas pela empresa, podem influenciá-la positivamente.</td></tr>
<tr><td>Ameaças:
Situações externas, atuais ou futuras que, se não eliminadas, minimizadas ou evitadas pela empresa, podem afetá-la negativamente.</td></tr>
<tr><td rowspan="2">Interno</td><td>Forças:
Características da empresa, tangíveis ou não, que podem influenciar positivamente seu desempenho.</td></tr>
<tr><td>Fraquezas:
Características da empresa, tangíveis ou não, que influenciam negativamente seu desempenho.</td></tr>
</table>

(*continua*)

(continuação)

Objetivos Estratégicos	Representam um resultado a ser atingido, resultados quantitativos e/ou qualitativos que a empresa precisa alcançar, em prazo determinado, no contexto do seu ambiente, para cumprir sua Missão.
Estratégias	O que a empresa decide fazer, considerando o ambiente, para atingir os Objetivos, respeitando os Princípios, visando cumprir a Missão no Negócio.
Plano Estratégico de Negócios	Conjunto de informações consolidadas, que serve de referência e guia para a ação de uma unidade de negócio.

Fonte: Neumann (2013).

4.3 Classificação das Decisões Estratégicas

Decisões a respeito do posicionamento da UN em seu ambiente, de modo a atingir seus objetivos de longo prazo, a Estratégia de Produção e Operações (EPO), têm de estar alinhadas às decisões estratégicas, vinculando planos de bens/serviços e estabelecendo prioridades competitivas. O padrão de decisões estratégicas deve levar em conta o desenvolvimento de capacidades adequadas de acordo com a disponibilidade e restrição dos recursos de produção.

Nesse contexto, Hayes e Wheelwrigt (1984) classificam os núcleos relacionados à implementação da Estratégia de Produção e Operações em dois grupos de decisões estratégicas: decisões estratégias estruturais e decisões estratégias não estruturais. De forma geral, a análise de uma Unidade Produtiva, segundo as decisões estruturais e não estruturais, consiste na definição dos elementos que constituem a empresa e as relações entre estes.

4.3.1 Decisões Estratégicas Estruturais

São decisões que influenciam principalmente as atividades do projeto da Unidade Produtiva, mas também de toda a organização. As decisões estruturais são resultantes das estratégias de negócios adotadas e afetam seu funcionamento em longo prazo, influenciam diretamente todo Projeto da Fábrica, ou seja, estas atividades de projeto são as que definem os fatores de produção que a compõem, ou seja, a forma física da produção e seus serviços.

Os fatores de produção são os recursos requeridos para transformar, transportar e guardar matérias-primas produtos e subprodutos: equipamentos, materiais, informação, pessoas. Os fatores de produção são os objetos de negócio.

As decisões de caráter estrutural normalmente são de natureza irreversível, causam impacto de longo prazo e envolvem um maior investimento de capital, como, por exemplo, o planejamento de capacidade, o projeto de instalações, a seleção da tecnologia etc. Suas principais áreas de planejamento são:

- Estratégia de desenvolvimento de novos bens/serviços: Influencia o papel e a organização dos recursos que atualizam e geram os projetos de bens/serviços.
  - Avalia se a operação produtiva deveria desenvolver suas próprias ideias de novos bens/serviços ou deve seguir a liderança de outros;
  - Avalia também quais produtos desenvolver e como gerenciar o desenvolvimento;
- Estratégia de integração vertical: Influencia a direção e o grau de controle proprietário da organização com relação à rede de seus fornecedores e clientes.
  - Avalia se a operação deve expandir-se, adquirindo seus fornecedores ou clientes; caso afirmativo, quais fornecedores e quais clientes;
- Estratégia de instalações: Influencia o tamanho, a localização das atividades de cada parte da operação.
  - Avalia que número de locais geograficamente separados a operação deve ter; avalia também onde devem estar localizadas as instalações de produção;
- Estratégia de tecnologia: Influencia o tipo de fábrica, equipamentos e outras tecnologias de processos de fabricação/ montagem ou prestação de serviços que são usados na produção.
  - Avalia se deveria usar tecnologia de ponta ou tecnologia estabelecida; avalia também quais tecnologias desenvolver e quais comprar.

4.3.2 Decisões Estratégicas Não Estruturais

As decisões estratégicas não estruturais englobam procedimentos organizacionais, controles e sistemas, que definem os processos de produção, ou seja, a forma como os fatores de produção se relacionam. Necessariamente incluem principalmente a escolha das tecnologias de gestão (de tempo, de qualidade, de valor etc.), além de atitudes, experiências e habilidades das pessoas envolvidas de várias atividades funcionais, como, por exemplo, PCP, desenvolvimento de fornecedores, controle da qualidade, controle de estoques etc.

São decisões que influenciam a operação de sua infraestrutura, principalmente a força de trabalho e as atividades de planejamento, controle e melhoria para operação da UN. Em geral, desdobra-se em um sem número de decisões nos três tipos clássicos de estratégia e englobam uma miríade de decisões contínuas no longo, médio e curto prazo.

Ao contrário das decisões estratégicas estruturais, os investimentos de capital são proporcionalmente menores e não são altamente visíveis. Na literatura pertinente, essas decisões são ditas relativas ao funcionamento da infraestrutura do sistema de produção/operações, exemplo:

- estratégia de organização de recursos humanos:
- estratégia de ajuste de capacidade:
- estratégia de desenvolvimento de fornecedores:
- estratégia para implementação de programas de qualidade;

- planejamento e controle do fluxo de materiais;
- estratégia de estoques;
- estratégia de melhoria de desempenho.

Convém que a direção assegure que os recursos essenciais para a implementação das decisões estratégicas não estruturais e para o atendimento aos objetivos da organização sejam identificados e tornados disponíveis. Recursos estes que podem ser: capacitação, ambiente de trabalho, informação, planejamento, tecnologias de gestão, consultoria e incentivos.

4.4 Tipos Clássicos de Estratégia

Considerando as responsabilidades, os níveis decisões e a estrutura de tempo envolvida, são sintetizados em três tipos clássicos de estratégia:

- Estratégia Corporativa – para a organização (longo prazo);
- Estratégia de Negócio – para as unidades de negócio pertencentes à organização (médio prazo);
- Estratégia Funcional – para as funções pertencentes às unidades de negócios (curto prazo).

Um dos aspectos mais importantes a considerar sobre os três tipos clássicos de estratégia é a estrutura de tempo envolvida. Costuma-se distinguir entre estratégias de longo prazo, aqueles que devem ser atingidos em até 5 anos, estratégias de médio prazo, que cobrem de 1 a 3 anos e, finalmente, os estratégias de curto prazo, que envolvem de alguns meses até um ano, geralmente.

Esses números não são absolutos, e podem variar consideravelmente para cada setor industrial, mas dão uma ideia de dupla estruturação das estratégias: de um lado, uma divisão segundo o tempo coberto, e, de outro, uma quebra pelas várias unidades de negócios da organização, e estas em suas funções. Uma vez estabelecidos os patamares, as estratégias gerais da organização devem ser transformadas em estratégias específicas para cada unidade.

Esquematicamente, a relação entre os três tipos clássicos de estratégias, corporativa, de unidades de negócios e de função estão representados pela Figura 4.1.

a) Estratégia Corporativa

A estratégia corporativa é uma estratégia de longo prazo que posicionará a organização em seu ambiente global, econômico, político e social, e consistirá em decisões sobre:

- Quais tipos de negócios o grupo quer focalizar;
- Em quais partes do mundo deseja operar;
- Quais negócios adquirir e de quais desfazer-se;

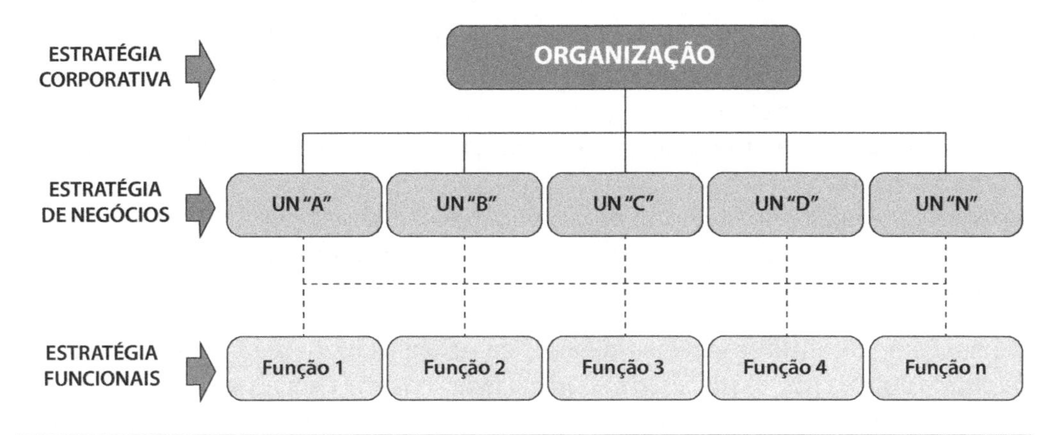

FIGURA 4.1
Relação entre os tipos clássicos de estratégia.

Fonte: Neumann (2013).

- Quão diversificado quer ser;
- Como alocar dinheiro entre os vários negócios;
- Como gerenciar as relações entre os diferentes negócios;
- Que produtos oferecer;
- Que atividades realizar etc.

b) Estratégia de Negócios

Cada Unidade Produtiva precisará elaborar sua estratégia de negócios estabelecendo sua missão e objetivos individuais, bem como definir como pretende competir em seus mercados. Essa estratégia orienta o negócio em um ambiente que consiste em seus consumidores, mercados e concorrentes, mas também inclui a corporação da qual faz parte.

Pensar a empresa de forma estratégica é procurar entender como a produção de bens e serviços podem contribuir para o sucesso da UN no mercado. Trata-se de examinar o funcionamento e as características do ambiente em que a empresa compete, para então decidir, de forma coordenada e consistente, quais processos, procedimentos e métodos de gestão são capazes de prover vantagens competitivas nos fatores que efetivamente decidem a obtenção de um pedido de um cliente.

- Decisões no nível da Unidade de Negócios:
- Definir a missão da Unidade de Negócios;
- Definir os objetivos estratégicos da Unidade Produtiva;
- Qual o composto (ou *mix* de produtos) a ser produzido?
- Qual a demanda do mercado?

- Qual a estratégia organizacional para atender as demandas do mercado?
- Como implantar a gestão da produção? (tecnologia, instalações, financiamento, recursos humanos etc.).
- Quais os riscos inerentes à operação (financeiros, sociais, ambientais) que impactam no custo?
- Quais prioridades de melhoria de desempenho a estabelecer?
- Que indicadores de desempenho devem ser empregados para avaliar seus resultados?

O planejamento estratégico das unidades de negócios é orientado para o mercado, realizado através de um processo gerencial de desenvolver e manter um ajuste viável entre objetivos, habilidades e recursos de uma empresa, bem como as oportunidades de um mercado em contínua mudança. O objetivo do planejamento estratégico das Unidade de Negócios é dar forma aos negócios e produtos de uma empresa, de modo que eles possibilitem os lucros e o crescimento almejados.

Nesta etapa é estabelecida a direção geral para cada uma das principais áreas de decisão da UN, entre estas o desenvolvimento da Estratégia de Produção e Operações, que influencia em larga escala a sua capacidade de competir.

c) Estratégia Funcional

A estratégia funcional é uma estratégia de curto prazo na qual todas as funções, produção, marketing, finanças, pesquisa, desenvolvimento e outros definirão qual seu papel em termos de contribuição para os objetivos estratégicos e/ou competitivos do negócio. Determinarão a melhor forma de organizar seus recursos para apoiar esses objetivos. Decisões no nível funcional:

- Qual papel exercer em termos de contribuição aos objetivos estratégicos?
- Como traduzir os objetivos competitivos e do negócio em objetivos funcionais?
- Como gerenciar os recursos das funções, de forma a atingir os objetivos funcionais?

A estrutura organizacional das unidades de negócios pode ser muito diversificada, dependendo da complexidade de suas necessidades internas e externas, mas normalmente é composta por um *mix* das funções principais e de apoio, sendo que cada uma destas deve elaborar sua estratégia funcional de forma coerente com a estratégia de sua Unidade Produtiva e esta com a estratégia corporativa.

Conclui-se que para cada função é desenvolvida uma estratégia específica e dentre estas várias funções, a função produção/operações é considerada central para a organização porque produz os bens e serviços que são a razão de sua existência, motivo pelo qual neste livro centramos nossa atenção na estratégia da produção/operações.

FIGURA 4.2
Estrutura organizacional de uma Unidade de Negócios.

Fonte: Neumann (2013).

4.5 Etapas para elaboração do Planejamento Estratégico

Não existe uma forma padrão para elaboração do planejamento estratégico. Mas dentre várias relevantes contribuições, apresenta-se a seguir, de forma sintetizada, a proposta de Silva Júnior (2009):

Etapa 1 – Pré-diagnóstico

Em uma organização esta etapa é visualizada como um "primeiro olhar" sobre ela e seu ambiente externo, conversas informais com os dirigentes nos dirão se:

- a organização precisa de um planejamento;
- quem poderia desenvolver esse planejamento;
- quais as expectativas dos dirigentes com relação aos resultados.

Esta etapa é fundamental para que não se inicie o processo de planejamento estratégico em momento errado. Esta avaliação pode ser feita em uma reunião ou em circulação pela organização.

Etapa 2 – Sensibilização

Uma vez identificada a necessidade de se desenvolver um planejamento estratégico, é fundamental sensibilizar os integrantes de toda a organização para a importância do planejamento, desmistificando os "fantasmas" que existem em torno de qualquer ação que provoque mudança.

Etapa 3 – Diagnóstico Estratégico

Após a etapa da sensibilização, o próximo passo a ser dado é o desenvolvimento de um diagnóstico estratégico mais detalhado da real situação da organização e de seu ambiente externo – meio social. É também chamado de análise situacional.

Vale a pena observar que deve ser apenas um roteiro, podendo-se acrescentar variáveis e alterando o que pensar ser interessante, a fim de adaptá-lo à realidade da organização na qual está sendo desenvolvido o diagnóstico estratégico. Para poder otimizar os resultados de qualquer diagnóstico é recomendável a realização de uma análise SWOT (Quadro 4.2), termo derivado das primeiras letras do inglês para os pontos fortes (*Strenghts*), pontos fracos (*Weakness*), oportunidades (*Opportunities*) e ameaças (*Threats*), por isso também chamada de Análise FOFA.

Quadro 4.2 Análise SWOT

		Origem do Fator			
		Interna (Empresa)		Externa (Ambiente)	
Na conquista dos objetivos	Ajuda	**Ponto Forte** (*Strenghts*):	É uma diferenciação da empresa que lhe proporciona uma vantagem competitiva.	**Oportunidade** (*Opportunities*)	É uma força ambiental externa que pode criar uma situação favorável para a empresa.
	Atrapalha	**Ponto Fraco** (*Weakness*):	É um aspecto negativo da empresa que lhe proporciona uma desvantagem competitiva.	**Ameaça** (*Threats*):	É uma força ambiental externa que cria uma situação de risco para a empresa e que não pode ser evitada.

Fonte: Adaptado de Silva Júnior (2009).

Etapa 4 – Definição da base estratégica

Esta etapa consiste em definir missão, visão, negócio e consequentemente slogan, valores e objetivos para a organização. Abordando os temas separadamente, temos que:

- A missão deve representar o que a organização quer ser: Tem uma conotação futura. Da mesma forma que a etapa de sensibilização, a definição da missão pode ser feita a partir de uma reunião com a cúpula da organização, com as pessoas-chave ou até mesmo com todos os colaboradores. Há várias maneiras de se desenvolver uma missão, se tivermos em mão algumas perguntas, esse processo ficará mais simples. Questões:

1. O que devemos fazer?
2. Qual o perfil de nosso "cliente"?
3. Como devemos atender nossos "clientes"?
4. Quais meios devem ser escolhidos?
5. Qual a responsabilidade social que devemos ter?

- A visão deve representar um sonho a ser perseguido: Há organizações que querem sobressair pelo tamanho (porte) e outras pela qualidade de seus produtos e serviços, e há ainda as que querem as duas coisas. Cabe a cada organização, e a seu gestor ou gestores, escolher o caminho e o seu sonho. A partir da definição de negócio, pode-se formular um slogan para a organização, que poderá e deverá ser usado como marketing institucional.
- Os valores devem representar a forma de conduta de todas as pessoas da organização: Após a apresentação dos valores de uma organização, desenvolve-se uma justificativa, no sentido de explicar por que aquele valor é importante para a organização.
- Os objetivos estratégicos representam um resultado a ser atingido.

Etapa 5 – Definição de Estratégias

Para cada estratégia definida, deve-se atribuir uma nota aos fatores. Quanto maior o valor atribuído, maior será o nível de Gravidade, Urgência ou Tendência. A matriz GUT é uma forma de se tratarem problemas com o objetivo de priorizá-los. Leva em conta a gravidade, a urgência e a tendência de cada problema.

- Gravidade: impacto do problema sobre coisas, pessoas, resultados, processos ou organizações e efeitos que surgirão em longo prazo, caso o problema não seja resolvido.

Quadro 4.3 Matriz GUT

Pontos	Gravidade	Urgência	Tendência
5	Os prejuízos ou dificuldades são extremamente graves	É necessária uma ação imediata	Se nada for feito, o agravamento será imediato.
4	Muito graves	Com alguma urgência	Vai piorar em curto prazo
3	Graves	O mais cedo possível	Vai piorar em médio prazo
2	Pouco graves	Pode esperar um pouco	Vai piorar em longo prazo
1	Sem gravidade	Não tem pressa	Não vai piorar ou pode até melhorar

- Urgência: relação com o tempo disponível ou necessário para resolver o problema.
- Tendência: potencial de crescimento do problema, avaliação da tendência de crescimento, redução ou desaparecimento do problema.

Etapa 6 – Definição de Planos de Ação

Para cada estratégia definida, um conjunto de ações, para cada ação uma meta e um responsável em administrá-la. Envolvendo todos os níveis hierárquicos no planejamento elaborado dentro de um cronograma de execução.

Etapa 7 – Definição de Recursos

Todos os gastos devem ser calculados, mesmo que a organização não vá gastar além dos desembolsos normais, tendo em vista que a partir do momento que as pessoas estão envolvidas com qualquer tipo de atividade isso representa gasto para a organização.

Etapa 8 – Implementação

Nesta etapa, pode-se definir como será deflagrado o processo de implementação do planejamento e deve-se desenvolver um relatório detalhado do que foi planejado e distribuído aos responsáveis pelos objetivos, estratégias e ações. E mais, um relatório resumido e personalizado para as outras pessoas.

Etapa 9 – Monitoramento, Avaliação e Controle

Como as mudanças ambientais não param somente porque estamos implementando um planejamento, deve-se definir o responsável pelo monitoramento, isto é, quem irá refazer o diagnóstico estratégico e com qual periodicidade.

4.6 Estratégia Competitiva

Estratégia competitiva é o conjunto de planos, políticas, programas e ações desenvolvidos por uma empresa ou unidade de negócios para ampliar ou manter, de modo sustentável, suas vantagens competitivas frente aos concorrentes. O desenvolvimento de uma estratégia competitiva é o desenvolvimento de uma fórmula ampla que abrange todo o modo como uma empresa competirá em seu mercado (PORTER, 1980).

Porter (1980; 1985) posicionou as empresas em três abordagens estratégicas consideradas como "Estratégias Competitivas Genéricas" e, a partir desse entendimento, cada empresa adota uma Estratégia Competitiva Genérica que pode ser enquadrada em pelo menos uma das três abordagens.

		Vantagem estratégica	
		Unicidade observada pelo cliente	Posição de baixo custo
Alvo estratégico	No âmbito de toda a indústria	Diferenciação	Liderança em custo
	Apenas um segmento	Foco	

FIGURA 4.3
Estratégias Genéricas de Competição.

- **Estratégia competitiva de custo:** Na qual a empresa centra seus esforços na busca de eficiência produtiva, na ampliação do volume de produção e na minimização de gastos com propaganda, assistência técnica, distribuição, pesquisa e desenvolvimento, e tem no preço um dos principais atrativos para o consumidor.
- **Estratégia competitiva de diferenciação:** Faz com que a empresa invista mais pesado em imagem, tecnologia, assistência técnica, distribuição, pesquisa e desenvolvimento, recursos humanos, pesquisa de mercado e qualidade, com a finalidade de criar diferenciais para o consumidor.
- **Estratégia competitiva de foco/enfoque:** Significa escolher um alvo restrito, no qual, por meio da diferenciação ou do custo, a empresa se especializará atendendo a segmentos ou nichos específicos.

A base para o desenvolvimento de um posicionamento superior à concorrência no mercado está alicerçado na vantagem competitiva sustentável que atribui ao controle dos custos ou a diferenciação como preceitos fundamentais para a consolidação da estratégia empresarial. Cada empresa possui pelo menos uma dessas abordagens que define a estratégia empresarial e suas características (Porter, 1980).

Os desafios provocados pelo acelerado ritmo das inovações tecnológicas exigem que as empresas constantemente reformulem seus métodos e processos de trabalho, como forma de melhorar sua imagem garantindo sua permanência com êxito no mercado competitivo.

A capacidade de selecionar, desenvolver, acumular, combinar e articular os recursos internos pode permitir a formação de competências organizacionais que sejam consideradas estratégicas, por conduzirem a empresa a uma posição vantajosa.

A vantagem competitiva da empresa se origina do reflexo da contribuição de cada uma das atividades empresariais para a formação do custo total ou na criação de uma base para a diferenciação, ou seja, quando uma empresa consegue alcançar um desempenho melhor do que seus concorrentes na execução do conjunto de atividades de forma integrada e compatível.

Segundo Porter (1985), a base fundamental do desempenho acima da média, no longo prazo, é a vantagem competitiva sustentável, que só pode ser conquistada a partir de baixo custo ou diferenciação. Dessa forma, a vantagem competitiva surge fundamentalmente do valor que uma empresa consegue criar para os seus compradores e que ultrapassa seu custo de fabricação. Entender e identificar as relações de elos entre cada atividade é de vital importância para a empresa obter e sustentar uma vantagem competitiva.

Porter considera cinco forças básicas que delimitam a estrutura empresarial com impactos sobre preços, custos, investimentos exigidos, e em longo prazo, o retorno sobre o capital investido e a atratividade da indústria.

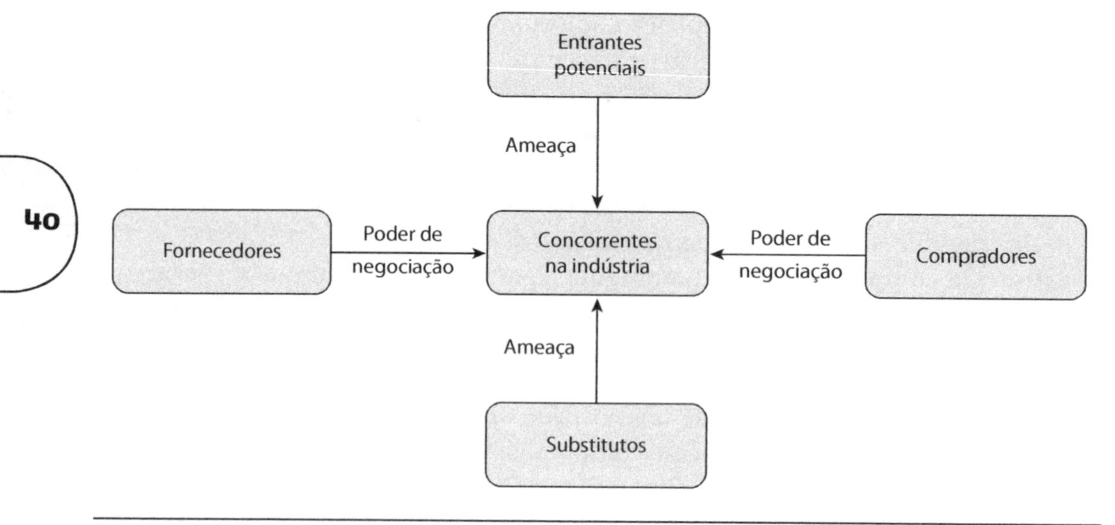

FIGURA 4.4
Forças Competitivas de Porter.

Fonte: Porter (1986).

- **Ameaça de novos entrantes:** A ameaça de um novo concorrente (entrante) depende da presença de barreiras à sua entrada e da reação das empresas já existentes. Se as barreiras são altas e o novo concorrente está preparado para uma forte retaliação da concorrência, a ameaça à entrada é considerada baixa.
- **Poder de barganha dos compradores:** O poder de barganha dos compradores pode ser traduzido como a capacidade de barganha dos clientes para com as empresas do setor. Esta força competitiva tem a ver com o poder de decisão dos compradores sobre os atributos do produto, principalmente quanto a preço e qualidade.
- **Poder de barganha dos fornecedores:** Já quando abordado o poder de barganha dos fornecedores, será uma ótica semelhante à barganha dos compradores, mas agora voltada ao fornecimento de insumos e serviços para a empresa.

- **Ameaça de produtos substitutos:** Os produtos substitutos são aqueles que não são os mesmos bens ou serviços que o seu, mas atendem a mesma necessidade. É prudente avaliar este tipo de produto. Geralmente surgem em mercados situados nos extremos, e após certo tempo este se estabiliza em toda a região. Ameaças de produtos substitutos são a principal variável que define preço no mercado e ativa a concorrência. No entanto, a qualidade dos produtos ou serviços será a estratégia que determinará a opção final do consumidor.
- **Rivalidade entre concorrentes:** Serra, Torres e Torres (2004) afirmam que "a rivalidade entre concorrentes pode ser considerada a mais significativa das cinco forças". Nessa dimensão, deve-se considerar a atividade e a agressividade dos concorrentes diretos. Quando diz-se concorrente direto, refere-se a empresas que vendem o mesmo produto, num mesmo mercado que a organização em questão. Mas esta não é e única força a pressionar a competitividade das organizações, então vamos para as próximas forças.

Para que a empresa estrategicamente melhor se posicione e seja definida no mercado sob o aspecto mais simples e amplo, Porter (1985) as posicionou através dos conceitos das Estratégias Competitivas Genéricas, abrangendo fundamentalmente as bases estratégicas empresariais.

Para uma empresa ter bons resultados é necessário construir vantagens competitivas apoiadas na condução dos custos, da qualidade, da velocidade e da inovação. Cada atividade de valor emprega alguma tecnologia para combinar insumos adquiridos e recursos humanos com objetivo de produzir algum produto final.

Em diferentes atividades de valor, as tecnologias podem ser relacionadas fundamentando uma importante fonte de elos dentro da cadeia de valores. Seu produto está ligado à tecnologia para prestar assistência técnica ao produto, por exemplo, enquanto as tecnologias de componentes estão relacionadas à tecnologia do produto global. Assim, a escolha de tecnologia em uma parte da cadeia de valores pode ter implicações em outras partes. Em casos extremos, para alterar a tecnologia de uma atividade, pode ser preciso uma grande reconfiguração da cadeia de valores. Elos com fornecedores e canais também envolvem com frequência interdependência nas tecnologias empregadas para executarem as atividades (PORTER, 1985)

Uma empresa que consegue descobrir uma tecnologia mais eficiente para executar uma determinada atividade melhor do que seus concorrentes ganha, portanto, vantagem competitiva. Além de afetar o custo ou a diferenciação por si só, a tecnologia afeta a vantagem competitiva, modificando ou influenciando os outros condutores do custo ou da singularidade (PORTER, 1999a).

As empresas devem sempre buscar novos meios e tecnologias para alcançar seus objetivos, devendo estar atentas a alguns critérios a serem controlados e acompanhados (PORTER, 1985). O Quadro 4.4 apresenta uma relação da tecnologia empresarial e seus vínculos com a vantagem competitiva.

Quadro 4.4 Liderança tecnológica e vantagem competitiva

	Liderança tecnológica	Seguimento tecnológico
Vantagem de Custo	Ser pioneiro no projeto do produto de custo mais baixo.	Reduzir o custo do produto ou de atividades de valor, aprendendo com a experiência do líder. Evitar custos de P&D através de imitação.
Diferenciação	Ser a primeira empresa na curva de aprendizagem. Criar formas de baixo custo para executar atividades de valor. Ser pioneiro em um produto singular que eleve o valor para o comprador. Inovar em outras atividades para elevar o valor para o comprador.	Adaptar o produto ou o sistema de entrega mais intimamente às necessidades do comprador aprendendo com a experiência do líder.

Fonte: Adaptado de Porter (1985).

É impossível separar inovação de competitividade uma vez que, para garantir sua fatia no mercado concorrente, as organizações precisam estar trabalhando em cima de constantes inovações. Nesse sentido, a realidade requer que a gestão tecnológica nas empresas seja repensada. Entretanto, os dirigentes precisam conscientizar-se da importância da inovação e da busca por novas alternativas tecnológicas como forma de ganhar competitividade nos negócios.

Questões e Tópicos para Discussão

1) **Defina Planejamento Estratégico.**
2) **Qual a importância do planejamento estratégico para uma organização?**
3) **Com base nas informações deste capítulo, discuta como o Planejamento Estratégico pode influenciar a demanda por um PFL.**
4) **É comum as empresas divulgarem sua missão, visão, valores e, algumas vezes, alguns de seus objetivos estratégicos. Faça um levantamento na Internet da base estratégica de duas empresas de grande porte e uma de médio ou pequeno porte, preferencialmente de um mesmo ramo. Avalie:**
   a) O que elas têm em comum?
   b) Como o porte da empresa afeta sua base estratégica?
5) **(TJ/SC/2011) O planejamento estratégico é um processo organizacional que procura responder a questões básicas, como: por que a organização existe, o que ela faz e como faz. Assinale a alternativa incorreta, sobre as características do planejamento estratégico:**
   a) O planejamento estratégico está relacionado com a adaptação da organização a um ambiente mutável.

b) O planejamento estratégico é orientado para o futuro.
c) O planejamento estratégico é uma forma de aprendizagem organizacional.
d) O planejamento estratégico é focalizado para o curtíssimo prazo.
e) O planejamento estratégico constitui uma tentativa constante de ajustar-se a um ambiente complexo, competitivo e mutável.

6) **(Camara dos Deputados/2012) O planejamento estratégico não deve ser considerado instrumento passivo, simples resposta às oportunidades e ameaças apresentadas pelo ambiente externo, mas ferramenta gerencial ativa, adaptando contínua e ativamente a organização para fazer face às demandas de um ambiente em mudança.**
( ) C - Certo ( ) E - Errado

7) **(TRT-CE/2009) Um processo de planejamento estratégico de uma organização deve ser iniciado a partir da:**
a) Análise do ambiente externo (oportunidades e ameaças).
b) Análise do ambiente interno (forças e fraquezas).
c) Declaração de visão e missão do negócio.
d) Formulação de metas e objetivos.
e) Formulação de estratégia.

8) **(TJ-ES/2010) A escolha do nível da estratégia é o principal desafio da tomada de decisão no planejamento estratégico.**
( ) C - Certo ( ) E - Errado

9) **(ECT/2011) A missão de uma organização é a sua razão de existir, motivo pelo qual a declaração de missão apresenta definição ampla do escopo de negócios e operações básicas da organização, aspectos que a diferenciam dos tipos similares de organizações.**
( ) C - Certo ( ) E - Errado

10) **(BADESC/2010) Com relação ao planejamento estratégico, analise as afirmativas a seguir.**
I. A visão organizacional diz respeito à natureza da organização, sua razão de existir.
II. Missão organizacional é um ponto futuro para o qual a organização deseja que as pessoas envolvidas dirijam seus esforços.
III. Os valores constituem um conjunto de crenças básicas detidas pelos indivíduos em uma organização.

Assinale:

a) Se somente a afirmativa I estiver correta.
b) Se somente a afirmativa II estiver correta.
c) Se somente a afirmativa III estiver correta.
d) Se somente as afirmativas I e II estiverem corretas.
e) Se todas as afirmativas estiverem corretas.

11) (Sebrae/PA/2010) O planejamento estratégico empresarial, dentre os diferentes níveis, é o que abarca tanto a formulação de objetivos quanto a seleção dos cursos de ação a serem seguidos para sua consecução, levando em conta as condições externas e internas à empresa e a sua evolução esperada. Sobre este é correto afirmar que:

a) realizado pelos executivos, traduz e interpreta as decisões da direção e as transforma em planos concretos dentro dos departamentos da empresa;
b) é projetado para o médio prazo, geralmente para o exercício anual;
c) é voltado para a eficiência, na execução das atividades e preocupa-se com alcance de metas;
d) equivale ao planejamento tático;
e) envolve toda a organização como um sistema único e aberto, envolve a empresa como uma totalidade.

12) (Previc/2011) A atitude estratégica é o compromisso que assegura a utilização da melhor maneira possível do raciocínio e do plano estratégico no processo de planejamento estratégico.

( ) C - Certo ( ) E - Errado

13) (UFRN/2012) Considere as seguintes afirmações, relacionadas ao planejamento estratégico.

I. Trata-se do processo pelo qual a empresa se mobiliza para atingir o sucesso, estabelecendo decisões futuras na construção de seu futuro, através da eliminação de riscos, considerando seu ambiente atual e futuro.
II. A forma pela qual se "dá vida" ao planejamento estratégico é através da mudança cultural e de atitude na organização, desde a alta cúpula até a operação, incluindo áreas de apoio e, na maioria das vezes, até mesmo os terceiros.
III. A identidade organizacional é um dos principais elementos que compõem o planejamento estratégico, sendo formada pelo conjunto da missão, visão, planejamento tático e planejamento operacional. .
IV. Consiste no processo gerencial que possibilita aos dirigentes estabelecer o rumo a ser seguido pela organização, com vistas a obter um nível de otimização na relação da empresa com o seu ambiente.

Estão corretas apenas as afirmativas:

a) I e IV apenas.
b) II e IV apenas.
c) II, III e IV.
d) I, III e IV.

14) (Petrobras Distribuidora/2011) A análise do ambiente externo para se planejar qualquer estratégia enfoca:

a) o comportamento da sociedade;
b) o conjunto de informações do ambiente competitivo da empresa;
c) o resultado das vendas para o mercado externo;
d) a utilização do "tino comercial" do empresário para definir suas estratégias de ação;
e) as fontes de recursos financeiros.

15) (Petrobras Distribuidora/2011) O planejamento estratégico apresenta elementos básicos, cada um com funções específicas. Entre esses elementos e suas funções correspondentes encontra(m)-se:

a) a estratégia, que é o estabelecimento das metas, ou seja, das posições de mercado pretendidas pela empresa;

b) as diretrizes básicas, que identificam as ações necessárias para o cumprimento das metas estabelecidas;

c) as premissas, que representam as orientações gerais para a ação da empresa;

d) o acompanhamento e o controle, que definem o propósito da empresa, ou seja, a sua missão;

e) os planos e orçamentos, que definem as estimativas e as necessidades dos recursos para a produção.

16) (FINEP/2011) As organizações, via de regra, são estruturadas em níveis organizacionais. Em cada um desses níveis, o administrador assume funções diferentes. Associe cada um dos níveis às suas características.

I. Nível institucional.

II Nível intermediário.

III. Nível operacional.

P. Nível que administra a execução e a realização das tarefas e atividades cotidianas.

Q. Nível mais periférico da organização recebe o impacto das mudanças e pressões ambientais.

R. Nível que interpreta a missão e os objetivos fundamentais do negócio, traduzindo-os em meios de ação cotidiana.

S. Nível administrativo mais elevado da organização. Funciona como uma camada amortecedora dos impactos ambientais.

As associações corretas são:

a) I - P , II - Q , III - R.

b) I - P , II - R , III - S.

c) I - Q , II - R , III - P.

d) I - Q , II - S , III - R.

e) I - S , II - Q , III - P.

17) (FINEP/2011) As mudanças são fundamentais nas empresas, pois permitem o desenvolvimento e o crescimento de forma mais acelerada. Associe as dimensões das mudanças que ocorrem nas organizações às suas características.

I. Dimensão tecnológica.

II. Dimensão organizacional.

III. Dimensão sociocultural.

P. Mudanças nas condições de trabalho, na configuração dos mecanismos funcionais, processuais e decisórios.

Q. Mudanças nos processos de organização em diversos domínios, orientada pelos princípios centrados no homem para a gestão da mudança.

R. Mudanças centradas sobre as pessoas, incidindo sobre os valores subjacentes às atitudes e aos comportamentos.

S. Mudanças no processo e no produto, que pressupõem a existência de infraestrutura de produção.

As associações corretas são:

a) I – P , II – R , III – S.
b) I – Q , II – R , III – P.
c) I – R , II – S , III – Q.
d) I – S , II – P , III – R.
e) I – S , II – Q , III – R.

18) **(61/IBGE/2013/ÁREA 13)** **A estratégia de uma instituição pode ser entendida como a seleção dos meios para realizar seus objetivos. Para uma instituição, "Retratar o Brasil com informações necessárias ao conhecimento de sua realidade e ao exercício da cidadania" e "Ser reconhecido e valorizado, no país e internacionalmente, pela integridade, relevância, consistência e excelência de todas as informações estatísticas e geocientíficas que produz e dissemina em tempo útil" são exemplos, respectivamente, de:**

a) missão e visão;
b) objetivo estratégico e meta;
c) ponto forte e oportunidade;
d) fator crítico de sucesso e valor;
e) condicionante estratégico e vantagem competitiva.

5

Plano Estratégico de Negócios (PEN)

O Plano Estratégico de Negócio, ou simplesmente Plano de Negócios, é o ponto de partida para o planejamento através dos vários departamentos. É uma declaração do direcionamento amplo da empresa e mostra o tipo de negócio – as linhas de produtos, mercados e assim por diante – em que a empresa pretende atuar no futuro.

Composto por várias etapas, que se relacionam e permitem um entendimento global do negócio, organizadas de forma a manter uma sequência lógica que permita a qualquer leitor do plano de negócios entender como funciona o empreendimento e o que se planeja.

Considera-se também nesta abordagem itens cujo enfoque é externo ao ambiente produtivo, mas que pela sua relação direta com este, tradicionalmente são abordados nesta área. O Quadro 5.1 apresenta um roteiro para elaboração de um Plano de Negócios de uma empresa, e na sequência a discriminação de suas etapas.

Quadro 5.1 Etapas do Plano de Negócios

PLANO DE NEGÓCIOS		
1.	Resumo executivo	9. Avaliação e controle
2.	Produtos	
3.	Pesquisa de mercado	
4.	Capacidade empresarial	
5.	Estratégia de negócios	
6.	Plano de marketing	
7.	Planejamento e desenvolvimento do projeto	
8.	Plano financeiro	

Fonte: Neumann (2013).

5.1 Resumo Executivo

Nesta seção do Plano de Negócios apresenta-se um breve resumo da empresa ou Unidade Produtiva (UP), sua história, área de atuação, foco principal e sua missão. É importante que esteja explícito ao leitor o objetivo do documento (ex.: requisição de financiamento junto a bancos, capital de risco, apresentação da empresa para potenciais parceiros ou clientes, apresentação de projeto para ingresso em uma incubadora etc.). Devem ser enfatizadas as características únicas do produto ou serviço em questão, seu mercado potencial, seu diferencial tecnológico e competitivo. Tudo isso, de maneira sucinta, sem detalhes, mas em estilo claro.

5.2 Produtos

Como resultado das atividades dos sistemas de operações e em função da natureza das saídas, de forma genérica, pode-se dizer que produtos são produzidos pelas Unidades Produtivas para o mercado consumidor e que, em função de algumas características como sua tangibilidade (dimensões físicas ou poder de serem discerníveis pelos sentidos) e durabilidade (refere-se à vida útil de um produto), são classificados como bens ou serviços (ver Figura 5.1). O conhecimento desta diferenciação é de suma importância em suas fases de desenvolvimento de projeto e resulta em uma série de implicações principalmente quanto à especificação dos seus respectivos processos de fabricação/ montagem ou de prestação de serviços.

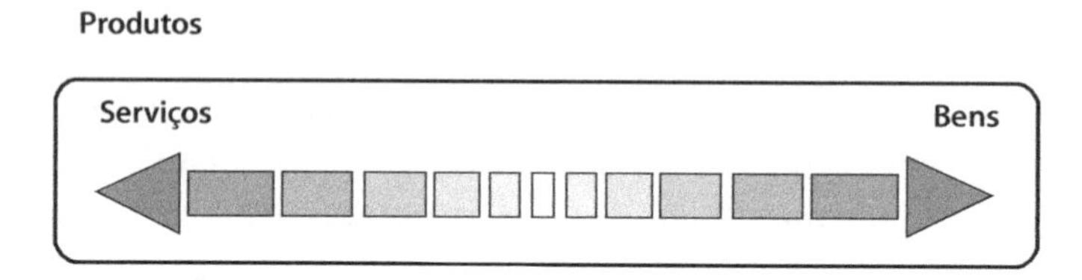

FIGURA 5.1
Classificação dos produtos.

Fonte: Neumann (2013).

Os bens sempre têm algum tipo de serviço incorporado, bem como alguns serviços têm uma quantidade razoável de bens incorporados. Assim, define-se bens ou serviços em função da predominância de um em relação ao outro.

No projeto de bens e/ou serviços podem ser empregadas as mesmas tecnologias de desenvolvimento de projetos, pois em ambos as atividades correspondentes devem ser planejadas, organizadas e controladas, e é aqui que se justifica por que ramos tão diferentes quanto à natureza das saídas (bens e serviços), que as UPs colocam à disposição dos clientes, possam ser estudados pelo mesmo conjunto de áreas de decisão. Em ambos os casos, entre outros, são necessários:

- **Projeto:** é um conjunto de atividades que tem um ponto inicial e um estado final definido, usa um conjunto definido de recursos, dentro de um intervalo de tempo limitado, para criar um bem físico, serviço ou resultado exclusivo.
- **Capacidade produtiva**: objetiva determinar o tamanho da fábrica, do hospital ou da escola em função da demanda, ou seja, decisões sobre capacidade devem ser tomadas.
- **Localização**: deve-se decidir onde será localizada a fábrica, o hospital ou a escola;
- **Programação**: são comuns à necessidade as atividades de programação da rotina diária e do seu controle, pois ambas necessitam otimizar o tempo para atender o mercado e assim atingir seus objetivos de desempenho.
- **Gestão de filas**: filas de espera podem ocorrer em uma agência bancária entre a chegada (ou a saída) de clientes, ou entre etapas de um processo de produção.
- **Qualidade**: bens e serviços necessitam satisfazer as necessidades explícitas e implícitas dos clientes, portanto, devem atender a totalidade das características de qualidade.

a) Características

Devem-se relacionar aqui as principais características dos bens e serviços da Unidade Produtiva, para que se destinam, como são produzidos, os recursos utilizados, fatores tecnológicos envolvidos etc.

b) Diferencial Tecnológico

Relaciona-se neste item o diferencial tecnológico dos bens e serviços da empresa em relação à concorrência.

c) Pesquisa e Desenvolvimento

A Unidade Produtiva deve cultivar um plano de desenvolvimento de novos projetos, produtos e tecnologias que atendam às demandas futuras do mercado, e deve expressar, neste item, quais suas perspectivas para o futuro.

5.3 Pesquisa de Mercado

Para definir seu lugar no mercado e seus objetivos as grandes organizações realizam pesquisas de mercado. A pesquisa de mercado é uma atividade cujos dados básicos, que são necessários para assegurar uma posição firme e forte no mercado, são sistematicamente obtidos de publicações e de especialistas. Faz-se uma avaliação desses dados através de métodos matemáticos e científicos de previsão, tais como os métodos estatísticos. Os resultados são usados para o planejamento e a previsão de longo prazo, bem como para a tomada de decisões estratégicas. Frequentemente esta previsão projeta de cinco a dez anos no futuro.

Esta atividade deve ter uma vinculação forte com o serviço de atendimento ao consumidor e ao marketing para avaliar novas ideias de vendas, desejos do consumidor e reclamações. As pesquisas de mercado são realizadas para conhecer o seu potencial, os desenvolvimentos demográficos, as tendências técnicas e comerciais, as inovações de produtos, os futuros fornecedores de equipamentos e materiais, a disponibilidade de mão de obra, os recursos financeiros etc. Entre esses, destacam-se:

a) Clientes

Neste item deve-se descrever quem são os clientes ou grupos de clientes que a empresa pretende atender, quais são as suas necessidades e como os bens/serviços poderão atendê-los. É fundamental procurar conhecer o que influencia os futuros clientes na decisão de comprar bens ou serviços: qualidade, preço, facilidade de acesso, garantia, forma de pagamento, moda, acabamento, forma de atendimento, embalagem, aparência, praticidade etc.

b) Concorrentes

Aqui se devem relacionar os principais concorrentes, que são as pessoas ou empresas que oferecem bens ou serviços iguais ou semelhantes àqueles que serão colocados no mercado consumidor pelo novo empresário. Devem-se descrever quantas Unidades Produtivas estão oferecendo bens ou serviços semelhantes, qual é o tamanho dessas empresas e, principalmente, em que a empresa nascente se diferencia delas.

c) Fornecedores

Os fornecedores são o conjunto de pessoas ou organizações que suprem a empresa de equipamentos, matéria-prima, mercadorias e outros materiais necessários ao seu funcionamento.

d) Participação no Mercado

Identifica-se, neste item, a fatia de mercado da Unidade Produtiva, dentre os principais concorrentes. Para que se possa planejar a participação desejada, deve-se, neste item, realizar uma pesquisa de mercado (investigar informações como tamanho atual do mercado, quanto está crescendo ao ano, quanto está crescendo a participação de cada concorrente, nichos pouco explorados pelos concorrentes).

5.4 Capacidade Empresarial

a) Empresa

- Definição da Empresa: Neste item deve-se descrever a UP, seu histórico, área de atuação, sua razão social, estrutura legal, composição societária etc.

- Missão: A missão da empresa deve refletir a razão de ser da empresa, qual o seu propósito e o que a Unidade Produtiva faz; corresponde a uma imagem/filosofia que guia a empresa.
- Estrutura Organizacional: Demonstrar como a empresa será estruturada/organizada (ex.: área comercial, administrativa, técnica etc.) relacionando a área de competência de cada sócio nesta estrutura e suas atribuições.
- Parceiros: Neste item, deve-se identificar os parceiros do negócio, a natureza da parceria e como cada um deles contribui para o produto/serviço em questão e para o negócio como um todo.

b) Empreendedores

- Perfil Individual dos Sócios (formação/qualificações): Elabora-se um breve resumo da formação, qualificações, habilidades e experiência profissional dos sócios.

5.5 Estratégia de Negócio

Neste item, deve-se atentar para o fato de que, para que sua Unidade Produtiva obtenha êxito, terá de planejar seu negócio. A partir da análise já feita nos itens anteriores, deve-se identificar as oportunidades e as ameaças que o ambiente lhe apresenta; reconhecer os pontos fortes e fracos de sua empresa; definir objetivos a alcançar; planejar estratégias que permitirão o atingimento desses objetivos e, por fim, encontrar maneiras de colocar essas estratégias em prática.

a) Ameaças e Oportunidades

Com base no que pesquisou e escreveu até o momento, e evidentemente com base em tudo o que se sabe sobre seu negócio, já deve ter sido identificado um conjunto de oportunidades que poderá explorar para crescer e ter sucesso, bem como um conjunto de ameaças, que deverá administrar adequadamente para resguardar sua empresa do fracasso.

Na identificação das ameaças e oportunidades deve-se olhar para fora de sua UP e buscar os mais diversos aspectos que podem afetar seu negócio: concorrentes, mercado consumidor, legislação, tecnologia etc.

b) Pontos Fortes e Fracos

Neste item, deve-se olhar para dentro de sua empresa – disponibilidade de recursos, disponibilidade de pessoal, qualificação do pessoal, rede de parcerias etc. Quais são os pontos fortes e os pontos fracos desta estrutura interna?

c) Objetivos

De maneira bem sucinta, o que a Unidade Produtiva quer conquistar? É isso que este item deve esclarecer. Os objetivos da empresa devem ser definidos de maneira quantitativa, passível de mensuração.

d) Estratégias

Levando em consideração as ameaças e oportunidades que já identificou em seu ambiente de negócio e os pontos fortes e fracos que identificou internamente na sua empresa, deve-se identificar e definir as estratégias, ou seja, os caminhos que irá trilhar para chegar aos objetivos propostos. As estratégias afetam a Unidade Produtiva como um todo e definem sua postura perante o mercado. Estão relacionadas ao longo prazo. É em função das estratégias aqui definidas que serão elaborados os planos operacionais (sugeridos nos itens a seguir).

É importante refletir sobre alguns aspectos ao definir as estratégias: os investimentos para implantação e crescimento da empresa serão feitos com recursos próprios ou será buscado recurso externo? No caso de recursos externos, que tipo de recurso o empreendedor vislumbra obter? Quais parcerias serão estabelecidas para a decolagem do negócio? Qual segmento do mercado será explorado (a UP irá se posicionar inicialmente frente a um determinado público identificado ou irá atacar em diversas frentes)? A empresa irá se diferenciar de seu concorrente em função de preço ou qualidade? Além de outras questões que correspondam a fatores críticos ao sucesso do negócio em questão.

5.6 Plano de Marketing

O Plano de Marketing apresenta como se pretende vender seus produtos e conquistar seus clientes, manter o interesse dos mesmos e aumentar a demanda, sempre de acordo com a estratégia definida anteriormente acerca do posicionamento da empresa no mercado. Deve abordar seus métodos de comercialização, diferenciais dos bens/serviços para o cliente, política de preços, projeção de vendas, canais de distribuição e estratégias de promoção/comunicação e publicidade.

a) Estratégias de Vendas

Descreve-se aqui qual o público-alvo ao qual os produtos serão dirigidos e como serão apresentados para venda. Aqui se deve explicitar o argumento central de venda que irá adotar, ou seja, o que será enfatizado em seus bens/serviços como ponto forte para que ele seja atrativo a seu público-alvo.

b) Diferencial Competitivo do Produto

Nesta etapa deve-se deixar claro qual o valor ou benefícios adicionais que seus clientes obtêm quando escolhem sua UP em lugar da concorrência. Toda empresa deve concentrar esforços para alcançar desempenho superior em uma determinada área de benefício para o consumidor; pode esforçar-se para ser líder em serviços, em qualidade, em estilo, em tecnologia etc. O empreendedor deve identificar a vocação de sua empresa e enfatizá-la, porque é muito difícil liderar em todas as áreas.

c) Distribuição

Aqui se deve identificar e determinar os possíveis canais de distribuição para disponibilizar os bens/serviços, no local, tempo e quantidade certos, a fim de melhor atender as necessidades do consumidor. A distribuição deve ser feita de maneira adequada para que seja possível dominar o seu nicho no mercado, através da maximização das vendas, alavancagem de marca, valor agregado, satisfação e lealdade dos clientes.

d) Política de Preços

Neste item será indicada a estratégia de preços a ser adotada pela Unidade Produtiva e as margens de lucro praticadas. É interessante listar um ranking de preços que permita um comparativo com a concorrência. Deve-se demonstrar a lógica de sua estratégia: Por que o preço praticado é efetivamente o melhor preço em termos de resultado para a empresa? É melhor porque permite maior volume de vendas? É melhor porque oferece maior margem de lucro? Neste segundo caso, o cliente estará disposto a pagar por essa maior margem? Por quê? Enfim, deve-se buscar subsídios (em outras partes do próprio plano de negócios) para demonstrar que existe harmonia entre as diversas estratégias propostas.

e) Projeção de Vendas

Estima-se o quanto a empresa pretende vender ao longo do tempo, levando-se em conta a participação de mercado planejada. A UP pode optar por adotar a técnica de cenários. Ou seja, em vez de fazer uma única projeção, o que pode ser considerado extremamente arriscado num contexto de incerteza e instabilidade como o atual, o empreendedor pode fazer, por exemplo, três projeções: uma tendencial (se as coisas continuarem como estão...), uma pessimista (se isto ou aquilo der errado...) e uma otimista (se isto ou aquilo der certo...). Neste ponto, o empreendedor que se sente confortável para fazer essas diferentes projeções de maneira coerente e fundamentada comprova bom conhecimento de seu ambiente de negócios, porque precisa ter noção de tendências acerca das mais diversas variáveis que podem afetar sua empresa.

f) Serviços Pós-venda e Garantia

Neste item a Unidade Produtiva pode apontar os serviços pós-venda e de garantia que a empresa oferece para seus clientes.

5.7 Planejamento e Desenvolvimento do Projeto

Evidentemente, antes de se vender alguma coisa, é preciso ter um bem/serviço. Portanto, é preciso fazer um planejamento para o desenvolvimento "físico" do projeto. A pergunta chave é: quanto tempo será necessário até que a empresa possa começar efetivamente a vender?

a) Estágio atual

Apresenta-se o estágio em que se encontra o projeto do produto/serviço em questão.

b) Cronograma

Deve ser apresentado um cronograma esperado para a conclusão do projeto.

c) Gestão das Contingências

Deve-se apontar as principais dificuldades que poderão ser enfrentadas pela Unidade Produtiva durante o desenvolvimento do projeto, e descrever as estratégias que serão utilizadas para reduzir ou eliminar o impacto dessas dificuldades.

5.8 Plano Financeiro

No plano financeiro, apresentam-se, em números, todas as ações planejadas para a empresa. Algumas perguntas-chave que deverão ser respondidas neste item são: Quanto será necessário para iniciar o negócio? Existe disponibilidade de recursos para isto? De onde virão os recursos para o crescimento do negócio? Qual o mínimo de vendas necessário para que o negócio seja viável? O volume de vendas que a UP julga atingir torna o negócio atrativo? A lucratividade que a empresa conseguirá obter é atrativa?

a) Investimento Inicial

Especifica-se neste item os custos com as instalações, suprimentos, equipamentos e mobiliário necessários para a implantação do negócio. Essas especificações ajudarão no levantamento do investimento fixo – ativo permanente – necessário para implantação da empresa.

b) Receitas

No item "Projeção de Vendas" já foram definidas as projeções das suas vendas esperadas para o horizonte de cinco anos. Com esses dados em mãos, juntamente com a determinação do preço a ser praticado pelos seus bens ou serviços, poderá visualizar suas vendas em termos de valores, as quais denominamos de receitas.

c) Custos e Despesas

Neste item deverão ser levantados todos os valores que serão despendidos para a produção dos bens/serviços a que a Unidade Produtiva está se propondo. Deverão ser levantados tanto os custos de produção quanto as despesas relativas ao suporte à produção, como gestão, vendas etc.

d) Fluxo de Caixa

O fluxo de caixa é um instrumento que tem como objetivo básico a projeção das entradas (receitas) e saídas (custos, despesas e investimentos) de recursos financeiros por um determinado período de tempo. Com o fluxo de caixa, a empresa terá condições de identificar se haverá excedentes ou escassez de caixa durante o período em questão, de modo que este constitui um importante instrumento de apoio ao planejamento da UP (especialmente na determinação de objetivos e estratégias).

e) Demonstrativo de Resultados / Lucratividade Prevista

Com base nos valores já identificados, relativos a entradas e saídas da empresa, poderá se utilizar a planilha "Demonstrativo de Resultados" para chegar à lucratividade de seu negócio. A partir disso, terá condições de apurar informações cruciais como o retorno que terá sobre o capital investido na UP e o prazo de retorno sobre o investimento inicial.

f) Ponto de Equilíbrio

O cálculo do ponto de equilíbrio ajuda a empresa a encontrar qual o nível de vendas em que a receita será igual a todas as saídas de caixa da empresa. Isso é importante porque indica qual o nível mínimo de vendas que a Unidade Produtiva deverá manter para que não opere com prejuízo.

g) Balanço Patrimonial

No caso de empresas já constituídas, é conveniente apresentar o balanço patrimonial, que possibilita a visualização das disponibilidades e obrigações de curto e longo prazo da UP e, assim, uma avaliação da solidez da empresa.

5.9 Avaliação e Controle

Uma vez definidas as ações a serem desenvolvidas pela Unidade Produtiva, faz-se necessário desenvolver procedimentos operacionais que permitam avaliar e controlar a implementação do plano. Para isso, recomenda-se estabelecer padrões percentuais que comparem o que foi realizado com o que foi previsto, verificando os índices obtidos.

Essas avaliações devem ser periódicas, preferencialmente mensais, para que se possa controlar o processo em todas as suas etapas. Faz-se necessário também, para garantir o sistema de avaliação e controle, o desenvolvimento de indicadores de desempenho. Esses indicadores devem fornecer informações quantitativas e/ou qualitativas que, quando comparadas a metas ou padrões preestabelecidos como desejáveis, venham apontar se as atividades que ora estão sendo desenvolvidas encontram-se alinhadas ou se necessitam de correções.

Em particular nas empresas, a definição dos critérios de avaliação e indicadores de desempenho depende basicamente de uma consulta a seus *stakeholders*, com a finalidade de determinar quais os indicadores de desempenho que devem ser adotados para satisfazer suas expectativas.

Isso nem sempre é um processo fácil, pois as unidades de negócios normalmente possuem um número relativamente grande de entidades promotoras, e nem sempre seus interesses são convergentes, razão para que muitas vezes a UP defina seus próprios indicadores.

Um gráfico muito utilizado para o planejamento e controle dos trabalhos planejados e apresentação dos resultados ao término dos trabalhos em relação ao tempo é o gráfico de Gantt (Figura 5.2). É um gráfico de barras horizontais, que consiste em listar as ordens programadas no eixo vertical e o tempo no eixo horizontal, tendo sido desenvolvido como uma ferramenta de controle de produção em 1917 por Henry L. Gantt, um engenheiro americano e cientista social.

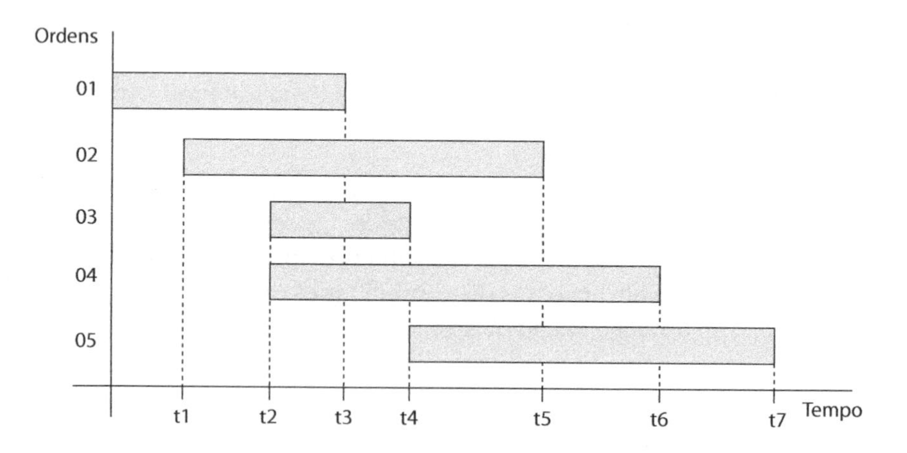

FIGURA 5.2
Gráfico de Gantt.

Fonte: Neumann (2013).

Questões e Tópicos para Discussão

1) **Como se interligam o Planejamento Estratégico e o Plano de Negócios?**

2) **Descreva quais as etapas para elaboração de um Plano de Negócios.**

3) **Como se relacionam os passos da etapa 2 – Produto/Serviço?**

4) **A etapa 3 – Mercado é subdividida em quatro passos. Represente esses passos como parte de um sistema produtivo.**

5) **Elabore um exemplo de uma empresa prestadora de serviços utilizando os passos relacionados à etapa de Capacidade Empresarial.**

6) **Elabore um exemplo de uma empresa produtora de bens de consumo, utilizando os passos relacionadas a etapa 5 – Estratégia de Negócios.**

7) **Descreva quais os passos para elaboração de um Plano de Marketing.**

8) **Utilizando um gráfico de Gantt e os passos do Planejamento e Desenvolvimento do Projeto, represente graficamente sua evolução no tempo.**

9) **Pesquise quais são as ferramentas/técnicas mais utilizadas para elaboração de cada um dos passos do Plano Financeiro.**

10) **(PETROBRAS/2010) O plano estratégico de uma empresa é definido como um(a):**
   a) processo cujo objetivo é otimizar determinada área da empresa, sendo desenvolvido pelos níveis organizacionais intermediários, através do uso eficiente de recursos para a concretização dos objetivos;
   b) padrão de abordagem que um gerente emprega para atingir os objetivos da área de sua responsabilidade;
   c) procedimento básico a ser adotado pela gerência operacional, no médio prazo, com detalhes dos resultados preestabelecidos pela área de produção;
   d) declaração que delineia a missão de uma empresa, sua estratégia, seu rumo futuro, metas de desempenho de curto e longo prazos, estabelecendo a melhor direção a ser seguida;
   e) formalização, através de documentos escritos, das metodologias de desenvolvimento de curto prazo da empresa.

11) **(PETROBRAS DISTRIBUIDORA/2011) A análise do ambiente externo para se planejar qualquer estratégia enfoca:**
   a) o comportamento da sociedade;
   b) o conjunto de informações do ambiente competitivo da empresa;
   c) o resultado das vendas para o mercado externo;
   d) a utilização do "tino comercial" do empresário para definir suas estratégias de ação;
   e) as fontes de recursos financeiros.

12) **(PETROBRAS/2011) O desempenho satisfatório de uma organização não depende apenas de um processo de planejamento responsável por elaborar objetivos desafiadores e realistas de um desenho estrutural que permita a execução adequada de atividades e de uma direção que lidere e motive os funcionários; depende também**

de um sistema de controle eficaz, que seja responsável por identificar possíveis desvios e corrigi-los em tempo hábil.

SOBRAL, Filipe; PECI, Alketa.
Administração, teoria e prática. São Paulo: Pearson, 2008. p. 231.

Sabendo-se que o controle é um conceito aplicável a diferentes níveis organizacionais, a função que corresponde ao controle estratégico é:

a) possibilitar decisões específicas dos gerentes para resolver problemas em suas áreas de atuação;
b) utilizar mecanismos de controle específicos, com foco em atividades operacionais;
c) garantir todos os recursos necessários à execução das atividades;
d) analisar a adequação da missão, visão, estratégias e objetivos organizacionais;
e) monitorar as atividades de acordo com os padrões definidos pela alta direção.

13) **(BNDES/2012) O processo de mudança tecnológica é resultado do esforço das empresas em investir em atividades de pesquisa e desenvolvimento (P&D) e na incorporação posterior de seus resultados em novos produtos, processos e formas organizacionais. As atividades de P&D referem-se à:**

a) pesquisa acadêmica, à pesquisa empresarial e à pesquisa internacional;
b) pesquisa aleatória, à pesquisa técnica e à pesquisa globalizada;
c) pesquisa literária, à pesquisa científica e à pesquisa de bancada;
d) pesquisa básica, à pesquisa aplicada e ao desenvolvimento experimental;
e) pesquisa basal, à pesquisa integrada e ao desenvolvimento definitivo.

14) **(CASA DA MOEDA/2009) O processo genérico de desenvolvimento de produtos contém a etapa de desenvolvimento do conceito. Nesta etapa, a área de marketing tem a responsabilidade de:**

a) avaliar a viabilidade da produção;
b) coletar as necessidades dos clientes;
c) definir os processos de produção;
d) desenvolver e testar os protótipos;
e) determinar o esquema de montagem.

6

Objetivos de desempenho

Na esteira de projetar Unidades de Negócios (UN) e em sintonia com seu planejamento estratégico, é necessário identificar quais variáveis internas e externas apresentam maior importância na empresa no longo prazo. Neste contexto, existem outros elementos, de curto, médio e longo prazo tais como: satisfação de clientes, ciclo de vida de produtos, grau de motivação das pessoas, participação no mercado, qualidade, e outros mais, alguns até circunstanciais, dependendo do produto ou serviço.

Quando do estabelecimento dos objetivos de desempenho, deve-se dar muita atenção a prioridade, tempo e estrutura, pois de forma dinâmica, uma UN tem ao longo de toda sua vida útil diversos objetivos a serem alcançados, sem contar os interesses particulares dos diretores, gestores, gerentes, empregados, acionistas etc., que ajudam a desenvolver, a cumprir e a alterar esses objetivos.

6.1 Desempenho Organizacional

O mundo direciona-se para uma nova ordem econômica, na qual diversos fatores (ambientais, organizacionais e tecnológicos) criam um cenário altamente competitivo, cuja excelência no atendimento às crescentes e diversas demandas de mercado é fundamental. Por conta de constantes mudanças nesses fatores, diversas pressões são geradas sobre as empresas.

A visão tradicional, com abordagem mais concentrada nas medidas de eficiência e nos resultados de curto prazo, atende parcialmente as necessidades das empresas e seus gestores. Com as mudanças que estão acontecendo neste ambiente empresarial mais competitivo são requeridos métodos que indiquem, além dos resultados financeiros, uma relação mais ampla do tipo causa-e-efeito e/ou se o que está sendo feito desenvolve-se de maneira correta.

Diante desses fatos, justifica-se que ao projetar Unidades de Negócios (UN) sejam definidos quais os modelos de avaliação de desempenho que serão adotados, de modo que contemplem os aspectos financeiros e os não financeiros de uma empresa. Também não se pode estabelecer mecanismos de avaliação que indiquem apenas o que está acontecendo, os impactos que têm causado sob o ponto de vista econômico-financeiro e na imagem da organização. É necessário que se saibam as causas das ocorrências dos fatos.

As empresas modernas necessitam de mecanismos de avaliação de desempenho em seus diversos níveis, desde o corporativo até o funcional, pois o desempenho no trabalho é resultante não apenas das competências inerentes aos indivíduos, mas também das relações interpessoais, do ambiente de trabalho e das características da empresa.

O objetivo do gerenciamento do Desempenho Organizacional é garantir que a organização e todos os seus subsistemas (processos, departamentos, times, colaboradores) estão trabalhando juntos em um modelo ótimo para atingir os resultados desejados pela organização. Nesse sentido surgiram os Sistemas de Gestão do Desempenho (SGD), que consistem em sistemas que contemplam todos os aspectos de desempenho da empresa, que de forma global, assegure o alcance de seus objetivos e a sua continuidade.

O SGD é um eficaz instrumento para promover a partilha dos objetivos de gestão e simultaneamente fomentar o papel do gestor como orientador dos seus colaboradores, estabelecendo na empresa uma verdadeira cadeia de compromisso na satisfação dos objetivos, na medida da responsabilidade e no desempenho de cada um.

Com o SGD, pode-se obter um sistema que se caracteriza pela sua proatividade e que tem como objetivo principal aumentar os números de sua empresa, através da otimização dos resultados das direções, dos departamentos e dos colaboradores. Para estruturar o SGD da área de manufatura é necessário, primeiramente, definir as dimensões do desempenho exigidas, principalmente de sua área de produção e operações, diante da estratégia de negócio estabelecida.

Esses novos sistemas possuem uma abordagem mais ampla, com ênfase na eficácia empresarial e estruturada de maneira que possa predizer o resultado de desempenho, isto é, se o objetivo está sob controle, envolvendo dimensões como:

- Foco na visão e estratégia de negócio;
- Alcance de resultados a longo prazo;
- Otimização dos recursos;
- Melhoramento contínuo;
- Satisfação do cliente;
- Acompanhamento das ações dos competidores.

No projeto de Unidades de Negócios (UN), os objetivos de desempenho que têm maior importância para competitividade são relacionados aos seguintes aspectos financeiros e não financeiros de uma empresa, que interagem entre si:

- **Econômico**: As empresas possuem um papel muito importante na sociedade e que deve ser cumprido levando em consideração o aspecto da rentabilidade, dando retorno ao investimento realizado pelo capital privado. Após a classificação dos projetos tecnicamente corretos é imprescindível que a escolha considere aspectos econômicos. Na Engenharia de Produção, a Engenharia Econômica é a área específica que fornece os critérios de decisão, para a escolha entre as alternativas de investimento.

- **Organizacional:** Esse grupo de fatores engloba em seus tópicos o planejamento estratégico e operacional, as estratégias de produção, inclui informações sobre a capacidade de gestão das empresas e sobre os recursos humanos da companhia. Na Engenharia de Produção, a Engenharia Organizacional é a área específica que compreende o conjunto de conhecimentos relacionados à gestão das organizações. Enfocar as seguintes variáveis:
  - capacidade gerencial dos administradores;
  - sistema de controle e planejamento organizacional;
  - estrutura e clima organizacional;
  - políticas de recursos humanos, como salários e benefícios;
  - aperfeiçoamento da mão de obra através de treinamento;
  - eficácia dos programas de recrutamento, seleção e admissão de pessoal;
  - índice de *turn-over* e absenteísmo.

- **Tecnológico:** A tecnologia é um componente básico da competitividade das organizações. Os fatores tecnológicos devem ser analisados do ponto de vista dos produtos e processos. Portanto, valorizar a mudança tecnológica, tornando-a um componente da sua estratégia é fundamental para manter-se viva e, mais do que viva, competitiva. Nesse aspecto, o comportamento de algumas variáveis pode ser considerado, tais como:
  - possibilidades de mudanças tecnológicas;
  - impacto sobre o mercado gerado por tecnologias inovadoras;
  - capacidade de aquisição e desenvolvimento de tecnologia;
  - orçamento de P & D (pesquisa e desenvolvimento);
  - vida útil dos equipamentos utilizados e necessidades de capital para substituí-los ou modernizá-los.

- **Ambiental**: É necessário que, no projeto das Unidade Produtivas, sejam consideradas as questões ambientais, para que se alcance a diminuição do consumo de recursos naturais e a redução da poluição do ar, do solo, da água e sonora, nas unidades fabris projetadas. Destaca-se que a inserção da variável ambiental como objetivo de desempenho organizacional pode transformar o que por muito tempo foi visto como limitações em novas oportunidades de mercado. Sarkis (1995) explica que uma produção ambientalmente favorável considera o desenvolvimento de tecnologias e processos de fabricação que utilizem menos matérias-primas, que reduzam ou eliminem a geração de resíduos e que possibilitem a produção de produtos recicláveis, reutilizáveis ou remanufaturáveis. Na Engenharia de Produção, a Engenharia da Sustentabilidade é a área específica que compreende o planejamento da utilização eficiente dos recursos naturais nos sistemas produtivos diversos.

6.2 Fatores Competitivos

Os objetivos de desempenho são definidos a partir da determinação dos fatores competitivos (ou Fatores Críticos de Sucesso – FCS), que são o conjunto consistente de objetivos que a empresa prioriza para competir no mercado. Para identificação dos fatores competitivos, são consideradas principalmente as necessidades dos clientes que constituem os segmentos-alvo de mercado de uma UP e devem refletir a importância atribuída pelos clientes de um determinado segmento de mercado a diferentes dimensões de desempenho.

No nível estratégico, os objetivos de desempenho podem se relacionar e materializar os interesses dos *stakeholders* das operações. *Stakeholders* é um termo usado em administração que se refere a qualquer pessoa ou entidade que afeta ou é afetada pelas atividades de uma empresa. Estes são o conjunto consistente de objetivos que a empresa prioriza para competir no mercado.

Preço, qualidade, prazo de entrega e grau de customização são também exemplos de fatores competitivos, embora normalmente associados aos níveis táticos e operacionais. Sua particularização para o caso de uma proposta de valor de uma empresa para um segmento específico, segundo Slack *et al.* (2002), começa pela divisão desses em três categorias:

a) fatores ganhadores de pedidos, ou seja, aqueles nos quais quanto melhor o desempenho da UN, mais os clientes irão escolher seus produtos, e consequentemente nos quais ela deve buscar melhorar seu desempenho de forma contínua. São considerados pelos consumidores como razões-chave para comprar o produto ou serviço.
b) fatores qualificadores, ou seja, aqueles nos quais a empresa deve manter seu desempenho acima de determinado nível sob pena de seus clientes a deixarem de fora do rol de opções de escolha. Abaixo deste nível "qualificador" de desempenho, a empresa provavelmente nem mesmo será considerada como fornecedora potencial por muitos consumidores.
c) critérios menos importantes – podem ser importantes em outras partes das atividades da produção.

Os Fatores Competitivos variam conforme as diferentes circunstâncias competitivas e a estratégia da empresa. Além das necessidades dos consumidores, também o estágio de ciclo de vida do produto/serviço e as ações dos concorrentes são utilizados para sua identificação, embora não haja um consenso sobre quais devam ser os conjuntos destas que orientam a implementação da estratégia de operações. O Quadro 6.1 descreve os principais fatores competitivos e seus respectivos objetivos de desempenho decorrente.

Quadro 6.1 Relação entre Fatores Competitivos e Objetivos de Desempenho

Fatores competitivos		Objetivos de desempenho
Se os consumidores valorizam	⇨	Então a operação terá de se superar em
Preço baixo	⇨	custo
Alta qualidade	⇨	qualidade
Entrega rápida	⇨	rapidez
Entrega confiável	⇨	confiabilidade
Produtos e serviços inovadores	⇨	flexibilidade (produto/serviço)
Ampla variedade de produtos e serviços	⇨	flexibilidade (composto *mix*)
Habilidade de alterar prazo e quantidade de produtos e serviços	⇨	flexibilidade (volume e/ou entrega)

Fonte: Slack (1997), adaptado.

6.3 Objetivos de Desempenho

Identificar os critérios que os consumidores utilizam para avaliar os produtos produzidos e serviços prestados possibilita orientar com maior sucesso as estratégias da empresa, e assim alcançar as expectativas dos clientes. Com isso, é possível identificar pontos de melhoria e pontos que merecem continuidade dentro do conjunto de atributos que a empresa fornece em um bem ou serviço, garantindo a satisfação dos clientes e conquistando um diferencial competitivo frente aos concorrentes.

Alguns exemplos de objetivos de desempenho para as Unidades de Negócios são:

- crescer;
- ter lucro;
- contribuir com a comunidade;
- fornecer produtos de qualidade;
- progredir tecnologicamente;
- prover dividendos aos acionistas;
- prover o bem-estar dos empregados;
- ganhar prestígio, desenvolver a organização;
- satisfazer às necessidades dos consumidores etc.

Porém, muitas vezes existem distorções entre o que a empresa acredita ser o melhor conjunto de atributos a satisfazerem seus clientes e aquele conjunto de atributos que realmente satisfazem os clientes. De acordo com Slack (1997), a avaliação da contribuição da Função Produção/Operações – FPO – pode ser feita através de cinco objetivos de desempenho, descritos a seguir.

a) Objetivo Confiabilidade

O objetivo confiabilidade significa entregar o produto no prazo prometido. Está relacionado ao princípio de realizar as atividades em tempo para os consumidores receberem seus bens ou serviços quando foram prometidos.

- A confiabilidade economiza tempo;
- A confiabilidade economiza dinheiro;
- A confiabilidade dá estabilidade.

b) Objetivo Flexibilidade

O objetivo flexibilidade significa a capacidade que uma empresa tem de mudar muito e rápido o que se está fazendo, ou seja, em alterar sua forma de operar ou produzir. Mudar o que é feito gera uma vantagem em flexibilidade, reflexo da qualidade dos processos e da gestão da organização. É ainda a capacidade de alteração da produção, seja no que faz, como faz ou quando faz, e, no caso de produtos e serviços, é a capacidade da operação introduzir no mercado novos itens.

- A flexibilidade agiliza a resposta;
- A flexibilidade maximiza tempo;
- A flexibilidade mantém confiabilidade.

Flexibilidade da Capacidade Operacional

É a habilidade de entregar o que o cliente quer, em um prazo relativamente curto. Essa flexibilidade é obtida a partir dos seguintes requisitos: plantas flexíveis; processos flexíveis; trabalhadores flexíveis; uso de subcontratação e compartilhamento da capacidade externa; mas não pelo uso de mão de obra interna.

Tipos de Flexibilidade de Capacidade Operacional

A mudança exigida pelos clientes deve atender a quatro tipos de exigências:

a) Flexibilidade de produto – bens e serviços diferentes. Trata da capacidade de introduzir novos produtos ou de modificar aqueles em produção. Exemplo: introduzir novos produtos; prestar serviços distintos.
b) Flexibilidade de composto (*mix*) – ampla variedade ou composto de produtos. Refere-se à capacidade de mudar a variedade de produtos que está sendo fabricada num determinado período.
c) Flexibilidade de volume – quantidades ou volumes diferentes de produtos. Está relacionada à alteração do nível agregado de produção. Exemplo: alterar a capacidade de produção.
d) Flexibilidade de entrega – tempos de entrega diferentes. Está associada à capacidade de refazer os planos para acomodar novas prioridades ou datas de entregas. Exemplo: variar a programação de distribuição.

c) Objetivo Qualidade

O objetivo qualidade significa produtos e serviços sob especificação. Fazer certo gera uma vantagem em qualidade através da diminuição do percentual de produtos defeituosos. Fazer certo as coisas; em outras palavras, significa fornecer bens e serviços isentos de erros, de modo que seus consumidores fiquem satisfeitos. Isso proporciona uma vantagem de qualidade para a empresa;

- A qualidade reduz custos,
- A qualidade aumenta a confiabilidade.

d) Objetivo Velocidade/Rapidez

Objetivo velocidade é executar as tarefas o mais rápido possível, ou seja, menor tempo de entrega. Fazer no tempo gera uma vantagem em pontualidade, reflexo da qualidade na organização, através da diminuição do ciclo para produção dos produtos. É um conceito relacionado há quanto tempo os consumidores precisam esperar para receber seus produtos ou serviços. O tempo de espera começa a ser contado desde o momento do pedido até a sua entrega.

- A rapidez reduz estoques;
- A rapidez reduz o risco.

e) Objetivo Custo

O objetivo custo significa alta margem, baixos preços ou ambos. Através da qualidade dos processos é possível fazer barato, o que gera uma vantagem em custo devido à diminuição do estoque em processo. O objetivo de desempenho denominado "custo" em uma empresa está relacionado ao desejo de produzir com o menor custo possível.

O custo é afetado por outros objetivos de desempenho. Cada um dos objetivos de desempenho possui vários efeitos externos e internos. Os efeitos internos de alta qualidade, rapidez, pontualidade e flexibilidade têm geralmente como objetivo reduzir os custos de produção.

- **Operações de alta qualidade** não desperdiçam tempo ou esforço de retrabalho, nem seus clientes internos são incomodados por serviços imperfeitos. Em outras palavras, alta qualidade pode significar custos baixos.
- **Operações rápidas** reduzem o nível de estoque em processo, entre as micro-operações, bem como diminuem os custos administrativos indiretos. Ambos efeitos podem reduzir o custo global da operação.
- **Operações confiáveis** não causam qualquer surpresa desagradável aos clientes internos. Pode-se confiar que suas entregas serão exatamente como planejadas. Isso elimina o prejuízo de interrupção e permite que as outras micro-operações trabalhem eficientemente.
- **Operações flexíveis** adaptam-se rapidamente às circunstâncias mutantes e não interrompem o restante da operação global. As operações microflexíveis podem

também trocar rapidamente entre as tarefas, sem desperdiçar tempo e capacidade, reduzindo novamente os custos.

Além dos Objetivos de Desempenho tradicionais, segundo Cooke (2004), no setor de serviços pode-se acrescentar:

- **Credibilidade**: refere-se à carga de honestidade e respeito pelos consumidores implícita à marca da empresa ou ao profissional de serviço (imagem e nome) na mente dos consumidores;
- **Acesso**: refere-se à facilidade de contato e disponibilidade do serviço em relação ao consumidor (localização, horário de trabalho, contato telefônico, estacionamento etc.)
- **Empatia**: refere-se à gentileza e ao respeito para com o consumidor e para com os seus bens, além da atenção prestada que o identifica como pessoa e o individualiza;
- **Tangíveis**: referem-se às aparências, aos aspectos físicos (visual das instalações, dos equipamentos, do pessoal, do material de comunicação etc.);
- **Capacitação**: refere-se a habilidade e conhecimento do pessoal de contato com o consumidor para executar serviços que requeiram conhecimentos específicos ou técnicos que normalmente consumidores não possuem;
- **Segurança**: refere-se à redução da percepção de risco do consumidor durante o processo de prestação do serviço.

6.4 Matriz Importância-Desempenho

Utilizada para identificar a lacuna entre a classificação da importância de cada objetivo de desempenho e a classificação do desempenho em relação à concorrência, é o que fornece o guia para a priorização dos objetivos. As medidas de desempenho das UN somente adquirem significado quando comparadas com o desempenho dos concorrentes. Comparar o desempenho operacional ao dos concorrentes é uma parte fundamental de qualquer estratégia para melhorar o desempenho de uma empresa. Slack *et al.* (2002) propõe uma escala de nove pontos para mensurar o nível de importância e o nível de desempenho dos critérios competitivos, como pode ser visto no quadro a seguir:

Quadro 6.2 Escala para Matriz de Desempenho

Melhor do que a concorrência	1	Consistente e consideravelmente melhor do que nosso concorrente mais próximo
	2	Consistente e claramente melhor do que nosso concorrente mais próximo
	3	Consistente e marginalmente melhor do que nosso concorrente mais próximo

(continua)

(*continuação*)

Igual à concorrência	4	Com frequência marginalmente melhor do que a maioria de nossos concorrentes
	5	Aproximadamente o mesmo da maioria de nossos concorrentes
	6	Com frequência a uma distância curta atrás de nossos concorrentes
Pior do que a concorrência	7	Usual e marginalmente pior do que nossos principais concorrentes
	8	Usualmente pior do que a maioria de nossos concorrentes
	9	Consistentemente pior do que a maioria de nossos concorrentes

Fonte: Slack (2002).

Após atribuir a pontuação relativa para cada critério competitivo, os resultados são plotados em uma matriz importância-desempenho. Essa matriz pode ser dividida em quatro regiões de prioridade de melhoramento, como mostra a Figura 6.1.

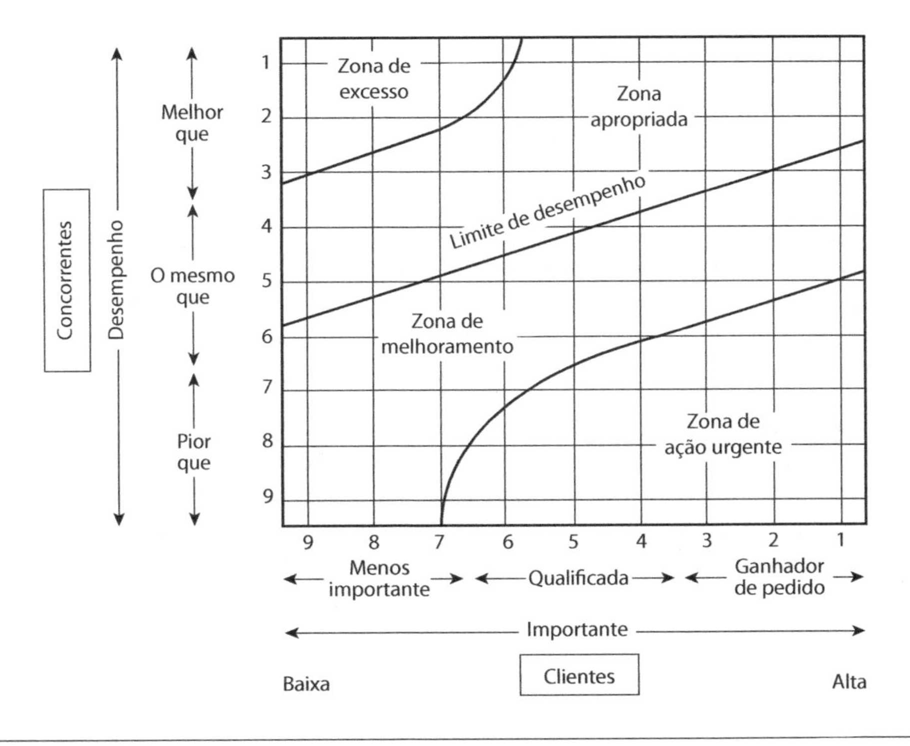

FIGURA 6.1
Matriz Importância-Desempenho

Fonte: Slack (1993).

A região adequada é separada em sua margem inferior pela fronteira de aceitabilidade, sendo esta o nível mínimo de desempenho da empresa tolerável pelo mercado. Qualquer critério competitivo que cair na região de melhoramento é um candidato a ser aprimorado, porém se estiver no canto inferior esquerdo da matriz poderá ser um caso não urgente de aprimoramento. A situação mais crítica é quando um critério competitivo encontra-se na região de ação urgente, exigindo, em curto prazo, a implementação de planos de melhoria. Por fim, existe também a região de excesso cujo desempenho atingido é superior ao necessário. Nesse caso, parte dos recursos poderia ser destinada à melhoria dos critérios situados na região de ação urgente.

6.5 Benchmarking

Pode ser definido como um processo contínuo e sistemático utilizado para investigar o resultado (em termos de eficiência e eficácia) de unidades com processos e técnicas comuns de gestão. *Benchmarking* é a busca das melhores práticas na indústria que conduzem ao desempenho superior. É visto como um processo positivo e proativo por meio do qual uma empresa examina como outra realiza uma função específica, a fim de melhorar a sua performance nessa ou em outra função semelhante.

Benchmarking é o processo contínuo de avaliação dos desempenhos, não somente dos produtos ou serviços, mas também das funções, dos métodos e das práticas em relação às empresas que têm os melhores desempenhos do mercado, porque na medida em que são realizadas comparações entre empresas, é possível avaliar como a empresa encontra-se frente a seus concorrentes, e identificar oportunidades de melhoria.

O *benchmarking* preocupa-se, entre outras coisas, em ver de que forma vai a operação. Pode ser visto, portanto, como uma abordagem para o estabelecimento realístico de padrões de desempenho. Também se preocupa com a pesquisa de novas ideias e práticas, que podem ser aptas para serem copiadas ou adaptadas.

O processo de comparação do desempenho entre dois ou mais sistemas é chamado de *benchmarking*, e as cargas usadas são chamadas de *benchmark*. Enquanto o *benchmarking* é o processo de identificação de referenciais de excelência, o *benchmark* é o referencial de excelência em si. Ou seja, *benchmark* é a ideia, a filosofia, o conceito, enquanto *benchmarking* é o ato de fazer benchmark. O Quadro 6.3 ilustra este conceito.

6.6 Representação Polar (Diagrama Polar)

É uma forma útil de representar a importância relativa dos objetivos de desempenho. É chamado de representação polar porque as escalas que representam a importância de cada objetivo de desempenho possuem a mesma origem. Nesse sentido, a re-

Quadro 6.3 Diferenças entre *Benchmarking* e *Benchmarks*

Benchmarking	X	*Benchmarks*
- é um processo que proporciona melhorias de performance.		- são indicações de desempenho.
- é ação, - é a busca de práticas responsáveis por alta performance, - é o entendimento de como estas práticas são aplicadas, - é a adaptação destas práticas para seu uso.		- são fatos - qual é a melhor disponibilidade? - qual é a melhor segurança? - qual é o melhor custo?

presentação polar é muito útil em planejamentos estratégicos que solicitam análises comparativas considerando os objetivos de desempenho. A Figura 6.2 ilustra uma representação polar para uma estratégia na qual os objetivos de desempenho privilegiam custo e rapidez em detrimento da qualidade e não exigindo flexibilidade. Tal cenário é típico de produtos de baixo valor agregado, produzidos em série e em grandes volumes.

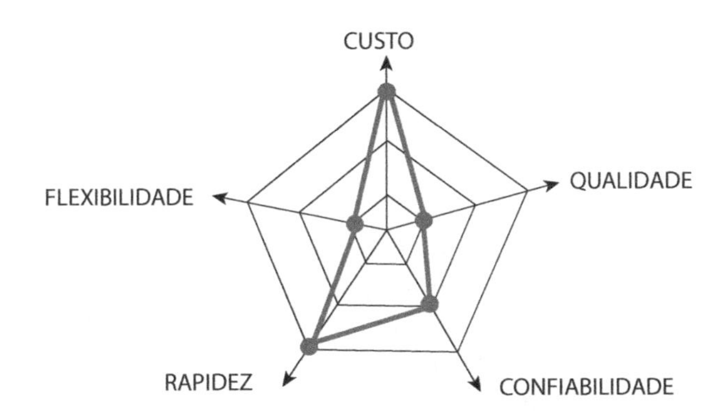

FIGURA 6.2
Representação Polar.

Fonte: Slack (1997).

Estratégia Onidirecional x Estratégia Focada

Depois de identificados quais são os fatores competitivos ganhadores e qualificadores, dois caminhos são usualmente mencionados na definição dos objetivos de desempenho. O primeiro deles dá conta de uma abordagem onidirecional, na qual a empresa tenta superar seus concorrentes em todos ou quase todos os fatores de competitividade relevantes, (fatores ganhadores de pedidos), ou seja, simultaneamente, por exemplo: preço, qualidade, rapidez de entrega, pontualidade, flexibilidade.

A segunda estratégia é selecionar um ou alguns dos principais fatores competitivos e focar as atenções gerenciais nesses objetivos buscando estabelecer uma diferenciação positiva em relação aos competidores, ainda que se situasse em posição ligeiramente inferior à concorrência nos demais fatores. Na Figura 6.3 estão representadas, através da representação polar, as estratégias onidirecional e focada, respectivamente.

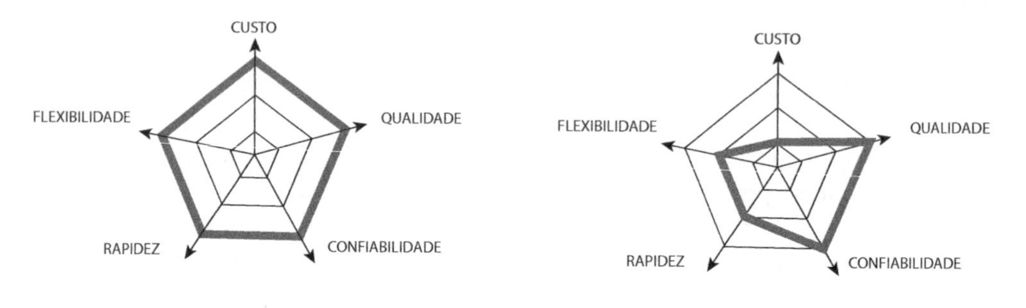

FIGURA 6.3
Estratégia Onidirecional *versus* Estratégia Focada.

Fonte: Neumann (2013).

6.7 Trade Off

A priorização dos objetivos de desempenho, por sua vez, está relacionada com o polêmico conceito de *trade-off*. O conceito de *trade-off* parte da premissa de que dificilmente uma empresa poderá ser excelente em todos os objetivos de desempenho. Ao menos na visão tradicional, variáveis como custo, qualidade, flexibilidade, entrega e serviço ao cliente colocam a administração constantemente diante de situações de decisão em que escolhas são inevitáveis.

Assim, a prioridade em um objetivo pode sacrificar a prioridade em outro, como pode acontecer, por exemplo, no tradicional conflito (*trade-off*) entre qualidade e custo, proposto por Joseph Juran, um dos mais importantes teóricos dos conceitos de Qualidade para analisar os Custos da Qualidade, em que são comparados os custos de prevenção e avaliação com os custos de falha, sendo tomada uma decisão de equilíbrio entre eles, privilegiando um pelo sacrifício do outro.

Em consequência disso, os gerentes de produção podem ser impelidos a assumir compromissos que os levam a "trocar" uma prioridade por outra, possibilitando a focalização do sistema de operações em objetivos restritos e não conflitantes. Na figura a seguir, como exemplo, apresenta-se a curva de *trade-off* com duas funções.

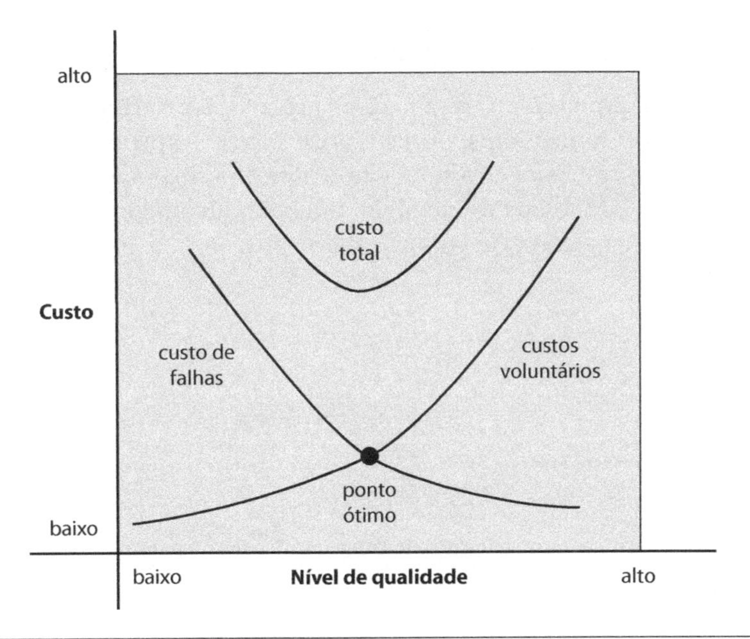

FIGURA 6.4
Curva de *Trade-Off.*

Fonte: Neumann (2013).

6.8 Processos

Segundo Neumann (2013), processo é um conjunto claramente definido de atividades sequenciais e conectadas, relacionadas e lógicas que tomam um *input* com um fornecedor, acrescentam valor a este e produzem um *output* para o cliente externo. Os processos têm objetivos específicos, organizados transversalmente às linhas funcionais, com uma específica ordenação de atividades de trabalho através do tempo e do espaço, e começam e terminam com o cliente externo, pois os processos existem para atender às necessidades de seus clientes externos.

Todo o trabalho importante realizado nas empresas, independente de porte e segmento de mercado, faz parte de algum processo composto de atividades coordenadas de pessoas, procedimentos, recursos e tecnologias. Não existe um único bem ou serviço oferecido por uma empresa sem um processo organizacional.

Dadas as oportunidades de mercado e necessidades existentes, a área empresarial acentuou seu interesse nos processos organizacionais e na sua importância para o desenvolvimento de uma empresa inovadora e competitiva em ambientes turbulentos. Dessa forma, em um curto espaço de tempo, proliferaram-se, no mercado, as metodologias, técnicas e ferramentas destinadas ao mapeamento, modelagem e redesenho de processos, tornando-se uma tarefa difícil a escolha de qual utilizar para cada programa ou projeto de mudança organizacional.

6.8.1 Classificação dos Processos

Em função de suas características gerais, os processos são tipicamente classificados como: processos de negócios, processos de suporte e processos de gestão, que devem funcionar em perfeita coordenação e sintonia. Existem empresas que têm excelência nos seus processos de negócio, mas não alcançam o mesmo resultado em seus processos de gestão e de suporte, o que lhes afeta o desempenho geral (ver Figura 6.5).

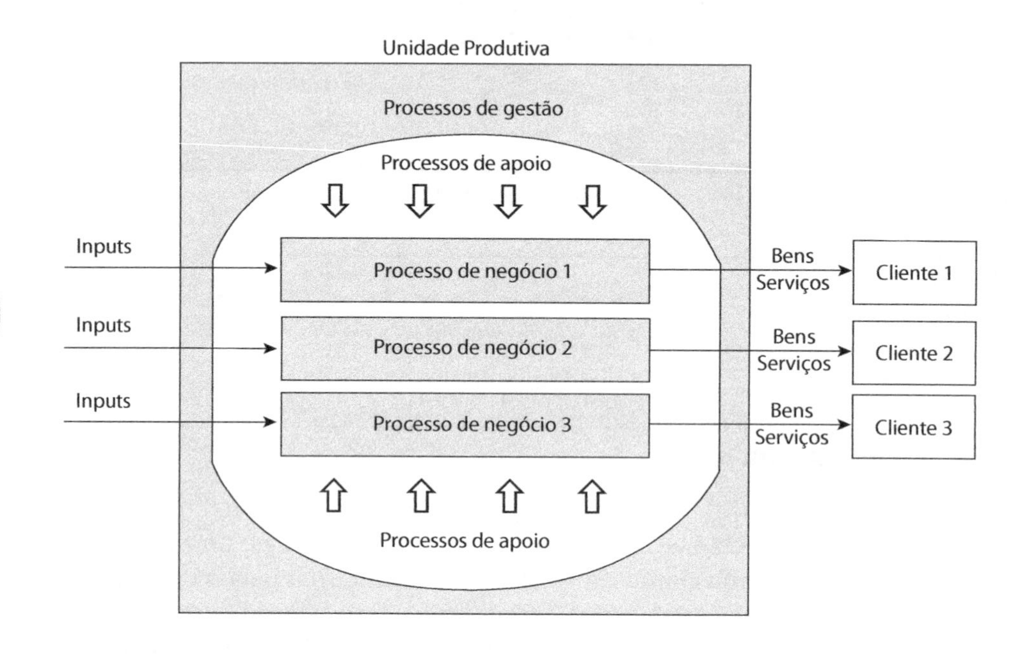

FIGURA 6.5
Classificação dos processos nas unidades produtivas.

Fonte: Neumann (2013).

a) Processos de negócio (*business process*)

São aqueles diretamente relacionados com o objetivo principal da UP, e que geram valor para o cliente, e, em caso de falhas, o cliente saberá imediatamente. Podem ser entendidos como aqueles que caracterizam a atuação da empresa e que são suportados por outros internos, resultando no produto ou serviço que é recebido por um cliente externo.

Um processo de negócio é um processo que possui clientes, atividades voltadas à criação de valor aos clientes e operadas por atores (humanos ou máquinas), e o mais importante, geralmente é longo e complexo, possui etapas lógicas ou ilógicas que atravessam ambientes organizacionais responsáveis pelo processo e depende de julgamento e apoio da inteligência humana (ou seja, o processo tem um dono na empresa).

Os processos de negócios são peças fundamentais para o sucesso de qualquer empreendimento. Sem que os processos estejam estruturados, organizados e documentados, as pessoas não sabem o que devem fazer, não sabem com quem devem interagir, não sabem qual o grau de autonomia da sua função e como devem ser tratadas as exceções durante a operação no dia a dia.

Em uma unidade de negócios, não existe nenhum processo nato, mas processos que são produzidos a partir da atividade principal do negócio, que irão requerer processos de suporte e de gestão. A eficiência e eficácia no desempenho desses processos é o diferencial entre as empresas. Um processo de negócio consiste em cinco elementos:

- tem seus clientes;
- é composto de atividades;
- as atividades são voltadas para criar valor para seus clientes;
- as atividades são operadas por atores que podem ser seres humanos ou máquinas;
- frequentemente envolve várias unidades funcionais que são responsáveis por todo o processo.

b) Processos de suporte (ou apoio)

São os conjuntos de atividades que garantem o apoio necessário ao funcionamento adequado dos processos de negócios, dão-lhes suporte, sendo necessários para sua execução. São aqueles que apoiam a empresa para a realização de sua atividade principal.

Os processos de suporte são geralmente invisíveis para o cliente (beneficiário). Representam uma atividade interna, geralmente transversal, permitindo assegurar o bom funcionamento da empresa. Como exemplo, têm-se os processos de: folha de pagamento, *call center*, recebimento e atendimento de pedido (fornecedor de material), gestão financeira, gestão de RH etc.

c) Processos de gestão

São aqueles focalizados nos gestores e nas suas relações, e incluem as ações de medição e ajuste do desempenho da empresa. São os processos que coordenam as atividades de suporte e os processos de negócio. Nesse tipo de processo, estão inclusas as ações que os gestores devem realizar para dar suporte aos demais processos de negócio, por exemplo: processos de gestão da produção e operações, processos de gestão de RH, processos de gestão financeira, processos de gestão de manutenção etc.

Questões e Tópicos para Discussão

1) **Os cinco objetivos de desempenho da produção são: custo, confiabilidade, flexibilidade, qualidade e rapidez. Diante disso, assinale a alternativa correta:**
   a) A flexibilidade é o grau de certeza de que os produtos oferecidos cumprirão suas funções conforme estabelecido.
   b) A confiabilidade refere-se à geração de serviços ou produtos que satisfaçam as especificações do projeto de maneira consistente.
   c) O cumprimento dos prazos de entrega também pode ser considerado um aspecto de desempenho em relação à confiabilidade.
   d) A rapidez requer acelerar ou desacelerar a taxa de produção rapidamente para lidar com grandes flutuações de demanda.
   e) O custo refere-se à capacidade de adaptar os bens e serviços oferecidos segundo necessidades diferentes.

2) **(Furnas/2009) Uma empresa promove, durante o ciclo de desenvolvimento do produto, uma série de alternativas para oferecer ao consumidor as características que melhor atendam às suas necessidades, já que estes exigem produtos personalizados, sendo este o único critério ganhador de pedidos. Qual o objetivo de desempenho que esta empresa deve focar?**
   a) Custo, pois esse sempre será o principal objetivo de produção, independente do tipo de negócio.
   b) Qualidade, já que o consumidor estará mais interessado na durabilidade do bem adquirido.
   c) Preço, pois o mercado é sensitivo a produtos mais baratos.
   d) Confiabilidade, pois o cumprimento dos prazos é de vital importância nesse tipo de mercado.
   e) Flexibilidade, pois mudanças tardias somente são possíveis caso se tenha um processo flexível.

3) **(Furnas/2009) Uma empresa de suco de laranja identificou qual o nível de importância e o nível de desempenho dos aspectos mais importantes de sua operação, considerados fatores competitivos. A empresa colocou as classificações de importância e de desempenho na matriz importância-desempenho, apresentada a seguir. O principal objetivo é comparar o desempenho da empresa com empresas concorrentes. Analisar a matriz e identificar qual fator competitivo está confortavelmente na zona adequada e quais fatores competitivos precisam de ações urgentes de melhorias, denominados fatores críticos. Pede-se também qual método utilizar para identificar as melhores práticas e tornar os fatores críticos identificados, melhores do que os da concorrência.**

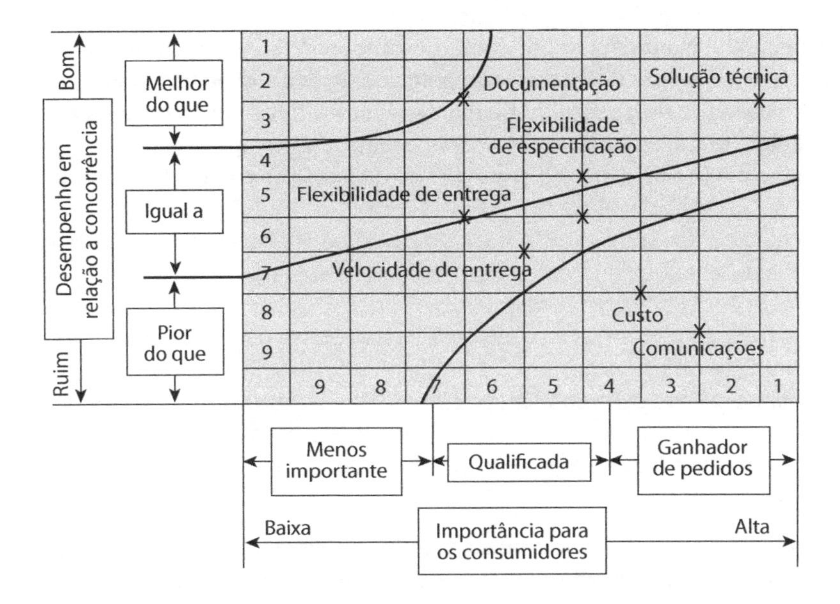

a) Zona adequada: Solução técnica. Ações urgentes: Confiabilidade de entregas e Velocidade de entrega. Método: Gestão de Logística.

b) Zona adequada: Documentação. Ações urgentes: Solução técnica e Comunicações. Método: ***Benchmarking***.

c) Zona adequada: Solução técnica. Ações urgentes: Custo e Comunicações. Método: ***Benchmarking***.

d) Zona adequada: Flexibilidade de entrega. Ações urgentes: Documentação e Solução técnica. Método: Gestão pela Qualidade Total.

e) Zona adequada: Comunicações. Ações urgentes: Flexibilidade de entrega e Velocidade de entrega. Método: Gestão pela Qualidade Total e Gestão de Logística.

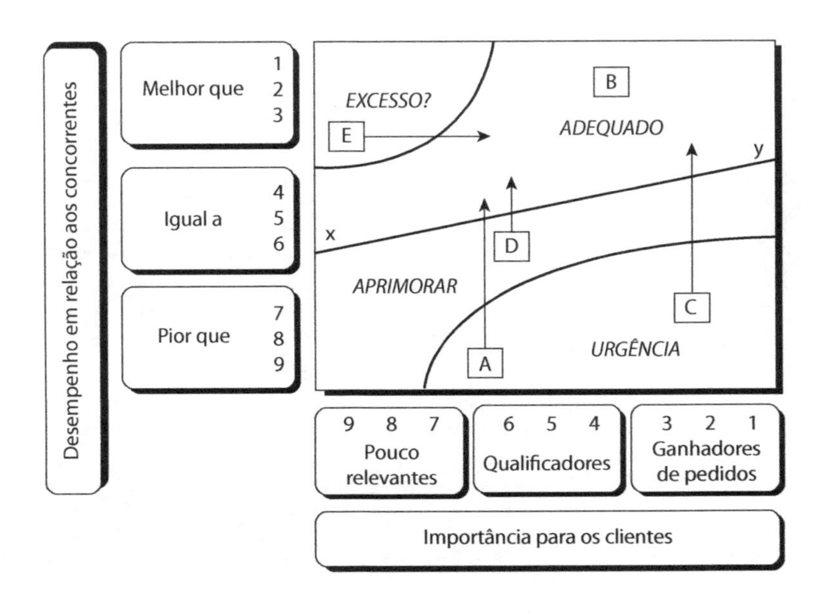

4) **(Furnas/2009) Na matriz importância-desempenho ilustrada anteriormente, encontram-se cinco ações de fatores competitivos, indicados pelas letras A, B, C, D e E, com a finalidade de posicionar ou manter esses fatores acima da linha X-Y. Selecione a opção que descreve corretamente essas ações.**
   a) Aprimorar um pouco mais o desempenho do fator competitivo "D", por meio de critérios ganhadores de pedidos.
   b) Adequar o fator competitivo "E", se utilizando de critérios mais relevantes para se alinhar a expectativas de maior importância dos clientes.
   c) Com urgência, procurar aprimorar o desempenho do fator competitivo "A" para operações muito melhores que às desempenhadas pelos concorrentes, por meio de critérios ganhadores de pedidos.
   d) Reduzir o desempenho do fator competitivo "B" abaixo do praticado pelos concorrentes.
   e) Com urgência, procurar aprimorar o desempenho do fator competitivo "C" para operações melhores que às desempenhadas pelos concorrentes, por meio de critérios pouco relevantes.

5) **(Inmetro/2010) Para avaliar a qualidade dos serviços de uma rede de lanchonetes do tipo alimentação rápida, foi utilizada a matriz importância *versus* desempenho. Para isso foram utilizados os parâmetros e a matriz importância *versus* desempenho apresentados na tabela e na figura a seguir:**

1	Preço	9	variedade das sobremesas
2	serviço rápido	10	qualidade da batata frita
3	brinquedo lembrança	11	responsabilidade social
4	refrigerante	12	conforto das instalações
5	brinquedo externo	13	formas de pagamento
6	qualidade do lanche	14	limpeza e organização do restaurante
7	variedade dos lanches	15	qualidade no atendimento
8	variedade das bebidas		

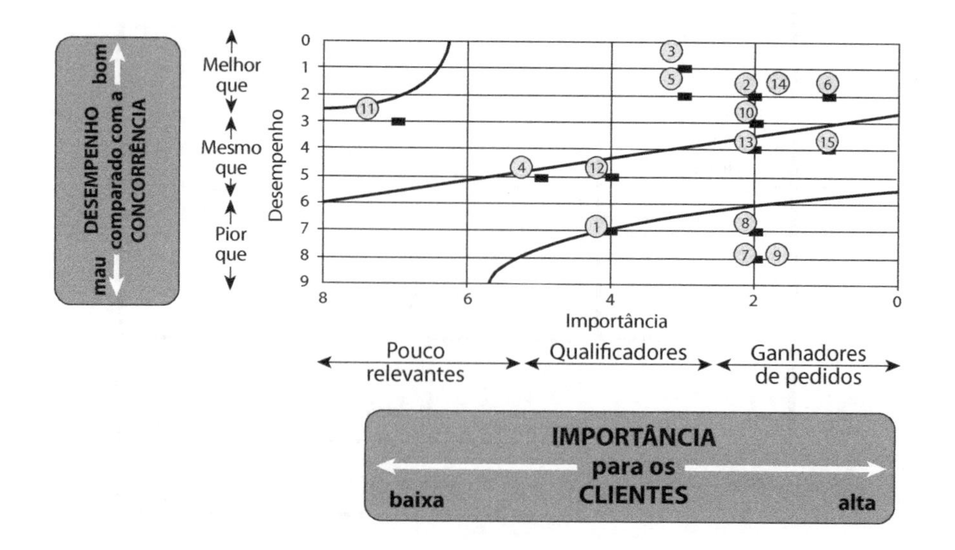

Com base nas informações apresentadas, assinale a opção correta.

a) O critério 8 deve ser priorizado por ser o mais importante para o cliente.

b) Os critérios 4 e 12, quando comparados com os critérios 13 e 15, devem ser priorizados, pois obtiveram um desempenho pior.

c) O critério 11 obteve um ótimo desempenho, mas, entre esse critério e o critério 2, deve-se priorizar a melhoria do 11.

d) Os critérios 1, 7, 8, 9 e 15 apresentam desempenho crítico e devem ser melhorados.

e) O critério que apresentou o melhor desempenho foi o critério 3, mas na opinião do cliente existem outros critérios mais importantes que ele.

Enunciado para as questões 6, 7 e 8.

Um dos papéis da gestão da produção é traduzir a estratégia da empresa em ações efetivas. A recomendação é a de que, para cumprir esse papel, sejam identificados os objetivos mais amplos que as operações produtivas necessitam atingir, os quais são comumente denominados por objetivos de desempenho, conforme apresentados na figura abaixo, na qual é apresentada também a importância, para a empresa X, de cada um deles.

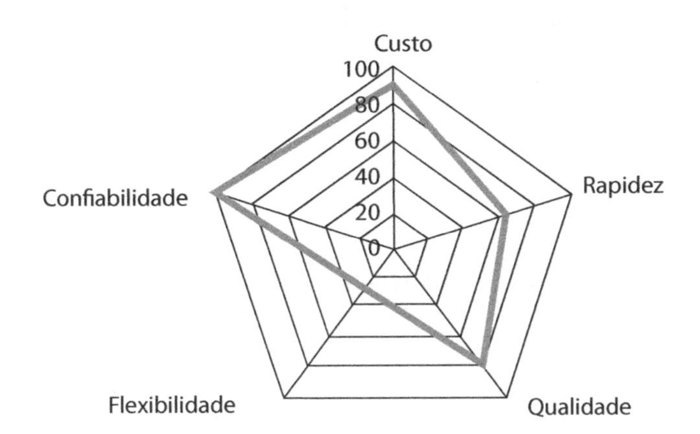

Importância relativa dos objetivos de desempenho da produção de uma determinada empresa

Com relação às considerações anteriores a respeito da importância dos objetivos de desempenho para a empresa X e a relação desta com fatores próprios da gestão da produção, julgue os itens seguintes.

6) **(Inmetro/2009) O objetivo qualidade é perseguido porque esta reduz custos e aumenta a confiabilidade, enquanto o objetivo rapidez apresenta menor importância, indicando que a empresa não considera relevantes a redução de estoques e o risco de erro na previsão da demanda.**

( ) C - Certo ( ) E - Errado

7) **(Inmetro/2009) Quanto ao objetivo confiabilidade, foi-lhe atribuído alto grau de importância, o que pode ser tomado como indicativo da maior preocupação com os clientes internos, uma vez que, nessa perspectiva, a empresa economiza tempo e dinheiro e obtém estabilidade. Na perspectiva dos clientes externos, o alcance do objetivo confiabilidade é menos relevante.**
( ) C - Certo ( ) E - Errado

8) **(Inmetro/2009) A flexibilidade é um objetivo pouco perseguido pela empresa, indicando um aspecto contraditório, embora seja reconhecida sua contribuição positiva para a manutenção da confiabilidade.**
( ) C - Certo ( ) E - Errado

9) **(Furnas/2009)**

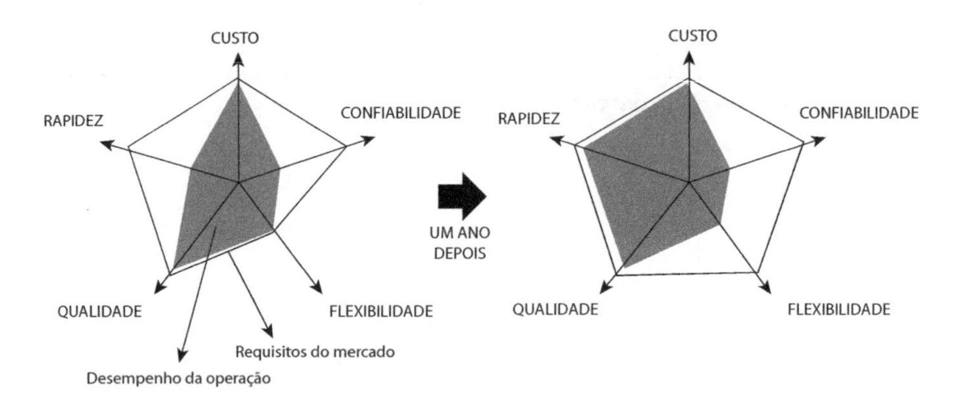

Nos diagramas polares, acima, a figura preenchida representa o desempenho da operação e a figura vazada representa o requisito de mercado. A partir da análise desses diagramas, qual a melhor conclusão que podemos observar?

a) A operação investiu fortemente no desempenho de flexibilidade, enquanto os requisitos de mercado cresceram sensivelmente no interesse de atendimento rápido, apesar de a operação ainda se manter adequadamente quanto a todos os objetivos de desempenho.
b) A operação se adequou à expectativa de mercado quanto ao desempenho de rapidez, mas deve estar atenta à mudança que ocorreu, no período, sobre a expectativa dos consumidores do desempenho em flexibilidade.
c) Os administradores da operação podem ficar tranquilos, pois, antes, estavam atendendo bem a três dos cinco objetivos de desempenho quanto aos requisitos de mercado e, após um ano, continuavam a ter bom desempenho a três dos cinco objetivos.
d) Nada foi investido para melhorar a confiabilidade da operação, e nada foi feito quanto à mudança na expectativa de desempenho, na flexibilidade, demonstrando uma administração ruim.
e) Nada pode ser concluído com as informações desses diagramas.

10) **(Petrobras/2012) Um ponto fraco do processo de avaliação de desempenho é a(o):**
   a) avaliação crítica do desempenho passado;
   b) noção da avaliação como forma de melhor produtividade;
   c) percepção de recompensa ou de punição por desempenho passado;
   d) conhecimento entre as pessoas, que gere aconselhamentos;
   e) julgamento de desempenho para fundamentar ações da empresa.

11) **(Petrobras/2012) A avaliação de desempenho deve proporcionar benefícios não só para as pessoas, como também para as organizações. Entre as funções listadas a seguir, aquela que NÃO se aplica à avaliação de desempenho é:**
   a) destacar fatos recentes da performance do indivíduo;
   b) cobrir o alcance de metas;
   c) enfatizar o indivíduo no cargo;
   d) utilizá-la para a melhoria da produtividade;
   e) atingir os objetivos organizacionais.

12) **(Petrobras/2011) O benchmarking é o processo de aprender com os outros e envolve a comparação do seu próprio desempenho ou método com o de outras operações comparáveis. As empresas usam o *benchmarking* para:**
   a) compreender melhor como empresas líderes atuam de maneira a aperfeiçoar seus próprios processos;
   b) copiar ou imitar operações bem-sucedidas de outras organizações;
   c) promover projetos isolados de melhoria de processos;
   d) comparar processos semelhantes de empresas similares do mesmo setor industrial;
   e) fazer espionagem industrial em grandes empresas.

13) (PETROBRAS/2014) **A qualidade é um objetivo de desempenho que, caso não atendido, pode gerar custos para as empresas. São exemplos de custos gerados pela falta de qualidade nos processos de uma empresa:**
   a) treinamento, manutenção preventiva e inspeção de produto;
   b) teste de matéria-prima, rotatividade e comprometimento da imagem;
   c) retrabalho, desperdício de matéria-prima e treinamento;
   d) processamento de devoluções, desperdício de matéria-prima e comprometimento da imagem;
   e) mensuração e teste de matéria-prima, inspeção de produto e retrabalho.

14) (PETROBRAS/2014) **Certa empresa de automóveis está revendo sua estratégia de atuação no mercado, a fim de atrair mais clientes. Assim, estabeleceu que o tempo de espera de um cliente na assistência técnica deve ser o menor possível, e a entrega das peças de reposição nos centros de serviço para o consumidor deve ser feita no tempo previsto. Dessa forma, para alcançar os dois fatores que foram estabelecidos, com quais objetivos de desempenho a empresa deve trabalhar, respectivamente?**
   a) Rapidez e confiabilidade
   b) Qualidade e confiabilidade
   c) Qualidade e rapidez
   d) Qualidade e flexibilidade
   e) Flexibilidade e rapidez

7

Indicadores de desempenho

Indicador de desempenho é um índice de monitoramento de algo que pode ser mensurável. Indicadores de desempenho nos permitem manter, mudar ou abortar o rumo de nossas ações, de processos empresarias, de atividades etc. As medidas de desempenho são muitas vezes usadas com o objetivo de mostrar aos investidores o comportamento da empresa (normalmente medidas relacionas com finanças, contabilidade etc).

Nos sistemas produtivos mais competitivos, as medidas corretas de desempenho comunicam os objetivos desejados a todos na empresa, e concentram a atenção nos pontos vitais. A partir dos resultados dos indicadores são traçadas as metas, que representam os resultados a serem alcançados para atingir os objetivos propostos. Elas podem ser definidas, ainda, como o padrão ideal de desempenho a ser alcançado ou mantido.

O estabelecimento de metas permite um melhor controle dos resultados, pois as mesmas devem ser observáveis, quantificadas por meio dos indicadores, conter prazos de execução e definição de responsabilidade. As metas devem estar focadas na análise das necessidades, expectativas e satisfação do cliente.

Uma Unidade Produtiva pode até sobreviver sem nenhuma avaliação do seu desempenho, mas a sua competitividade fica extremamente debilitada e vulnerável às mudanças do mercado. Sem se medir continuamente o desempenho de uma UP como se pode saber de fato que uma determinada decisão foi bem ou mal tomada? Como se sabe se uma determinada reorganização foi eficiente ou não?

Os indicadores de desempenho precisam ser analisados com cuidado, pois o desempenho da empresa não é a soma do desempenho dos seus departamentos ou funções, corresponde, sim, ao valor agregado às partes interessadas e à realização da estratégia. Segundo seu foco, os indicadores são normalmente classificados como:

- indicadores da empresa: o negócio, o mercado e os produtos;
- indicadores dos processos: os processos do negócio (principais funções);
- indicadores das atividades: as atividades dos processos (tarefa dos setores).

O sucesso no longo prazo das empresas se baseia principalmente de complexas relações entre questões externas e internas as Unidades de Negócios e, como visto no capítulo anterior, os fatores econômico; organizacional, tecnológico e ambiental são os quatro principais fatores que mais impactam na competitividade das organizações. Cada fator deve ser medido quanto aos objetivos que refletem a contribuição que ele deve dar a um ou mais objetivos da empresa.

Dentre os indicadores de desempenho, a competitividade é o indicador mais frequente no contexto da economia de mercado e o principal indicador de desempenho associado ao sucesso de uma empresa, mas não é o único. Segundo Neumann (2013), no ambiente externo às Unidade Produtiva utiliza-se com frequência também o termo efetividade, enquanto a eficiência, eficácia, produtividade e lucratividade são indicadores de desempenho associados ao ambiente interno da UP. Na figura a seguir estão representados os principais indicadores de desempenho mais utilizados para avaliar a gestão do sistema de produção e operações nas empresas.

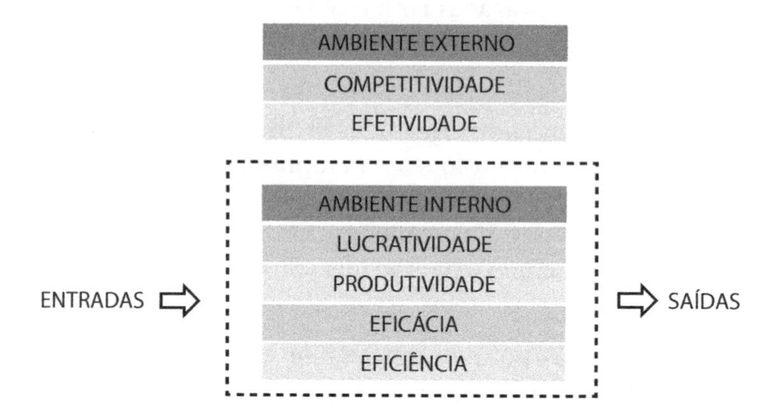

FIGURA 7.1
Classificação dos Indicadores de Desempenho.

Fonte: Neumann (2013).

7.1 Competitividade

Segundo Neumann (2013), a competitividade é um conceito holístico. Segundo uma perspectiva sistêmica de análise, a competitividade da empresa não depende apenas de sua conduta individual, mas também de variáveis macroeconômicas, político-institucionais, reguladoras, sociais e de infraestrutura, em níveis local, nacional e internacional. Tomando-se a Unidade Produtiva (UP) como elemento básico de análise, a competitividade pode ser definida como a capacidade de a UP formular e implementar estratégias concorrenciais de sucesso, que lhe permitam ampliar ou conservar, de forma duradoura, uma posição sustentável no mercado, sem compromisso de suas margens de lucro.

Com base nessas variáveis, a avaliação permite priorizar indicadores e comparar o desempenho para serem adotadas como referência em novos projetos. Logo, esse procedimento de avaliação é realizado quando se compara com outras unidades produtivas. Com isso, uma vez selecionados seus objetivos de desempenho, as empresas podem implementar um *benchmarking* na gestão de seus projetos de Unidades Produtivas visando melhorar seus indicadores de desempenho. Desse modo, os gestores dos projetos precisam adotar procedimentos para avaliar a eficiência, a eficácia, a efetividade etc. e, assim, auxiliar no processo de tomada de decisão.

Segundo Neumann (2013), para alcançar efetivamente a competitividade, desde a fase de projeto do sistema produtivo até a gestão dos processos produtivos, são dezenas as áreas de decisão que precisam ser simultaneamente objeto de atenção dos gestores. Nesse sentido o autor desenvolveu a metodologia GESPO, que atua como roteiro contra as deficiências na implantação da gestão nas empresas, pois para alcançar a competitividade e se manterem competitivas, as empresas precisam implantar uma trajetória consistente para gestão dos seus sistemas de produção e operações.

Segundo a metodologia GESPO (Neumann, 2013), a atuação sinérgica em diferentes conjuntos de áreas de decisão resulta no alcance de diferentes indicadores de desempenho, e para as empresas alcançarem altos níveis de efetividade e competitividade de suas operações, dentre áreas que devem ser incorporadas às decisões de longo prazo, destacam-se a seguir alguns que são fundamentais e que estão mais diretamente associadas ao escopo desta obra:

- Gestão Estratégica;
- Gestão de Projetos;
- Gestão de Investimentos;
- Gestão da Sustentabilidade Ambiental;
- Localização Industrial;
- Redes de Empresas.

Com o objetivo de orientar esse processo, o autor elaborou um modelo empírico para implantação da GESPO que objetiva a gradual e consistente melhoria no desempenho das ações executadas. Esse modelo engloba as principais áreas de decisão, os indicadores de desempenho e o horizonte de tempo necessário para sua implantação, que está dividido em três etapas: curto prazo, médio prazo e longo prazo, representado pela figura a seguir:

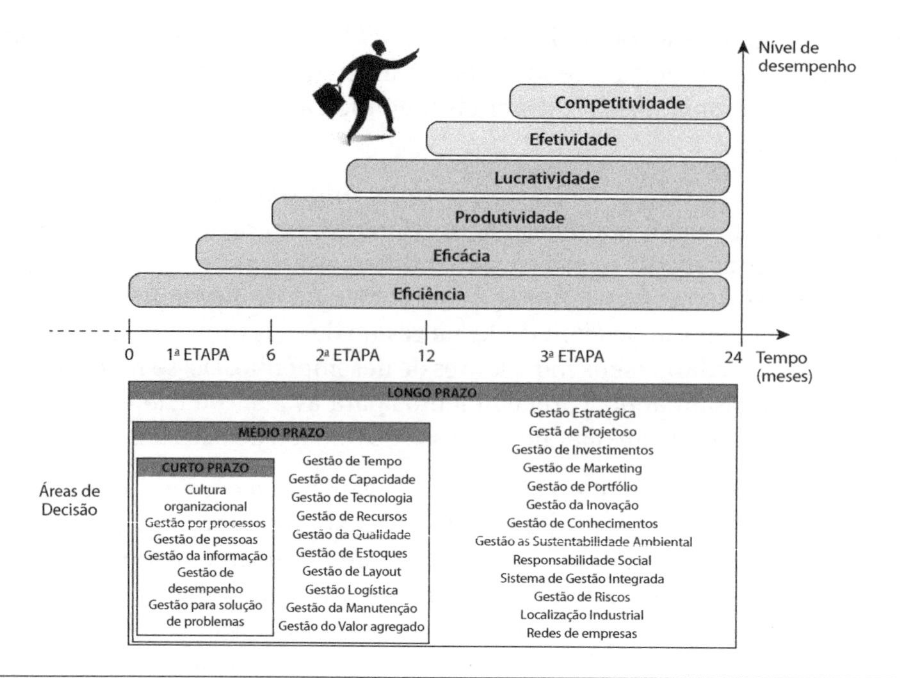

FIGURA 7.2
Modelo para implantação da GESPO.

Fonte: Neumann (2013).

7.2 Efetividade

Derivação do verbo efetivar, é sinônimo de confirmar, efetuar, realizar, a efetividade é a capacidade de produzir um efeito, gerar um impacto, que tanto pode ser positivo quanto negativo. Consequentemente, para que a empresa seja efetiva, é necessário que ela também seja eficiente e eficaz.

A efetividade está associada à missão (razão de ser) do empreendimento e analisa seu sucesso a longo prazo. A efetividade representa a capacidade de a empresa coordenar constantemente no tempo esforços, energias, manter-se no ambiente e apresentar resultados globais positivos ao longo do tempo (permanentemente).

A efetividade avalia o grau de utilidade dos resultados alcançados, ou seja, avalia se está se fazendo certo a coisa útil. Procura medir se está realmente valendo a pena ter qualidade no dia a dia, sendo eficiente, eficaz, produtivo e lucrativo. A efetividade está associada a real capacidade de os resultados promoverem os impactos esperados.

Em um negócio que deva gerar dinheiro, num mercado competitivo com clientes e concorrentes, a efetividade estaria relacionada ao conceito de, solidamente, fazer crescer (ou pelo menos manter) o lucro econômico e retorno sobre o investimento ao longo do tempo.

Exemplos: Utilidade dos resultados alcançados pelos processos desenvolvidos pela UN no ambiente externo, com clientes, concorrentes, governo etc.

7.3 Lucratividade

A lucratividade é um dos principais objetivos de desempenho das empresas. A geração de riqueza serve como alicerce para o cumprimento das obrigações e permite um fôlego de caixa que justifica a sustentabilidade da empresa. A lucratividade mede a relação entre o valor obtido (R$) pelas saídas geradas e o valor gasto (R$) com as entradas consumidas. É a medida de como as UN ganham dinheiro para cobrir os investimentos realizados e gerar lucro para mantê-la operando.

$$lucratividade = Preço \times Produtividade \qquad \text{(Fórmula 7.1)}$$

De forma geral, a ligação lucro-produtividade se dá através dos custos unitários dos produtos ou serviços: quanto maior a produtividade, menores os custos e consequentemente menores ou mais estáveis os preços e maior a competitividade da empresa no seu mercado. Nessa lógica, lucro e a produtividade tenderão a crescer juntos, sendo direto e visível o seu relacionamento.

Existem seis formas fundamentais que nos permitem aumentar a lucratividade:

- pelo aumento dos preços;
- pelo aumento dos volumes das vendas;
- pelo novo projeto do produto ou serviço;
- pelo barateamento do produto ou serviço;
- pelo aumento da produtividade;
- pela eliminação do desperdício de trabalho, de materiais e dinheiro.

Aumentar os preços é mais fácil. É o que muitas empresas fazem em regimes inflacionários, mas corre o risco de perder competitividade, pois o preço menor do concorrente pode até significar inviabilidade do negócio.

Melhorar a produtividade é mais difícil. Exige esforços para aumentar as saídas e reduzir entradas, no entanto é mais estável e uma sólida maneira de ganhar competitividade.

7.4 Produtividade

Ser produtivo é fazer certo as coisas certas, isto é, fazer aquilo que consideramos importante e prioritário com a menor quantidade de recursos possível. O tempo é um recurso fundamental: nada pode ser feito sem tempo. Por isso ele é frequentemente escasso e caro.

A competência de um país para melhorar o padrão de vida disponível de sua população e para que, ao longo do tempo, as sociedades enriqueçam, depende quase que inteiramente da sua capacidade de fazer com que suas unidades produtivas aumentem seus volumes de produção (*outputs*), a partir das mesmas quantidades de entradas (*inputs*), em outras palavras, mais bens e serviços a partir dos mesmos recursos produtivos, ou seja, aumentado sua produtividade.

A produtividade da organização se caracteriza pela relação entre as quantidades de produtos e de insumos que são usados no seu processo produtivo, ou seja, mede as saídas geradas em relação às entradas consumidas, ou simplesmente, é o quanto se produz em relação aos recursos utilizados.

A produtividade está associada à utilização adequada dos recursos para produzir os produtos. Como vários são os recursos que são utilizados para se produzirem os produtos, então se pode dizer que produtividade P é definida analiticamente pelo quociente entre as entradas (*inputs*) e as saídas (*outputs*) de um sistema produtivo sendo interpretada como a relação entre os recursos usados na produção e as unidades de produtos produzidos durante um período de tempo especificado.

$$P = \frac{0}{R_1 + R_2 + ... + R_n} = \frac{Saídas}{Entradas} \quad \text{(Fórmula 7.2)}$$

Onde:

O = produtos produzidos (saídas)

R = recursos utilizados (entradas)

Várias formas de avaliação da produtividade têm sido utilizadas, com vantagens e desvantagens peculiares, porém há unanimidade no reconhecimento dos benefícios do aumento da produtividade uma vez que dele decorrem os aumentos no lucro, menores preços e impactos positivos no nível de vida da sociedade.

Aumentar a produtividade é produzir cada vez mais e/ou melhor com cada vez menos. O aumento da produtividade pode ser obtido de duas formas:

- pode ser conseguido via capital, quando ocorre, por exemplo, a aquisição de máquinas e equipamentos mais produtivos;
- ou pela via trabalho, quando se consegue fazer com que o operário produza mais eficientemente.

De forma geral, um aumento da produtividade implica em um melhor aproveitamento de funcionários, das máquinas, equipamentos, energia e matéria-prima. As formas básicas para melhorar a produtividade são:

1. Produzir mais *output* usando o mesmo nível de *inputs*.
2. Produzir a mesma quantia de *output* usando menor nível de *inputs*.
3. Produzir mais *output* usando menor nível de *inputs*.

7.5 Eficácia

Mede o grau de atingimento das metas programadas. A eficácia é externa ao processo e tende a variar no tempo. Trata do que fazer, de fazer as coisas certas, em fazer as coisas importantes, da decisão de que caminho seguir. Eficácia está relacionada à escolha e, depois de escolhido o que fazer, fazer essa coisa de forma produtiva leva à lucratividade da UN.

A eficácia está associada ao efetivo alcance dos objetivos propostos pela empresa. A eficácia é o grau em que os resultados de uma organização correspondem às necessidades e aos desejos do ambiente externo. A eficácia está relacionada não só ao atendimento das necessidades dos clientes, mas também a superação de suas expectativas. Sinteticamente, a eficácia está associada aos fins – objetivos a serem alcançados pela empresa.

Ser eficaz é:

- Fazer as coisas certas, isto é, fazer aquilo que consideramos importante e prioritário.
- Produzir alternativas criativas;
- Maximizar a utilização de recursos;
- Obter resultados;
- Aumentar o lucro.

A eficácia de uma empresa depende basicamente de dois aspectos:

- De sua capacidade de identificar as oportunidades e necessidades do ambiente;
- E de sua flexibilidade e adaptabilidade, visando usufruir dessas oportunidades e atender às necessidades identificadas no ambiente.

Exemplos:

- A eficácia é a capacidade de a unidade produtiva atingir a produção que tinha como meta maximizando os resultados. Essa meta tanto pode ter sido estabelecida pela própria unidade, como externamente.
- Resultados alcançados pelas atividades desempenhadas por cada setor ou departamento de uma UN: aumentar a resposta rápida aos clientes, baixar níveis de estoques, aumentar os níveis de qualidade dos produtos, diminuir custos de produção etc.
- A eficácia pode ser avaliada com foco na qualidade, quando considera qual o nível de atendimento às expectativas e necessidades dos clientes: integridade dos produtos entregues aos clientes.

7.6 Eficiência

É inerente ao processo e tende a não variar com o tempo. Mede o grau de acerto (racionalização ou economicidade) na utilização dos recursos empregados. A eficiência trata de como fazer, de fazer as coisas corretamente, não do que fazer.

A eficiência está associada ao melhor equacionamento entre recursos utilizados para alcançar os resultados, ou seja, quando se utilizam adequadamente os recursos disponíveis. Ser eficiente é fazer as coisas certo, isto é, com a menor quantidade de recursos possível. Uma tarefa é eficiente quando minimiza a utilização de recursos ou quando produz um melhor desempenho usando os mesmos recursos.

Eficiência é:

- Fazer as coisas de maneira adequada.
- Resolver problemas.
- Salvaguardar os recursos aplicados.
- Cumprir o seu dever.
- Reduzir os custos.

Medir a eficiência é comparar o que foi produzido, dados os recursos disponíveis, com o que poderia ter sido produzido com os mesmos recursos. Para sistemas com várias entradas pode ser medido pelas saídas:

$$Eficiência = \frac{saída\ gerada}{saída\ padrão\ ou\ referência} \quad \text{(Fórmula 7.3)}$$

Quando se fala em eficiência basicamente se refere a treinamento e educação dos funcionários, na padronização para execução de tarefas e utilização de métodos estabelecidos. A tarefa de um operador de um equipamento que executa a operação conforme os padrões estabelecidos, ou seja, cumpre exatamente os procedimentos estabelecidos. Sinteticamente, a eficiência está associada aos meios – métodos, normas, procedimentos e programas da empresa.

Exemplos:

- A eficiência pode ser avaliada com foco no prazo, quando considera o tempo de ciclo total de um processo: tempo total para que o pedido do cliente seja processado e concluído;
- A eficiência pode ser avaliada com foco no custo, quando considera quais os recursos são necessários para que os processos os execute: pessoas, material, sistemas, transporte.

No quadro a seguir, é apresentada uma síntese das características destes indicadores de desempenho:

Quadro 7.1 Síntese das Características dos Indicadores de Desempenho

Indicadores de Desempenho	Característica	O que Avalia?	Síntese
Competitividade	É a capacidade que uma empresa tem de, com maior facilidade, produzir e vender mais barato que seus concorrentes	A capacidade de qualquer empresa em lograr cumprir a sua missão, com mais êxito que outras empresas competidoras	Fazer melhor a coisa útil
Efetividade	É inerente ao processo, sua missão e razão de ser	O grau de utilidade dos resultados alcançados	Fazer certo a coisa útil
Lucratividade	É necessário para sobrevivência das empresas uma vez que protege a viabilidade do modelo de negócio desenvolvido pela empresa	A relação entre o valor obtido pelas saídas geradas e o valor gasto com as entradas consumidas	Fazer gerar valor na coisa certa
Produtividade	É a medida da eficácia do uso dos recursos para produzir este produto ou processar este serviço.	As saídas geradas em relação às entradas consumidas	Fazer certo a coisa certa
Eficácia	É inerente à atividade, seus objetivos e metas	O grau de atingimento das metas programadas	Fazer a coisa certa
Eficiência	Inerente à tarefa, seu padrão e referência	O grau de acerto (racionalização ou economicidade) na utilização dos recursos empregados.	Fazer certo a coisa

Fonte: Neumann (2013).

Questões e Tópicos para Discussão

1) **O que são e para que servem os indicadores de desempenho?**

2) **Qual a diferença entre eficiência e eficácia?**

3) **Qual a relação entre produtividade e lucratividade?**

4) **O que as empresas devem fazer para alcançar a efetividade e a competitividade?**

5) **(Furnas/2009) O número de acidentes ocorridos numa empresa com a perda de tempo em relação a 1.000.000 horas trabalhadas, considerando-se todos os funcionários dessa empresa, é expresso pelo coeficiente de frequência. O setor da empresa responsável pela Segurança e Saúde no Trabalho apontou que num mês ocorreram 30 acidentes em 300.000 horas trabalhadas. Calcular o coeficiente de eficiência dessa empresa.**

a) 100.
b) 40.
c) 50.
d) 25.
e) 70.

Custo ou preço em R$	Processo 1	Processo 2
Custo dos insumos	5,00	5,00
Custo da mão de obra	2,00	4,00
Custo dos recursos de produção	3,00	3,00
Preço de venda	12,50	15,50

6) **(IBGE/2010) Considerando os custos por unidade produzida e o preço de venda unitário, apresentados na tabela, as produtividades multifatores dos dois processos, respectivamente, usando duas casas decimais, são:**
a) 0,56 e 0,58;
b) 0,80 e 0,77;
c) 0,81 e 1,24;
d) 1,25 e 1,29;
e) 1,79 e 1,72.

7) **(Petrobras/2010)** A Indústria Blank White Ltda. de papéis produz etiquetas autoadesivas para diversos produtos. Num determinado período, o valor semanal, em reais, de suas vendas (*output*) foi de R$ 49.000,00, e o valor dos recursos de entrada (*input*), com capital, materiais e mão de obra foi de R$ 70.000,00. A produtividade total da Blank White está entre:
a) 0,65 e 0,75;
b) 0,60 e 0,65;
c) 0,50 e 0,55;
d) 0,40 e 0,50;
e) 0,25 e 0,35.

8) **(Petrobras/2010) Em janeiro, uma empresa produziu 300 toneladas de um produto, sendo utilizados 40 funcionários na produção. Em fevereiro, foram 360 toneladas, com o aumento de 5 funcionários na produção. A partir dessas informações, conclui-se que a:**
a) produtividade parcial da mão de obra apresentou um aumento inferior a 2%;
b) produtividade parcial da mão de obra apresentou um aumento superior a 6%;
c) produtividade da empresa não aumentou, pois a produção e a mão de obra aumentaram;
d) capacidade da empresa foi reduzida, de forma proporcional ao aumento do número de trabalhadores;
e) capacidade e a produtividade permanecem constantes.

9) **(Petrobras/2009) Uma empresa fez alterações no processo produtivo ao introduzir equipamentos mais automatizados na linha de montagem, o que demandou equi-**

pe mais treinada e, consequentemente, mais cara, conforme os dados da tabela abaixo.

Ano	Produção em unidades	Total de H.h utilizado na produção	Custo de H.h por unidades (R$)
2007	10.000	100	10,00
2008	18.000	80	20,00

Considerando o custo total de mão de obra, qual foi a variação percentual da produtividade de 2008 em relação a 2007?

a) - 50,0
b) - 25,0
c) 12,5
d) 25,0
e) 80,0

10) **(Petrobras/2011) A lucratividade é um objetivo organizacional. A geração de riqueza serve como alicerce para o cumprimento das obrigações junto aos acionistas e permite um fôlego de caixa que justifica a sustentabilidade da empresa através do planejamento estratégico. A esse respeito, analise as assertivas abaixo.**

I. A empresa é uma entidade econômica que deve trazer retorno aos seus acionistas.
II. A empresa é considerada uma entidade social que deve trazer retorno para seus parceiros.
III. A distribuição de riqueza deve ser feita de modo proporcional, de acordo com a contribuição dos parceiros, para o êxito do projeto organizacional.

A(s) característica(s) do modelo de *stakeholders* aparece(m) APENAS em:

a) I.
b) II.
c) I e II
d) I e III.
e) II, III.

11) **(FINEP/2013/ÁREA 1) O crescente aumento da competitividade nos negócios faz com que as empresas utilizem diversas formas de gestão visando a demonstrar diferenciais ao mercado consumidor. De acordo com o setor em que a empresa atua e suas especificidades, a busca pela competitividade requer distintos componentes. Nessa busca existem alguns pilares reconhecidamente importantes de apoio às organizações. São pilares que apoiam a competitividade empresarial:**

a) inovação tecnológica de processos e produtos;
b) estrutura organizacional piramidal;
c) automação completa dos processos organizacionais;
d) *gaps* operacionais;
e) custos altos das atividades meio.

12) **(FINEP/2013/ÁREA 3) Uma empresa está em franca expansão e, para dar suporte a essa expansão, ampliou suas instalações, quadro de pessoal, produção e vendas. Todo esse movimento é resultado de uma ampla ação de busca pela competitividade e eficiência. Essa ação consistiu no ordenamento dos recursos e das funções a**

fim de facilitar o trabalho e criar uma nova estrutura para a empresa. No processo administrativo, a ação se refere à função

a) Planejamento
b) Direção
c) Organização
d) Controle
e) Coordenação

8

Estratégia de produção e operações

8.1 Apresentação

No desenvolvimento deste livro foi abordado que as Decisões Estratégicas dizem respeito ao posicionamento da UN em seu ambiente (ver Capítulo 4), de modo que para atingir seus objetivos de longo prazo, a Estratégia de Produção e Operações (EPO) têm de estar alinhadas às decisões estratégicas. As decisões estratégicas, por sua vez, classificam-se em dois grupos de decisões: estruturais e não estruturais.

As Decisões Estratégicas Estruturais são decisões que influenciam principalmente as atividades do projeto da Unidade Produtiva, mas também de toda a organização. As decisões estruturais são resultantes das estratégias de negócios adotadas e afetam seu funcionamento a longo prazo, influenciam diretamente todo o Projeto da Fábrica, ou seja, essas atividades de projeto são as que definem os fatores de produção que a compõem, ou seja, a forma física da produção e seus serviços. Suas principais áreas de planejamento são:

- estratégia de desenvolvimento de novos bens/serviços;
- estratégia de integração vertical;
- estratégia de instalações;
- estratégia de tecnologia.

Por sua vez, as Decisões Estratégicas Não Estruturais englobam procedimentos organizacionais, controles e sistemas, que definem os processos de produção, ou seja, a forma como os fatores de produção se relacionam. São decisões que influenciam a operação de sua infraestrutura, principalmente a força de trabalho e as atividades de planejamento, controle e melhoria para operação da UN. Em geral, desdobra-se em um sem-número de decisões nos três tipos clássicos de estratégia e englobam uma miríade de decisões contínuas no longo, médio e curto prazo. Na literatura pertinente, essas decisões são ditas relativas ao funcionamento da infraestrutura do sistema de produção/operações, exemplo:

- estratégia de organização de recursos humanos;
- estratégia de ajuste de capacidade;
- estratégia de desenvolvimento de fornecedores;
- estratégia para implementação de programas de qualidade;
- planejamento e controle do fluxo de materiais;
- estratégia de estoques;
- estratégia de melhoria de desempenho.

Sabe-se também que o planejamento estratégico considera a empresa como um todo e a melhor interação desta com o ambiente, levando em conta as condições internas e externas à empresa e sua evolução esperada. Neste caso o nível estratégico envolve a formulação de objetivos, planos e programas que afetam toda a empresa por longos períodos de tempo com vistas a obter um nível de otimização na relação com seu ambiente. Dentre os níveis de planejamento, no que diz respeito ao alcance da competitividade e ao sucesso de uma empresa no longo prazo de forma sustentada, o planejamento estratégico é o principal nível de planejamento.

Especificamente, o planejamento racional das atividades de manufatura tem como objetivo adquirir e desenvolver os recursos produtivos, definir novos produtos, estabelecer políticas de atendimento ao cliente e gerar planos agregados de produção baseados nas previsões da demanda de longo prazo. As decisões tomadas neste nível influenciam toda a cadeia de planejamentos (ou seja, os níveis tático e operacional) e, para garantir a eficácia de tais decisões, crucial se torna o envolvimento das áreas relacionadas aos diferentes departamentos da UP.

Neste contexto, as principais áreas referentes ao planejamento das Decisões Estratégicas Estruturais serão abordadas na Parte III deste livro, especificamente o que diz respeito ao Projeto de Fábrica e Layout, cita-se: projeto de produtos e processos, definição de capacidade instalada, seleção da tecnologia e localização da Unidade Produtiva. Entretanto, para alcançar esses objetivos, é necessário que se conheça e considere o efeito de suas decisões estratégicas estruturais e não estruturais nos níveis táticos e operacionais, que exige o conhecimento prévio de características desses níveis numa abordagem da Engenharia de Produção.

8.2 Estratégia de Produção e Operações (EPO)

A Estratégia de Produção e Operações (EPO) é formada por um conjunto de princípios gerais que guiarão seu processo de tomada de decisão que envolve toda empresa e que deve estar integrada e articulada com a estratégia da UN, bem como com as demais estratégias das funções principais e de apoio, resultando num esquema consistente para a tomada de decisões visando alcançar o objetivo principal da empresa, ou seja, sua razão de existir.

Uma EPO consiste na definição de um conjunto de políticas com foco na função produção/operações e que dá sustentabilidade à posição competitiva da empresa. A estratégia competitiva deve especificar como a FPO suportará uma vantagem competitiva, e de forma abrangente, também as demais estratégias funcionais. Sinteticamente, Estratégias de Produção e Operações são as diversas formas de organizar a produção para atender suas demandas a fim de ser competitivo.

Como visto, a Estratégia de Produção e Operações é uma parte da estratégia geral da empresa, e de forma geral, são quatro as principais perspectivas sobre EPO:

- *Top-Down* – De cima para baixo: quando a direção da empresa (unidade de negócio) decide o que fazer;
- *Bottom-Up* – De baixo para cima: quando as melhorias cumulativas da operação constroem a estratégia da produção;
- *Market Out* – Quando os requisitos de mercado constroem a estratégia da produção;
- *Product In* – Quando a estratégia da produção envolve explorar a capacidade dos recursos em determinados nichos de mercado.

Para que a área de manufatura possa apoiar a competitividade das atividades de negócio da empresa, é necessário que os objetivos estratégicos da área estejam em sintonia com os objetivos estratégicos da empresa. Portanto, é necessária uma visão ampliada das atividades, enfocando as medidas de desempenho com base na eficiência, eficácia, produtividade e lucratividade.

Na Figura 8.1 está representada a estratégia de produção e operações, entre outras, como parte do desdobramento da estratégia de negócios em quatro grandes áreas.

FIGURA 8.1
Desdobramento da Estratégia de Negócios.

Fonte: Neumann (2013).

São questões que vão desde a escolha dos produtos, localização das unidades produtivas, identificação da tecnologia do processo de transformação mais adequada e do layout dos recursos produtivos, passam pela seleção dos processos de gestão, pela definição da política de recursos humanos, dos sistemas de suprimentos, qualidade e manutenção, até alcançar o planejamento de estoques e a programação das tarefas. Visualmente, uma das maneiras de perceber a estratégia da produção, é através do seu layout. O planejamento do layout determina como os ativos fixos tangíveis de uma atividade econômica apoiam a consecução dos seus objetivos.

Tomar essas decisões de forma integrada, consistente e orientada para as prioridades estabelecidas é um desafio, simples de ser enunciado, mas que na prática é muito complexo de ser alcançado pelo número e variedade de decisões envolvidas. Isso porque, da mesma forma que investir em tecnologia avançada ou construir mais ou melhores instalações pode aumentar a capacitação potencial de qualquer tipo de operação, porém, as melhores e mais caras instalações e tecnologia somente serão eficazes se a produção também possuir uma infraestrutura adequada que governa a forma como a produção funcionará em seu dia a dia. Justifica-se portanto que, para apoiar os objetivos da maioria das empresas já em funcionamento, o ambiente de produção precisa ser reformulado e buscar soluções que otimizem as atividades da função produção.

A seleção de uma boa EPO para a produção e operações exige muitos dos mesmos processos que o desenvolvimento de uma boa estratégia corporativa. Abordagens inovadoras para a Estratégia de Produção e Operações podem oferecer uma vantagem competitiva. Sugere-se que uma boa estratégia tenha três objetivos:

- Redução de capital: é a tomada de decisões direcionada para a minimização do nível de investimento na implantação das fábricas;
- Redução de custos: é a tomada de decisões direcionada para a minimização dos custos variáveis na operação das fábricas;
- Aumento da competitividade: tomar decisões que lhe permitam ampliar ou conservar, de forma duradoura, uma posição sustentável no mercado.

8.3 Processos Produtivos

Segundo Neumann (2013), processo é um conjunto claramente definido de atividades sequenciais (conectadas), relacionadas e lógicas que tomam um *input* com um fornecedor, acrescentam valor a este e produzem um *output* para o cliente externo.

Por sua vez, os processos produtivos determinam a abordagem geral de gerenciar o processo geral de transformação, numa abordagem agregada da organização dos processos de fabricação de bens e/ou de prestação de serviços, sem entrar na especificidade de cada produto.

São usados termos diferentes para distinguir entre os tipos de processos nos setores de manufatura e serviços, sob diversas formas de classificação, em que cada modelo de organização do processo produtivo implica uma forma diferente de organizar as atividades da empresa. Vimos que, de forma geral, os processos produtivos são classificados quanto ao foco de sua atuação: são denominados de processos de fabricação, processos de montagem, processos de prestação de serviços ou processos de produção (Capítulo 5).

Na fase de estruturação da metodologia PFL, deve ser considerada a forma como será operado o sistema de produção, ou seja, quais os processos de prestação de serviços e/ou processos de fabricação/montagem serão empregados. Aqui serão definidos quanto, quando e onde especificamente produzir; e envolve também questões como o tamanho dos lotes, a programação e o sequenciamento das tarefas, uma vez que na maioria das empresas são produzidas simultaneamente várias combinações de produtos, cujas necessidades de insumos e recursos produtivos são diferentes.

Dentre estes, os processos de produção exercem influências diretas sobre algumas dimensões competitivas, tais como custo final do produto, qualidade final do produto, flexibilidade de produtos e tempo de entrega do produto (JELINEK, M.; GOLHAR, J.D., 1983). Assim, a seleção dos processos de produção utilizados pelas empresas constitui a base para a formulação de uma estratégia de operações e para verificação da adequação tecnológica desses sistemas produtivos às prioridades competitivas predefinidas.

Nesse contexto, a definição do método de gestão da produção impacta na seleção do layout da Unidade Produtiva e no projeto do sistema de manuseio, no qual são definidos os meios e os mecanismos para interação de todos os centros de produção requeridos para atender a estratégia da produção. Esses têm como referência a seleção dos processos produtivos empregados, principalmente quanto aos volumes de produção (quantidades), as variadades de produção (*mix*), capacidade de produção e previsões de demanda.

A definição do método de gestão da produção/operações tem como principais parâmetros a taxa anual de produção prevista, as características do produto, o tipo de tecnologias necessárias e os procedimentos de controle de qualidade aplicados, posto que cada vez mais tecnologias e técnicas de gestão são aplicadas nos sistemas produtivos, visando aumentar a capacidade de resposta da função produção às flutuações decorrentes das necessidades dos mercados.

8.4 Processos de Produção

Os Processos de Produção englobam a maneira pela qual as empresas organizam seus órgãos e realizam sua produção, adotando uma interdependência lógica entre todas as etapas do processo de produção, desde o momento em que os materiais e as matérias-primas saem do almoxarifado até chegar ao depósito como produto acabado.

São atividades que consomem e produzem recursos físicos utilizando recursos produtivos (fatores de produção) do tipo pessoa, tipo equipamento e tipo informação e envolvem várias funções das empresas, que são responsáveis por toda gestão dos sistemas de produção e operações. Têm como resultado a execução de atividades relacionadas ao fluxo de produção, definição de layout, definição da necessidade de capacidade instalada, definição dos equipamentos, entre tantas outras.

A definição dos processos de produção é resultante da atividade de projeto do processo desenvolvida pela Engenharia do Processo através da análise, mapeamento e modelagem de processos. Essa escolha não é mais do que definir a capacidade a instalar, o layout das operações, do planejamento da produção e da tecnologia e equipamentos a utilizar.

A seleção de qual processo de produção adotar consiste numa decisão estratégica de escolha para fabricar um conjunto de produtos ou prestar um conjunto de serviços com objetivo de atingir ou ultrapassar as expectativas dos clientes, e os objetivos de custos e de gestão. Essa decisão tem efeitos a longo prazo em relação ao nível de volume e variedade de produtos, custos e qualidade.

Um bom projeto de processo de produção pode:

- prover recursos adequados que são capazes de produzir produtos e serviços;
- movimentar materiais, informações ou clientes através de cada estágio do processo sem demora;
- fornecer tecnologia e pessoal que são intrinsecamente confiáveis;
- prover recursos que podem ser modificados rapidamente de forma a criar uma gama de produtos;
- assegurar alta utilização de recursos e, portanto, processos eficientes e de baixo custo.

8.4.1 Classificação dos Processos de Produção

As classificações são importantes pois permitem discriminar grupos de técnicas de gestão do processo de produção apropriada a cada tipo particular de sistema de operações, o que racionaliza a escolha e a tomada de decisão sobre qual delas adotar em determinada circunstância e facilita, sobremaneira, a apresentação didática deste assunto.

O objetivo principal destas classificações é ajudar a entender o fluxo dos diversos objetos em estudo, de maneira que possam ser estabelecidas relações entre características inerentes observadas, ferramentas de análise apropriadas, problemas típicos, soluções particulares, e outras categorias com cada uma das classes e subclasses.

A forma de classificar os processos de produção varia significativamente de acordo com a abordagem de quem estuda e analisa o processo. Os principais fatores que reduzem o número de alternativas na seleção de processos de produção estão associados a flexibilidade da produção (volume de produção e variedade de produtos), a tecnologia, aos custos, aos recursos humanos, a qualidade e a confiabilidade.

Vimos também que atualmente as técnicas e os conceitos do setor de produção também migraram para o setor de serviços, tem sido usual uma ampliação do conceito de produção, que passou a incorporar os serviços.

De forma geral, as principais formas de classificação dos processos de produção são:

a) Quanto à forma de organização das suas operações;
b) Quanto ao tipo das operações;
c) Relação Volume x Variedade.

a) Quanto à forma de Organização das suas Operações

Ao nível de chão de fábrica, a forma de organização da produção ou prestação dos serviços nos sistemas produtivos pode ser efetuada por diferentes formas, sendo que a organização por processos (de fabricação de bens ou prestação de serviços) e por produtos são os tipos mais comuns de encontrá-los na prática.

O fluxo de produção descreve a sequência das fases de um processo de produção, tendo como um dos seus principais parâmetros o roteamento definido pelo processo (de fabricação de bens ou prestação de serviços), além de outros parâmetros definidos pelos processos de gestão. O objetivo principal das empresas é procurar fazer com que os produtos fluam de forma suave e mais contínua possível através das suas diversas fases.

Quanto ao fluxo das operações, numa mesma instalação pode ser usada a forma de organização dos recursos produtivos por processos (de fabricação de bens ou prestação de serviços) ou a forma de organização dos recursos produtivos por produtos. Os modelos de organização produtiva quanto ao fluxo seguem um espectro contínuo, havendo a possibilidade de diversas combinações dessas formas clássicas.

A adoção desses modelos clássicos resulta predominantemente em unidades de negócios que são classificadas em função de serem organizadas por processos (de fabricação de bens ou prestação de serviços) ou organizadas por produtos (bens ou serviços), que são os modelos de organização primária da maioria das empresas.

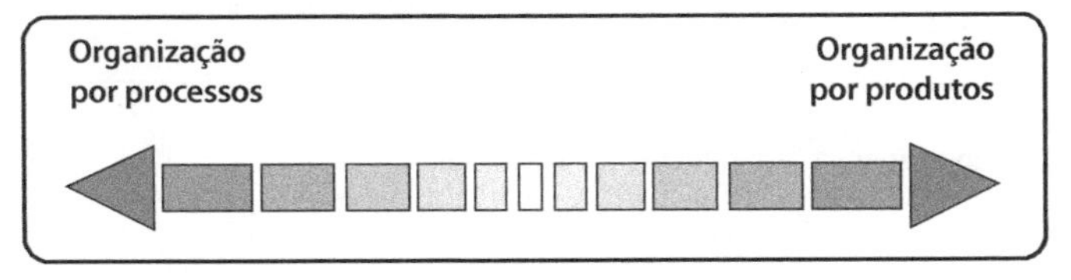

FIGURA 8.2
Classificação quanto à forma de organização das operações.

Fonte: Neumann (2013).

Organização por Produtos:

As instalações de produção são organizadas por produtos, quando os equipamentos são posicionados segundo a sequência específica para a melhor conveniência do produto. Em função disso, o fluxo dos produtos em processo (*Work-in-Process*–WIP) segue uma orientação única, razão pela qual este tipo de organização resulta em layouts denominados por produtos (ou em linha). Exemplos: Indústria transformadora discreta (lâmpadas); produção contínua (papel, cimento, cerveja).

FIGURA 8.3
Representação Esquemática de uma Organização por Produto.

Fonte: Neumann (2013)

Organização por Processos:

Nas organizações por processos (de fabricação de bens ou prestação de serviços) os equipamentos com funções iguais são agrupados entre si. Com esta forma de organização ocorre o fluxo de WIP entre os departamentos/centros de produção. Este tipo de organização resulta em layouts denominados por processo (ou funcional). Exemplos: hospitais, bancos, indústria metal-mecânica.

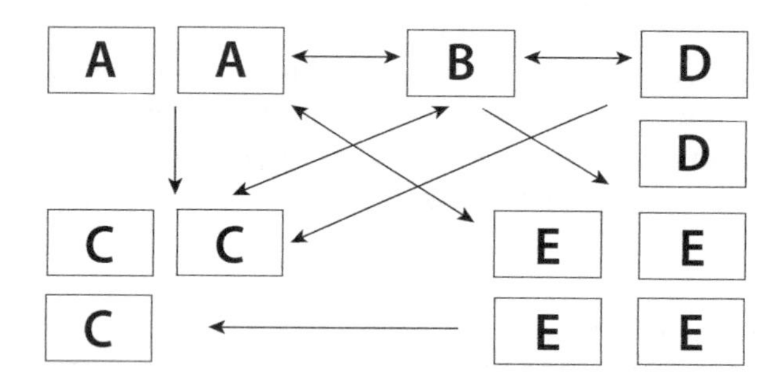

FIGURA 8.4
Representação Esquemática de uma Organização por Processos

Fonte: Neumann (2013)

A seguir, apresenta-se o Quadro 8.1 que sintetiza as principais características dos processos de produção, quanto à forma de organização de suas operações, classificando a presença destas características em Muito Alto (MA) e Muito Baixo (MB):

Quadro 8.1 Comparação das características dos processos de produção quanto à forma de organização de suas operações

Organização por Produtos

MB ⟵⟶ MA

Custos unitários variáveis;	Investimento inicial;
Utilização de equipamentos gerais;	Diluição dos custos fixos;
Necessidade de mão de obra qualificada;	Repetição de tarefas;
Flexibilidade	Sistematização do trabalho;
Nível de customização;	Taxa de utilização dos equipamentos;
Variedade de produtos e serviços;	Utilização de equipamentos especializados
Dificuldade no planejamento e controle da produção	

MA ⟵⟶ MB

Organização por Processos

Fonte: Neumann (2013).

b) Quanto aos Tipos de Operações

Eles determinam a abordagem geral de gerenciar o processo de transformação. Nestes são usados termos diferentes para identificar tipos de processos nos setores de manufatura e serviços. As operações de produção são similares entre si na forma de transformar recursos em bens e serviços. Entretanto, as operações apresentam diferenças em quatro aspectos importantes (4 Vs da Produção) que podem ser utilizadas para distinguir as diferentes operações de uma organização:

- Volume produzido de *output*:
- Variedade produzida de *output*;
- Variação da demanda do *output*;
- Visibilidade do *output* (grau de contato com o consumidor envolvido na produção de um bem ou serviço).

Volume (de *output*):

O volume está associado ao número de bens e/ou serviços produzidos pela operação produtiva. Em sistemas de grande volume de produção (por exemplo, os sistemas da lanchonete McDonalds), há um alto grau de repetição de tarefas. Isso possibilita a especialização de trabalhadores, e a sistematização do trabalho (procedimentos-padrão estão estabelecidos em um manual, com instruções de como cada parte do trabalho deve ser feita) e de ferramentas (por exemplo, fogões e frigideiras especializados para o McDonalds).

A implicação mais importante disso é o custo unitário baixo, pois no mínimo, os custos fixos são diluídos em um grande número de produtos.

Em sistemas com baixo volume de produção (por exemplo, um restaurante pequeno), há um número pequeno de funcionários, e não há grande repetição de tarefas.

Isso pode ser mais gratificante para o funcionário, mas é prejudicial à sistematização. Além disso, o custo unitário é bem mais alto, pois é pouco diluído. O capital exigido, no entanto, é intensivo.

Variedade (de *output*):

Refere-se aos diferentes tipos de bens e serviços prestados. A variedade está associada ao composto (*mix*) de produtos resultantes de uma operação produtiva. Confronta bens ou serviços altamente padronizados (analogia: ônibus, com rotas estabelecidas) com outros produtos e serviços altamente flexíveis e customizáveis (analogia: táxi, que pode seguir infinitas rotas). O que é padronizado tem custos mais baixos e pode ter uma taxa de erros menor (e por consequência, uma qualidade maior).

Variação/Variabilidade (de demanda) de *output*:

Contrapõe negócios de alta variação de demanda (demanda instável – por exemplo, um *resort* que fica cheio na alta temporada, mas vazio na baixa) com negócios de demanda estável (por exemplo, um hotel na frente de uma rodoviária movimentada). O custo unitário do primeiro caso é maior, e ele deve se adaptar para contratar funcionários temporários. Quanto menor for a variação na demanda pelo bem produzido, maior será a utilização dos recursos envolvidos na produção, devido à previsibilidade do mercado.

Visibilidade de *output* (grau de contato com o consumidor envolvido na produção):

Depende do quanto da operação é exposto para os clientes. Operações de alto contato (varejo de material de construção) exigem funcionários com boas habilidades de interação com o público. Operações de baixo contato (vendas por catálogo, ou via web) exigem funcionários menos qualificados, e pode ter alta taxa de utilização por isso, tem custos mais baixos. Visibilidade baixa tolera prazos de entrega mais longos, e por isso podem trabalhar com menor estoque. Há operações de visibilidade mista: algumas micro-operações são de alta visibilidade, outras de baixa.

c) Relação Volume x Variedade

Além dos modelos primários de classificação apresentados, quanto ao fluxo e aos tipos das operações, os processos de produção também são normalmente classificados em função de combinações de variáveis. Outra forma geral de organizá-los é em função das suas diferentes características da relação volume e variedade dos *outputs* das operações.

Na gestão da produção, cada tipo de processo de produção demanda a organização das atividades das operações com características diferentes de volume e variedade. O volume está associado ao número de bens e/ou serviços produzidos pela operação produtiva. A variedade está associada ao composto (*mix*) de produtos resultantes de uma operação produtiva.

Confronta bens ou serviços altamente padronizados (analogia: ônibus, com rotas estabelecidas) com outros bens e serviços altamente flexíveis e customizáveis (analogia: táxi, que pode seguir infinitas rotas). O que é padronizado tem custos mais baixos e pode ter uma taxa de erros menor (e por consequencia, uma qualidade maior).

8.5 Processos de Prestação de Serviços

Os Processos de Prestação de Serviços envolvem as transações e interações ocorridas na prestação do serviço e também levam à transformação de entradas em saídas, baseando-se sempre na necessidade específica de cada usuário.

A importância do seu conhecimento detalhado geralmente é maior em operações que produzem serviços, afinal, muitos serviços envolvem o cliente fazendo-o tomar parte no processo de transformação. A melhoria da qualidade em serviços só é possível com profundo entendimento do seu processo.

Para os sistemas de operações, geralmente o projeto de processos de prestação de serviços está implícito na natureza dos serviços. Assim, este assume uma importância primordial na gestão de serviços, pois é ele o determinante da natureza das interações entre o usuário e a empresa, conhecidas como "momentos da verdade".

O planejamento dos processos de prestação de serviços também deve seguir sob a perspectiva do processo: mapeamento de processos; análise do processo e modelagem de processos.

8.6 Processos de Fabricação

A fabricação engloba atividades interdependes em entidades distintas como: materiais, ferramentas, máquinas, energia e recursos humanos; podendo ser vista como um sistema.

Os processos de fabricação envolvem a configuração do processo de conversão física dos materiais e insumos pelo qual se produz algo. São resultantes da atividade de projeto produtos desenvolvidos pela Engenharia do Produto em que são definidas as especificações dimensionais dos produtos, os métodos e as técnicas de fabricação a ser empregados e o roteamento a ser seguido para sua fabricação e montagem (a ordem).

Pode-se dizer que o planejamento do Processo de Fabricação é o elo entre o projeto e a fabricação, gerando informações que podem ser aproveitadas por vários setores da empresas e materializada através do plano de processo de fabricação (ou roteiros de fabricação, planos de fabricação, entre outras denominações), que é vital para uma série de departamentos da empresa. A atividade de confeccioná-lo e mantê-lo atualizado é um gargalo em muitas empresas.

Inicialmente, as especificações do produto são transformadas em informações de processo de fabricação com os tempos e locais de trabalho. Desse modo, através do planejamento do processo de fabricação, são selecionadas e definidas em detalhes as etapas de fabricação de um produto e/ou serviço. São exemplos de processos de fabricação mecânica: moldagem, conformação, corte e junção.

Em função da definição dos processos de fabricação são definidos quais os recursos produtivos (fatores de produção) e as tecnologias de fabricação a serem utilizados, como exemplo para operações de torneamento, fresamento, furação, usinagem etc. Os recursos produtivos são máquinas, equipamentos e dispositivos utilizados pelas empresas nos processos de fabricação para transformar materiais, informações e consumidores de forma a agregar valor e atingir os objetivos estratégicos da empresa.

8.7 Ambientes de Produção e Operações (APO)

O ambiente de produção/operações, em que de fato ocorrerá a produção, é função direta da seleção da estratégia de produção e operações. De acordo com a forma em que a empresa interage com os consumidores, ou seja, dependendo dessa forma de interação com os clientes, ela pode adotar diversos ambientes de produção diferentes para seu sistema de produção. Segundo Neumann (2013), os ambientes de produção podem ser classificados da seguinte forma:

a) Produção para o Mercado (*Make-to-Market - MTM*)

Ambiente no qual os produtos e serviços são planejados e produzidos sem qualquer pedido. Os produtos são padronizados com base em previsões de demanda e sem customização. Não há formação de estoque, como, por exemplo, programas de TV, rádio, sites, jornais etc.

b) Produção para Estoque (*Make-to-Stock-MTS*)

Ambiente no qual os produtos são planejados e produzidos antes do recebimento do pedido. Os produtos são padronizados com base em previsões de demanda sem customização. Apresenta alto volume de estoque de produtos acabados.

c) Montagem sob Encomenda (*Assemble-to-Order-ATO*)

Ambiente no qual os componentes dos produtos são produzidos e aguardam o pedido dos clientes para a montagem final, ou seja, após o pedido do cliente monta-se o produto solicitado. Estoques de subconjuntos prontos para configurar o produto que é pedido (especificação) pelo cliente.

d) Fabricação sob Encomenda (*Make-to-Order - MTO*)

Ambiente no qual os produtos são produzidos a partir de projetos prontos e depois dos pedidos dos clientes. Em certo nível o produto pode ser customizado a partir do pedido/contato com o cliente, que pode gerar exclusividade do produto final (com subconjuntos existentes). Nestes casos, o projeto e execução dos produtos ao mesmo tempo (semelhante ao ETO).

e) Obter Recursos contra Pedido (*Resource-to-Order* – RTO)

Ambiente no qual as matérias-primas para produção dos produtos projetados são obtidas somente após a confirmação dos pedidos. Em condições de demanda dependente, neste ambiente a operação somente vai começar o processo de compra dos insumos necessários à produção de bens ou serviços quando o pedido estiver confirmado.

f) Engenharia sob Encomenda (*Engineering-to-Order-ETO*)

Ambiente no qual os produtos são projetados e produzidos a partir dos pedidos dos clientes. Neste ambiente o projeto, a compra de matérias-primas, a produção de componentes (subconjuntos) e a montagem final são feitos a partir de decisões do cliente.

Na Figura 8.5 apresenta-se uma síntese dos ambientes de produção e operações, relacionando-os com seus tipos de estoques e principais características:

Considerações sobre os Ambientes de Produção:

- Se a empresa produz para estoque – MTS, o horizonte de planejamento deve ser de médio ou longo prazo, portanto, deve haver um foco em planejamento.
- Se a empresa produz sob encomenda – MTO, ela deve ter um foco em programação.
- Se a empresa produz sob encomenda ou é alta a variedade de produtos finais e importa insumos ou exporta parte significativa da sua produção, então ela deve ter um foco tanto em planejamento como em programação.
- As necessidades das indústrias que produzem sob encomenda (MTO) são muito diferentes, em geral, existe uma necessidade latente de essas empresas serem mais ágeis e enxutas que aquelas com produção voltada para estoque (MTS). Se um negócio está indo na direção de um modelo MTO de produção enxuta, a necessidade de se alterar a maneira como são feitos o planejamento e a programação da produção é enorme.
- Nas empresas que produzem contra pedido – RTO –, cada minuto desperdiçado fazendo estoque desnecessário consome os materiais e a capacidade que ele precisa para entregar os pedidos dos clientes nas datas prometidas. As empresas que produzem para estoque – MTS – estão sempre vendendo estoque, enquanto as fábricas que trabalham sob demanda estão vendendo capacidade de produção.

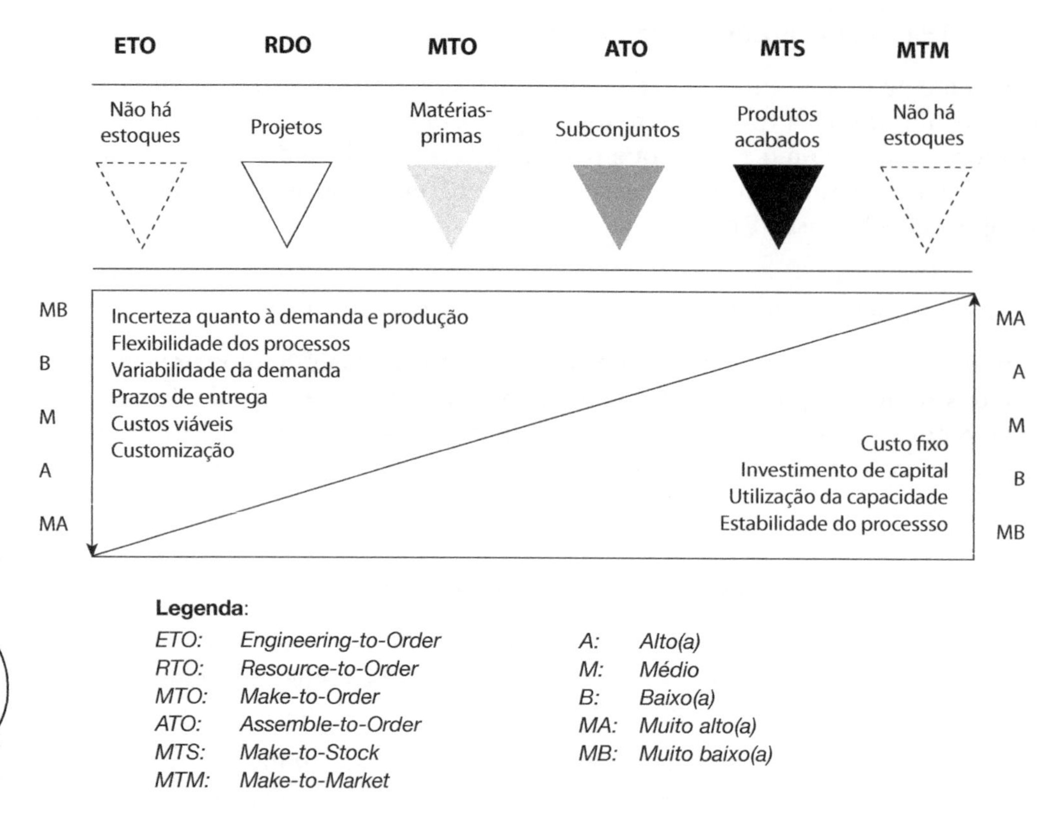

FIGURA 8.5

Síntese dos Ambientes de Produção e Operações com tipos de estoques e principais características.

Fonte: Neumann (2013).

Constata-se, portanto, que o negócio das empresas que operam no modelo MTO é de fato gerenciar e vender sua capacidade produtiva.

- Se a empresa produz para estoque, o horizonte de planejamento deve ser de médio ou longo prazo, portanto, deve haver um foco em planejamento.
- Se a empresa produz sob encomenda, ela deve ter um foco em programação.
- Se a empresa produz sob encomenda ou é alta a variedade de produtos finais e importa insumos ou exporta parte significativa da sua produção então ela deve ter um foco tanto em planejamento como em programação.
- A passagem da lógica de produção MTS para uma MTO originou nas organizações uma necessidade crescente de troca de informação entre as áreas comercial e de produção, informação esta que deverá ser detalhada e de acesso *just-in-time*.
- O setor industrial vem-se aproximando cada vez mais do modelo do setor de serviços, procurando produzir o produto à medida que o consumidor faça o pedido.

8.8 Razão P:D

Uma forma clássica de representar a relação entre os diversos ambientes de produção/operações e os tempos envolvidos nas operações é através da relação P:D, apresentada por Slack (1997). Nas figuras abaixo, a letra D representa o tempo de atendimento da demanda dos clientes e a letra P a soma dos tempos de projetar, obter insumos, produzir, montar e entregar os produtos aos clientes, ou seja, o tempo total que os clientes precisam aguardar até receber seus produtos.

Considerando os ambientes de produção vistos anteriormente, apresentam-se nas Figuras 8.6 a 8.11 as diferentes razões P:D para as operações do tipo produzir para o mercado – MTM, produzir para estoque – MTS; montagem sob encomenda – ATO, fabricação sob encomenda – MTO, obter recursos contra pedido – RTO e engenharia sob encomenda – ETO, respectivamente.

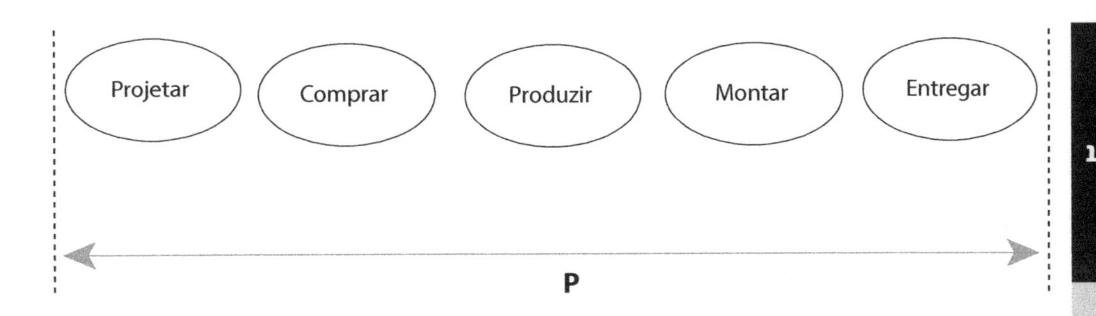

FIGURA 8.6
Razão P:D – Produção para o Mercado (*Make-to-Market* – MTM).

Fonte: Neumann (2013).

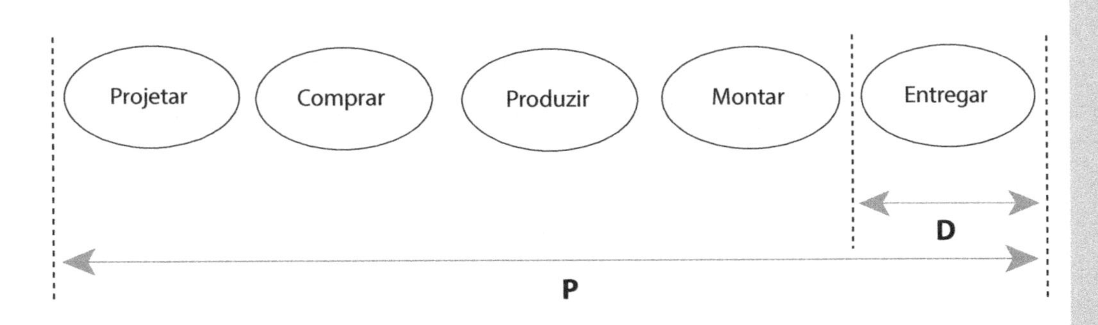

FIGURA 8.7
Razão P:D – Produção para estoque (*Make-to-Stock* – MTS).

Fonte: Neumann (2013).

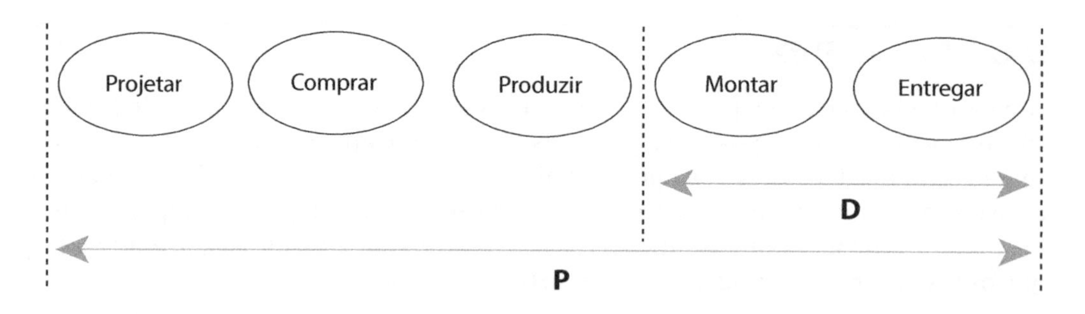

FIGURA 8.8

Razão P:D – Montagem sob encomenda (*Assemble-to-Order* – ATO).

Fonte: Neumann (2013).

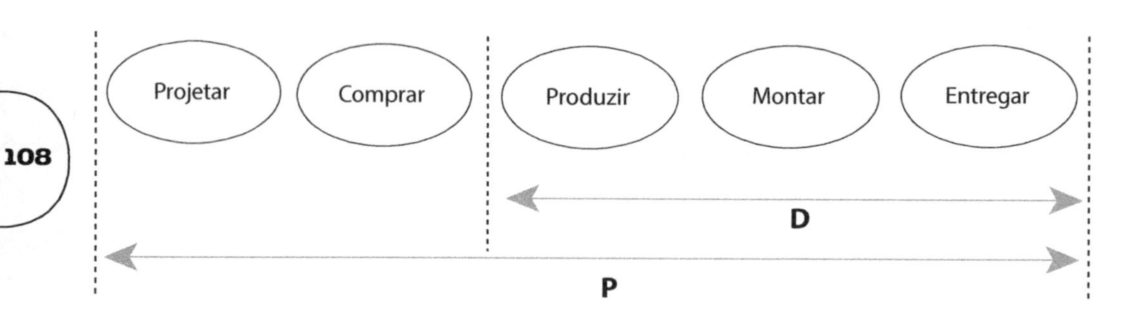

FIGURA 8.9

Razão P:D – Fabricação sob encomenda (*Make-to-Order* – MTO).

Fonte: Neumann (2013).

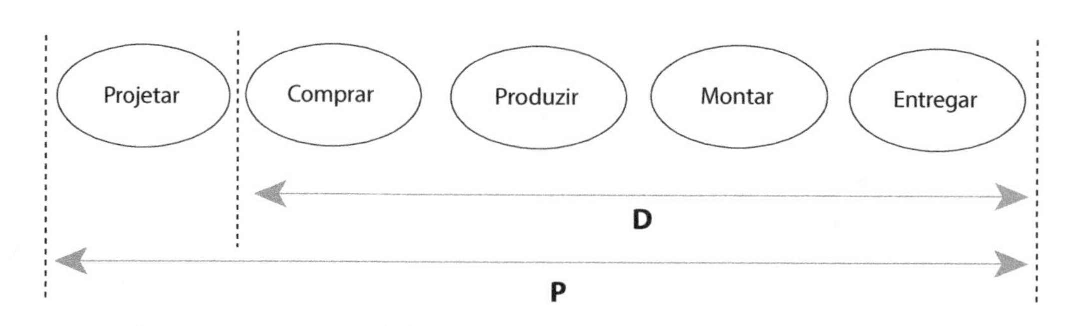

FIGURA 8.10

Razão P:D – Obter Recursos Contra Pedido (*Resource-to-Order* – RTO).

Fonte: Neumann (2013).

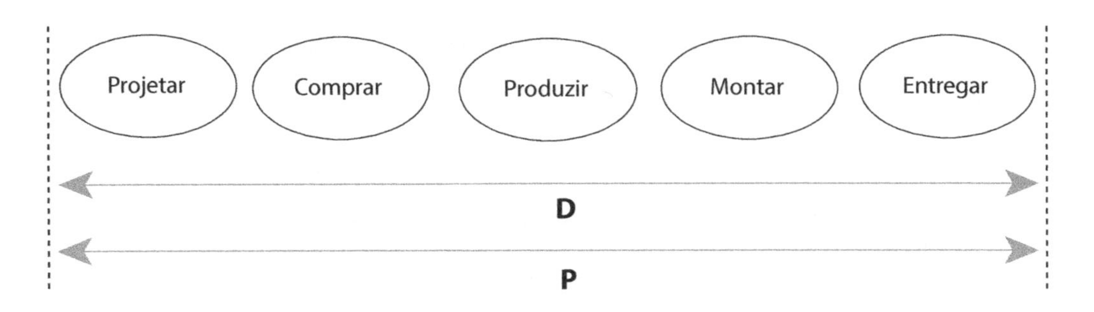

FIGURA 8.11

Razão P:D – Engenharia sob encomenda (*Engineering-to-Order* – ETO).

Fonte: Neumann (2013).

Questões e Tópicos para Discussão

1) **Descreva quais são os objetivos da Estratégia de Produção e Operações.**
2) **Quais são as principais diferenças entre as decisões estratégicas estruturais e as decisões estratégicas não estruturais?**
3) **Conceitue ambientes de produção.**
4) **Descreva como são classificados os ambientes de produção.**
5) **Identifique as principais vantagens e desvantagens dos seguintes ambientes de produção e operações:**
   a) Produção para o Mercado (*Make-to-Market* – MTM):
   b) Produção para Estoque (*Make-to-Stock* – MTS):
   c) Montagem sob Encomenda (*Assemble-to-Order* – ATO):
   d) Fabricação sob Encomenda (*Make-to-Order* – MTO):
   e) Obter Recursos contra Pedido (*Resource-to-Order* – RTO):
   f) Engenharia sob Encomenda (*Engineering-to-Order* – ETO):
6) **Explique qual a relação P:D para os seguintes ambientes de produção.**
   a) Produção para o Mercado (*Make-to-Market* – MTM):
   b) Produção para Estoque (*Make-to-Stock* – MTS):
   c) Montagem sob Encomenda (*Assemble-to-Order* – ATO):
   d) Fabricação sob Encomenda (*Make-to-Order* – MTO):
   e) Obter Recursos contra Pedido (*Resource-to-Order* – RTO):
   f) Engenharia sob Encomenda (*Engineering-to-Order* – ETO):

A figura a seguir deve ser usada para responder às questões 7 e 8.

MATÉRIA -PRIMA → PREPARAÇÃO → MONTAGEM → PRODUTO ACABADO → PEDIDO DO CLIENTE → ENTREGA

t = 1 min. t = 5 min. t = 5 min. t = 1 min. t = 1 min. t = 0,5 min.

PROCESSO 1

MATÉRIA -PRIMA → PREPARAÇÃO → PRODUTO SEMIACA-BADO → PEDIDO DO CLIENTE → MONTAGEM → ENTREGA

t = 1 min. t = 5 min. t = 1 min. t = 1 min. t = 10 min. t = 0,5 min.

PROCESSO 2

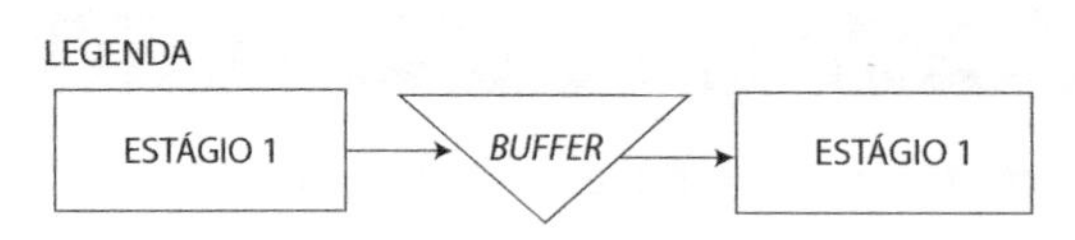

7) **(48/IBGE/2009) Comparando os dois processos, analise as afirmações a seguir.**

I. O processo 1 tem um tempo de atendimento menor e um risco maior.
II. O processo 1 é mais adequado a demandas de maior volume padronizados.
III. O processo 2 tem um tempo de atendimento maior e um risco menor.
IV. O processo 2 é mais adequado à customização dos pedidos dos clientes.

Estão corretas as afirmações:

a) I e III, apenas.
b) II e IV, apenas.
c) I, II e III, apenas
d) I, III e IV, apenas.
e) I, II, III e IV.

8) **(49/IBGE/2009) Os tempos de ciclo (*lead-time*), em minutos, dos processos 1 e 2, respectivamente, são:**

a) 10,0 e 15,0.
b) 11,0 e 16,0.
c) 11,5 e 16,5.
d) 13,0 e 18,0.
e) 13,5 e 18,5.

9) **(BNDES/2001) Pode-se considerar como vantagem competitiva:**

a) deseconomia de escala;
b) desenvolvimento tecnológico;
c) legislação ambiental;
d) estratégias reativas às barreiras de marketing;
e) plano contingencial para barreiras do negócio.

10) (Petrobras Distribuidora/2010) Pode-se considerar como vantagem competitiva:

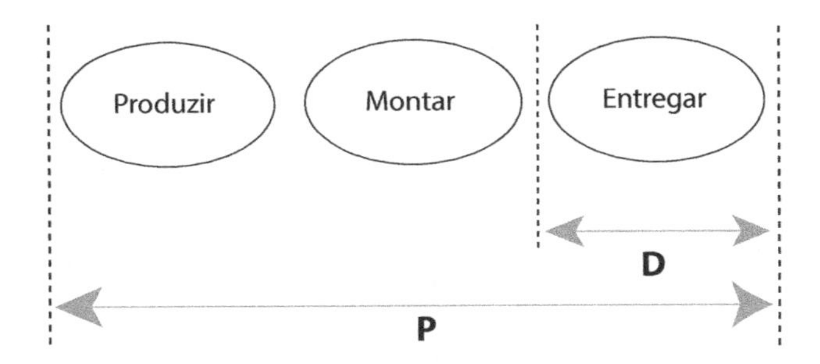

SLACK, N; CHAMBERS, S; JOHNSTON, R. *Administração da produção*, 2ª edição, ed. São Paulo: Atlas, 2002, p. 321 (Adaptado).

Na figura acima, a letra D representa tempo de atendimento da demanda dos clientes e a P, o tempo de obter insumos, produzir e entregar o produto ao cliente. A razão P:D da figura ilustra uma operação do tipo:

a) fabricar contra pedido;

b) montar contra pedido;

c) obter recursos e fabricar contra pedido;

d) produzir para estoque;

e) suprir recursos contra pedidos.

PARTE III

PROJETO DE FÁBRICA

FASE 2: PROJETO DE FÁBRICA

Apresentação

Como já foi visto, na abordagem contemporânea da Engenharia de Produção, o tema Projeto de Fábrica está associado às decisões estratégicas estruturais e difere do senso comum, associado a sua arquitetura, dimensões ou instalações de apoio, que aqui denominamos de Projeto da Edificação e que consiste no 4º nível de decisão da metodologia PFL.

Uma vez determinados os elementos estratégicos que definem a fase de Estruturação da metodologia PFL, nesta etapa focamos nossa abordagem no conjunto dos cinco núcleos de decisões estruturais para o projeto de uma nova Unidade Produtiva, considerados os elementos principais para o Projeto de Fábrica e responsáveis em uma abordagem sistêmica, pelo desenvolvimento de novos produtos, processos de produção, planejamento da capacidade instalada, seleção da tecnologia de produção e localização industrial.

Estas áreas estruturais são o foco desta fase da metodologia PFL, são inter-relacionados e estão diretamente associados ao sucesso desta nova Unidade Produtiva, os quais seguem um encadeamento lógico, perfeitamente alinhado com os objetivos estratégicos da empresa, englobando em sua elaboração as principais decisões necessárias à sua perfeita operação.

Na visão da Engenharia de Produção, o Projeto de Fábrica, conceitualmente também denominado de projeto do sistema produtivo, é um conjunto de questões estratégicas estruturais que devem ser projetadas pelos Engenheiros de Produção, visando criar uma vantagem competitiva de longo prazo para a empresa, uma vez que os elementos principais do Projeto de Fábrica podem ser, nesta fase, projetadas e reprojetadas para melhor posicioná-lo no mercado.

A segunda fase da metodologia PFL tem como objetivo analisar de forma integrada os itens específicos relacionados ao Projeto de Fábrica, representados na Figura 3. Nesse sentido apresenta-se inicialmente uma breve descrição das cinco etapas da fase de Projeto de Fábrica da metodologia PFL, que serão descritas detalhadamente nos próximos capítulos.

Estas cinco etapas sintetizam a lógica que permeia o entrelaçamento das principais decisões estruturais que formam o escopo do Projeto de Fábrica sob a abordagem da Engenharia de Produção, fornecendo a diretriz básica para que juntas se encadeiem e produzam um resultado real desejado, gerando desta maneira, uma simbiose entre o projetado e o realizado.

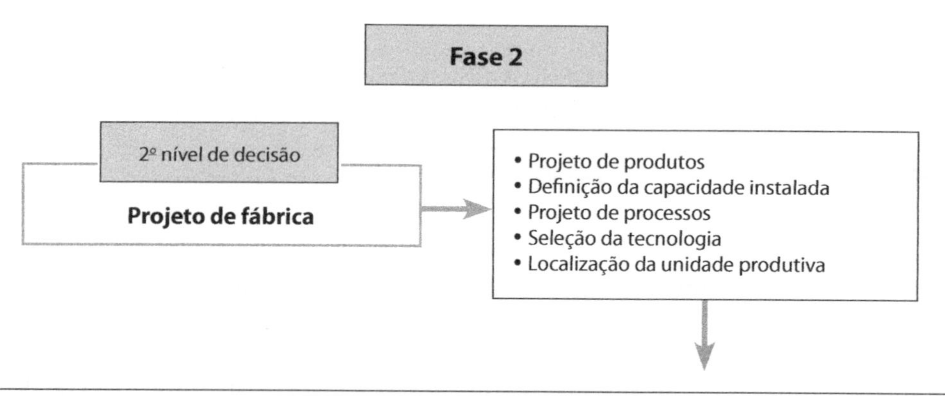

FIGURA 3
Metodologia PFL – Projeto de Fábrica.

1ª ETAPA – Projeto de Produtos

Uma empresa, para ser considerada competitiva em termos atuais, deve possuir um ritmo contínuo de novidades para o mercado. Dentro deste contexto, o desenvolvimento de novos bens ou serviços passa a ter um caráter estratégico para empresa, indo além da otimização dos seus produtos e da especificação de seus processos de fabricação ou prestação de serviços, passando a atuar como uma ponte entre as necessidades dos clientes e seus processos internos. O tripé produto, processo e recurso produtivo sintetizam a lógica que permeia o projeto dos sistemas de produção. Assim, os novos projetos passam pela revisão e otimização dos conceitos, a especificação de novos atributos, seleção de tecnologias e de processos de fabricação e montagem dos bens físicos ou prestação dos serviços. Em uma visão integrada, o desenvolvimento de produtos também acompanha a preparação da produção e o lançamento do produto no mercado, estando apto a realizar correções quando necessário.

2ª ETAPA – Definição da Necessidade de Capacidade Instalada

A capacidade instalada (também denominado de capacidade produtiva ou de capacidade agregada) é a quantidade total de produtos que um sistema de produção/operações deve ser capaz de produzir ao longo de um período específico. O dimensionamento da capacidade produtiva de uma nova Unidade Produtiva pode ser realizado em horizontes de longo, médio e curto prazos, e depende do volume de produção efetivo da unidade a ser projetada (o quanto produzir) e em que escala esta capacidade deve estar disponível (o quando produzir).

3ª ETAPA – Projeto de Processos

Todo o trabalho importante realizado nas empresas faz parte de algum processo composto de atividades coordenadas de pessoas, procedimentos, recursos e tecnologias. Não existe um único bem ou serviço oferecido por uma empresa sem um processo organizacional, pois estes viabilizam o funcionamento coordenado dos vários subsistemas da organização em busca do seu desempenho geral.

Neste sentido, os processos de negócios (*business process*) são aqueles diretamente relacionados com a atividade principal da UN, incluem as atividades que geram valor para o cliente, se houver falhas o cliente saberá imediatamente. Exemplos: processos de produção, prestação de serviços; vendas, recebimento e atendimento de pedido (cliente).

4ª ETAPA – Seleção da Tecnologia

Ao longo das últimas décadas, várias tecnologias foram desenvolvidas para produção de bens e serviços. Na produção de bens destacam-se os sistemas de máquinas ferramentas de Controle-Numérico (CN), Centros Automatizados de Controle Numérico (CNC), Robótica, Veículos Guiados Automaticamente (AGVs), Sistemas Flexíveis de Manufatura (FMS), Célula de Manufatura Flexível (CMF), formando assim um conjunto de funções que são interligadas por sistemas complexos de comunicação, na maioria das vezes controlados por computador, os quais denominam-se genericamente de sistemas de manufatura.

Na prestação de serviços destacam-se as tecnologias associadas ao uso intensivo de computadores e telecomunicações, tais como: *softwares*, bancos de dados, sistemas de informação, tecnologias de informação, internet etc.

5ª ETAPA – Localização da Unidade Produtiva

A seleção do local para implantação de uma nova planta é uma decisão ligada à estratégia empresarial. Para uma decisão adequada quanto à localização, deve-se determinar qual o foco da empresa, sua capacidade, onde e quando, ao longo de sua vida útil, esta será necessária, visando otimizar as rotas de transporte e assegurar um bom mercado de mão de obra e suprimento de materiais. As decisões a respeito da localização são bastante complexas, pois muitas variáveis e incertezas estão presentes, tornando difícil entender todas as informações simultaneamente.

9

Projeto de produtos

Projetar é conceber a aparência, o arranjo e a estrutura de algo antes de construí-lo. O projeto de produtos é em essência uma atividade coletiva, dependente da experiência e do saber da equipe de desenvolvimento de projetos. O entendimento do que é um produto, pela área de projetos, é amplo e envolve tanto o desenvolvimento de um bem físico (máquinas, dispositivos, equipamento etc.) quanto o desenvolvimento de um serviço.

Ao escolher o mercado de atuação, a empresa deve optar pela produção de determinados produtos que gerem o resultado esperado. Escolher corretamente os produtos a serem fabricados e/ou os serviços a serem prestados permitirá aos gestores uma maior eficiência nos resultados operacionais e financeiros da empresa.

Ao se projetarem produtos, sejam bens ou serviços, deve-se ter em mente que as especificações quanto a suas etapas de produção, tecnologias e processos necessários impacta na forma de organizar os recursos produtivos da empresa e irá influenciar também na forma como os trabalhos serão realizados. Visando à sustentabilidade ambiental, destaca-se a importância da seleção de materiais mais limpos, recicláveis, reciclados, renováveis ou biodegradáveis, seleção de tecnologias de produção e/ou de práticas operacionais que utilizam menos matérias-primas e/ou que geram menos poluição. Nesse contexto, o Processo de Desenvolvimento de Produtos (PDP) é uma atividade de grande complexidade, que abrange desde a decisão de quais bens ou serviços produzir, passam pelo projeto do produto e de seu processo de fabricação/montagem ou prestação de serviço, e inclui também as ações necessárias para a entrega do produto ao mercado e para o acompanhamento do lançamento do produto.

Antigamente, produzir um produto a baixo custo e vender em larga escala era receita certa de sucesso. Tal premissa não se aplica às empresas de hoje. Saber criar valor é a chave do negócio. Neste ponto, o PDP tomou outra proporção, tendo suas atividades iniciadas na compreensão das necessidades do mercado e terminando com o fim do ciclo de vida do produto. Atualmente o Processo de Desenvolvimento de Produtos passou a ser uma forma pela qual a empresa organiza e gerencia o desenvolvimento de produto, determina a obtenção de vantagens competitivas e constitui um ponto-chave dentro de qualquer empresa que busca a liderança em seu setor de atuação.

Porém essas decisões dependem de vários condicionantes: as necessidades de mercado, a lucratividade, disponibilidade de avanços tecnológicos e de matérias-primas, desenvolvimento de novos materiais, novas tecnologias, entre outros. Cada tipo de bem ou serviço irá exigir uma série de cuidados, exercendo uma forte influência sobre os processos de fabricação/montagem ou prestação de serviço.

Com o propósito de diminuir os impactos ambientais gerados em todo o ciclo de vida de seus produtos, muitas empresas, principalmente nos países mais desenvolvidos, já se preocupam com o desenvolvimento de produtos ambientalmente sustentáveis, através da adoção do Ecodesign (ou Projeto para o Meio Ambiente – PMA). De acordo com Brezet e Hemel (1997), o Ecodesign é a consideração de critérios e estratégias ambientais no processo de desenvolvimento do produto.

Os mercados cada vez mais exigentes pressionam por mais qualidade dos produtos, em seu sentido mais amplo. Os projetos dos produtos mudam bastante, pois dependem fortemente de fatores como sua função, atributos e considerações de processos. Com isso, os projetos devem ser rápidos, pois o mercado pode não estar disposto a aceitá-los quando finalmente forem postos à venda. O seu ciclo de vida diminui cada vez mais e as empresas têm de se adaptar a essa dinâmica.

As empresas competitivas necessitam reduzir o espaço de tempo entre a análise de mercado, concepção dos produtos, testes, adequações no produto, adequações no processo produtivo, e o lançamento desses novos produtos no mercado, o que afeta toda a empresa, pois todas produzem bens ou serviços que devem atender às necessidades de seus clientes. Seu sucesso estará diretamente relacionado à sua capacidade de satisfazer, e até mesmo suplantar as expectativas de seus clientes. Dessa forma, o projeto de seus produtos, seja um bem tangível ou um serviço, adquire alta relevância à manutenção da competitividade da empresa no mercado.

Os softwares de *Computer Aided Design* (CAD), *Computer Aided Manufacturing* (CAM), *Computer Aided Engineering* (CAE), *Computer Aided Testing* (CAT) são os elementos de concepção, manufatura, análise e teste do produto. Os softwares para concepção e simulação das linhas de produção (*Digital Enterprise ou Digital Manufacturing Process*) participam como os elementos que definem o processo.

9.1 Projeto de Serviços

Segundo Slack (1997), no contexto do projeto de serviços, a concepção representa o projeto conceitual, ou seja, é o conjunto de benefícios esperados que o consumidor está aguardando. A caracterização do serviço necessita estar coerente com a missão e com os objetivos estratégicos da organização, pois, de certa forma, o conceito do serviço irá determinar as características de diferenciação da empresa. Assim, pode-se afirmar que o conceito do serviço é derivado da estratégia de operações de serviços.

Depois que o conteúdo está definido, é necessário especificar quais são os componentes do pacote de serviços. O pacote de serviços pode ser definido como um conjunto de bens e serviços oferecidos por uma empresa e pode ser dividido em quatro elementos:

- Instalações de apoio: são as instalações e os equipamentos utilizados na prestação do serviço;
- Bens facilitadores: são os bens consumidos ou utilizados pelo cliente durante a prestação dos serviços;
- Serviços explícitos: são os benefícios calaramente percebidos pelo cliente como resultado da prestação do serviço;
- Serviços implícitos: são os benefícios psicológicos que o cliente pode obter com a prestação do serviço.

A especificação dos componentes do pacote de seviços passa necessariamente por decisões relacionadas à tecnologia de processo, à localização das instalações, ao layout das instalações, ao projeto e organização do trabalho, entre outras decisões que estão ligadas aos aspectos operacionais do projeto de serviços.

Existem na literatura várias definições para o que seja um serviço, mas, em sua maioria, envolvem:

- A intangibilidade inerente de um serviço;
- A presença de interação com o cliente, seja via um funcionário (vendedores) ou via outra solução (caixas de autoatendimento);
- A existência de uma ação, de um benefício, ou talvez de um termo mais interessante, de uma experiência envolvendo o cliente.

Melo (2005) desenvolveu uma proposta para o processo de concepção e desenvolvimento de serviços baseado em outros trabalhos presentes na literatura, ilustrado na Figura 9.1. Para o autor, o ponto de partida é o Projeto e a Concepção do Serviço, iniciado pela análise estratégica, sendo a determinação do segmento (grupo de consumidores, foco do serviço) e do posicionamento da empresa (forma de atuação da empresa, destacando-se seus diferenciais perante a concorrência) o elemento primordial desta ação. Com base nessas informações são determinados os critérios competitivos, analisado o foco do serviço, definido o seu conceito, analisados os *gaps* e elaborado um cronograma de projeto.

A fase de projeto e concepção do serviço continua com a geração e concepção de ideias para o serviço no qual, de forma organizada, devem ser gerados os conceitos, selecionando-os de forma criteriosa, por meio de parâmetros como: lucro, vendas, rendimento etc. Na etapa seguinte ocorre a definição dos pacotes de serviços, ou seja,

FIGURA 9.1

Fases e etapas do modelo de projeto e desenvolvimento de serviços.

Fonte: Mello (2005).

os conjuntos de itens oferecidos ao cliente, usualmente composto de um elemento principal, acompanhado de elementos periféricos ou secundários. Finalizando, na etapa de definição das especificações do serviço, ocorre a definição final do que será tecnicamente o serviço, podendo ser utilizado para tanto a Casa da Qualidade do QFD. Pode-se notar que esta primeira fase guarda uma grande semelhança com o discutido no tópico de Projeto Informacional de bens.

Na segunda fase do modelo ocorre o Projeto do Processo do Serviço, que compreende a identificação e definição dos principais processos e atividades necessárias para sua realização. Como primeira etapa, tem-se o Mapeamento dos Processos de Serviço, no qual é elaborado mapa do processo. Para tanto, podem ser utilizadas diversas técnicas que variam desde a elaboração de fluxogramas, passando pelo conjunto de técnicas de modelagem do IDEF *(Integrated Computer Aided Manufacturing Definition)* e pelo mapeamento de fluxo de valor, incluindo o diagrama de processos, ferramenta a ser estudada no capítulo referente ao projeto de layout fabril, além de várias outras técnicas.

Ainda na segunda fase do modelo ocorre a etapa de Controle dos Processos de Serviço, na qual se visa identificar as atividades ou processos do serviço, novo ou alterado, que necessitam de uma definição ou controle mais detalhado. Tal ação objetiva verificar necessidades de detalhamento dessas atividades, de modo a facilitar o treinamento dos funcionários. Em suma, trata-se da padronização do serviço, garantindo a experiência entregue ao cliente.

Na atividade Processo de Entrega do Serviço é abordada a questão da experiência do cliente ou, tal qual o autor denominou, a percepção do serviço. Um elemento central neste projeto são os tipos de encontros entre o cliente e o serviço, que podem variar entre encontros remotos, encontros por telefone, encontros face a face. No projeto desta experiência alguns elementos devem ser considerados:

- Cinética: focado no movimento do corpo (começar a conversa com um sorriso);
- Paralinguagem: aspectos não verbais ou sem conteúdo de uma mensagem (fluência na fala, sem hesitações, demonstra credibilidade);
- Proximidade: distância e postura relativa às pessoas em interação (um tapinha nas costas pode ser visto como um sinal de empatia);
- Aparência física (atratividade física pode afetar positivamente a empatia).

Por último, ainda nesta segunda fase do modelo, ocorre o recrutamento dos funcionários de serviços. Para tanto, dois aspectos centrais são considerados: a seleção do candidato e seu treinamento. A escolha envolve a definição de um perfil idealizado para cada atividade do serviço a ser realizado, seguida da comparação deste perfil com o dos interessados às vagas. Uma boa escolha implicará na eficiência da realização da tarefa planejada e, portanto, na experiência oferecida ao cliente. Já o treinamento envolve o aprendizado e, em momentos posteriores o aperfeiçoamento, das competências dos empregados envolvidos no serviço, devendo ser dada especial atenção ao corpo de atendimento ao cliente.

A terceira fase do modelo é dedicada ao projeto das instalações dos serviços, sendo que este conteúdo será abordado em capítulos posteriores deste livro. Já a quarta fase é voltada à Avaliação e Melhoria do Serviço, visando garantir o atendimento ao projetado e a satisfação do cliente, tanto na implantação de um novo serviço, quanto durante a existência do mesmo.

Sistemas Produto Serviço

A linha que separa o desenvolvimento de produtos e serviços não é determinística, existindo várias possibilidades de projeto simultâneo entre eles. São os chamados Sistemas Produto Serviço (ou, *Product Service System* – PSS), nos quais uma empresa oferece uma combinação de produtos e serviços em vez de apenas disponibilizar os produtos para venda no mercado. Existem três tipos de PSS:

- Orientado ao produto, no qual há a transferência de um bem, porém serviços adicionais são oferecidos (treinamento, consultorias etc.);

- Orientado ao uso, no qual o cliente não adquire a propriedade do bem, mantida pelo provedor do serviço, o qual vende apenas o direito de uso do produto (por exemplo, operadoras de TV por assinatura, cujos conversores são deixados com os clientes e, no caso de término do contrato, a companhia recolhe o aparelho);
- Orientado ao resultado. Neste caso há apenas a apresentação do resultado do serviço ao cliente, sem a entrega de um bem, sendo a propriedade dos bens retida plenamente pelo fornecedor (prestadores de serviço terceirizados de usinagem ou injeção polimérica).

Um exemplo interessante de aplicação de PPS é o caso da NESPRESSO. Por um lado trata-se do desenvolvimento uma família de produtos (bens) envolvendo vários modelos de cafeteiras, bem como da elaboração de diferentes tipos de café, ambos vendidos em diversas lojas no país. Por outro lado, há o projeto de serviços associados, incluindo lojas próprias e site de Internet. Em 2013 já havia dez lojas no Brasil, concentradas em São Paulo e Rio de Janeiro, mas presentes também em Curitiba, Campinas, Belo Horizonte e Brasília. As lojas da NESPRESSO permitem ao cliente, além de adquirir as cafeteiras e os sachês, experimentar novidades, adquirir utensílios complementares ao ato de tomar café, bem como um projeto de layout agradável, ampliando a experiência de compra para o cliente. Na mesma linha, também foi desenvolvido um site, em que o cliente pode se cadastrar e participar de um clube de clientes, o que também permite um atendimento mais personalizado nas lojas.

9.2 Projeto de Bens

A Engenharia do Produto, que tradicionalmente tem centrado seu foco no projeto de bens físicos, estabelece a arquitetura do produto e que tem grande impacto no projeto e execução dos processos de fabricação, é um importante elemento na busca da vantagem competitiva, podendo levar a diferenciação do produto, por um menor custo, redução do número de componentes, mais padronização, modularidade, e no que tange à sua qualidade, mais robustez e inexistência de falhas.

Assim, através das diretrizes definidas pelo planejamento estratégico, a Engenharia do Produto determinará as especificações de um novo produto, o que poderá acarretar em processos mais simples e eficazes, com consequente aumento da linha ou a necessidade de uma nova Unidade Produtiva.

Neste contexto, a necessidade de uma nova Unidade Produtiva e consequentemente também um novo Projeto de Layout parte usualmente de duas situações distintas: como resultado do planejamento estratégico da organização e/ou do desenvolvimento de novos produtos. O primeiro caso usualmente parte de necessidades de mercado (busca de novos clientes, novos mercados) ou da necessidade de aumento da produção da empresa (ampliação da capacidade produtiva da empresa).

No segundo caso, a introdução de um novo produto no mercado é algo mais frequente em uma empresa, tendo como resultado típico a necessidade de implementação de alterações no layout atual, podendo também acarretar a necessidade de ampliações ou novas Unidades Produtivas. Em razão disto, o Projeto de Layout, próxima etapa da metodologia PFL, é considerado como sendo a materialização das decisões tomadas nas etapas de Estruturação e de Projeto de Fábrica da metodologia PFL.

Tais informações são a base da definição do processo produtivo, que nesta etapa irá definir os tipos de produtos e processos, qual o grau de tecnologia que será empregada, qual a quantidade de máquinas e equipamentos necessários para atender as quantidades da demanda prevista etc. Nesse sentido, ressalta-se a importância da integração dentre diversas áreas da Engenharia (Quadro 9.1), a fim de agilizar todas as etapas e processos e, assim, evitar a propagação de erros.

Quadro 9.1 Principais áreas da Engenharia envolvidas no Projeto de Fábrica

Área	Responsabilidade
Engenharia do Produto	projeto dos produtos, parâmetros dimensionais, definição de materiais, sequência de fabricação.
Engenharia de Manufatura	processos de fabricação e montagem: roteiros de fabricação, técnicas de fabricação, técnicas de montagem.
Engenharia de Processos de Negócios	faz uma análise crítica dos processos da empresa, através do mapeamento, representação e modelos de processos, com objetivo de eliminar desperdícios e melhorar as operações.
Engenharia de Métodos	movimentos e tempos padrões necessários para que as várias partes componentes dos produtos sejam produzidas e montadas.
Engenharia de Produção	projeto e gestão de sistemas produtivos com a finalidade de produzir bens e serviços.

Fonte: Neumann (2013).

Em geral, a diversidade dos produtos reduz a capacidade do sistema produtivo. Produtos uniformes (relativamente padronizados) dão oportunidade para a padronização de métodos e materiais, reduzindo tempos de operação e aumentando a capacidade. Produtos diferentes podem exigir, e geralmente o fazem, constantes preparações de máquinas quando se passa de um produto a outro. Tais preparações (*setup*), evidentemente, deixam as máquinas paradas por algum tempo e assim reduzem a capacidade, sendo que esse efeito pode ser substancial, dependendo dos tempos de preparação e da quantidade de diferentes produtos.

O crescimento da competitividade global tem aumentado o interesse das empresas em desenvolver novas maneiras de melhorar a produtividade e qualidade de seus produtos, obtendo ainda, se possível, uma redução de custo nos processos de produção e no próprio produto.

9.3 Gestão do Desenvolvimento de Produtos

O objetivo maior da Gestão do Desenvolvimento de Produtos (GDP) é fornecer valor para os clientes, de modo a possibilitar benefícios financeiros para as organizações que desenvolvem produtos e para a sociedade em geral. Em resumo, para que a implantação GDP seja bem-sucedida, são necessários alguns elementos essenciais:

1. Uma estrutura organizacional, tanto física quanto hierárquica, adequada à cultura da organização;
2. Um procedimento de escolha de projetos em consonância com o planejamento estratégico da organização;
3. O emprego de técnicas de gestão de projetos, de forma a garantir o correto planejamento e uso dos recursos da organização;
4. Um modelo do processo de desenvolvimento de produtos adequado à cultura da organização e que possua elementos das melhores-práticas da área, incluindo métodos e ferramentas a serem aplicados;
5. A busca contínua pela agregação de valor e pela eliminação de desperdícios, tanto na concepção do produto quanto na especificação do processo;
6. Procedimentos para acompanhamento do produto no mercado e indicadores de desempenho para definir necessidades de melhoria em produtos e no próprio processo de desenvolvimento de produtos;
7. Ser sustentável, haja vista que toda ação da empresa deve, além de ser economicamente viável, ser socialmente responsável e não ser agressiva ao meio ambiente.

Todos os elementos aqui discutidos, além de estarem alinhados com a cultura e visão da organização, devem estar presentes no modelo de referência do PDP, o qual irá guiar a equipe de projeto no correto uso de ferramentas de projeto adequadas à criação dos produtos da empresa, bem como aos recursos de produção disponíveis na organização. Nos tópicos a seguir trataremos sobre esses temas.

9.4 Modelo de Referência para o Processo de Desenvolvimento de Produtos

Um modelo de referência pode ser entendido como um mapa elaborado para cada processo da organização como, por exemplo, Marketing, Compras, Vendas, Produção e o próprio Desenvolvimento de Produtos. Um modelo de referência deve conter as fases, atividades e tarefas a serem realizadas durante o transcorrer do processo, com suas entradas, saídas e os respectivos objetivos, os papéis a serem desempenhados pelas pessoas e as ferramentas a empregar em cada atividade.

Em se tratando do PDP, pode-se tomar como exemplo o modelo de referência apresentado por Rozenfeld *et al.* (2006), o qual se divide em nove fases, organizadas em três macrofases, tal qual ilustrado na Figura 9.2. Este modelo, assim como a Engenharia do Produto, também tem centrado seu foco no projeto de bens físicos e utiliza o termo "produto" com esta conotação.

Neste modelo, a macrofase Pré-Desenvolvimento engloba todas as ações de gestão que antecedem o início da Engenharia do Produto propriamente dita. Já a macrofase Desenvolvimento reúne as fases do projeto relacionadas à criação e realização do produto, desde sua conceituação até a entrega ao mercado. Na macrofase Pós-Desenvolvimento localizam-se as fases destinadas ao acompanhamento do produto no mercado e seu posterior final de vida. As fases do modelo são:

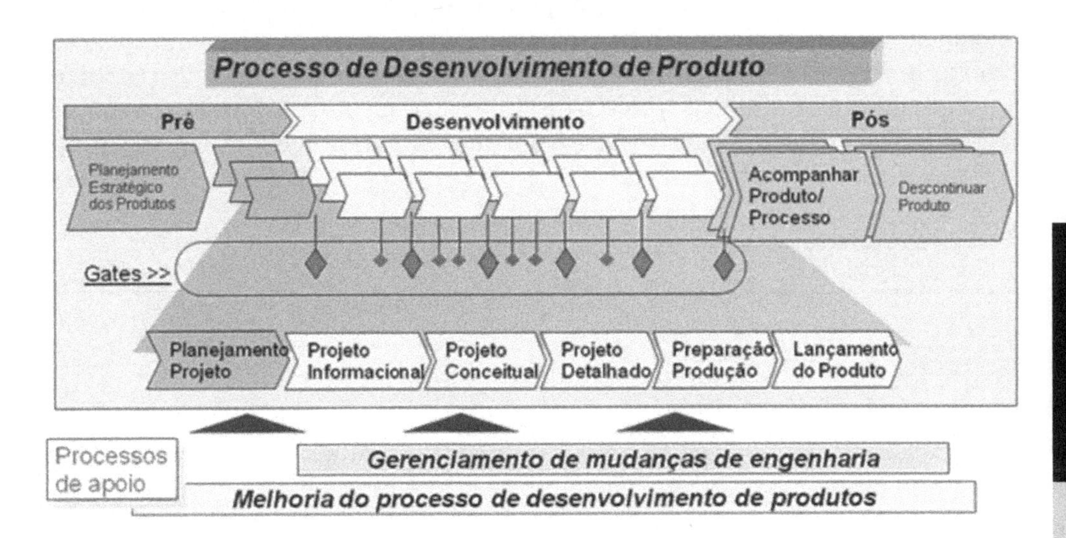

FIGURA 9.2
Modelo do PDP.

Fonte: Rozenfeld *et al.*, (2006).

Planejamento Estratégico de Produtos: consiste em interpretar o planejamento estratégico da organização ou da unidade de negócio de forma a traduzi-lo em propostas de projeto de produto, sendo utilizado para técnicas de gestão de portfólio.

Planejamento do Projeto: depois de selecionados os projetos na fase anterior e atribuído um gerente de projeto a cada um deles, os mesmos dão início ao planejamento do projeto, sendo utilizadas as práticas de Gestão de Projetos.

Projeto Informacional: engloba as atividades de busca, análise e transformação das necessidades dos clientes em requisitos técnicos de engenharia, os quais são utilizados para estabelecer metas para a engenharia. Tal procedimento está ligado à visão da qualidade cujo produto deve atender, senão superar, as expectativas dos clientes.

Projeto Conceitual: nesta fase de um projeto de produto ocorre a interpretação das informações de mercado, estruturando-se propostas de produtos com base nas funções (ou funcionalidades) que o produto desempenhará, buscando princípios de solução para tais funções e, dessa forma, gerando alternativas de projeto, que são preliminarmente detalhadas e comparadas, sendo selecionada aquela que tiver melhor afinidade com o especificado no Projeto Informacional.

Projeto Detalhado: esta é uma fase mais convencional de engenharia, cujo conceito selecionado é continuamente detalhado e otimizado, e suas dimensões e seu desempenho avaliados, seu processo de fabricação e montagem definido, obtendo-se a definição do projeto final. Uma das características do Projeto Preliminar é o uso extensivo de técnicas e ferramentas de projeto, abrangendo questões de confiabilidade, montagem, manufatura, ergonomia, estética, segurança, meio ambiente etc., assim como o emprego de softwares de engenharia. A fase de projeto detalhado possui uma forte ligação com a questão de projeto de fábrica e de layout, em particular com a atividade "Projetar recursos de Fabricação" (Figura 9.3). Esta atividade envolve o projeto

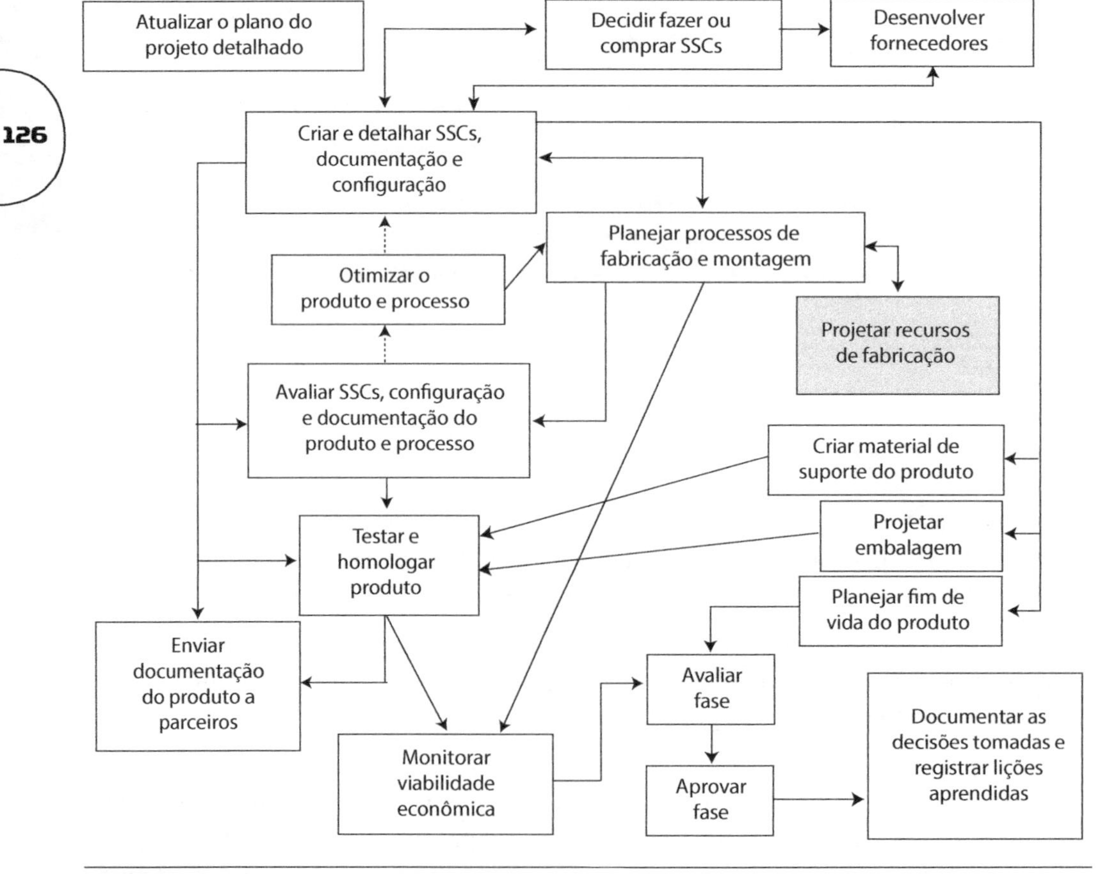

FIGURA 9.3
Atividades da fase de Projeto Detalhado.

Fonte: Rozenfeld *et al*. (2006).

de dispositivos e ferramentas especiais para auxiliar na manufatura da peça (moldes e matrizes), o desenvolvimento de novas máquinas para a empresa e, segundo os próprios autores do modelo, o projeto ou as melhorias das instalações industriais, ou, até mesmo, a proposição de novas fábricas.

- Preparação da Produção: são as ações necessárias para aprontar a organização a fim de receber o processo produtivo definido na fase de projeto detalhado, incluindo a instalação de máquinas e equipamentos, preparação de sua manutenção e treinamento da equipe no novo processo. Também faz parte desta fase a homologação do processo.
- Lançamento do Produto: consiste em um conjunto de atividades necessárias para distribuição, lançamento e acompanhamento de um novo produto no mercado. É usualmente realizado em paralelo com a fase de preparação da produção.
- Acompanhamento da Produção: uma vez que os produtos foram lançados, ao final da macrofase de Desenvolvimento, uma equipe é montada para realizar uma auditoria pós-projeto, objetivando realizar a avaliação do desempenho do produto no mercado e o levantamento de possíveis necessidades de alterações de projeto.
- Retirada do Produto do Mercado: consiste na realização de ações para a desmontagem de produtos retornados à empresa após o término de seu ciclo de vida (esta é uma tendência mundial relacionada a aspectos ambientais e envolve estratégias de logística reversa), para a finalização da produção do produto quando o mesmo for retirado do mercado, e para a finalização do suporte técnico do produto. Tais ações devem ser planejadas com antecedência, ainda na macrofase de Desenvolvimento, porém podem ser revisadas e aprimoradas quando da proximidade de sua realização.

É importante destacar que um modelo de referência, como o próprio nome indica, trata-se de um padrão de ações, que deve ser adaptado para cada projeto, conforme a complexidade do produto e de seu grau de inovação. Tais variáveis, em se tratando de um produto realmente novo para empresa, por exemplo, a empresa provavelmente utilizará o modelo em sua totalidade, enquanto projetos de melhorias de produtos, nos quais se foca em aspectos pontuais de produtos já existentes, a empresa tenderá a simplificar consideravelmente o modelo.

9.5 Técnicas e Ferramentas para o Projeto de Produtos

Tendo ainda como foco os bens físicos, a escolha de técnicas e ferramentas para dar suporte ao PDP para nova Unidade Produtiva em projeto é de grande importância, pois impactará na forma e nos custos de manufatura da empresa e consequentemente no seu layout. O uso de recursos de apoio ao PDP está diretamente relacionado à eliminação dos principais desperdícios do *Lean Manufacturing*. O que se procura é otimizar a estrutura do produto, de forma que seja oferecido aos clientes da empresa somente o que é demandado.

Por exemplo, considerando-se os clientes internos de uma empresa, é desejada a minimização de operações que não agreguem valor ao processo, sendo essenciais técnicas de Projeto para Manufatura (DFM) e de Projeto para Montagem (DFA) a fim de evitar tais desperdícios. Em se tratando dos clientes externos, os usuários dos produtos da empresa, técnicas como o Desdobramento da Função Qualidade (QFD) e o Projeto para o Valor (DFV) garantem que o produto contenha apenas os elementos essenciais requeridos pelo mercado, evitando o oferecimento de funcionalidades indesejadas. Dentre as técnicas disponíveis na literatura destacam-se:

a) Engenharia Simultânea

A Engenharia Simultânea é uma abordagem sistemática para o desenvolvimento integrado e paralelo do projeto de um produto e os processos relacionados, incluindo manufatura e suporte. Essa abordagem procura fazer com que as pessoas envolvidas no desenvolvimento considerem, desde o início, todos os elementos do ciclo de vida do produto, da concepção ao descarte, incluindo qualidade, custo, prazos e requisitos dos clientes. A Figura 9.4 ilustra a importância de se investir na engenharia do produto o mais cedo possível no projeto.

b) *Design for Manufacturing and Assembly* (DFMA) – Projeto para Manufatura e Montagem

O DFMA é a combinação de duas técnicas de projeto: o Projeto para Manufatura (*Design for Manufacturing* – DFM) e o Projeto para Montagem (*Design for Assembly*

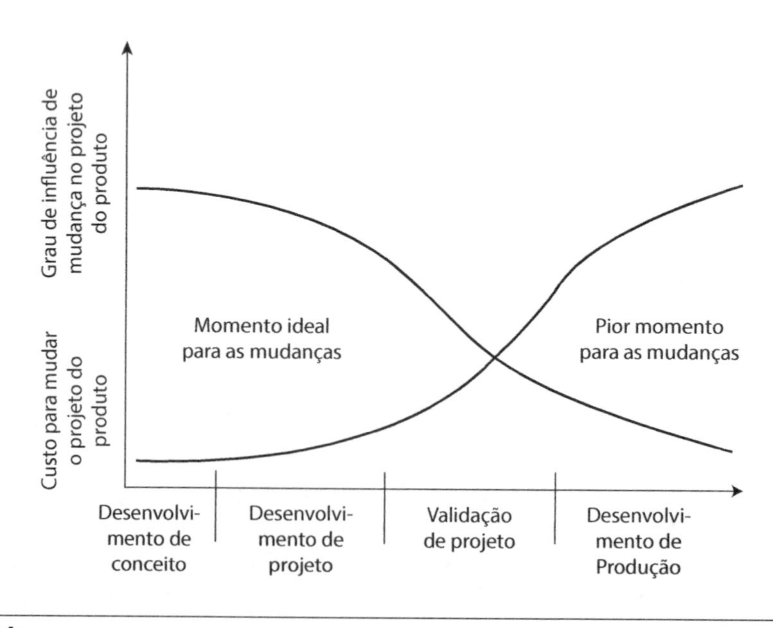

FIGURA 9.4
Curvas de custo e nível de influência durante o projeto.

– DFA). O DFM consiste em um conjunto de diretrizes e recomendações voltadas à eliminação de operações desnecessárias na fabricação de cada componente de um produto. Uma das recomendações básicas de DFM é reduzir o número de peças de um produto. Tal recomendação é particularmente interessante para empresa, pois não se fabricar um conjunto de componentes implica em não ter custos de fabricação para eles. Exemplos de outras diretrizes típicas de DFM incluem:

- Desenvolver projetos modulares, pois implica em um volume de fabricação maior para um mesmo componente, quando da utilização de um determinado módulo por dois ou mais produtos;
- Projetar as peças para serem multifuncionais, o que leva a uma redução de componentes a serem fabricados;
- Projetar as partes para serem multiuso, permitindo reutilizá-las em diferentes situações;
- Utilizar as características especiais dos processos, aproveitando, por exemplo, a facilidade de produzir peças coloridas por injeção de plásticos.
- Usar materiais e componentes normalizados, que são mais fáceis de se encontrar e podem ser produzidos em grandes volumes;
- Usar materiais de mais fácil processamento, reduzindo os custos de processo.

Já o DFA é um método estruturado de melhoria do processo de montagem de um produto. De acordo com Boothroyd, Dewhurst e Knight (1994), os seguintes critérios são considerados em um estudo DFA:

- Reduzir e aperfeiçoar o número e os tipos de componentes;
- Utilizar o encaixe ideal entre os componentes;
- Utilizar o conceito de montagem por camadas (de cima para baixo e da frente para trás). Montagem no sentido da gravidade;
- Minimizar os desvios de orientações dos componentes no momento da montagem;
- Eliminar a necessidade de ajustes;
- Projetar componentes de modo que sejam autotravantes ou fáceis de encaixar;
- Assegurar fácil acesso e visualização para montagem;
- Facilitar o manuseio dos componentes e assegurar a segurança;
- Projetar componentes que não gerem dúvidas de montagem;
- Minimizar o número de ferramentas para o processo.

Os benefícios na utilização do DFMA são:

- Fabricação e montagem mais simplificadas;
- Melhor ergonomia para os operadores;
- Qualidade consistente e melhorada;
- Complexidade reduzida;
- Redução nos retrabalhos, perdas e custos de garantia;
- Redução no tempo de logística;

- Redução do tempo de execução dos projetos;
- Redução dos problemas de produção;
- Redução no custo do produto e investimento.

c) *Quality Function Deployment* (QFD) – Desdobramento da Função Qualidade

O QFD foi desenvolvido no Japão, com base nos conceitos de qualidade desenvolvidos nesse país, como um conjunto de matrizes interdependentes. O ponto de partida do QFD é a chamada "Casa da Qualidade", a qual relaciona as necessidades ou os requisitos dos clientes (o que fazer) aos requisitos de projeto que podem realizá-los (como fazer). A figura a seguir apresenta a sequência de preenchimento dos elementos básicos de uma Casa da Qualidade, sendo que matrizes mais completas e complexas são facilmente encontradas na literatura, porém todas obedecem a mesma lógica.

		3) Analisar e definir Requisitos de Projeto (RP) que estejam vinculados a eles.
1) Inserir requisitos dos clientes (RCs)	2) Definir pesos dos RCs	4) Analisar a correlação existente entre cada RC e RP listados (matriz de correlação)
		5) Calcular a importância de cada RP (multiplicar pesos e correlação, somando os valores coluna por coluna)

FIGURA 9.5
Sequência de preenchimento de um QFD básico.

Os requisitos de projetos devem ser quantificáveis, pois serão utilizados como metas para a equipe de desenvolvimento de produtos, sendo os requisitos de maior importância sempre priorizados. A figura a seguir ilustra uma Casa da Qualidade Preenchida.

O desdobramento propriamente dito ocorre na sequência, podendo os requisitos de projeto serem transformados em, por exemplo, funções ou conjuntos, cujos componentes permitam atingir as especificações estabelecidas. A sequência de desdobramento a ser utilizada é denominada Modelo Conceitual, e sempre são realizadas em matrizes como a da Casa da Qualidade.

	Direcionador de melhoria >>>>	↑	↑	↓	↑	↑	
	Unidade	Graus	N	Kg	m	m	
Peso: 1 (pouco importante) 2 3 (média importância) 4 5 (muito importante)	Correlação: 0 - nula 1 - fraca 3 - média 9 - forte	Resistente às ondas	Resistência a impacto	Peso	Transportabilidade	Largura da base	Peso
	Design moderno	1	1	1	3	3	4
	Tração não pode falhar na água	9	1	1	1	1	5
	Resistente a colisões	1	9	1	1	1	4
	Estabilidade	9	1	1	9	9	1
	Suportar cargas altas	3	3	3	9	9	2
	Grau de importância (req. produto)	68	52	20	48	48	
	Classificação	2º	3º	1º	5º	4º	

FIGURA 9.6
Exemplo de um QFD para um pedalinho.

d) *Failure Modes And Effects Analysis* (FMEA) – Análise dos Modos de Falhas e Efeitos

A FMEA é uma ferramenta de projeto de grande importância para a garantia da qualidade de um produto. Existem vários tipos de FMEA, mas para o desenvolvimento de produtos o mais interessante é o de projeto. A FMEA projeto (ver Figura 9.7) é uma ferramenta destinada a detectar e a prevenir defeitos e falhas no produto ainda em seu desenvolvimento, sendo que em uma análise realizada por esta ferramenta são incluídos os seguintes dados:

- Modo: é o defeito, a falha em si, o que ocorreu no equipamento que influenciará no desempenho do produto. Exemplo: quebras, perdas, deteriorações.
- Efeito: é a influência do modo no funcionamento do utensílio, o que acarretou em seu desempenho. Exemplo: perda de controle, perda de tração afundamento.
  - Gravidade (G): grau de gravidade baseado nas consequências da falha (1 a 10 pontos, sendo o maior valor o de maior gravidade).
- Causa: o que acarretou a falha, possivelmente o ocorrido na produção ou projeto. Exemplo: Material frágil, controle de qualidade falho, mau dimensionamento de peças.
  - Probabilidade de ocorrência (O): possibilidade do erro ocorrer (1 a 10).
- Controles: são os meios de que a produção dispõe para detectar as causas.
  - Detecção (D): Capacidade do processo de detectar a falha no produto, durante o uso ou na fabricação, pontuado de 1 a 10.

F.M.E.A.-Análise do modo e efeito de falha

Veículo aquático movido a propulsão humana

Nome do componente	Falhas possíveis					Atual				Ação		Resultado			
												Índices revistos			
	Modo	Efeitos	G	Causas	O	Controles de prevenção atuais	Controles de prevenção atuais	D	Risco	Recomendações	Implantadas	O	G	D	R
Pedais	Fratura	Perda de controle	7	Material inadequado	1	Nenhum	Nenhum	4	801	Realizar testes de durabilidade	Alteração de projetos	1	1	4	100
Pedivela	Descentralização torção	Falta de tração/Travamento	5	Material inadequado/ Tratamento térmico falho	3	Nenhum	Nenhum	3	500	Verificação de processos testes de resistência	.	3	5	3	500
Engrenagens	Ruptura de dentes	Falta de tração/ travamento	5	Mal dimensionamento/ Tratamento térmico falho	5	Nenhum	Nenhum	5	500	Realizar testes de durabilidade	Alteração de projeto	1	1	5	100
Hélice	Flexão das pás	Baixa de propulsão	5	Material de baixa resistência	4	Nenhum	Nenhum	4	500	Realizar testes de durabilidade	Alteração de projeto	1	1	4	100
Eixo flexível	Ruptura/Perda de ajuste central	Falta de tração/ Travamento	5	Material inadequado	4	Nenhum	Nenhum	7	500	Rever cálculos de concentricidade	.	4	5	7	500
Probabilidade de ocorrência (O)		Gravidade (G)				Detecção (D)				Risco					
Improvável = 1 Muito pequena = 2 a 3 Moderada = 4 a 6 Alta = 7 a 8 Alarmante = 9 a 10		Apenas perceptível = 1 Pouca importância = 2 a 3 Moderadamente grave = 4 a 6 Grave = 7 a 8 Extremamente grave = 9 a 10				Alta = 1 Moderada = 2 a 3 Pequena = 4 a 6 Muito pequena = 7 a 8 Improvável = 9 a 10				Baixo = 1 a 135 Moderado = 136 a 800 Alto = 801 a 1000					

FIGURA 9.7

Exemplo de FMEA aplicado ao projeto de um pedalinho.

- Risco (R): calculado pela multiplicação dos itens O, G e D. Os valores mais altos na planilha são os mais críticos no projeto.
- Ações:
  - Recomendações: Tratamento que será dado à falha para evitar reincidência.
  - Implantadas: O que foi realmente realizado (alterações de projeto). Os índices O, G, D e R devem ser recalculados para medir a eficácia da ação.

e) Análise do Ciclo de Vida do Produto (ACV)

A ACV é o método apresentado pela ISO14000, de gestão ambiental, para a realização de análises de impacto ambiental. Sua importância tem sido crescente na indústria, inclusive no PDP, pois permite à empresa analisar e comparar diferentes cenários de produção, uso ou descarte de um determinado produto. Uma ACV completa é feita em quatro fases:

- Objetivo e Escopo: consiste na determinação do propósito da análise, dos limites do estudo (quais fases do ciclo de vida do produto serão abrangidas), da unidade funcional (se Kg, W etc.), e na definição dos requisitos de qualidade. Devido à alta complexidade de um estudo de ACV, é comum serem focadas apenas partes do ciclo de vida do produto, usualmente aquelas consideradas mais críticas ou estratégicas para a organização. A Figura 9.8 ilustra as fases do ciclo de vida de um produto.
- Análise e Inventário: nesta fase ocorre o mapeamento das entradas e saídas de cada etapa do processo das fases do ciclo de vida avaliadas. É neste instante que todos os dados são levantados, incluindo-se as entradas da economia (materiais, energia etc.) quanto do ambiente (recursos bióticos, abióticos, uso do solo etc.) e suas respectivas saídas, incluindo-se as emissões e resíduos.

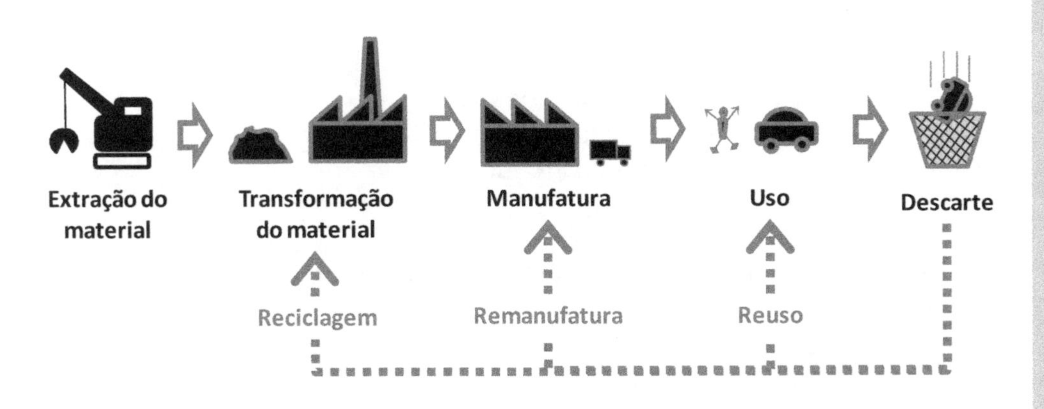

FIGURA 9.8
Fases do ciclo de vida de um produto.

Fonte: Os autores.

- Avaliação do Impacto: envolve a determinação de quais classes de impacto ambiental serão avaliadas. Várias categorias de impacto estão disponíveis, incluindo Aquecimento Global, Acidificação, Toxidade Terrestre, Toxidade Aquática, Saúde Humana, Uso do Solo, entre várias outras.
- Interpretação: consiste em determinar quais são os principais problemas avaliados, com base nos dados levantados e nas categorias em avaliação, sendo determinadas as possíveis soluções e conclusões.

f) *Design for Environment* (DFE) – Projeto para o Meio ambiente

O DFE, ou ecodesign, tem por objetivo, ainda na fase de projeto do produto, reduzir o impacto ambiental durante o ciclo de vida de um produto, desde a extração de suas matérias-primas, até o seu final de vida, focando em seu reuso, remanufatura, reciclagem ou em outras estratégias. Usualmente, além da redução do impacto ambiental, adequação à legislação e melhoria da imagem da empresa, é comum que o emprego do DFE leve também a reduções de custos para a empresa, bem como a melhorias técnicas no produto.

O DFE pode ser considerado um conjunto de ações abrangente, tanto que muitas empresas optam por enfocar apenas em alguns de seus aspectos, adotando técnicas mais específicas, como:

- Projeto para desmontagem (DFD);
- Projeto para reciclagem (DFR);
- Projeto para o final de vida (DFEoL);
- Projeto para logística reversa (DFLR);

Entretanto, conforme levantado por Gouvinhas e Costa (2005), é possível realizar uma avaliação de DFE abrangente utilizando-se algumas premissas básicas:

- Desenvolvimento de um novo Projeto Conceitual para o Produto:
  - Promover desmaterialização do Produto (e-mail, em vez de cartas);
  - Promover uso compartilhado de Produtos;
  - Ofertar um serviço em vez de um produto.
- Otimização de aspectos Físicos do Produto:
  - Integrar as funções do produto;
  - Otimizar as funções do produto;
  - Aumentar a confiabilidade e durabilidade do produto;
  - Facilitar a manutenção e o reparo dos produtos;
  - Desenvolver uma estrutura modular para os produtos;
  - Aumentar a relação entre usuário e produto.
- Otimização do material usado:
  - Uso de materiais limpos;
  - Uso de materiais renováveis;
  - Uso de materiais de baixa energia;

  - Uso de materiais recicláveis;
  - Redução do material utilizado.
- Otimização da Produção:
  - Uso de técnicas alternativas de produção;
  - Redução de etapas de produção;
  - Baixo consumo de Energia ou utilização de energia limpa;
  - Menor quantidade de rejeitos de produção;
  - Redução da quantidade de consumíveis e uso de consumíveis "limpos" na produção.
- Otimização da Distribuição:
  - Uso de menos embalagens, limpas ou reutilizáveis;
  - Eficiência de energia durante o transporte;
  - Eficiência de energia utilizada em um sistema logístico.
- Redução do Impacto ambiental durante o uso do produto:
  - Baixo consumo de Energia;
  - Uso de energia limpa;
  - Redução do uso de consumíveis;
  - Uso de consumíveis limpos;
  - Redução de energia e outros rejeitos consumíveis.
- Otimização do final de vida:
  - Reutilização do produto;
  - Projeto para desmontagem;
  - Produtos remanufaturados;
  - Reciclagem de material;
  - Incineração segura.

Questões e Tópicos para Discussão

1) Por que pensar na introdução do Processo de Desenvolvimento de Produtos (PDP) durante o Projeto de Fábrica? Analise os benefícios sobre o ponto de vista estratégico de uma organização e sobre a perspectiva de existência da fábrica.

2) Quais as vantagens de se organizar o PDP em um modelo de referência e como ele facilita a gestão dos futuros projetos da empresa?

3) O que é a engenharia simultânea (ES)? Por que as empresas que a utilizam tendem a ter um tempo de entrega do produto ao mercado mais curto que suas concorrentes?

4) De que forma a otimização do processo de manufatura e montagem através do DFMA impacta em sua fabricação e montagem?

5) Em um mercado competitivo, qual a importância de se desenvolver um projeto de produtos com base nas necessidades dos clientes, e não apenas na redução do custo de fabricação?

6) **Para um produto qualquer à sua escolha, elabore a Casa da Qualidade do QFD, utilizando como modelo o exemplo da Figura 9.6.**

7) **Qual a importância, do ponto de vista do cliente, de se detectar, prevenir defeitos e falhas no produto ainda em seu desenvolvimento? E para a empresa?**

8) **Elabore uma FMEA para um produto qualquer, que você conheça os potenciais modos de falhas. Utilize a estrutura da Figura 9.7 como modelo. Como o projeto de um único produto pode impactar no arranjo físico de uma organização? Elabore um fluxograma para ilustrar este encadeamento de ações. (Dica: use o fluxo de informações deste capítulo para elaborar sua resposta).**

9) **Para o produto da questão anterior, tente analisar cinco potenciais impactos ambientais que o produto poderia gerar, ou seja, melhorias potenciais no produto. Use as premissas básicas de ecodesign de Gouvinhas e Costa (2005) como base para sua análise.**

10) **(BNDES/2008) Um dos grandes desafios do projeto de produtos e serviços é assegurar que o produto final tenha sucesso e atenda às necessidades e aos desejos dos clientes. O desdobramento da função qualidade, ou Quality Function Deployment (QFD), é uma técnica para o(a):**

   a) controle de variáveis críticas do processo ao longo do tempo, chamadas itens de controle;
   b) estabelecimento de planos de inspeção periódicos e preventivos, de acordo com o tempo de vida útil dos principais componentes do processo;
   c) estruturação e o relacionamento das causas plausíveis e os problemas encontrados em um processo de produção;
   d) estratificação e o agrupamento dos problemas em categorias e subcategorias, de forma a isolar as causas mais influentes;
   e) articulação formal entre os requisitos do cliente e as características e dimensões do projeto do produto.

11) **(PETROBRAS DISTRIBUIDORA/2010) O processo de desenvolvimento de produtos é uma atividade crítica para o sucesso e a competitividade das organizações e pode ser dividido em três etapas principais: pré-desenvolvimento, desenvolvimento e pós-desenvolvimento. Além de outras fases, a etapa de desenvolvimento envolve:**

   a) os processos de logística reversa, o projeto conceitual e a preparação da produção;
   b) o planejamento estratégico, o projeto detalhado e os processos de logística reversa;
   c) o planejamento estratégico e o monitoramento do desempenho do produto;
   d) o planejamento do projeto, o projeto informacional e o projeto conceitual;
   e) a preparação da produção, o monitoramento de desempenho do produto e o projeto conceitual.

12) **(PETROBRAS DISTRIBUIDORA/2008) Várias técnicas são utilizadas no desenvolvimento de produtos, e uma delas procura projetar o produto de tal forma que pequenas variações na produção ou na montagem não prejudiquem o desempenho do mesmo. Esta é a técnica de:**

   a) engenharia reversa;
   b) engenharia de valor;

c) projeto assistido por computador;
d) projeto modular;
e) projeto robusto.

13) **(PETROBRAS/2008) Ao longo do desenvolvimento do projeto de um produto:**
a) a aceitabilidade de uma proposta de projeto indica que o mesmo foi submetido com sucesso aos Métodos de Taguchi;
b) a Engenharia de Valor (*Value Engineering* – VE) e o Desdobramento da Função Qualidade (*Quality Function Deployment* – QFD) são considerados na etapa de Projeto Final;
c) a triagem deve selecionar as tecnologias de processos que podem ser empregadas para desenvolver o projeto, e dispensar os elementos que compõem o projeto da rede de operações produtivas;
d) as especificações dos produtos e serviços do pacote, bem como a definição dos processos para gerar o pacote, são elaboradas na etapa de Projeto Preliminar;
e) o projeto de produtos e o projeto de processos costumam apresentar um inter-relacionamento fraco ou nulo.

14) **(BNDES/2008) O ciclo de vida de um produto representa o comportamento do produto desde o desenvolvimento até a sua retirada do mercado que, de acordo com Philip Kotler, envolve cinco estágios distintos. O estágio de maturidade é caracterizado por:**
a) declínio nas vendas e redução da margem de lucro;
b) volume de vendas igual a zero e custos de investimento crescentes;
c) crescimento rápido do volume de vendas e margem de lucro em crescimento;
d) crescimento lento do volume de vendas e margem de lucro negativa ou pequena;
e) desaceleração no crescimento das vendas e maximização da margem de lucro;

15) **(DECEA/2009): Com relação aos ciclos de vida dos dois produtos mostrados na figura a seguir, analise as afirmações.**

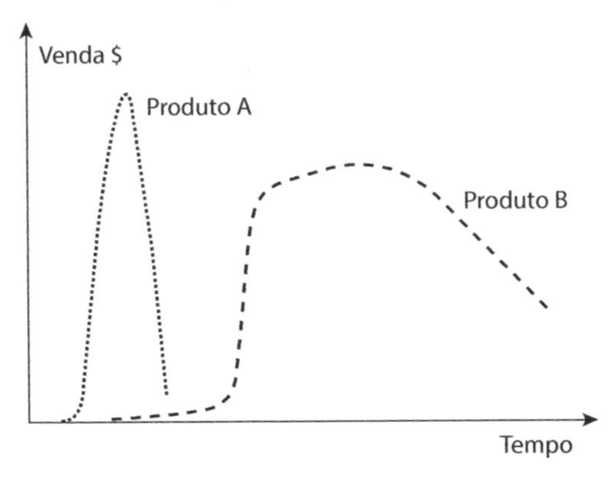

KOTTLER, P ARMSTRONG, G. *Princípios do Marketing*. 12ª ed. São Paulo. Pearson-Prentice Hall, 2007. p. 244. (Adaptado)

I. O produto A teve um pico de vendas maior, mas permaneceu menos tempo na fase de maturidade que o produto B.
II. O estágio de introdução do produto B durou menos tempo do que o do produto A.
III. A taxa de aceitação durante o estágio de crescimento é semelhante nos dois produtos.

Está(ão) correta(s) APENAS a(s) afirmação(ões):

a) I;

b) I e II;

c) I e III;

d) II e III;

e) I, II e III.

16) (PETROBRAS/2009)

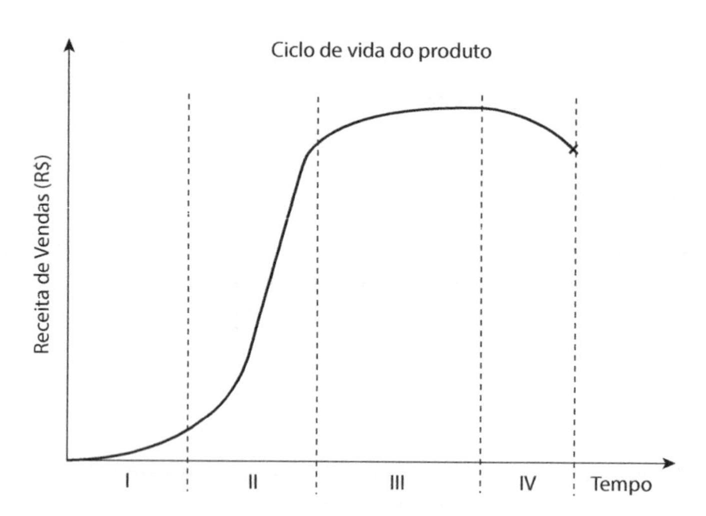

HEIZER, J.; RENDER, B. *Administração de Operações: Bens e Serviços*. 5. ed. Rio de Janeiro: LTC, 2001. p.143. (Adaptação)

Com relação aos aspectos operacionais do ciclo de vida do produto mostrado na figura, considere as afirmações a seguir.

I. Na fase I, o projeto de produto já está estabilizado e o processo de produção deve buscar maior controle dos custos.

II. Na fase II, torna-se necessário ter um planejamento de capacidade mais eficaz.

III. Na fase III, os pontos focais da área de produção são a eficiência do processo de produção e a lucratividade.

IV. Na fase IV, há solicitação por maior dedicação na busca por fornecedores confiáveis e capazes de atender à demanda.

Estão corretas as afirmações:

a) I e II, apenas.

b) II e III, apenas.

c) III e IV, apenas.

d) I, III e IV, apenas.

e) I, II, III e IV.

17) (PETROBRAS BIOCOMBUSTÍVEL/2010) O ciclo de vida de um produto descreve a evolução desse produto medida através do volume de vendas ao longo do tempo,

com diferentes estratégias de fabricação e financeiras. Dentre as estratégias abaixo, qual identifica a fase de maturidade do produto no mercado?

a) Customização alta com frequentes mudanças no projeto original.
b) Necessidades do mercado amplamente atendidas pelo produto.
c) Vendas com tendência ao crescimento devido ao custo do produto ser elevado.
d) Estágio em que os principais objetivos de desempenho das operações são a confiabilidade e o custo do produto.
e) Poucos concorrentes oferecerão o mesmo produto, e a empresa tem como objetivo principal a flexibilidade.

18) **(PETROBRAS/2011) Com relação ao ciclo de vida de um produto no mercado, considere as seguintes afirmações.**

I. Na fase de introdução do produto no mercado, ocorre um crescimento relativamente lento das vendas, em comparação com as demais fases.
II. Na fase de maturidade, ou saturação, as vendas são inferiores às registradas na fase de crescimento.
III. Durante a fase de crescimento, em geral, o produto é retirado do mercado.
IV. Na fase de renovação, o produto ganha acessórios.

É correto APENAS o que se afirma em:

a) I.
b) II.
c) I e III.
d) II e IV.
e) III e IV.

19) **(PETROBRAS/2012) A demanda de diversos produtos passa por fases que constituem o seu ciclo de vida. Os efeitos gerenciais na empresa exigem diferentes estratégias financeiras, de fabricação e de marketing para cada fase, durante o tempo em que o produto se encontra no mercado. A fase em que o produto final é elevado e que a flexibilidade é um dos objetivos das operações de produção é a de:**

a) Crescimento;
b) Declínio;
c) Introdução;
d) Maturidade;
e) Saturação.

20) **(PETROBRAS BIOCOMBUSTÍVEL/2010) O departamento de P&D de uma empresa que atua no ramo de bicombustíveis está verificando o potencial de uma nova matéria-prima e a tecnologia necessária para o seu processamento. Considerando-se que todos os procedimentos realizados pelo referido departamento devem obedecer rigorosamente aos padrões de metodologia da pesquisa científica, como um dos fundamentos que embasam esses procedimentos, tem-se que:**

a) o método de verificação de determinada hipótese será determinado pelo objeto de estudo, já que não é possível a definição abstrata e apriorística de um método ideal;
b) o experimento, enquanto método científico por excelência, caiu em desuso após as considerações de Karl Popper a respeito do impacto do erro na metodologia científica;
c) um dos métodos mais adequados para pesquisas relacionadas à produção de biocombustíveis é o levantamento correlacional, pois prescinde de grupos de controle;

d) a metodologia de levantamentos simples deve ser utilizada em todas as etapas da pesquisa, tendo em vista a necessidade de obtenção do máximo de informação a partir dos experimentos realizados;
e) os estudos não precisam se pautar por condutas eticamente justificáveis, visando à obtenção de impactos sociais positivos, já que a utilização ou não da nova tecnologia, assim como a sua forma de emprego serão, posteriormente, definidas pela direção da empresa.

21) (CASA DA MOEDA/2009) O processo genérico de desenvolvimento de produtos contém a etapa de desenvolvimento do conceito. Nesta etapa, a área de marketing tem a responsabilidade de:

a) avaliar a viabilidade da produção;
b) coletar as necessidades dos clientes;
c) definir os processos de produção;
d) desenvolver e testar os protótipos;
e) determinar o esquema de montagem.

22) (PETROBRAS/2010) Com relação à engenharia reversa, afirma-se que:

a) consiste em projetar o canal de retorno do produto ao seu ponto de fabricação;
b) consiste em recolher o produto para corrigir eventuais falhas de fabricação;
c) é baseada no retorno do produto para reciclagem;
d) busca analisar, cuidadosamente, um produto, se necessário desmontando-o, para entender como foi produzido;
e) estuda formas de operar um produto em sentido contrário ao projetado inicialmente.

10

Projeto de processos produtivos

Para que os projetos dos produtos sejam efetivos, deve haver uma ligação entre o que a operação está tentando alcançar e os objetivos de desempenho de seus processos. O objetivo do projeto de processos produtivos é assegurar que o desempenho do projeto seja adequado ao que se está tentando alcançar.

Para que bens e serviços possam ser produzidos eficientemente pela empresa, é necessário que as três atividades de projeto de processos inter-relacionadas sejam projetadas de forma que a empresa possa produzir com alto nível de desempenho todos seus produtos. Tal inter-relação entre processos, produção e processos de prestação de serviços (para serviços) ou processos de fabricação (para bens) significa que essas três atividades de projeto de processos deveriam ser consideradas como atividades que se sobrepõem.

Considerando o *continuum* de bens e serviços, os benefícios de reunir o projeto das três atividades de projeto de processos mantêm-se válidos tanto na produção de bens como na prestação de serviços. Para a maioria dos casos, uma não deveria ser feita independentemente da outra. Reuni-las traz muitos benefícios, incluindo melhores projetos de processos produtivos e menor tempo para introdução no mercado.

Na manufatura foram realizados esforços consideráveis para examinar essa sobreposição, e concluiu-se que existem duas razões para isso :

- A primeira é o reconhecimento crescente de que o planejamento das três atividades de projeto de processos tem um efeito importante no custo de sua produção e no atendimento das necessidades dos clientes.
- A segunda é que o modo como é gerenciada a sobreposição entre as três atividades de projeto do sistema produtivo tem um efeito significativo sobre o tempo que decorre entre a fabricação inicial do produto ou serviço e seu lançamento no mercado.

10.1 Relação Volume x Variedade

Na primeira parte do livro vimos que, de forma geral, os processos produtivos são divididos quanto ao foco de sua atuação, sendo denominados:

- processos de produção: quando o foco de atuação é a gestão de sistemas de produção e operações;processos de prestação de serviços: quando o foco de sua atuação são os processos de prestação de serviços (para serviços);
- processos de fabricação: quando o foco de sua atuação são os processos de fabricação (para bens).

Vimos também que dentre as principais formas de classificação dos processos de produção está a relação volume e variedade dos *outputs* das operações, na qual:

- o volume está associado ao número de bens e/ou serviços produzidos pela operação produtiva;
- a variedade está associada ao composto (*mix*) de bens e serviços resultantes de uma operação produtiva.

Como importante critério de decisão no projeto e na gestão de sistemas de produção, apresenta-se na sequência a classificação dos processos de produção em função da relação volume X variedade, tanto para bens como para serviços.

10.1.1 Classificação para Bens

A seguir apresenta-se a classificação dos processos de produção em função da relação volume X variedade para o caso de bens/manufatura, e em destaque a classificação para o caso de bens/manufatura discreta, que é a mais forma mais usual no mercado:

Quadro 10.1 Classificação dos processos de produção para manufatura

Variedade						
	Muito Alta	**PP**				
	Alta		**PJ**			
	Média			**PL**		
	Baixa				**PM**	
	Muito Baixa					**PC**
		Muito Baixo	Baixo	Médio	Alto	Muito Alto
				Volume		

Fonte: Neumann (2013).

Legenda:

PP: *Processos de Produção por Projeto*
PJ: *Processos de Produção por Jobbing*
PL: *Processos de Produção por Lotes ou Bateladas*
PM: *Processos de Produção em Massa ou Linha*
PC: *Processos de Produção Contínuos*

Processos de Produção Contínuos (PC):

Envolvem a produção de bens ou serviços que não podem ser identificados individualmente. Os equipamentos executam as mesmas operações de maneira contínua e o material se move com pequenas interrupções entre eles até chegar ao produto acabado. Nos processos contínuos os produtos fluem fisicamente, porque eles são líquidos ou gasosos, ou no caso de processos de prestação de serviços, não são produtos tangíveis.

As refinarias de petróleo, usinas de processamentos químicos, instalações de eletricidade, siderúrgicas e operações de processamento de alimentos e algumas fábricas de papel são exemplos.

Alguns serviços também podem ser produzidos dentro desta ótica com o emprego de máquinas, como serviços de aquecimento e ar-condicionado, de limpeza contínua, sistemas de monitoramento por radar, e os vários serviços fornecidos via internet (*homebank*, busca de páginas etc.), entre outros; operam em volumes muito grandes e uma variedade muito reduzida, seu processo de produção está normalmente associado a tecnologias inflexíveis, de capital intensivo e fluxo altamente previsível.

Os sistemas de produção contínuos são empregados quando existe uma alta uniformidade na produção e demanda de bens ou serviços, fazendo com que os produtos e os processos de produção sejam totalmente interdependentes, favorecendo a sua automatização.

Devido à automação dos processos, a flexibilidade para a mudança de produto é baixa. São necessários altos investimentos em equipamentos e instalações, e a mão de obra é empregada apenas para a condução e manutenção das instalações, sendo seu custo insignificante em relação aos outros fatores produtivos.

O processo contínuo é o mais produtivo, mas o menos flexível sistema de manufatura. Ele normalmente tem o mais enxuto e simples sistema de produção porque tem o menor estoque em processo, tornando-se o mais fácil de controlar.

Tendo em vista a sincronização e automatização dos processos, pode-se dizer que o *lead-time* produtivo é baixo, por serem produzidos poucos produtos que possuem demandas altas. Para o caso de produtos tangíveis que trabalham num ambiente *make-to-stock* (MTS), a maioria das empresas coloca de antemão estoques desses produtos à disposição dos clientes, pois sua venda é garantida.

Processos contínuos situam-se um passo além dos processos de produção em massa, pelo fato de operarem em volumes ainda maiores e em geral terem variedade ainda mais baixa. Muitas vezes estão associados a tecnologias relativamente inflexíveis, de capital intensivo com fluxo altamente previsível. Os processos de produção contínuos têm como características operações que são realizadas de maneira contínua nos equipamentos, e a matéria-prima se desloca com pequenas interrupções até chegar ao produto acabado. Podem ser subdivididos em:

- Contínuo puro: uma só linha de produção. Os produtos finais são exatamente iguais e toda a matéria-prima é processada da mesma forma e na mesma sequência;
- Contínuo com montagem ou desmontagem: varias linhas de produção contínua que convergem nos locais de montagem ou desmontagem;
- Contínuo com diferenciação final: características de fluxo igual a um ou outro dos subtipos anteriores, mas o produto final pode apresentar variações.

Processos de Produção Discretos (PD):

São classificados como processos discretos todos os processos de produção em que os produtos podem ser identificados individualmente, ou seja, o produto pode ser individualizado. Envolvem a produção de bens que podem ser isolados, tanto em lotes quanto em unidades, particularizando-os uns dos outros. Os processos discretos subdividem-se em: processos de produção em massa, em lotes, *jobbing* ou por projeto.

Classificam-se dentro deste sistema as empresas que estão na ponta das cadeias produtivas, com suas linhas de montagem, como é o caso das montadoras de automóveis, de eletrodomésticos, as grandes confecções têxteis, aquelas de abate e beneficiamento de aves, suínos, gado etc.

Processos de Produção em Massa (PM):

À semelhança dos processos de produção contínuos, os processos discretos em massa caracterizam-se pela produção em grande escala de produtos altamente padronizados, com baixíssima variação nos tipos dos produtos finais.

Envolvem processos específicos utilizados na fabricação de um produto ou realização de um serviço. Têm procedimentos fixos e abrangência limitada. As facilidades de produção utilizadas são compostas de equipamentos específicos, projetados para atender às tarefas requisitadas pelo produto e/ou serviço.

Contudo estes produtos não são passíveis do mesmo nível de automatização dos processos contínuos, exigindo participação de mão de obra especializada na transformação do produto.

É essencialmente uma operação em massa porque as diferentes variantes de seu produto não afetam o processo básico de produção. As ordens de produção não têm relação direta com os pedidos dos clientes, como ocorre nos processos por projeto e por tarefa.

Exemplos: fábrica de automóveis, a maior parte dos fabricantes dos bens duráveis, como aparelhos de televisão, a maior parte dos processos de alimentos, como o fabricante de pizza congelada, ou uma fábrica de engarrafamento de cerveja e uma produção de CDs.

Processos de Produção em Lotes (PL):

Caracterizam-se pela produção em lotes, também denominados como processos de produção intermitente ou em bateladas, de um volume médio de bens ou serviços padronizados. São utilizados quando muitos produtos ou serviços são processados na mesma facilidade (centro de produção). São sistemas mais flexíveis, que utilizam equipamentos do tipo universal. Como existem *setups* envolvidos, as tarefas são organizadas em lotes para melhor aproveitamento desses tempos de *setups*.

Os processos de produção em lotes caracterizam-se por fluxo intermitente, que não é constante, ou seja, que ocorre em intervalos. O fluxo intermitente é característico de processos de produção por lotes.

Os processos em lotes não têm o mesmo grau de variedade do que os de *jobbing*. Nos processos em lotes sempre são produzidos mais de um produto. Os tamanhos dos lotes podem ser pequenos ou grandes e neste caso, podem ser relativamente repetitivos, assim, podem ser baseados em uma gama mais ampla de níveis de volume e variedade do que outros tipos de processos.

Exemplos: manufatura de máquinas-ferramenta, a produção de alguns alimentos congelados especiais, a manufatura da maior parte das peças de conjuntos montados em massa, como automóveis e a maior parte das roupas.

Processos de Produção por *Jobbing* (PJ):

Em processos de *jobbing* (tarefas ou processos) cada produto deve compartilhar os recursos da operação (máquinas múltiplas) com diversos outros. Diferem entre si pelo tipo de atenção às necessidades do cliente. Os processos de *jobbing* produzem mais itens e usualmente menores dos que os processos de projeto, mas, como também para os processos de projeto, o grau de repetição é baixo. Criam a flexibilidade necessária para produzir uma variedade de produtos e serviços em quantidades significativas.

Exemplos: serviços técnicos especializados como mestres ferramenteiros e ferramentas especializadas, restauradores de móveis, alfaiates que trabalham por encomenda, gráfica que produz ingressos para o evento social local etc.

Processos de Produção por Projeto (PP):

A essência dos processos de projeto é que cada trabalho tem início e fim bem definidos, o intervalo de tempo entre o início de diferentes trabalhos é relativamente longo e os recursos transformados que fazem o produto serão organizados de forma especial para cada um deles. Cada produto tem recursos dedicados mais ou menos exclusivamente para ele.

No que se refere à gestão de processos de produção, os processos de projeto são aqueles que lidam com produtos discretos (produtos distintos), geralmente muito customizados (personalizados), sendo o período de tempo para executar o serviço normalmente longo. Baixo volume de produção e alta variedade são características dos processos de produção por projeto.

Caracteriza-se pelo atendimento de uma necessidade específica dos clientes, o produto concebido em estreita ligação com o cliente tem uma data determinada para ser concluído. São sistemas que trabalham com demandas extremamente baixas (muitas vezes uma única unidade), por isso diferem substancialmente dos sistemas de massa e lote.

Dada a natureza não repetitiva dos produtos, a experiência adquirida tem valor limitado, e grandes esforços de gerenciamento são demandados para planejar, monitorar e controlar as atividades. Uma vez concluído, o sistema de produção se volta para um novo projeto.

Exemplos: construção de navios, construção de prédios, produção de filmes, perfuração de poços de petróleo, instalação de um sistema de computadores, construção do túnel sob o Canal da Mancha, grandes operações de fabricação de turbo-geradores etc.

10.1.2 Classificação para Serviços

A seguir a classificação dos processos de produção em função da relação volume X variedade para o caso dos processos de prestação de serviços:

Quadro 10.2 Classificação dos processos de produção para serviços

Variedade				
	Alta	**SP**		
	Média		**LS**	
	Baixa			**SM**
		Baixo	Médio	Alto
Volume				

Fonte: Neumann (2013).

Legenda:

SP: *Serviços Profissionais*
LS: *Loja de Serviços*
SM: *Serviços em Massa*

Cada tipo de processo em operações de serviço implica uma forma diferente de organização da operação para atender as características diferentes de volume e variedade:

- volume produtivo da organização – que no modelo do processo de serviço é definido como o volume de clientes processados por unidade de negócio por período;
- variedade que representa um grupo de características do serviço – foco nas pessoas/equipamentos. A dimensão variedade é dividida em três dimensões: foco em pessoas ou em equipamentos, grau de contato com o cliente, grau de personalização dos serviços.

Serviços Profissionais (SP):

São definidos como organizações de alto contato, cujos clientes despendem tempo considerável no processo do serviço, esses serviços proporcionam altos níveis de customização, sendo o processo do serviço altamente adaptável para atender às necessidades individuais dos clientes.

Serviços profissionais tendem a ser baseados em pessoas (*front Office*), em vez do equipamento, com ênfase no "processo" (como o serviço é prestado) em vez de no "produto" (o que é fornecido), tem alto grau de: contato, de personalização e de autonomia.

Exemplos: consultores de gestão, advogados, bancos (pessoa jurídica), cirurgiões, inspetores e segurança e alguns serviços especiais na área de computadores.

Lojas de Serviços (LJ):

São caracterizados por níveis de contato com o cliente, customização, volumes de clientes e liberdade de decisão do pessoal, que as posiciona entre extremos do serviço profissional e de massa. O serviço é proporcionado através de combinações de atividades dos escritórios da linha de frente e da retaguarda, pessoas e equipamentos e ênfase no produto/processo.

Exemplos: bancos, lojas em ruas comerciais e *shopping centers*, operadores de excursões de lazer, empresas de aluguel de carros, escolas, a maior parte dos restaurantes, hotéis e agentes de viagens.

Serviços em Massa (SM):

Compreendem muitas transações de clientes, envolvendo tempo de contato limitado e pouca customização. São em geral baseados em equipamentos (*back room*) e orientados para o "produto", com a maior parte do valor adicionado no escritório de retaguarda, com relativamente pouca atividade de julgamento exercida pelo pessoal de linha de frente. Tem baixo grau de: contato, de personalização e de autonomia.

Exemplos: supermercados, redes de estradas de ferro, aeroportos, serviços de telecomunicações, livrarias, emissoras de televisão, o serviço de polícia e o atendimento em um serviço público.

10.2 Processos de Fabricação

As atividades de seleção do processo de fabricação são também cada vez mais influenciadas pelo ambiente competitivo. Novos produtos exigem novos estudos de processos de transformação. Outro fator é a diversidade atual de novos materiais, equipamentos e formas de controle que podem compor uma solução produtiva para um produto.

Em uma Unidade Produtiva, a correta seleção do processo de fabricação, e sua posterior otimização, tem um impacto significativo no processo produtivo, podendo levar à reduções significativas de custos para empresa. Por outro lado, é importante destacar que nem sempre a seleção e o detalhamento de um processo se fazem necessários. A seleção dos processos de fabricação é central, e impacta consideravelmente nas decisões de planejamento posteriores.

Grande parte da seleção do processo de processos de fabricação, conforme visto na Figura 9.3, ocorre durante a fase de projeto detalhado, sendo, porém, inicializada já no projeto conceitual, quando do início da determinação dos Sistemas, Subsistemas e Componentes (SSCs) dos produtos, e da seleção de seus possíveis materiais processos de fabricação.

O processo de fabricação é resultante da atividade de projeto produtos/serviços desenvolvida pela Engenharia do Produto em que são definidas suas especificações, as técnicas e a sequência de fabricação (a ordem) pela qual se produz algo.

Os recursos produtivos são máquinas, equipamentos e dispositivos utilizados pelas empresas nos processos de fabricação para transformar materiais, informações e consumidores de forma a agregar valor e atingir os objetivos estratégicos da empresa.

Além das questões técnicas, as atividades de projeto do processo de fabricação são também cada vez mais influenciadas pelo ambiente competitivo. Novos produtos exigem novos estudos de processos de fabricação. Outro fator é a grande disponibilidade atual de novos materiais, equipamentos e formas de controle que podem compor uma solução produtiva para um produto.

Escolher como fabricar depende da geometria do produto a ser fabricado, de seus materiais e do volume de fabricação. Existem várias opções de tecnologia, mas é possível agrupá-las segundo as características de processo. Para metais, a grande maioria dos processos de fabricação recai em uma destas três categorias:

- Processos com formação de cavaco (ou remoção de materiais): são processos de fabricação de metais que implicam na retirada de material bruto, geralmente utilizando ferramentas de corte. Nesta categoria estão inclusos os processos de torneamento, fresamento, retificação, furação, eletroerosão, mandrilamento e vários outros.

- Processos de conformação: são processos de fabricação de metais com força suficiente em uma determinada peça bruta, de forma a deformá-la para que atinja as características geométricas desejadas. Os processos de forjamento, laminação e estampagem fazem parte desta categoria.
- Processos metalúrgicos: nesta categoria de processos de fabricação de metais o material bruto é usualmente submetido a grandes diferenças de temperatura. Nos diferentes processos de fundição o objetivo é a fusão do material para posterior endurecimento em uma determinada forma. Já na soldagem, o objetivo é utilizar o material fundido para fazer a ligação entre outros dois materiais.

Para outros tipos de materiais outros processos estão disponíveis:

- Polímeros: vários são os processos de fabricação de polímeros, dentre os quais se destacam a injeção, momento em que ocorre a fusão do material e deposição do mesmo, sob pressão, em um molde; a termoformagem, cujas placas de polímero são aquecidas e forçadas sobre um molde, podendo ocorrer de duas formas: a vácuo, na qual a placa é sugada sobre o molde, e o *Drape formining*, em que a placa é previamente soprada criando uma bolha que é forçada sobre o molde, seguida da aplicação de vácuo; o sopro, no qual pré-formas de polímeros são aquecidas e sopradas no interior de cavidades de moldes (garrafa PET); e a extrusão, técnica na qual o material é aquecido e pressionado sobre uma matriz, produzindo perfis contínuos. No caso de polímeros termofixos, como o PVP, alguns dos processos descritos, como a injeção e a extrusão, ainda é feita a polimerização do material durante a confecção da peça. Alguns polímeros, como o nylon, também são aptos à usinagem.
- Cerâmicos: a fabricação de peças cerâmicas envolve a moldagem de uma composição de materiais básicos (argilas, por exemplo) misturados à água e aditivos selecionados e queima da peça em temperaturas usualmente variando entre 1400°C e 1800°C. Para a moldagem da peça podem ser utilizados processos básicos de manufatura, como a prensagem e extrusão.
- Madeiras: os processos de fabricação de peças de madeira, respeitando-se as óbvias diferenças entre os materiais, são muito semelhantes aos processos de usinagem empregados nos metais. Os processos mais usuais são os de corte, furação e fresamento, porém o torneamento e outros processos também são observados.

Para que esta escolha seja feita de forma correta, é preciso ter conhecimento de como cada processo funciona, ou seja, como a transformação da peça ocorrerá. Entretanto, tal decisão está vinculada aos tipos de produtos que a empresa irá fabricar, à sua variedade e ao seu volume de produção. Para empresas já existentes, cujo objetivo é a revisão da fábrica, tal decisão fica mais facilitada, uma vez que já se conhecem os produtos e já há um histórico para embasar as decisões da empresa. Por outro lado, em fábricas novas, é recomendado que os primeiros produtos a serem produzidos pela empresa sejam previamente projetados, de forma a se ter uma clara visão das necessidades de recurso para o projeto da fábrica.

Restrições dos processos de fabricação

O desenho do produto é limitado pela tecnologia necessária à sua manufatura, tal qual visto anteriormente. Cada processo de fabricação possuirá limitações únicas que devem ser consideradas antes da tomada de decisão por uma determinada tecnologia. Deve-se ter conhecimento de quais são as restrições de tolerância de cada processo, quais geometrias são possíveis de se obter e quais não, e tudo mais o que limita o processo (dimensões, velocidades, forças, volumes, potência, tempo, custo). Sinteticamente, a seleção dos processos de fabricação está ligada principalmente a restrições associadas aos fatores técnico e econômico, que são destacados a seguir:

a) Técnicos:

- Materiais: Cada material possui uma gama de processos de fabricação pelos quais pode ser processado. A Tabela 10.1 apresenta possibilidades de utilização de alguns materiais em processos mais usuais.

TABELA 10.1
Usabilidade de processos e materiais

Material / Processos	Aço ao carbono	Aço inox	Ferro Fundido	Ligas Al	Ligas Cu	Ligas Zn	ABS	PA	PP
Fundição em areia	●	●	●	●	●	⊙			
Torneamento	⊙		⊙	●	●	⊙	⊙	⊙	⊙
Fresamento	⊙		⊙	●	●		⊙	⊙	⊙
Retificação	●		●	⊙	⊙	○	⊙	⊙	⊙
Estampagem	⊙	⊙	⊙	●	●	●			
Forjamento	⊙	⊙	○	●	●	○			
Extrusão	⊙	⊙	○	●	●	⊙	●	○	●
● – Excelente ; ⊙ a – Bom; ○ – Raramente utilizado.									

- Forma da Peça: Cada processo de fabricação possui limitações próprias, o que implicará em restrições geométricas na peça. A soldagem, por exemplo, implica na inclusão de material de adição na geometria da peça. A Figura 10.1 ilustra peças construídas por diferentes processos.

b) Econômicos: a escolha da melhor alternativa segue as regras da engenharia econômica, pois nem sempre a melhor resposta técnica é viável comercialmente. A escolha do processo de fabricação deve estar vinculada ao volume de produção desejado. Por exemplo, peças fabricadas por processos convencionais de usinagem, como torneamento e fresamento, serão confeccionadas uma a uma. Já um processo por

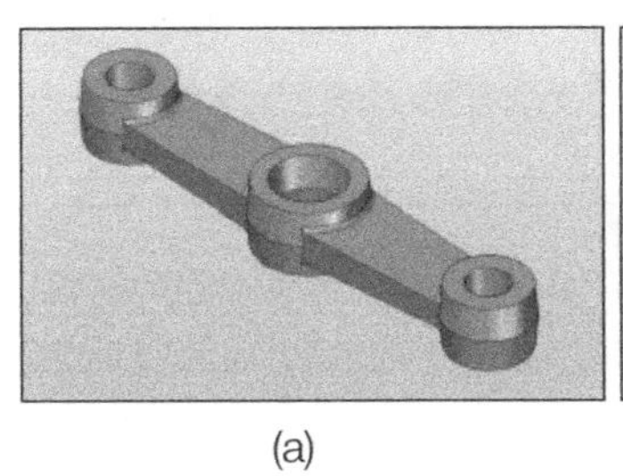
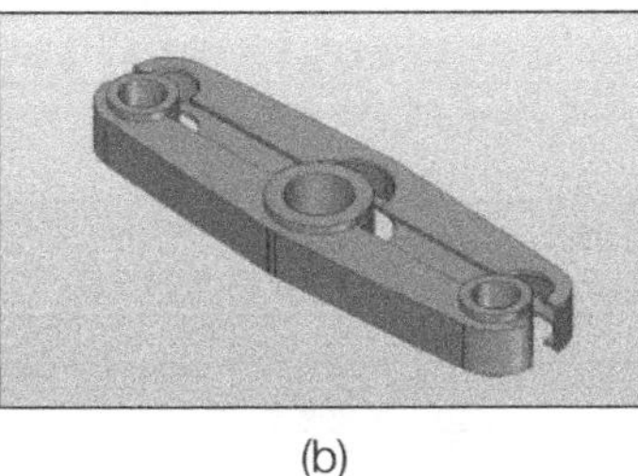
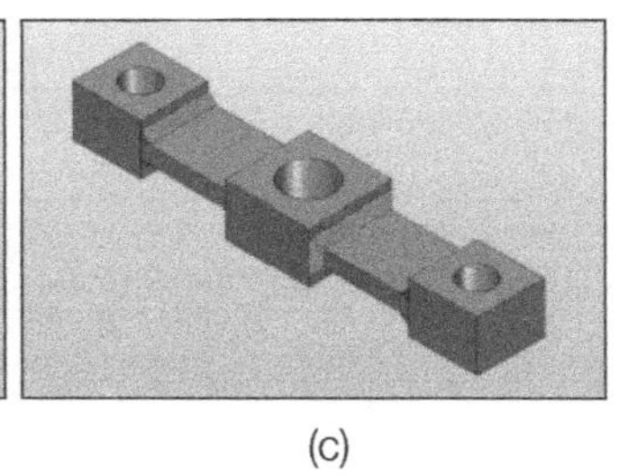

(a) (b) (c)

FIGURA 10.1

Exemplos de peças de mesma função, obtidas por diferentes caminhos de fabricação, sendo (a) fundição, (b) conformação de chapa e montagem sobre pressão em cilindros usinados (uma das peças conformadas é ilustrada entes de sua união), e (c) soldagem, neste caso utilizando barras e perfis previamente cortados e usinados.

injeção poderá produzir dezenas, ou até centenas, de unidades de uma determinada peça simultaneamente, levando a uma considerável economia de escala.

Uma vez selecionado o processo de fabricação mais adequado, o mesmo deve ser otimizado. Técnicas de DFMA auxiliam consideravelmente na eliminação dos desperdícios, ainda mais quando associadas à Manufatura Auxiliada por Computador (CAM). Softwares de CAM simulam o processo de fabricação, o que permite identificar eventuais erros e potenciais melhorias no processo.

Finalizando o projeto do processo de fabricação, ainda há a necessidade de realizar o planejamento detalhado do projeto de fabricação. Tal ação é realizada em dois níveis: o Planejamento Macro de fabricação e os Detalhamentos de Processo de fabricação. Existem dois tipos de plano macro:

O Plano Macro de Montagem é o registro da sequência de montagem de um conjunto ou do próprio produto final, e pode conter informações sobre o posto de montagem, a ferramenta utilizada e os tempos de montagem.

O Plano Macro de Processo, por outro lado, é um registro da sequência global de fabricação de uma determinada peça do produto, sendo usual também o registro da máquina ou equipamento a ser utilizado e dos tempos homem (TH), máquina (TM) e de preparação da máquina (TP) dedicados a cada etapa do processo. A Figura 10.2 ilustra o Plano Macro de Processo de Fabricação para a peça apresentada na Figura 10.3.

Os detalhamentos de processo de fabricação podem variar consideravelmente, incluindo:

- Plano de operações: trata-se de um detalhamento de cada operação descrita no plano macro de processo, incluindo o passo a passo de cada operação, as ferramentas utilizadas e as condições de processamento;

Plano de Processo de Fabricação (Macro)					
código peça XYV01457	denominação da peça Eixo secundário			data 28/9/2018	
código peça em bruto T0250	denominação peça em bruto Tarugo diâmetro 50mm			classe peça (x) cilíndrica ( ) prismática	
código conjunto V013	denominação conjunto Volante do painel			volume produção da peça 100 unidades/lote	
Processista/ equipe	Roberval D'Antena				
N	Descrição operação	máquina (código/nome)	TP	TH	TM
10	Facear e centrar	Máquina de facear e centrar	1	3	2
20	Tornear	Tomo universal (T-005)	9	19	10
30	Fresar rasgo	Chavetadeira	2	5	3
40	Temperar	Fomo (F013)	2	10	60
50	Retificar	Retífica cilíndrica (RC-002)	5	10	10

FIGURA 10.2
Exemplo de Plano Macro de Fabricação.

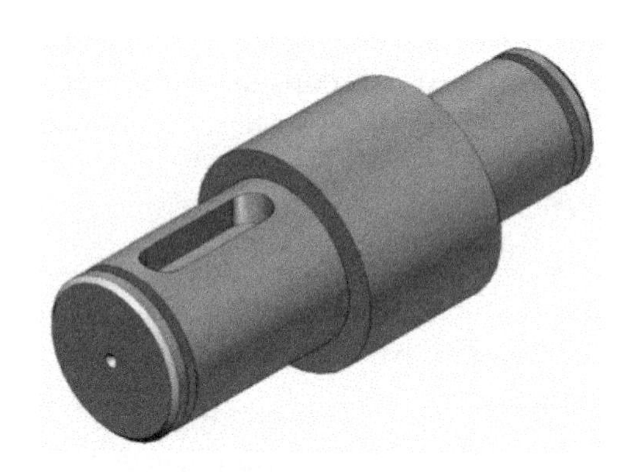

FIGURA 10.3
Eixo utilizado como base para o Plano Macro de Fabricação.

- Plano de preparação (*setup*) da máquina: descreve o procedimento de ajustes a serem feitos na máquina antes do início do processo;
- Plano de preparação de ferramentas: similar ao anterior, porém enfocando as ferramentas a serem utilizadas;
- Plano de inspeção: instrui ao operador na forma de realização da inspeção final da peça, ao final do processo;
- Croquis de processo: ilustram partes mais significativas ou dificultosas do processo;
- Programa CN: trata-se da lista de comandos para a fabricação em equipamentos controlados por comando numérico. Podem ser gerados à mão ou através de softwares de CAM.

10.3 Engenharia de Processos de Negócio (EPN)

A Engenharia de Processos de Negócios (EPN) é a área do conhecimento da Engenharia que contribui como instrumento de ação nas organizações através da identificação e representação dos processos existentes. Seu objetivo é o desenvolvimento ou aperfeiçoamento de um modelo de processo.

A gestão por processos está calcada nas atividades conhecidas como mapeamento, representação e modelagem de processos. O primeiro é fundamental para identificação dos processos essenciais, o segundo para a representação desses processos essenciais e para sua análise sob uma visão sistêmica, e o terceiro são os meios que as empresas utilizam para melhorar seus processos, analisando sua performance e definindo mudanças.

Com o mapeamento, a representação e a modelagem dos processos, pode-se identificar, representar, analisar e implantar ações para eliminar qualquer atividade que não adicione valor, isto é, que gere desperdício (perda), aumentando assim o custo final. São também muito úteis como instrumento de ação nas empresas para identificação e representação dos processos existentes.

As principais perdas a serem evitadas são superprodução, espera, transporte, processamento em si, estoque, movimentação, fabricação de produtos defeituosos. Portanto, no desenho e análise de processos, algumas questões relevantes devem ser consideradas:

- O processo de produção proporciona vantagens competitivas em termos de diferenciação, capacidade de resposta, custo e outros elementos?
- O processo elimina, na medida do possível, os passos ou atividades que constituem desperdício de recursos ou não acrescentam valor?
- O processo maximiza o valor para o cliente, tal como é percebido pelo consumidor?
- Com este processo vamos conseguir ser competitivos?
- Com este processo pode-se evitar as principais perdas resultantes dos 7 tipos básicos de desperdício dos 3 recursos principais (mão de obra, máquinas e materiais).

a) Mapeamento de Processos:

O mapeamento de processos é o principal mecanismo que possibilita identificar as sequências dos processos, atividades e operações na situação atual. Seu principal objetivo é o entendimento dos processos essenciais da empresa através da identificação dos seus processos de negócios que serão utilizados para representar, projetar e modelar a visão futura dos processos de negócios.

Por meio da representação dos fluxos horizontais ou transversais de atividades e informações nas organizações, busca-se construir uma visão sistêmica de como as funções de uma empresa se integram, com vistas a gerar os resultados e agregar valor para os seus clientes finais. São questões relevantes em mapeamento de processos:

- Estabelecer os pontos de início e fim de um processo é um ponto de partida crucial no mapeamento, pois ajuda a equipe a identificar as etapas importantes, eventos e operações que constituem o processo;
- Prover uma estrutura para que processos complexos possam ser avaliados de forma simples;
- A equipe pode ver o processo completo;
- É possível visualizar mudanças no processo que provocarão grandes impactos;
- Áreas e etapas que não agregam valor podem ser facilmente identificadas;
- Os tempos de ciclo de todas as etapas podem ser estimados;
- O processo de fabricação foi concebido de forma a proporcionar vantagens competitivas em termos de diferenciação, capacidade de resposta, custo e outros elementos?
- O processo elimina, na medida do possível, os passos ou as atividades que constituem desperdício de recursos ou não acrescentam valor?
- O processo maximiza o valor para o cliente, tal como é percebido pelo consumidor?
- Com este processo conseguiremos ser competitivos?

b) Representação de Processos:

A introdução de novas práticas de produção traduz-se por um aumento na complexidade das atividades e operações, portanto, a representação desses processos deve basear-se numa descrição completa e coerente dos processos de negócio.

A representação de processos significa desenvolver diagramas que mostram as atividades da empresa, ou de uma área de negócios, e a sequência na qual são executadas. É a representação visual das atividades, que permite identificar oportunidades de simplificação. Ocorre que muitos negócios são relativamente complexos, assim um modelo poderá consistir em diversos diagramas.

A representação gráfica dos processos de produção varia com o grau de abstração necessária para o planejamento estratégico da UN e para o estudo do impacto das macroalterações no âmbito dos processos produtivos e das atividades a elas associadas.

Com o desenho dos processos pode-se identificar, analisar e implantar ações para eliminar qualquer atividade que não adicione valor, isto é, que gere desperdício (perda), aumentando, assim, o custo final. As principais perdas a serem evitadas são a superprodução, espera, transporte, processamento em si, estoque, movimentação e fabricação de produtos defeituosos.

A forma de representar e modelar os processos produtivos varia significativamente de acordo com a disciplina de engenharia que estuda e analisa o processo. A representação do modelo depende do cliente final, e a quantidade de informação que uma representação gráfica pode conter depende do grau de detalhe pretendido.

Para o desenho e a análise dos processos de produção são normalmente utilizadas as seguintes ferramentas: fluxogramas, mapas de processos, gráficos de fluxo de processos, cartas de processos simples ou múltiplos, análise do fluxo de atividades etc. No contexto da engenharia de produção, podem ser classificados em dois tipos de diagramas:

- diagrama de fluxo de processo: representa graficamente os arranjos dos equipamentos, os fluxos de ligação, os caudais e as composições dos fluxos.
- diagrama fluxo de material: representa as transformações de um material ou mais materiais pelo processo produtivo.

Para a representação de processos são utilizados um conjunto de símbolos, entre os diversos padrões utilizados, apresenta-se a seguir a simbologia padrão ASME (*American Society of Mechanical Engineers*), uma das mais utilizadas:

Símbolo	Operação	Definição da operação
○	Operação	Uma operação existe quando um objeto é modificado intencionalmente numa ou mais das suas características. A operação é a fase mais importante no processo e, geralmente, é realizada numa máquina ou estação de trabalho.
⇨	Transporte	Um transporte ocorre quando um objeto é deslocado de um lugar para outro, exceto quando o movimento é parte integral de uma operação ou inspeção.
□	Inspeção	Uma inspeção ocorre quando um objeto é examinado para identificação ou comparado com um padrão de quantidade ou qualidade.
D	Espera	Uma espera ocorre quando a execução da próxima ação planejada não é efetuada.
▽	Armazenamento	Um armazenamento ocorre quando um objeto é mantido sob controle, e a sua retirada requer uma autorização.
⧈	Combinação de operação e inspeção	Dois símbolos podem ser combinados quando as atividades são executadas no mesmo local, ou então, simultaneamente como atividade única.

FIGURA 10.4
Simbologia padrão ASME.

Fonte: Neumann (2013).

c) Modelagem de Processos:

A modelagem dos processos nas empresas tem por objetivo garantir a melhoria dos métodos, eliminando regras obsoletas e ineficientes, bem como gerenciamento desnecessário. Consiste em fazer com que os objetivos da empresa, quer seja o fornecimento de produtos e/ou de serviços, sejam atingidos com maior eficácia atendendo às expectativas dos clientes. Assim, a empresa é modelada como um conjunto de processos que permite identificar as necessidades dos clientes e transformá-las numa entrega: o produto ou o serviço.

A modelagem dos processos constrói uma visão integrada e possibilita discussão e análise sistemática dos processos. Essa análise contribui para o entendimento e identificação das causas que sustentam as problemáticas existentes, proporcionando uma visão sistêmica do processo.

Partindo da premissa de que mesmo no chão de fábrica o sequenciamento das ordens de produção não é o único mecanismo que dirige o fluxo de trabalho, uma vez que este foca o que deveria ser feito e não o que está e nem no que poderia ser feito para melhorar seu desempenho, neste contexto mostra-se importante conseguir modelar o processo de produção de uma forma integrada com as restantes atividades da empresa.

Os diferentes tipos de processos têm particularidades distintas que devem ser capturadas quando da modelação. Os processos de negócio, quando têm características discretas, com um tempo de início e de fim determinado, consumindo e produzindo recursos quantificáveis unitariamente são relativamente simples de modelar.

Questões e Tópicos para Discussão

1) **Discuta a importância da correta seleção e projeto do processo de fabricação e montagem para a qualidade do produto e para o projeto do sistema de manufatura.**

2) **Escolha um produto qualquer em sua casa que você possa desmontar. Utilizando a estrutura abaixo como um modelo, tente elaborar o plano macro de montagem para o produto escolhido.**

<table>
<tr><th colspan="7">Plano de processo de montagem (macro)</th></tr>
<tr><td colspan="2">Código conjunto</td><td colspan="2">Denominação do conjunto</td><td colspan="2">Vol. produção do conj.</td><td>Data</td></tr>
<tr><td colspan="2"></td><td colspan="2"></td><td colspan="2"></td><td></td></tr>
<tr><td>Processista/ equipe</td><td colspan="6"></td></tr>
<tr><td>N</td><td>Descrição operação</td><td>Peça</td><td>Estação de trabalho código - nome</td><td>TP</td><td>TH</td><td>TM</td></tr>
<tr><td>10</td><td></td><td></td><td></td><td></td><td></td><td></td></tr>
<tr><td>20</td><td></td><td></td><td></td><td></td><td></td><td></td></tr>
<tr><td>30</td><td></td><td></td><td></td><td></td><td></td><td></td></tr>
</table>

3) (50/IBGE/2009)

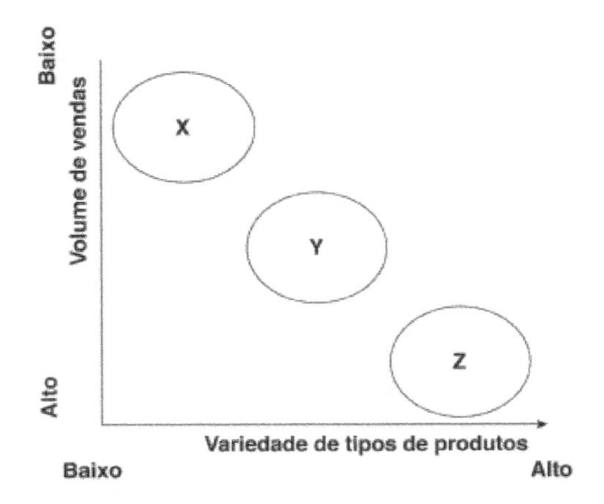

Analise as afirmações a seguir sobre as empresas X, Y e Z representadas na figura.

I. A empresa X utiliza um processo por tarefas.
II. A empresa Y utiliza um processo de em lotes.
III. A empresa Z utiliza um processo de fluxo continuo.
IV. As empresas X e Y utilizam processos de linha de montagem.

Estão corretas as afirmações:

a) I e II, apenas.
b) I e III, apenas.
c) II e III, apenas.
d) I, II e III, apenas.
e) I, II, III e IV.

4) **(CASA DA MOEDA/2009) A figura abaixo apresenta as quatro estruturas principais de fluxos de processos produtivos. A opção por uma delas é feita com base na análise das características do produto e da estratégia para atender o mercado.**

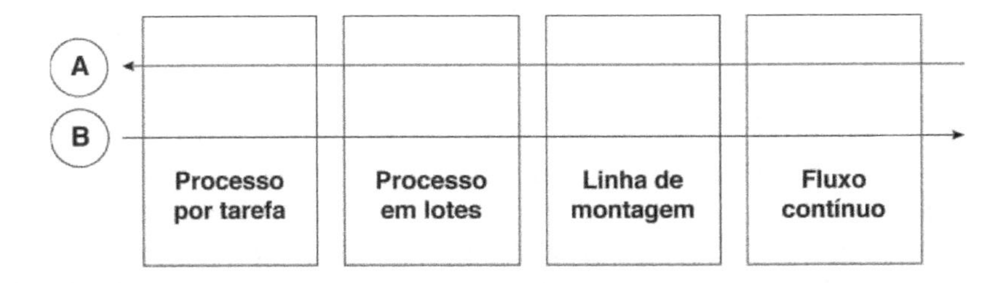

Cada processo é mais adequado dependendo das características indicadas pelas letras A e B. A direção da seta significa um aumento nas características A ou B do processo de produção. Na figura, a reta indicada pela letra:

a) **A** representa o custo unitário por unidade produzida.
b) **A** está associada ao volume de produção de unidades padronizadas.
c) **B** está relacionada a produtos com ciclo de vida maior.
d) **B** significa a variedade nos produtos fabricados pelo processo.
e) **B** demonstra o grau de customização dos produtos fabricados pelo processo.

5) **(PETROBRAS/2011) Sistemas de Produção podem ser definidos como conjuntos de pessoas, equipamentos e procedimentos organizados para a realização de operações de manufatura ou serviços em uma empresa. Os principais Sistemas de Produção em manufatura são:**
   a) Sistema de Produção em Massa - Sistema de Produção de Posição Fixa;
   b) Sistema de Produção por Lotes ou Encomendas - Sistema de Produção de Serviços Funcionais;
   c) Sistema de Produção em Massa - Sistema de Produção de Posição Fixa - Sistema de Produção para Pequenas Quantidades;
   d) Sistema de Produção por Lotes ou Encomendas - Sistema de Produção em Massa - Sistema de Produção para Médios ou Pequenos Projetos;
   e) Sistema de Produção para Grandes Projetos - Sistema de Produção por Lotes ou Encomendas - Sistema de Produção em Massa.

6) **(PETROBRAS/2010) Em gestão da produção, cada tipo de manufatura demanda a organização das atividades das operações com características diferentes de volume e variedade. O tipo de processo que lida com produtos discretos, geralmente muito customizados, sendo o período de tempo para executar o serviço normalmente longo, com baixo volume de produção e alta variedade, é denominado processo:**
   a) de projeto;
   b) de *jobbing*;
   c) de produção em massa;
   d) em bateladas;
   e) contínuo.

7) **(PETROBRAS/2014) O estudo do método é a parte da administração científica que tem as mais diretas contribuições para o projeto do trabalho. A abordagem do estudo do método envolve seguir, sistematicamente, alguns passos. O fluxograma de processos e a técnica de questionamento são técnicas utilizadas, respectivamente, nos seguintes passos:**
   a) selecionar o trabalho a ser estudado e registrar o método atual;
   b) registrar o método atual e examinar os fatos;
   c) desenvolver um novo método e selecionar o trabalho a ser estudado;
   d) examinar os fatos e implementar o novo método;
   e) implementar o novo método e desenvolver um novo método.

8) **(FINEP/2011/ÁREA 1): Uma das etapas da Gestão de Processos é o levantamento do Estado Atual (mapeamento "AS IS") dos processos. Nessa etapa, é feito o levantamento das atividades, tarefas, sistemas e competências necessárias para a execução dos processos da empresa. Sobre as técnicas de levantamento de processos, considere as afirmativas abaixo.**
   I. A observação pessoal é utilizada para validar fluxogramas e sistemas utilizados na prática.
   II. O questionário é um meio eficiente de se obter informações à distância.
   III. A entrevista permite a troca de experiências, críticas e sugestões, gerando diversas oportunidades de melhoria.
   IV. O questionário permite maior tempo de resposta e melhor direcionamento do levantamento.

São corretas as afirmativas

a) II e III, apenas.
b) II e IV, apenas.
c) III e IV, apenas.
d) I, II e III, apenas.
e) I, II, III e IV.

11

Seleção da tecnologia de processos

No sentido geral, o termo tecnologia é utilizado como um conjunto complexo e diversificado de conhecimentos, *know-how*, abordagens e metodologias, mas especificamente para o caso das indústrias de transformação, são denominadas tecnologias as máquinas, os equipamentos e os dispositivos que concretizam a tecnologia, ou seja, ajudam a empresa a transformar materiais, informações e consumidores de forma a agregar valor e atingir os objetivos estratégicos da empresa. Neste contexto, há de se atender a um conjunto muito variado de fatores, tais como as precedências e compatibilidades entre processos de fabricação; os custos fixos e variáveis, as taxas de produção, os prazos de entrega; a qualidade etc.

Para seleção da tecnologia de processos são necessárias algumas decisões-chave: tomada de decisão sobre o que comprar e o que produzir; sobre a intensidade de capital necessária; analisar a adaptação ao conjunto de máquinas e equipamentos em operação; a organização do trabalho e seus aspectos ergonômicos. O resultado dessa atividade são as especificações detalhadas dos processos, equipamentos, mão de obra, matérias-primas e utilidades necessárias.

11.1 Tipos Clássicos de Tecnologia

Tomada historicamente, as tecnologias mudam mais em alguns períodos do que em outros. Desde os anos 1980, a maioria das operações produtivas tem visto um notável aumento na taxa de inovação de suas tecnologias de processo. Radicais mudanças em tecnologias de telecomunicações, como as "superavenidas de informação", a "fábrica do futuro", totalmente automatizada, os aviões maiores e/ou mais rápidos são somente algumas das tecnologias de processo que terão um forte impacto sobre o gerenciamento de operações.

Por trás de quase todos os avanços tecnológicos está um fator dominante: a disponibilidade de microprocessadores de baixo custo disponíveis comercialmente. Com a introdução de tecnologias baseadas no processamento computacional, impulsionado pela redução gradativa dos *microships*, associada ao crescimento de sua velocidade de processamento e de capacidade de armazenamento de informações, um grande avanço nas tecnologias de fabricação foi observado.

a) Tecnologias de Processamento de Informações

As tecnologias de processamento de informação incluem qualquer dispositivo que colete, manipule, armazene ou distribua informação. A maioria desses dispositivos classifica-se sob o termo geral "tecnologias baseadas em computador", apesar de também dever incluir aquelas associadas com operações de telecomunicações. Essas tecnologias incluem:

- computadores de grande porte, mini e pessoais;
- periféricos, mídia magnética, impressoras, leitoras etc.;
- dispositivos transmissores/receptores, antenas parabólicas, modens, redes de cabos ópticos, fax, telefones;
- programas, sistemas e aplicações.

O desenvolvimento da forma como a tecnologia de computação é integrada é particularmente significativo, e precisa de explicação, isto é, a diferença entre: computação centralizada e computação descentralizada.

b) Tecnologia de Movimentação de Materiais

O sistema de movimentação consiste no mecanismo pelo qual todas as interações do layout são satisfeitas. No projeto do sistema de manufatura o gerente de produção deve decidir por qual meio de transporte vai ser utilizado para movimentação da peça, visando diminuir os altos custos diretos de implantação.

- Sistema de Movimentação com Roletes;
- Transportador com correias.

c) Tecnologias de Processamento de Consumidores:

Tradicionalmente, as operações de processamento de consumidores têm sido vistas como de "baixa tecnologia", quando comparadas com as operações de processamento de materiais. Todavia, mesmo que as operações de processamento de consumidores, em média, de fato invistam menos em tecnologia de processo do que suas parceiras manufaturas, sua competitividade pode também ser afetada criticamente pelas boas ou más decisões de tecnologia de processo.

Nas operações de serviços os consumidores representam as entradas no processo de transformação, portanto, estas são usualmente caracterizadas por processar consumidores. Neste contexto, podemos distinguir três tipos de tecnologias de processamento de consumidores utilizadas:

- tecnologia em atividades de retaguarda: nesta normalmente são processadas informações e/ou materiais (no caso de facilitadores);
- tecnologia de atividades de linha de frente: nesta normalmente são processados os consumidores;
- tecnologia utilizada para integrar as atividades de retaguarda com as atividades de linha de frente.

Em operações de processamento de consumidores considera-se que existe um conjunto de interações entre clientes, funcionários da empresa e tecnologia. Assim, existem três tipos de interação possíveis nestas operações:

- **Tecnologia sem nenhuma interação do consumidor**: é quando não há contato entre o consumidor e a tecnologia, porém os funcionários da empresa utilizam-na pelo consumidor. Neste caso, o consumidor pode guiar o processo através dos funcionários da empresa, mas não a dirige. Este tipo de tecnologia tem a finalidade de aumentar a eficiência do serviço, quer seja em rapidez, quer seja em redução de custos. Exemplos: sistema de reservas em hotel, sistemas de reservas de passagens aéreas.
- **Tecnologia com interação passiva do consumidor**: é quando há contato entre o consumidor e a tecnologia, porém o consumidor não exerce muita influência sobre a tecnologia. Neste caso, a tecnologia processa e controla o consumidor, enquanto ele exerce um papel passivo de passageiro da tecnologia. Entre outras coisas, este tipo de interação pode ser reponsável pela redução de variabilidade na operação. Os aviões são bons exemplos deste tipo de tecnologia, pois o passageiro entra em contato com a tecnologia, mas não exerce influência sobre ela.
- **Tecnologia com interação ativa do consumidor**: é quando, além de haver o contato direto entre o consumidor e a tecnologia, o consumidor utiliza e dirige a tecnologia. Isso contribui para um alto grau de participação do consumidor no serviço. Exemplo: um consumidor pode fazer suas compras pela internet ou efetuar transações bancárias num caixa automático.

d) Tecnologia de Processamento de Materiais

A forma pela qual metais, plásticos, tecidos e outros materiais são processados geralmente melhora com o tempo. Novas tecnologias conformadoras, formadoras, cortadoras, moldadoras e ligadoras, usando ferramentas mais duras, eletroerosão e *lasers* impactaram muitas indústrias.

Não são as específicas tecnologias de conformação de materiais com que estamos preocupados, mais que isto, é o contexto imediato tecnológico no qual elas são usadas. Isso inclui questões como a forma com que as tecnologias de conformação são controladas, como os materiais são movidos fisicamente e como os sistemas de manufatura, que incluem a tecnologia, são organizados.

Segundo Black (1997), a tecnologia de fabricação de materiais afeta o projeto do produto e o sistema de manufatura, o meio pelo qual o sistema de manufatura é controlado, o tipo de pessoas contratadas e os materiais que podem ser processados. Em função da definição dos processos de fabricação são definidos quais os recursos produtivos e as tecnologias de fabricação a serem utilizadas, como, por exemplo, operações de torneamento, fresamento, furação, usinagem etc.

O uso intensivo da tecnologia nos processos de fabricação teve origem na Revolução Industrial, iniciada no século XVIII, na Inglaterra, onde a mecanização passou a gradativamente substituir o trabalho humano na indústria, a tecnologia tem sido um fator cada vez mais importante e preponderante para o sucesso das indústrias. Neste contexto, uma especial atenção deve ser dada as máquinas a vapor; tal tecnologia permitiu, além de avanços na tecnologia de produção em várias empresas, também a revolução na forma de transporte de pessoas e mercadorias, com o advento das locomotivas a vapor.

Outros grandes avanços tecnológicos também foram observados em desenvolvimentos dentro da indústria química, elétrica, de petróleo e de aço, garantindo as bases que nortearam as ações de desenvolvimento tecnológico industrial do final do século XIX e de grande parte do século XX.

11.2 Tecnologias de Fabricação

Como partes fundamentais dos sistemas de manufatura os aspectos correlacionados às tecnologias utilizados nos processos de transformação das unidades produtivas requerem especial atenção na sua especificação e no seu dimensionamento. Além de contribuírem, normalmente, com mais da metade do custo total de implantação de uma indústria, máquinas e equipamentos se constituem no principal fator a influenciar o rendimento das instalações e a qualidade da produção.

Devido ao crescente estágio de conscientização ambiental da sociedade, dos altos níveis de competição do mercado e da regulamentação dos orgãos governamentais, na seleção de máquinas e equipamentos é importante priorizar aqueles menos geradores de ruídos e vibrações, que utilizam menos energia e/ou que geram menos poluição e com fontes energéticas mais limpas e/ou renováveis. De seu correto dimensionamento e de seu bom desempenho ambiental dependerá em grande parte o êxito do empreendimento.

Na escolha de equipamentos para as tecnologias de fabricação em escolha, um fator de grande relevância à escolha do processo é o grau de automação do processo. Equipamentos mais simples ou convencionais tendem a ser essencialmente eletromecânicos, sendo sua operação muito dependente da habilidade manual de um operador. Subindo um pouco mais na escala de tecnologia, encontram-se os equipamentos com controle numérico computacional (CNC), que permitem produzir uma peça através de uma sequência de comandos que realizam uma determinada sequência de operações. Sistemas de manufatura automatizados e robotizados também estão entre as possibilidades de escolha.

Com o crescente investimento em modernas tecnologias de fabricação, também o fator automação precisa ser considerado. A automação de processos permite uma maior integração e coordenação entre os equipamentos da fábrica, porém as tecnologias atualmente disponíveis para fabricação usualmente diferem de forma considerável na forma como são controlados, como os materiais são movidos fisicamente e como os sistemas de manufatura, que incluem a tecnologia e os equipamentos propriamente ditos, são organizados.

Quanto mais automatizado o sistema, menos dependente da habilidade manual do operador, por outro lado mais específicos devem ser os conhecimentos dos mesmos. De um programador NC ou de braços robóticos são exigidos, além dos conhecimentos de manufatura, habilidades para otimização da rotina computacional a ser realizada pelo equipamento. Já de um operador de máquinas convencionais seriam desejáveis uma grande experiência e um amplo conhecimento das limitações da realização manual do processo, o que impactaria diretamente na qualidade final da peça. Dessa forma, a escolha da tecnologia também passa pela definição das habilidades críticas do operador, do que deve ou não ser realizado automaticamente e do tempo necessário para o desenvolver pleno das habilidades necessárias.

Mas é importante destacar que investir em tecnologia avançada ou construir mais ou melhores instalações pode aumentar a capacitação potencial de qualquer tipo de operação. Porém, as melhores e mais caras instalações e tecnologias somente serão eficazes se a produção também possuir uma infraestrutura adequada que governa a forma como a produção funcionará em seu dia a dia. Entretanto, é importante destacar que nem sempre a aquisição de tecnologias de alto custo e eficiência é necessária, existindo tecnologias de menor custo que permitem a produção de um determinado produto, com a mesma qualidade.

A seleção do tipo de tecnologia de fabricação é uma das responsabilidades da engenharia de manufatura, juntamente com o planejamento do processo de fabricação de cada produto. A tecnologia de fabricação afeta o projeto do produto e o sistema de manufatura, seu controle, o perfil das pessoas contratadas e os materiais a serem processados.

A correta escolha da tecnologia de fabricação pode levar a significativos ganhos e produtividade. Por outro lado, a possibilidade de imitação da tecnologia por outra empresa concorrente existe e é relativamente fácil, até mesmo em se tratando de itens patenteáveis. Entretanto, a simples cópia da tecnologia por parte de uma empresa não é garantia de replicação de seus resultados. Isso decorre da escolha de quais processos adotar, pois envolve inúmeros fatores, inclusive culturais.

A forma pela qual os diferentes materiais são processados sempre evolui com o tempo. A eletrônica e a informática revolucionaram a forma como muitos processos já conhecidos eram realizados, ou seja, o contexto tecnológico atual pode ser visto como uma evolução similar à proporcionada pelas máquinas a vapor durante a revolução industrial.

Entender a tecnologia de processamento de peças é muito importante para cada empresa. A tecnologia de fabricação afeta o projeto do produto e o sistema de manufatura, o meio pelo qual o sistema de manufatura é controlado, o tipo de pessoas contratadas e os materiais que podem ser processados. As principais tecnologias de fabricação são apresentadas a seguir.

a) Controle Numérico Computadorizado (CNC):

O Controle Numérico Computadorizado (CNC) é uma tecnologia frequentemente empregada em máquinas ferramentas como tornos e centros de usinagem. Criado pelo Instituto de Tecnologia de Massachusetts – MIT – na década de 1940, o CNC substitui o trabalho humano no controle das operações de usinagem. Para tanto, se utiliza de uma linguagem própria de programação (código G) que permite uma sequência de movimentos e operações que gera um determinado perfil de peça, permitindo a construção de geometrias mais complexas, com maior precisão e repetibilidade do processo.

O CNC não afetou apenas a forma de realização do trabalho, mas a arquitetura do próprio equipamento. Em tornos CNC, por exemplo, a ferramenta que usina a peça está posicionada atrás da peça, permitindo a visualização sem impedimentos da usinagem da mesma pelo operador, enquanto nas máquinas convencionais a ferramenta está posicionada à frente da peça, de forma que o operador da máquina possa acompanhar mais facilmente o processo.

A Figura 11.1 apresenta um Centro de Usinagem Vertical. O equipamento ilustrado é dotado de trocador de ferramentas com braço automático, gabinete com até 30 ferra-

FIGURA 11.1
Exemplo de um centro de usinagem vertical.

Fonte: Indústrias Romi S.A.

mentas, e conjunto de mesas que suporta peças de até 3.000 kg. Diferentemente das fresadoras CNC, os centros de usinagem possuem um gabinete porta-ferramentas, eliminando o trabalho humano para sua troca.

b) Robótica:

Outro grande avanço tecnológico é a robótica. Similarmente ao CNC, a robótica se utiliza de programação, computação e máquinas para a realização de processos antes realizados por seres humanos. A grande diferença está no equipamento: o robô. Na indústria, a imagem de máquinas no formato de humanos (os androides) não é verdadeira, apesar de haver um grande número de pesquisas para o desenvolvimento de tais máquinas. O mais usual é o robô industrial, definido pela ISO como "manipulador multipropósito controlado automaticamente, reprogramável, programável em três ou mais eixos", a exemplo do modelo ilustrado na Figura 11.2. Segundo o fabricante, o equipamento possui seis eixos, permite cobrir distâncias de até 6,5m, assegurando uma manipulação precisa de itens como blocos de motor, vidro, perfis de aço, componentes para navios e aeronaves, blocos de mármore e peças de concreto pré-moldado.

Um dos maiores desafios está na programação do equipamento, que chega a envolver cálculos de elevada complexidade, principalmente em equipamentos com maior número de graus de liberdade (possibilidades de movimentos de translação e rotação nas juntas do robô). Dentre as operações realizadas por robôs na indústria o manuseio de peças, operações de processos, como soldagem e pintura, e montagem.

FIGURA 11.2
KR 1000 titan.

Fonte: KUKA industrial Robots.

c) Células Flexíveis de Manufatura (FMC):

As Células Flexíveis de Manufatura (FMC) são unidades de fabricação independentes (células) constituídas pela combinação de uma ou várias máquinas (usualmente operadas por controle numérico) associadas a recursos de manipulação de peças e ferramentas, tais como robôs e sistemas automatizados de movimentação, incluindo os sistemas pneumáticos, eletropneumáticos e eletrônicos. O termo flexibilidade está associado à possibilidade e à facilidade de alternância de fabricação de uma pequena variedade de peças, que é usualmente definida através de técnicas de Tecnologia de Grupo, as quais permitem identificar as famílias de peças entre o portfólio de produtos, resultando em um conjunto com poucas diferenças de processos. Já os Sistemas Flexíveis de Manufatura (FMS) podem ser vistos como uma evolução do conceito de FMC, uma vez que incorporam sistemas de movimentação de materiais entre máquinas, inclusive integrando diferentes células. A Figura 11.3 ilustra um exemplo de FMC, esta é composta por uma fresadora CNC, torno CNC, robô e uma esteira transportadora.

FIGURA 11.3
Exemplo de uma Célula Flexível de manufatura.

Fonte: Laboratório de Manufatura (LAMAN), Universidade do Estado de Santa Catarina (UDESC).

d) Veículos Guiados Automaticamente (AGV):

Um sistema de movimentação pode ser definido como o meio pelo qual as interações entre unidades produtivas do layout são realizadas. Diferentes graus de automação também são possíveis entre os sistemas de movimentação, variando desde simples sistemas de roletes e esteiras, passando por transportadores por correias, chegando até aos Veículos Guiados Automaticamente (AGV). A Figura 11.4 ilustra uma empilhadeira AVG.

FIGURA 11.4
Exemplo de AGV.

Fonte: JBT Corporation (http://www.jbtc-agv.com).

e) Linhas Transfer e Sistemas Dedicados de Manufatura:

Quando a variedade de produtos é pouca e o volume de produção é muito grande uma opção são as Linhas Transfer e Sistemas Dedicados de manufatura. Em ambos os casos há a criação de equipamentos específicos para a realização das operações de fabricação, reduzindo-se seu tempo de fabricação. Outra característica está na redução de movimentação de materiais, a qual passa a ser realizada no interior do sistema. A Figura 11.5 ilustra um caso de aplicação de uma linha transfer em uma indústria de compressores herméticos.

FIGURA 11.5
Linhas transfer.

Fonte: Embraco.

f) Manufatura Integrada por Computador (CIM):

O grau de automação de uma empresa também é medido por sua tecnologia de processamento de informações. A Manufatura Integrada por Computador (CIM) busca a integração das operações de produção da empresa com o desenvolvimento do produto e do processo de fabricação, através da integração de ferramentas de Desenho Auxiliado por Computador (CAD) e Manufatura Auxiliada por Computador (CAM) com os sistemas de gestão das operações de produção da empresa, incluindo toda a gestão de recursos, dos processos de manufatura, compras, vendas, estoques etc. A tais sistemas de gestão da produção dá-se o nome de Planejamento dos Recursos da Empresa (ERP). Quanto mais complexo for a tecnologia de processamento de informações, mais complexa poderá ser a integração da manufatura.

11.3 Seleção de Tecnologias

A seleção da tecnologia é uma decisão estrutural que avalia se deveria usar tecnologia de ponta ou tecnologia estabelecida; avalia também quais tecnologias desenvolver e quais comprar; e estas decisões influenciam o tipo de Unidade Produtiva, os equipamentos e layout, que por sua vez influenciam decisões não estruturais, como a seleção da tecnologia de gestão e a análise do fluxo do processo de produção. A escolha da estratégia de tecnologia que vai definir o nível de tecnologia empregado nas operações produtivas é uma das questões mais importantes desta etapa da metodologia PFL.

Na seleção da tecnologia, a decisão central é saber detalhadamente como serão produzidos os produtos, ou seja, como serão prestados os serviços ou fabricados os bens ao mercado, neste caso a equipe de projetos, especialmente o diretor e o gestor de operações se veem à frente do seguinte problema: uma determinada operação ou um particular componente será comprado ou produzido na própria Unidade Produtiva? Esse tipo de decisão é conhecida como a decisão de comprar ou fazer.

A atuação do gestor na seleção da tecnologia de processos é importante para:

- Articular como a tecnologia pode melhorar a eficácia da operação;
- Estar envolvido na escolha da tecnologia em si;
- Gerenciar a instalação e a adoção da tecnologia de modo que não interfira nas atividades da produção;
- Integrar a tecnologia com o resto da produção;
- Monitorar continuamente seu desempenho;
- Atualizar ou substituir a tecnologia quando necessário.

Segundo Chase (2006), a escolha de equipamentos específicos naturalmente ocorre após a seleção da estrutura geral do tipo de processo.

Quadro 11.1 Fatores a serem considerados na escolha de equipamentos

Variável Decisória	Fatores a serem considerados
Investimento Inicial	Preço, fabricante, disponibilidade de modelos usados; exigências de espaço, necessidade de equipamentos de alimentação/suporte.
Taxa de Produção	Capacidade real *versus* estimada
Qualidade da Produção	Consistência no cumprimento de especificações, índices de refugo
Exigências Operacionais	Facilidade de uso, segurança, impacto em fatores humanos
Exigências de Mão de Obra	Razão direta/indireta, habilidades e treinamento.
Flexibilidade	Equipamento para finalidades gerais *versus* finalidades específicas, ferramentas especiais
Exigências de Instalação	Complexidade, velocidade de troca
Manutenção	Complexidade, frequência, disponibilidade de peças.
Obsolescência	Tecnologia de ponta, modificação para uso em outras situações
Estoque em Processamento	Ritmo (*timing*) e necessidade de manter estoques de segurança
Impactos no Sistema	Alinhamento com sistemas existentes ou planejados, controle de atividades, coordenação com a estratégia de manufatura.

Fonte: Chase (2006).

11.3.1 Dimensões para seleção de tecnologia de fabricação

No processo de tomada de decisão é necessário analisar algumas decisões-chave, cujos critérios para seleção da tecnologia a ser utilizada na fabricação estão ligados, principalmente, às considerações associadas aos fatores técnico e econômico, que, por sua vez, influenciam a decisão de fazer ou comprar.

- **Técnico:** Em função das necessidades de processamento dos produtos e dos volumes a serem produzidos, determina-se o tipo de equipamento a executar uma determinada operação;
- **Econômico:** Analisa alternativas para o mix de investimento de capital necessário para compra, manutenção de equipamento e de mão de obra que será necessária. Nesta a comparação de alternativas segue as regras da matemática financeira, com a determinação do retorno do investimento com a escolha do equipamento mais adequado economicamente para aquela etapa de fabricação segundo suas taxas de produção. Destaca-se que cada alternativa de tecnologia levará a diferentes necessidades de ferramentais, movimentação e *setup*. A preparação (*setup*) de

uma linha transfer usualmente levará muito mais tempo do que a de uma célula (convencional) de manufatura. Entretanto, tal restrição deve ser compensada por uma menor necessidade de reconfiguração do equipamento, uma vez que há uma menor variedade de peças. Para que a decisão da melhor configuração seja tomada corretamente, os custos de cada alternativa tecnológica devem ser levantados, incluindo os custos de ferramental, de engenharia, de *setup* dos equipamentos, da implantação da tecnologia e de sua operação a curto e longo prazos. Em grande parte dos processos tais custos estão associados ao tempo. Ou seja, uma análise criteriosa do tempo de *setup*, de produção e de seus parâmetros deve ser realizada, objetivando verificar possibilidades de redução. O custo do processo também é vinculado à precisão do processo, uma vez que tecnologias de maior precisão, necessárias às peças de tolerâncias mais apertadas, usualmente levam a custos mais elevados. Em essência, a decisão de qual tecnologia de fabricação a ser adotada não é apenas técnica, sendo fortemente limitada pelos aspectos econômicos. No tópico a seguir serão abordados os principais procedimentos de engenharia econômica utilizados para a tomada de decisão de qual tecnologia é a mais economicamente atrativa.

Além destas, destacam-se também outros critérios para seleção da tecnologia:

- **Flexibilidade:** O grau de flexibilidade analisa até que ponto o sistema produtivo está preparado para alterações nos produtos, no volume de produção, na tecnologia utilizada. Para a tomada de decisão do nível de flexibilidade desejável para um determinado processo, deve ser considerada a forma como o processo reage às mudanças necessárias no projeto do produto, a facilidade de realizar estas alterações e a variação de demanda de peças. O grau de automação e as limitações do processo impactam diretamente na flexibilidade da tecnologia de fabricação, sendo sua escolha dependente da necessidade de se produzirem novas peças de novos projetos ou se irão ser utilizados novos materiais. Processos mais automatizados tendem a ser menos flexíveis, a não ser quando projetados para atenderem a mais variantes de produtos. Por outro lado, tal ausência de flexibilidade permite alcançar níveis mais elevados de produtividade.
- **Incerteza/Confiabilidade do processo:** Outro fator de grande relevância, principalmente para a manutenção da operação dentro do especificado, é a confiabilidade. Define-se confiabilidade como a probabilidade de um determinado recurso, não necessariamente uma máquina ou equipamento, continuar funcionando dentro dos parâmetros para o qual foi projetado. A confiabilidade também é definida como o inverso da probabilidade de falhas de um equipamento. Dessa forma, um equipamento mais confiável seria aquele que necessitaria um menor número de manutenções, aumentando sua disponibilidade para o processo produtivo.
- **Estabilidade do processo**: Este parâmetro também é estatístico, e mede o quanto o processo tem produzido de itens não conformes, ou seja, fora do especificado em seu projeto. Ou seja, quanto mais estável o processo, maior é sua repetibilidade. Tal fator está diretamente vinculado à confiabilidade, uma vez que equipamentos

com maior índice de falhas tentem a gerar um maior número de itens não conformes. Entretanto, outros fatores também podem afetar a estabilidade do processo. Por exemplo, um projeto de produto em que há a especificação incorreta de um equipamento para a manufatura de suas peças pode levar, por exemplo, a uma grande rejeição de peças devido à incapacidade de o equipamento atingir a tolerância especificada no projeto. Na seleção de tecnologias, além da confiabilidade e da estabilidade prevista para o processo, também é importante ouvir as pessoas. Questões como "o que pode dar de errado?", "Como esta máquina pode falhar?" e "O que temer neste processo?" podem levar a um mais completo entendimento dos riscos associados a cada alternativa tecnológica.

- **Socioambiental**: que atenda as políticas de baixo consumo e de conservação de energia, bem como às políticas de diminuição da geração e tratamento de resíduos e não seja um agente causador de desigualdades sociais.

11.3.2 Fazer ou Comprar?

Vamos produzir totalmente ou parcialmente os produtos, ou vamos adquirir de outras empresas e apenas fazer a montagem final. A decisão de fazer ou comprar (*make or buy*) traz consigo enfoques peculiares a este tipo de decisão, mas deve ser efetuada tecnicamente utilizando-se os conceitos das tecnologias dos processos produtivos, matemática financeira e contabilidade de custos.

Segundo Besanko *et al.* (2006), a decisão de fazer ou comprar pode ser tomada pelo cálculo dos custos de transação envolvidos na fabricação de terminado bem ou serviço ou na compra dele no mercado; estas definições são decisões quanto às fronteiras da organização. A questão é decidir se vamos produzir totalmente ou parcialmente os produtos, ou ainda, se vamos adquirir componentes de outras empresas e apenas fazer a montagem.

Tão importante quanto fazer, decidir o que não fazer também é uma questão estratégica de grande impacto no sistema produtivo. O objetivo é determinar se há uma alternativa de fora da organização de menor custo e/ou melhor qualidade que a disponível na empresa atualmente. Nestes casos, normalmente deve-se enfocar aspectos financeiros e estratégicos, visando o resultado, pois nem sempre preço é fundamental. Para empresas novas as decisões centrais dizem respeito a responder as seguintes questões:

- Qual a capacidade de processamento necessária?
- Qual o conhecimento (*expertise*) necessário?
- Qual a qualidade de processamento necessária?
- Como é a natureza da demanda?
- Quanto serão os custos?

Estando a empresa já em funcionamento, essa decisão pode ter um procedimento rotineiro, e, a partir de regras preestabelecidas pela direção, tomar a decisão de comprar ou fazer, dentro do desempenho normal de suas atividades. Deve-se considerar a adequação do equipamento e a mão de obra que será usada e até que ponto o sistema produtivo está preparado para alterações nos produtos, no volume de produção, na tecnologia utilizada etc.

A tecnologia tem evoluído em passos cada vez maiores e com isto as tecnologias de produto e processo também evoluem e requerem novas abordagens. Isso faz com que seja difícil para as empresas manterem internamente todos os processos de atualização e desenvolvimentos tecnológicos em todas as áreas que concorrem para resultar nos produtos e serviços que oferecem ao mercado.

Na esperança de evitar tornarem-se medíocres em tudo, tentando ser excepcionais em tudo, muitas organizações têm preferido delegar a terceiros parcelas cada vez mais substanciais não só da produção de partes de seus produtos e serviços, mas também do desenvolvimento dessas partes.

A terceirização (*outsourcing*) foi um movimento de mudança importante no projeto de sistemas de operações iniciado na década de 1980, no qual grande parte das atividades realizadas pelas empresas, fossem industriais ou de serviços, era feita por outras organizações especializadas, como, por exemplo, produção de peças, subconjuntos, conjuntos, módulos, ou ainda prestadoras de serviços de segurança, de alimentação, de transporte etc. Tal mudança buscava inicialmente uma redução de custos para as médias e grandes empresas. Liberadas de atividades não relacionadas diretamente com seu *core business*, poderiam concentrar-se no seu negócio principal.

Com a transferência de atividades a terceiros, a função logística assume grande importância para o sucesso das operações. Agora, os limites do sistema de operações a ser gerenciado passam a incluir um conjunto de fornecedores, sejam domésticos ou estrangeiros. E para essas atividades surgem os operadores logísticos, empresas especializadas para atender as operações relacionadas a organização, movimentação e gestão dos materiais, dentro ou fora da fábrica. Fica claro que já não basta atuar eficientemente dentro da empresa.

A integração cada vez maior dos vários elos da cadeia produtiva (fornecedores e clientes) possibilita um desempenho mais eficiente e competitivo do setor como um todo; requisito importante para o seu fortalecimento em nível nacional e para o seu sucesso no mercado internacional.

Quanto ao projeto de uma nova Unidade Produtiva, o problema deve ser analisado pelo engenheiro de processos que, em estreito contato com a alta direção, procurará defini-lo, mas nem sempre existirão regras básicas. A decisão, neste caso, pode ser simplesmente econômica, quando analisada através de seus custos unitários de aquisição ou produção.

Devido aos enfoques peculiares a este tipo de decisão, apontam-se algumas das principais variáveis de decisão:

- Domínio da tecnologia (*expertise*);
- Capacidade disponível;
- Qualidade do produto;
- Confiabilidade nos prazos;
- Natureza da demanda prevista;
- Custo.

11.3.3 Teoria da Decisão

A seleção das tecnologias de fabricação subentende um problema operacional que nos leva a alternativas de decisão concomitantes às restrições de tomada de decisão. As técnicas para seleção das tecnologias de fabricação englobam processos de solução de problemas, os quais cabem modelos matemáticos e soluções ótimas cuja pesquisa operacional é ferramenta na melhoria da eficiência.

A importância de se utilizarem técnicas da pesquisa operacional é identificar o melhor caminho a ser seguido, embora saibamos que toda e qualquer solução deva ser baseada numa análise criteriosa dos dados e restrições, e interpretada de acordo com as necessidades da organização. O fato é que nem sempre essa escolha se dá de forma racional, e a empresa acaba incorrendo em perdas.

Não é nosso objetivo abordar neste capítulo todas as técnicas existentes na literatura, pois perceber e identificar as melhores soluções na seleção das tecnologias de fabricação é um assunto ainda incipiente e que requer ainda muitas pesquisas. Considerando a pouca exploração do tema e sua grande complexidade, nossa proposta é proporcionar maior familiaridade sobre o tema e o aprimoramento de ideias.

Decisões complexas fazem parte da rotina dos gestores das empresas e podem ser resolvidas através de um procedimento, denominado decisões programadas. O lançamento de um novo produto no mercado: carros, alimentos, pacotes de viagem, e das respectivas quantidades produzidas e ofertadas ao longo do tempo, o planejamento da capacidade de produção da empresa são exemplos de decisões programadas, ou seja, soluções para problemas rotineiros, determinadas por regras, procedimentos ou hábitos.

Para este tipo de problemas são tomadas decisões de acordo com políticas, procedimentos ou regras, escritas ou não, que simplificam a tomada de decisão em situações repetitivas, ao mesmo tempo em que limitam nossa liberdade, porque a organização decide o que fazer.

Além desses, os problemas diferentes requerem diferentes tipos de tomadas de decisão, denominadas de decisões não programadas. As decisões não programadas destinam-se a problemas incomuns ou excepcionais, para os quais soluções especificas são criadas através de um processo não estruturado a fim de resolver problemas não rotineiros.

A teoria da decisão é uma abordagem geral ao problema da tomada de decisões, válido para problemas complexos das decisões associadas ao projeto e à gestão de sistemas produtivos, tais como:

- Projeto de produtos e serviços;
- Planejamento da capacidade;
- Decisão de fazer ou comprar,
- Seleção de equipamentos,
- Localização de unidades.

Modelo Racional de Tomada de Decisão

Empresas que pesam suas opções e calculam níveis de risco ótimos estão usando o modelo racional de tomada de decisão. No seu dia a dia, os diretores de operações precisam tomar decisões complexas que impactam na estrutura física e organizacional das Unidades de Negócios.

Embora cada situação tenha um conjunto específico de peculiaridades, o processo de tomada de decisão envolve um conjunto básico de etapas. Este modelo é o processo de seis etapas que ajuda os gestores a pesarem alternativas e escolherem a que tiver melhor chance de sucesso.

- 1ª etapa - examinar a situação: definir problema - identificar os objetivos da decisão;
- 2ª etapa - coletar informações necessárias para conhecer detalhadamente o problema, diagnosticar as causas;
- 3ª etapa - buscar alternativas.
- 4ª etapa - avaliar as alternativas e selecionar a melhor;
- 5ª etapa - implementar e monitorar a decisão: planejar a implantação - implementar a alternativa escolhida;
- 6ª etapa – avaliar os resultados: monitorar a implantação e fazer ajustes.

Neste sentido, o Engenheiro de Produção sabe que na área de pesquisa operacional são apresentados diversos procedimentos formais que auxiliam o processo de tomada de decisão e, embora não seja o objetivo deste livro, destaca-se aqui que Análise de Ponto de Equilíbrio, Teoria da Decisão, Árvores de Decisão, Teoria das Filas, Simulação Monte Carlo são alguns dos procedimentos válidos para problemas complexos abordados neste capítulo.

11.4 Seleção de Fornecedores

Na fase de seleção dos potenciais fornecedores de máquinas e equipamentos para produção, assim como nas fases subsequentes de transporte, montagem e testes finais que precedem a efetiva entrada em operação, a análise técnica detalhada do equipamento, custos, taxas de produtividade e o controle rigoroso das especificações e prazos não devem ser negligenciados.

No mercado existem diversos fornecedores, cada qual com seus respectivos equipamentos industriais, e devido à sua imensa variedade torna impraticável analisá-los isoladamente, mas de forma geral, podemos distingui-los entre os seguintes:

a) Equipamentos importados e nacionais

A escolha de equipamentos importados pode apresentar três dificuldades particulares:

O processo de aquisição de tais equipamentos é em geral mais lento, sujeitando-se à aprovação prévia das autoridades competentes e requerendo, usualmente a comprovação de sua não similaridade com equipamentos de fabricação nacional.

Dependendo de sua origem e da maior ou menor assistência técnica assegurada por seus representantes no país, os equipamentos importados poderão apresentar no futuro dificuldades quanto à obtenção de peças de reposição e à contratação de serviços especializados de manutenção. Nesses casos, o país de origem tem, por isso, peso importante no processo de seleção desses equipamentos, orientando-se a escolha, de preferência, de acordo com o maior intercâmbio comercial e com as tradições de boa assistência técnica e de serviços de pós-venda eficientes.

A terceira dificuldade apresentada pelos equipamentos importados é, ao contrário das duas anteriores, de caráter eminentemente técnico, e consiste nas desvantagens advindas algumas vezes de sua fabricação em desconformidade com a padronização adotada no país, exigindo adaptações locais ou mesmo a encomenda de equipamentos de fabricação especial. A amplitude desse problema varia em larga escala, desde a simples adaptação de conexões e de peças de ligação de fabricação especial entre o equipamento e as demais instalações, até a necessidade de modificações substanciais no projeto da indústria, causadas por equipamentos que não se coadunam com as demais unidades da instalação.

b) Equipamentos de linha normal de fabricação e os projetados e produzidos sob encomenda

A distinção entre equipamentos de linha normal de fabricação e equipamentos especiais fabricados sob encomenda tende, por seu turno, a alterar seriamente as rotinas de projeto e de aquisição do empreendimento, influindo consequentemente nos prazos de implantação de indústrias.

Quando o equipamento provém de linha normal de fabricação, como é usualmente o caso de bombas, compressores, máquinas-ferramentas etc., a seleção do equipamento se resume no enquadramento de tipos e de modelos de equipamentos já previamente calculados, projetados e plenamente testados pelos seus fabricantes. Isso não significa, entretanto, que tais equipamentos já estejam fabricados e existam para pronta entrega.

Para equipamentos mais usuais (bombas, compressores, motores, transformadores, equipamentos de transporte etc.) será suficiente o preenchimento de uma folha com os dados técnicos já padronizados, que será anexada à especificação geral de compra, documento que define o escopo do fornecimento desejado.

Porém alguns equipamentos necessários são projetados e construídos apenas por encomenda, devido ao grande número de variáveis que influem no seu projeto e reduzido número de pedidos. Tais equipamentos exigem, em decorrência de sua individualidade, uma participação mais ampla do engenheiro responsável pela sua especificação, o qual deverá definir todas as características de funcionamento requeridas do equipamento, para que satisfaça às necessidades impostas pelo sistema de manufatura da qual ele fará parte. Nesses casos, de forma geral, o projeto é feito normalmente em três estágios: projeto do processo; projeto mecânico e projeto de fabricação.

Questões e Tópicos para Discussão

1) **(PETROBRAS BIOCOMBUSTÍVEL/2010) Na Cia. Cardoso Ltda., conceituada empresa de usinagem de peças especiais para a indústria de petróleo, o gerente de produção está analisando cinco processos alternativos de implantação de um FMS (*flexible manufacturing system*), que poderia ser utiilizado na fabricação de diversas peças. A tabela a seguir apresenta os valores do custo fixo anual e do custo variável por peça em cada um dos processos.**

   Tipos de processos utilizando o FMS

Alternativas de fabricação	Custo Fixo (em R$)	Custo Variável (em R$/unidade)
processo 1-J	130.000	0,60
processo 2-K	150.000	0,45
processo 3-L	120.000	0,55
processo 4-N	90.000	0,83
processo 5-P	140.000	0,72

   Com base nos dados apresentados e sabendo-se que a demanda média anual será de 200.000 unidades, o processo alternativo preferível é:

   a) 1-J.
   b) 2-K.
   c) 3-L.
   d) 4-N.
   e) 5-P.

2) **(TRANSPETRO/2011) A Eco Máquinas para Embalagens Ltda. é uma empresa de médio porte, usuária do FMS (*Flexible Manufacturing System*), que se utiliza da automação para transporte e manuseio de materiais para usinagem. O uso de um FMS traz como benefício o(a):**

a) aumento no uso de mão de obra;
b) aumento de estoque de itens em processo;
c) incremento do tempo de transporte dos itens;
d) redução do lead time da produção;
e) redução da utilização dos equipamentos da linha de produção.

3) (PETROBRAS/2009)

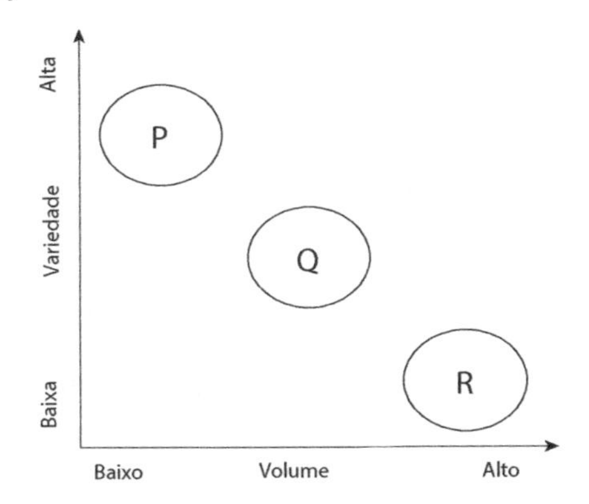

Os sistemas de manufatura flexível são definidos como sistemas informatizados de apoio e controle de estações de trabalho para manuseio de materiais, carregamento e execução de tarefas por máquinas automatizadas. Nesse contexto, a adequação do uso desses sistemas varia, entre outros fatores, de acordo com as características do volume e da variedade da produção da empresa. Considerando a figura acima, qual a correspondência correta entre a letra e os sistemas que ela indica?

a) P - especialistas de produção.
b) P - de máquinas ferramentas de controle numérico.
c) Q - de produção dedicados.
d) R - de manufatura flexível.
e) R - de controle numérico para oficinas.

4) (CASA DA MOEDA/2009)

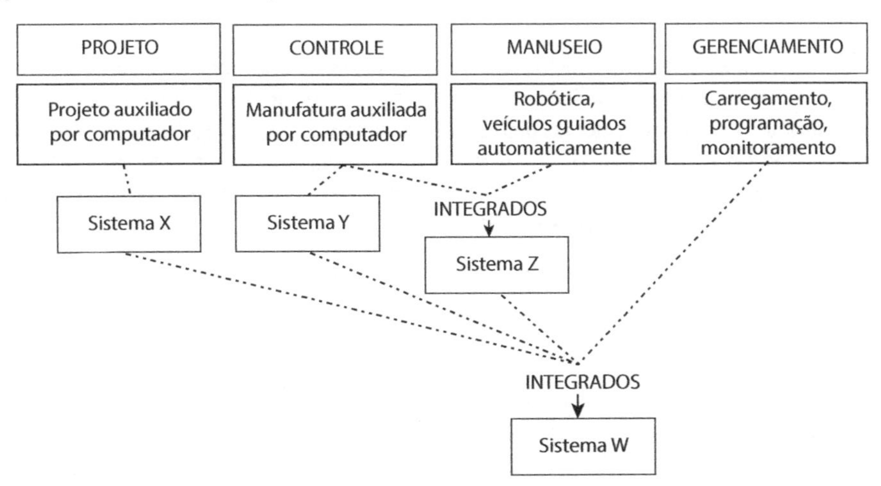

São corretos os exemplos para os sistemas X, Y, Z e W:

	Sistema X	Sistema Y	Sistema Z	Sistema W
(A)	Máquinas de Controle Numérico (CNC)	Computer-Aided Manufacturing (CAM)	Computer-Aided Design (CAD)	Flexible Manufacturing Systems (FMS)
(B)	Flexible Manufacturing Systems (FMS)	Computer-Integrated Manufacturing (CIM)	Computer-Aided Manufacturing (CAM)	Máquinas de Controle Numérico (CNC)
(C)	Computer-Integrated Manufacturing (CIM)	Máquinas de Controle Numérico (CNC)	Flexible Manufacturing Systems (FMS)	Computer-Aided Design (CAD)
(D)	Computer-Aided Manufacturing (CAM)	Computer-Integrated Manufacturing (CIM)	Máquinas de Controle Numérico (CNC)	Flexible Manufacturing Systems (FMS)
(E)	Computer-Aided Design (CAD)	Computer-Aided Manufacturing (CAM)	Flexible Manufacturing Systems (FMS)	Computer-Integrated Manufacturing (CIM)

Utilize a figura a seguir para responder às questões 5 e 6.

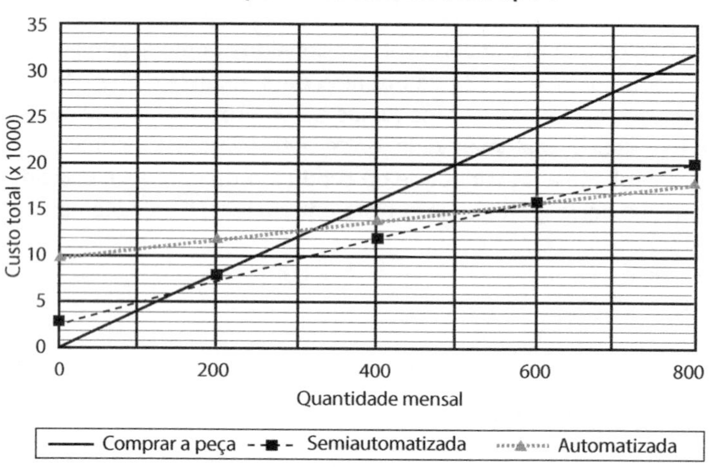

O gráfico representa um estudo para seleção da estratégia operacional para obtenção ou fabricação de eixos Tipo 1 para um determinado fabricante de automóveis. O engenheiro de produção analisou três alternativas: comprar a peça de um fornecedor externo, produzir na linha de produção semiautomatizada ou na linha de produção automatizada. Os custos totais por unidades compradas ou produzidas mensalmente são mostrados no gráfico.

5) **(DECEA/2009) Analisando os custos fixos e variáveis das três estratégias operacionais apresentadas na figura, é correto afirmar que o custo:**
   a) fixo do processo semiautomatizado é menor do que o custo fixo no processo automatizado;
   b) fixo do processo automatizado diminui conforme aumenta a quantidade de eixos;
   c) fixo do processo automatizado é menor do que o custo fixo da alternativa de comprar externamente;

d) variável da alternativa de comprar peça de um fornecedor externo é zero;
e) variável da alternativa com processo semiautomatizado é menor do que o custo no processo automatizado.

6) **(DECEA/2009) Considere que uma demanda mensal de eixos, prevista para os próximos cinco anos, é dada pela tabela a seguir.**

Ano 1	Ano 2	Ano 3	Ano 4	Ano 5
100	245	325	480	510

A minimização dos custos operacionais será obtida se a empresa:
a) comprar do fornecedor externo no primeiro ano e produzir a partir do segundo ano na linha de produção semiautomatizada;
b) comprar do fornecedor externo no primeiro ano, produzir na linha de produção semiautomatizada nos anos 2 e 3 e depois produzir na linha automatizada;
c) comprar do fornecedor externo nos três primeiros anos e, a partir do quarto ano, produzir na linha de produção automatizada;
d) produzir na linha semiautomatizada nos três primeiros anos e depois produzir na linha de produção automatizada;
e) produzir na linha semiautomatizada no primeiro ano e depois produzir na linha de produção automatizada.

7) **(51/IBGE/2009)**

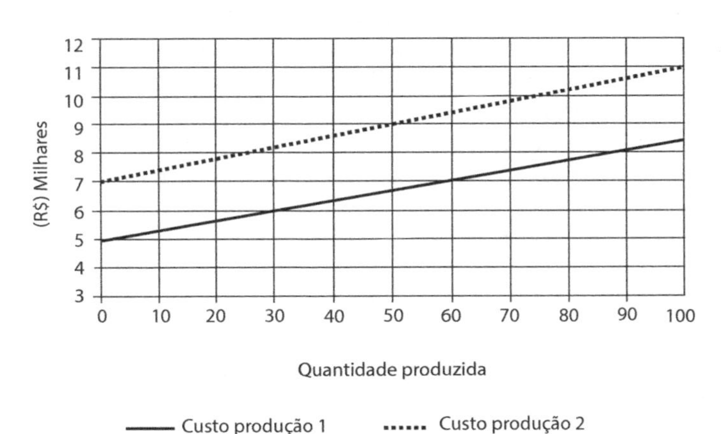

Com base no gráfico de custos totais de produção por unidades produzidas de duas manufaturas, 1 e 2, conclui-se que o custo:
a) fixo para produzir 30 unidades na manufatura 1 é R$ 6.000,00;
b) fixo para produzir 30 unidades na manufatura 2 é R$ 7.000,00;
c) variável por unidade produzida da manufatura 1 é R$ 40,00;
d) variável por unidade produzida da manufatura 2 é R$ 35,00;
e) variável por unidade produzida nas duas manufaturas é R$ 35,00.

A tabela e o texto a seguir devem ser usados para responder às questões 8 e 9.

Um engenheiro de produção analisou três cenários para impressão de formulários: imprimir em um fornecedor externo, comprar uma impressora semiautomatizada para a empresa e comprar uma impressora completamente automatizada. Os custos fixos e variáveis correspondem à impressão de mil formulários.

	Fornecedor externo	**Impressora semiautomática**	**Impressora automática**
Custo Fixo (R$)	0	1.600	3.100
Custo Variável (R$)	12	4	1

8) **(52/IBGE/2009) Em relação aos custos de impressão em fornecedor externo, a demanda por mil formulários que compensaria comprar as impressoras semiautomática e automática para a empresa, respectivamente, são:**

Obs: desprezar análise do retorno de investimentos

a) 150 e 650;
b) 250 e 550;
c) 350 e 450;
d) 550 e 250;
e) 650 e 150.

9) **(53/IBGE/2009) Considere que as decisões de compra na empresa são sempre tomadas no início do ano e que a empresa prefere ter capacidade ociosa em parte do ano a ter margens de contribuição negativas no ano em referência. Se o departamento de marketing informar que, no primeiro ano, a demanda será de 180.000 formulários e que, no segundo ano, serão 550.000 formulários, a recomendação do Engenheiro de Produção é:**

a) imprimir no fornecedor no primeiro e segundo anos e comprar a impressora automática no terceiro ano;
b) imprimir no fornecedor no primeiro ano e comprar a impressora automática no segundo ano;
c) imprimir no fornecedor no primeiro ano e comprar a impressora semiautomática no segundo ano;
d) comprar a impressora automática no primeiro ano e imprimir internamente na empresa;
e) comprar a impressora semiautomática no primeiro ano e imprimir internamente na empresa.

10) **(68/PETROBRAS/2014) O gerente de produção de uma fábrica está diante de um dilema, qual seja, fabricar ou importar um componente de um novo produto. De forma a orientar sua decisão, colheu dados e elaborou a árvore abaixo, na qual constam os custos de preparação das máquinas (*setup*) para fabricar ou para apenas realizar a integração do componente importado, as probabilidades de demanda e as estimativas de lucro líquido em cada alternativa, expressas em unidades monetárias (u.m.).**

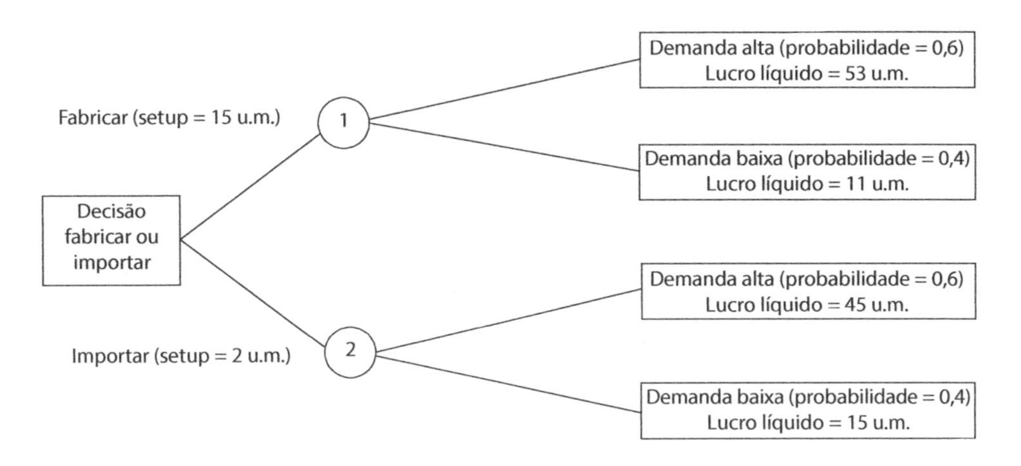

Assim, a alternativa mais viável com a justificativa que a ampara é:

a) importar o componente, uma vez que o lucro esperado, nesse caso, de 29,4 u.m., é maior que o da alternativa de fabricar, de 21,2 u.m..
b) importar o componente, uma vez que o lucro a ser obtido, nesse caso, de 25,0 u.m., é maior que o da alternativa de fabricar, de 16,8 u.m..
c) escolher conforme o momento, uma vez que, tanto a alternativa de fabricar, quanto a de importar o componente tem lucro esperado de 4,4 u.m. em caso de demanda baixa.
d) fabricar o componente, uma vez que o lucro esperado, nesse caso, de 25,0 um., é maior que o da alternativa de importar, de 2,4 u.m..
e) fabricar o componente, uma vez que o lucro esperado, nesse caso, de 43,2 u.m., é maior que o da alternativa de importar, de 31,4 u.m..

12

Definição da necessidade de capacidade instalada

12.1 Capacidade Instalada

Segundo Slack *et al.* (1997), a definição da capacidade de uma operação é o máximo nível de atividade de valor adicionado em determinado período de tempo, que o processo pode realizar sob condições normais de operação. No sentido geral, a capacidade é vista como a quantidade de produtos que um sistema de produção/manufatura deve ser capaz de produzir ao longo de um período específico. As decisões relativas à capacidade têm um impacto real na capacidade de satisfazer, ou não, a procura futura.

O tipo de capacidade necessária é determinado pelo conjunto de bens/serviços que se pretendem fabricar/prestar. Vale (1975) menciona a característica de capacidade de produção, que influenciará no tamanho da edificação e na sua projeção futura. A decisão de implantação de uma Unidade Produtiva repercute na operação da empresa durante um longo período de tempo, sendo necessário um estudo adequado da demanda para o futuro.

No longo prazo a instalação de capacidade envolve a alocação de recursos, e uma vez instalada pode ser difícil, ou impossível, alterá-la sem incorrer em custos significativos. As decisões relativas à capacidade limitam a quantidade produzida, e afetam fortemente os custos de operação. Se a capacidade e a procura forem semelhantes, os custos são minimizados. Segundo Moreira (1993), entre as principais razões para a importância das decisões sobre capacidade, destacam-se:

- São decisões cujo efeito prolonga-se pelo longo prazo;
- São decisões que têm grande impacto sobre a habilidade da empresa em atender a demanda futura;
- Modificações drásticas na capacidade são difíceis de se conseguir a curto e médio prazos, além de incorrerem em altos custos;

- A capacidade tem relação estreita com os custos operacionais, que se elevam à medida em que a capacidade distancia-se da demanda (para maior ou menor).

Os gestores da produção precisam tomar decisões nas suas políticas de capacidade que afetarão diversos aspectos de desempenho:

- os custos serão afetados pelo equilíbrio entre capacidade e demanda, ou seja, caso a demanda for menor que a capacidade disponível o custo unitário aumentará;
- as receitas também serão afetadas, mas de maneira inversa, pois com capacidade ociosa há garantia de atendimento a demanda;
- o capital de giro será afetado se o gerente decidir produzir para estoque visando não ter capacidade ociosa;
- a qualidade também será afetada pelo planejamento da capacidade, pois se a empresa estiver com uma capacidade de mão de obra inferior à necessidade da demanda, terá de contratar novos funcionários, e o risco de produzir peças defeituosas aumentará;
- a velocidade de resposta (flexibilidade) a mudança de demanda do cliente;
- a confiabilidade de entrega poderá ser afetada caso a capacidade esteja muito próxima à demanda porque, por exemplo, uma máquina poderá quebrar e a empresa não terá tempo para "recuperar" o tempo parado.

A sequência de decisões no planejamento e controle da capacidade a serem tomadas pelos gestores da produção, envolve três etapas:

- **1ª etapa**: consiste em entender e medir a demanda visando prever possíveis flutuações e o grau de capacidade disponível na organização para absorver estas flutuações.
- **2ª etapa:** consiste em identificar as estratégias para lidar com esta flutuação da demanda, adotando uma das três estratégias básicas;
- **3ª etapa:** é escolher qual a abordagem mais eficaz para a situação vivida no momento, pois uma solução adotada no passado pode não ser a mais correta para nova situação.

Na 1ª etapa, as decisões devem ser feitas com base no resultado de previsões para a procura futura. Para o dimensionamento da capacidade produtiva de uma Unidade Produtiva necessitamos saber para qual volume de produção efetivo esta unidade deve ser projetada (quanto?) e em que escala esta capacidade deve estar disponível (quando?), informação esta advinda do Plano de Negócios, que por sua vez depende:

- da capacidade de absorção do mercado;
- disponibilidade de capital;
- estratégia da organização.

Neste sentido, as pesquisas de mercado e as previsões de demanda a longo prazo são informações importantes sobre a determinação da necessidade de capacidade instalada para uma nova Unidade Produtiva e de forma direta influenciam no seu projeto, nos investimentos iniciais necessários e tem grande impacto nos custos de operação. Analisando as pesquisas de mercado, é particularmente importante a identificação de tendências ou ciclos de demanda:

- quanto tempo irá persistir a tendência?
- declive da tendência?
- duração do ciclo?
- amplitude do ciclo?

12.2 Planejamento e Controle da Capacidade

O Planejamento e Controle da Capacidade (PCC) deve ser realizado no longo, médio e curto prazo e muda de foco em função do horizonte de tempo, conforme ilustrado na Figura 12.1 e descrito a seguir:

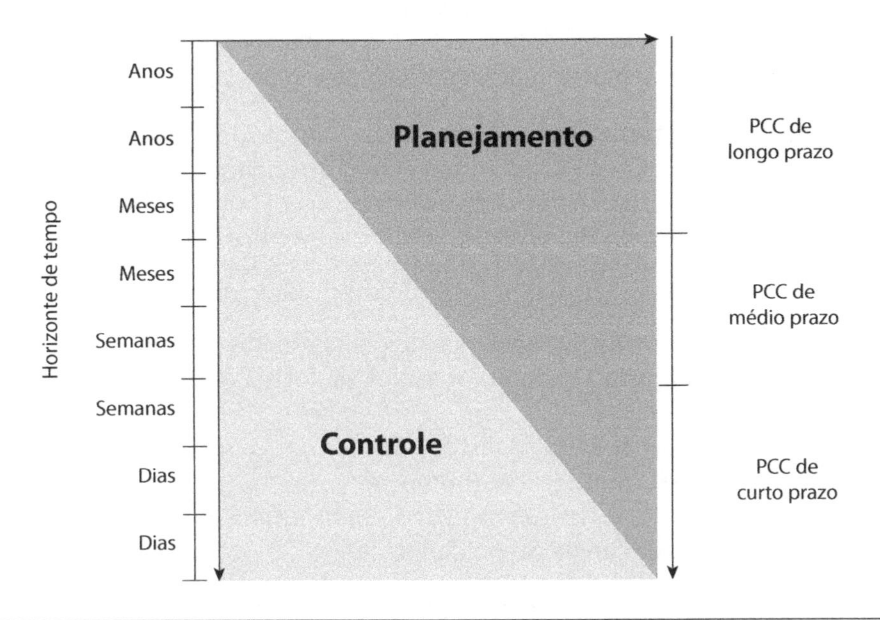

FIGURA 12.1
Mudança de foco de Planejamento e Controle da Capacidade.

Fonte: Neumann (2012).

Na prática, a dinâmica do planejamento e controle da capacidade é controlar e reagir às flutuações da demanda real no momento da ocorrência, ou seja, a flutuação prevista com antecedência ou ocorrida repentinamente, desta maneira o processo de controle pode ser visto como uma sequência de processos de decisão parcialmente reativos.

- PCC longo prazo: No longo prazo é realizado para um horizonte de três a cinco anos, normalmente utilizado quando do dimensionamento de uma nova Unidade Produtiva, quando é necessário um tempo longo para adquirir ou se desfazer dos recursos de produção (como imóveis, equipamentos ou instalações). O planejamento de capacidade de longo prazo requer a participação e aprovação da alta direção. No longo prazo, a instalação de capacidade geralmente envolve a alocação de recursos, e uma vez instalada pode ser difícil, ou impossível, alterá-la sem incorrer em custos significativos. A projeção da demanda fornece as estimativas de necessidade ao longo do tempo.
- PCC médio prazo: No médio prazo está associado ao planejamento mensal ou trimestral para os próximos 6 a 18 meses, utilizado como importante variável nos processos de decisão. Aqui a capacidade pode variar em razão de contratações, demissões, novas ferramentas, aquisição de equipamentos de pequeno porte e subcontratações.
- PCC curto prazo: No curto prazo o horizonte de planejamento é de menos de um mês. Está associado ao processo de planejamento diário ou semanal e envolve ajustes para eliminar a variação entre a produção planejada e a real. Isto inclui opções como horas extras, transferências de pessoal e vias alternativas de produção.

Uma característica importante do planejamento e controle de capacidade, como está sendo abordada aqui, é que visa definir os níveis de capacidade do longo e médio prazos em termos agregados. Isto é, toma decisões de capacidades amplas e gerais, mas não se preocupa com todos os detalhes dos produtos e serviços individuais oferecidos.

São os objetivos do planejamento e controle de capacidade de longo prazo:

- determinar para um horizonte específico de planejamento a capacidade agregada efetiva necessária da nova Unidade Produtiva de forma que ela possa atender a demanda agregada prevista.
- Antecipar necessidades de capacidade de recursos que requeiram um prazo relativamente longo para sua mobilização/obtenção;
- Subsidiar as decisões de o quanto produzir de cada família de produtos (principalmente, quando há limitação de capacidade).

Segundo Slack (2002), as etapas de planejamento e controle de capacidade são:

- Medir os níveis agregados de demanda e capacidade para o período de planejamento.
- Identificar as políticas alternativas de capacidade que poderiam ser adotadas em resposta a flutuações de demanda.
- Escolher a política de capacidade mais adequada para suas circunstâncias.

No longo prazo, o objetivo do planejamento estratégico da capacidade é proporcionar uma abordagem para determinar o nível ótimo de capacidade de recursos capital-intensivos – equipamentos e o tamanho da força de trabalho – que melhor suportam a estratégia competitiva de longo prazo da empresa.

O nível de capacidade selecionado tem um impacto crítico sobre:

- o índice de resposta da empresa, uma vez que as decisões relativas à capacidade têm um impacto real na capacidade de satisfazer, ou não, a procura futura. A capacidade instalada limita a quantidade produzida;
- sua estrutura de custos, uma vez que as decisões relativas à capacidade afetam fortemente os custos de operação. Se a capacidade e a procura forem semelhantes, os custos são minimizados;
- o investimento inicial também é fortemente afetado pela capacidade que se decide instalar;
- sua política de estoques e os requisitos de sua administração e funcionários para conduzir a operação.

Os reflexos desta decisão são os seguintes:

- Se a capacidade for inadequada, uma empresa pode perder clientes por causa de um serviço lento ou permitir que concorrentes entrem no mercado.
- Se a capacidade for excessiva, uma empresa pode ter de reduzir preços para estimular a demanda, subutilizar a força de trabalho, manter excesso de estoques ou buscar produtos adicionais menos lucrativos para manter-se operando.

Em organizações de serviços frequentemente a definição da capacidade instalada utiliza os mesmos conceitos e técnicas das organizações industriais, mas devido às características dos serviços, a estocagem não é possível e a flexibilidade em termos de capacidade é maior nos mercados em que a demanda é sazonal. Em ambos os casos, na prática, a dinâmica do planejamento e controle da capacidade é reagir às flutuações da demanda no momento da ocorrência, ou seja, a flutuação prevista com antecedência ou ocorrida repentinamente, assim o processo de controle pode ser visto como consequência de processos de decisão parcialmente reativos.

12.3 Nível Ótimo de Capacidade

A maioria das organizações precisa decidir sobre o tamanho (em termos de capacidade) de cada uma de suas Unidades Produtivas. Tais decisões têm grande impacto na habilidade de a empresa atender a demanda futura, pois o nível de capacidade instalada será o limite de atendimento possível da produção.

Deve-se desenvolver alternativas para tendências ou ciclos de demanda:

- Introduzir flexibilidade no sistema;
- Ter uma perspectiva global;
- Preparação para lidar com "blocos" de capacidade;
- Tentar suavizar os requisitos de capacidade;
- Identificar o nível de operação ótimo.

No projeto inicial deve-se também prever formas possíveis de expandir a capacidade e, em geral, estes acréscimos de capacidade são efetuados de forma gradativa, dependendo das condições externas favoráveis.

- Os custos totais de produção da fábrica têm alguns elementos fixos – estes existem independentemente da quantidade produzida. Outros custos são variáveis – são os custos que a empresa tem para cada unidade produzida.
- Juntos, os custos fixos e variáveis abrangem o custo total de qualquer quantidade de *output*. Dividindo este custo pelo nível de *output*, teremos o custo teórico médio de produção de unidades para aquela taxa de *output*.

Entretanto, o custo médio real pode ser diferente por diversas razões:

- Os custos fixos não são todos incorridos de uma vez quando a Unidade Produtiva começa a operar;
- Os níveis de produção podem ser aumentados acima da capacidade teórica da Unidade Produtiva;
- Pode haver penalizações menos óbvias nos custos de operar a Unidade Produtiva em níveis próximos ou acima da capacidade nominal.

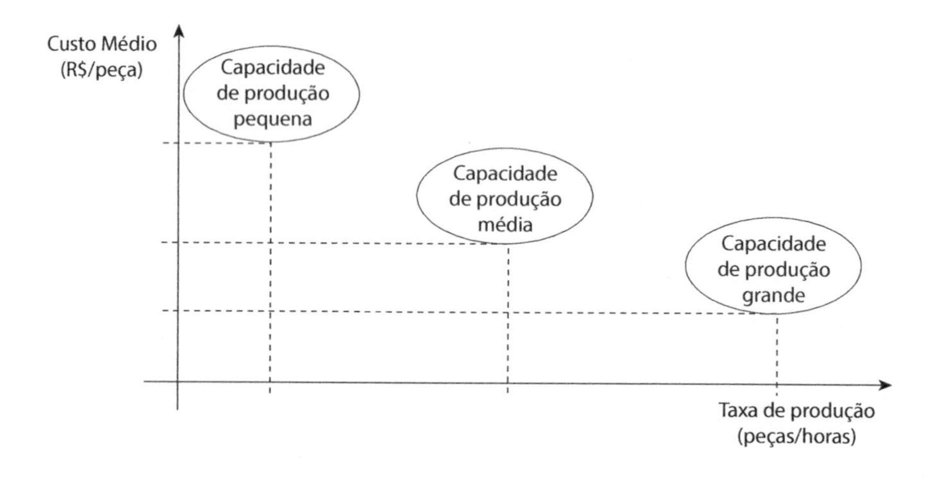

FIGURA 12.2
Níveis de Capacidade de Produção.

Na Unidade Produtiva, todas as operações são constituídas de micro-operações, as quais têm sua própria capacidade produtiva, que deverá ser internamente homogênea. Para que uma rede opere eficientemente, todas as suas etapas devem ter a mesma capacidade. Esta atividade é denominada de balanceamento da capacidade.

Unidades com grande capacidade produtiva também apresentam algumas desvantagens quando a capacidade da operação está sendo alterada para atender uma demanda que está mudando. Se possuírem capacidades diferentes, a capacidade da rede como um todo será limitada à capacidade de seu elo mais lento, chamado *gargalo* da produção.

Alterar a capacidade de uma operação não é somente uma questão de decidir a respeito do melhor tamanho do incremento de capacidade. A operação também precisa decidir quando colocar para funcionar a nova capacidade. Para decidir quando as novas unidades devem ser introduzidas, a empresa deve escolher uma posição entre as estratégias extremas:

- Capacidade antecipada à demanda;
- Capacidade acompanha a demanda;
- Ajuste com estoques.

Uma estratégia intermediária entre as estratégias puras de antecipação e acompanhamento pode ser implementada de forma que não sejam acumulados estoques. Toda a demanda de um período é satisfeita (ou não) pela atividade de produção no mesmo período. De fato, para operações de processamento de clientes não há outra alternativa.

Possíveis efeitos no ciclo de vida

Na etapa de introdução do produto/serviço do ciclo de vida é difícil adaptar alguma estratégia que não a estratégia de antecipação de capacidade. Durante a fase de crescimento do ciclo de vida a previsão de demanda é especialmente difícil, porque pequenas alterações nas taxas de crescimento podem resultar em níveis de demanda muito diferentes. Neste caso, o ajuste com estoques pode ser preferido como estratégia, quando isso for possível.

Ao atingir a maturidade, a natureza da concorrência normalmente enfatiza preços baixos mais do que nos estágios iniciais. Quando a competição por preços é acirrada, a maioria das empresas estará preocupada em manter custos baixos.

Isto fará as estratégias de acompanhamento da demanda parecerem atraentes, devido à utilização completa da capacidade.

12.4 Medidas para o Cálculo da Capacidade

Determinar a capacidade produtiva de uma operação, célula ou planta não é um problema trivial, pois cada elemento possui características que alteram a sua capacidade (SLACK *et al.*, 1997). Por exemplo, em uma máquina depende do seu estado de conservação, do mix de produção, do método de trabalho, do operador, do *setup*, da marca da ferramenta de corte etc. O volume de produção efetivo, juntamente com o estudo e seleção do processo produtivo, definirão e dimensionarão:

- mão de obra direta;
- equipamento produtivo;

- volume de insumos básicos para produção;
- ferramental.

Importante não confundir capacidade produtiva com volume de produção. O volume de produção é o que de fato se produz, enquanto a capacidade é o máximo que poderia ser produzido. Apresenta-se a seguir as medidas de capacidade mais citadas na literatura:

a) Capacidade de Projeto (CP)

O sistema é considerado ideal, sem perdas. Neste caso não são consideradas atividades tais como: *setups*, manutenções programadas, transporte entre setores e limitações relacionadas ao fluxo produtivo.

b) Capacidade Efetiva (CE)

São levadas em consideração as necessidades e as perdas do sistema. Nesta consideram-se as necessidades de processo (perdas programadas), entretanto sem considerar questões relativas ao fluxo fabril e ao tamanho dos lotes.

$$CE = CP - \text{Perdas Programadas} \qquad \text{(Fórmula 12.1)}$$

c) Utilização (U)

São levadas em consideração as perdas não planejadas do sistema. Nesta consideram-se as necessidades de processo (perdas **não** programadas), incluindo questões relativas ao fluxo fabril a ao tamanho dos lotes.

$$U = \frac{\text{Volume de produção real}}{CP} \qquad \text{(Fórmula 12.2)}$$

d) Eficiência (E)

É a razão entre a capacidade operacional e a capacidade efetiva.

$$E = \frac{\text{Volume de produção real}}{CE} \qquad \text{(Fórmula 12.3)}$$

e) Capacidade Operacional (CO)

É a capacidade com que, de fato, o administrador da planta pode contar para o seu planejamento.

$$CO = CP \times E \times U \qquad \text{(Fórmula 12.4)}$$

Questões e Tópicos para Discussão

1) **(PETROBRAS DISTRIBUIDORA/2008) O planejamento e o controle de capacidade em curto prazo têm o objetivo de definir a capacidade efetiva da operação produtiva. A política de capacidade constante:**
   a) não considera as flutuações de demanda, colocando os bens não vendidos em estoque para serem consumidos em um período posterior;
   b) não mantém estoques de produtos em processo (WIP), mantendo o ritmo de produção constante;
   c) mantém constante a produção própria e utiliza estratégias de terceirização e subcontratação para picos de demandas;
   d) é um mecanismo que altera a demanda através de ajustes no tempo de ressuprimento de material;
   e) ajusta os recursos de produção para manter constante a relação entre demanda e bens produzidos.

2) **(PETROBRAS DISTRIBUIDORA/2010) Existem três políticas básicas de planejamento de capacidade de curto prazo para orientar a empresa no gerenciamento de flutuações na demanda. Dentre elas, a denominada política de gestão de demanda está relacionada:**
   a) à gestão de preços finais de produtos ou serviços da empresa;
   b) às estratégias de terceirização para aumento de capacidade produtiva;
   c) às diretrizes de limitação de horas extras dos empregados da empresa;
   d) ao planejamento agregado de recursos em sistemas de produção em massa;
   e) ao aumento dos estoques de produtos acabados em períodos de baixa demanda.

3) **(PETROBRAS/2011) Numa indústria fabricante de computadores pessoais, o departamento de montagem de desktop compacto tem 15 montadores. Cada um dos montadores trabalha oito horas por dia e faz a montagem de 16 aparelhos por hora. A capacidade do departamento de montagem calculada pelo número de desktop por dia é de:**
   a) 120;
   b) 960;
   c) 1.920;
   d) 6.720;
   e) 28.800.

4) **(CASA DA MOEDA/2012) Uma gráfica tem uma linha de produção que opera 24 horas por dia e 5 dias por semana. Os registros para uma semana de produção mostram que foram perdidas 5 horas, devido à manutenção preventiva, e 2 horas para amostragens de qualidade. A proporção entre o volume de produção conseguido por uma operação em horas e a sua capacidade de projeto, também em horas, está compreendida entre:**
   a) 0,50 e 0,54;
   b) 0,60 e 0,65;
   c) 0,70 e 0,76;
   d) 0,80 e 0,87;
   e) 0,90 e 0,96.

5) **(TRANSPETRO/2011) Em uma fábrica de embalagens, o departamento de produção tem seu centro de trabalho com disponibilidade de 140 horas semanais, sendo que as embalagens são produzidas durante 112 horas, não havendo outra atividade a ser feita. Nessas condições, o percentual de utilização desse centro de trabalho é de:**
   a) 20%;
   b) 56%;
   c) 65%;
   d) 70%;
   e) 80%.

6) **(PETROBRAS/2008) Uma empresa montadora de equipamentos sabe que os quatro tipos que saem de suas linhas de montagem levam os seguintes tempos para serem confeccionados:**
   - **Equipamento A: 75 minutos;**
   - **Equipamento B: 60 minutos;**
   - **Equipamento C: 45 minutos;**
   - **Equipamento D: 30 minutos.**

   As encomendas para os próximos períodos indicam que o interesse dos clientes em relação a cada tipo de equipamento segue um comportamento na proporção 1:3:7:9 (demanda desagregada). A empresa trabalha 40 horas por semana e possui 21 funcionários nas linhas de montagem. De quantas unidades é a capacidade de produção semanal?
   a) 420;
   b) 840;
   c) 1.000;
   d) 1.200;
   e) 1.500.

7) **(PETROBRAS/2014) Uma empresa está planejando expandir sua capacidade de produção. O gerente de operações apresenta dois projetos X e Y, sendo os melhores níveis operacionais, respectivamente, de 15.000 unidades/mês e 19.000 unidades/mês. As maiores economias de escala ocorreriam caso fosse escolhido o projeto:**
   a) X e a produção estivesse em um nível de 14.000 unidades/mês, com tendência de crescimento;
   b) X e a produção estivesse em um nível de 18.000 unidades/mês, com tendência de crescimento;
   c) X e a produção estivesse em um nível de 21.000 unidades/mês, com tendência de crescimento;
   d) Y e a produção estivesse em um nível de 20.000 unidades/mês, com tendência de crescimento;
   e) Y e a produção estivesse em um nível de 24.000 unidades/mês, com tendência de crescimento.

8) **(PETROBRAS/2014) Uma empresa industrial produz dois produtos: Alfa e Beta. A tabela a seguir informa o preço unitário (PU), o custo variável unitário (CVU), a demanda fixa mensal de mercado (D), e a quantidade de horas-máquina (HM) necessárias à produção de cada um dos produtos.**

Produtos	PU(R$)	CVU(R$)	HM(horas)	D(unidades/mês)
Alfa	2.500,00	1.500,00	3	750
Beta	3.500,00	1.500,00	7	1.200

A capacidade produtiva total mensal dessa empresa é de 7.000 horas. Qual deverá ser a melhor escolha de sua produção mensal para maximizar seu lucro?

a) 700 unidades de Alfa e 700 unidades de Beta;
b) 749 unidades de Alfa e 679 unidades de Beta;
c) 750 unidades de Alfa e 678 unidades de Beta;
d) Nenhuma unidade de Alfa e 1.000 unidades de Beta;
e) Nenhuma unidade de Alfa e 1.200 unidades de Beta.

9) **(PETROBRAS/2014): Uma empresa está planejando expandir sua capacidade de produção. O gerente de operações apresenta dois projetos X e Y, sendo os melhores níveis operacionais, respectivamente, de 15.000 unidades/mês e 19.000 unidades/mês. As maiores economias de escala ocorreriam caso fosse escolhido o projeto:**

a) X e a produção estivesse em um nível de 14.000 unidades/mês, com tendência de crescimento;
b) X e a produção estivesse em um nível de 18.000 unidades/mês, com tendência de crescimento;
c) X e a produção estivesse em um nível de 21.000 unidades/mês, com tendência de crescimento;
d) Y e a produção estivesse em um nível de 20.000 unidades/mês, com tendência de crescimento;
e) Y e a produção estivesse em um nível de 24.000 unidades/mês, com tendência de crescimento.

10) **(PETROBRAS/2014): Uma empresa industrial produz dois produtos: Alfa e Beta. A tabela a seguir informa o preço unitário (PU), o custo variável unitário (CVU), a demanda fixa mensal de mercado (D) e a quantidade de horas-máquina (HM) necessárias à produção de cada um dos produtos.**

Produtos	PU(R$)	CVU(R$)	HM(horas)	D(unidades/mês)
Alfa	2.500,00	1.500,00	3	750
Beta	3.500,00	1.500,00	7	1.200

A capacidade produtiva total mensal dessa empresa é de 7.000 horas. Qual deverá ser a melhor escolha de sua produção mensal para maximizar seu lucro?

a) 700 unidades de Alfa e 700 unidades de Beta;
b) 749 unidades de Alfa e 679 unidades de Beta;

c) 750 unidades de Alfa e 678 unidades de Beta;
d) Nenhuma unidade de Alfa e 1.000 unidades de Beta;
e) Nenhuma unidade de Alfa e 1.200 unidades de Beta.

13

Localização da unidade produtiva

13.1 Localização

A análise dos mecanismos determinantes para a localização de uma nova Unidade Produtiva se configura entre as principais preocupações da estratégia empresarial. Para uma decisão adequada quanto à localização, que tanto pode ser uma fábrica, hospital ou posto dos bombeiros, deve-se considerar diversos critérios estruturantes, entre estes qual o foco da empresa, qual sua capacidade projetada, onde e quando, ao longo de sua vida útil, esta será necessária. Além disso, os investimentos de longo prazo que são feitos são quase irreversíveis.

Especialmente a construção de uma nova Unidade Produtiva a fim de entrar num mercado novo tem um caráter muito estratégico para uma empresa. A localização dessa UP influencia a forma do sistema logístico inteiro, determinando fatores importantes, como por exemplo, a variabilidade da demanda, a flexibilidade e a qualidade. Mas ao longo das quatro últimas décadas, a localização de uma nova Unidade Produtiva assume mais uma dimensão particular: o avanço da tecnologia e temas como a sustentabilidade ambiental fizeram surgir novas variáveis que mudaram a lógica da organização espacial.

A pesquisa na área da localização de uma nova Unidade Produtiva começou com um trabalho de Weber (1909). Ele queria achar o local ideal de um armazém, a fim de fornecer bens aos clientes a custos mínimos. Segundo Moreira (1998), localizar significa determinar o local onde será a base de operações, onde serão fabricados os produtos ou prestados os serviços e/ou onde se fará a administração do empreendimento. Corrêa e Corrêa (2004) afirmam que a localização de uma operação afeta a capacidade de uma empresa em competir em relação aos aspectos internos e externos. Kodali e Routroy (2006) apontam que, especialmente no mundo globalizado de hoje, onde as mudanças podem ocorrer muito rapidamente, uma localização inteligente é indispensável e aumenta a competitividade da empresa no mercado.

Determinar a localização de uma nova Unidade Produtiva significa definir a localização da capacidade de produção, ou seja, a posição geográfica de uma operação relativamente aos recursos, a outras operações ou clientes com as quais interage. Uma análise adequada deve determinar a demanda para os próximos anos, determinar qual a capacidade a instalar e considerar a forma de medir a capacidade.

As decisões a respeito da localização de uma nova Unidade Produtiva, quer seja para organizações industriais ou de serviços, são bastante complexas, envolvendo muitas variáveis e incertezas, tornando difícil entender todas as informações simultaneamente. Por essa razão, as alternativas devem ser avaliadas cuidadosamente, utilizando-se as técnicas apropriadas, para se evitar uma escolha malsucedida. Neste sentido diversos conjuntos de fatores têm sido apresentados na literatura por diferentes autores e podem ser agrupados em qualitativos e quantitativos.

a) **Fatores Qualitativos:** São fatores subjetivos que são incorporados aos processos de decisão, exemplo: clima, rede hospitalar, reação da comunidade, estabilidade social, concentração de clientes/fornecedores, legislação tributária e incentivos fiscais, infraestrutura local, disponibilidade de sistemas de transporte, serviços de formação de emprego etc.

b) **Fatores Quantitativos:** São fatores objetivos que são incorporados aos processos de decisão e que podem ser mensurados, exemplo: custo do terreno, custo da construção, custo dos impostos, custos dos transportes, custo da mão de obra, custos dos serviços de energia, água, segurança, educação, saúde etc.

Destaca-se que no contexto brasileiro, entre os principais fatores que afetam as decisões quanto à localização estão os incentivos fiscais, os custos dos locais, os impactos ambientais, os sistemas de transporte e comunicação, a disponibilidade de serviço público, as concentrações e tendências de clientes e cidadãos, a disponibilidade e custos de mão de obra, materiais e suprimentos.

Para as empresas de manufatura, a localização afeta seus custos diretos, custos de transporte (matérias-primas, componentes, insumos etc), custos da mão de obra, no tempo de transporte dos produtos acabados até o seu destino final, entre outros. Por sua vez, para empresas de serviços, o objetivo é tornar acessível os serviços fornecidos para a maior parte da população possível, neste caso a localização interfere no atendimento ao cliente, como, por exemplo, proximidade dos consumidores, características comerciais da localização, custo do espaço, facilidade de acesso para os clientes, conveniência, custos logísticos etc.

Esses conjuntos de fatores devem ser considerados apenas para fins de exemplificação, visto que eles variam em função do setor produtivo ou do ramo de negócios. Assim, outros aspectos ou fatores podem (e devem) ser considerados como fatores críticos para o sucesso organizacional. Por exemplo: boas práticas de relacionamento com as partes interessadas (ética e transparência organizacional), patentes, relações com funcionários, imagem da empresa ou do produto, canais de distribuição, relações com distribuidores, manutenção de instalações e equipamentos etc.

A avaliação da organização em relação à sua rede de fornecedores e mercados permite a elaboração de estratégias focadas para a melhoria do posicionamento competitivo da organização. Uma estratégia produtiva consiste na definição de um conjunto de políticas, no âmbito da função produção, que dá sustentabilidade à posição competitiva da empresa. A estratégia competitiva deve especificar como a função produção suportará uma vantagem competitiva, e como complementará as demais estratégias funcionais.

13.2 Rede de Fornecedores

Nenhuma operação produtiva, ou parte dela, existe isoladamente. Todas as operações fazem parte de uma rede maior, interconectadas com outras operações. Esta rede inclui fornecedores e clientes. Também inclui fornecedores dos fornecedores e clientes dos clientes e assim por diante.

No projeto da localização de uma Unidade Produtiva, a importância da configuração da rede é que através desta estrutura fluirão os insumos e produtos fabricados, de seus pontos de origem até os pontos de demanda. Nesta questão estão inseridas tanto aspectos espaciais, referentes à localização das unidades produtivas em relação a seus fornecedores e ao mercado consumidor, quanto questões temporais, referentes à disponibilidade do produto para satisfazer as necessidades dos clientes.

Da rede de fornecedores resultam relacionamentos dinâmicos ao longo do tempo, e o nível de complexidade deste tema faz com que a gestão de cadeia de suprimentos seja um dos importantes assuntos do mundo dos negócios, pois analisa como as organizações estão vinculadas entre si do ponto de vista de uma empresa em particular. Esta é uma preocupação central para a alta gerência de diversas corporações, pois essa configuração é responsável por grande parcela dos custos logísticos decorrentes, que podem variar de 4% a 30% do valor das vendas.

Na fase de Projeto de Fábrica, as decisões estão focadas em definir a forma e a configuração da rede na qual a operação está inserida. Estas decisões de projeto da rede começam com a definição dos objetivos estratégicos para a posição da operação em rede. Isso ajuda a determinar o quanto uma operação escolhe ser "verticalmente integrada" na rede, a localização de cada operação dentro da rede e a capacidade de cada parte da rede.

Perspectiva da rede

Começamos nosso tratamento do projeto da rede definindo a operação produtiva no contexto de todas as outras operações com as quais interagem, algumas das quais são seus fornecedores e outras são seus clientes. Materiais, peças, conjuntos montados, informações, ideias e, às vezes, pessoas, tudo influi através da rede de relações cliente-fornecedor formada por essas operações. Sob essa perspectiva é classificada como:

- **Rede imediata de fornecimento:** É formada por um grupo de fornecedores e clientes que têm contato direto com a operação em questão. Em geral são denominados de fornecedores e clientes de primeira camada.
- **Rede total de fornecimento:** É formada pelo conjunto de todos os fornecedores e clientes que formam a rede de fornecedores e clientes.

No projeto da localização de uma Unidade Produtiva deve-se considerar a rede toda, pois em seu nível mais estratégico a atividade de projeto do sistema produtivo deve incluir toda a rede da qual uma operação faz parte. Há três razões importantes para isso.

a) Ajuda a empresa a compreender como pode competir efetivamente

Faz sentido que os clientes e fornecedores imediatos sejam a principal preocupação de empresas com mentalidade competitiva. Algumas vezes, entretanto, precisam olhar além dessas relações imediatas e verem-se no contexto da rede como um todo.

Toda empresa tem somente duas opções se deseja compreender seus consumidores finais ao final da rede:

- Ela pode confiar em todos os clientes e clientes dos clientes intermediários, e assim por diante, que formam os elos da rede entre a companhia e os consumidores finais, para transmitir eficientemente à rede as necessidades desses consumidores finais.
- Ela pode tomar para si a responsabilidade de entender como os relacionamentos cliente/fornecedor transmitem suas necessidades competitivas através da rede.

Cada vez mais as organizações estão seguindo o segundo caminho.

b) Ajuda a identificar ligações entre nós especialmente significativas na rede

Todas as análises de redes devem começar com uma compreensão dos elementos de competitividade a jusante da rede. Depois disso, as partes da rede que mais contribuem para o serviço ao consumidor final precisam ser identificadas.

Esta análise provavelmente mostrará que todos os elos da rede contribuem com alguma coisa, mas as contribuições não serão igualmente significativas. Cada parte da rede pode compreender o que é importante, mas nem todas as partes estarão em posição de poder ajudar.

As mais importantes decisões de projeto da rede são apresentadas a seguir:

- Qual parte da rede a operação produtiva deveria possuir? Deveria possuir algum de seus fornecedores ou clientes?
- Onde deveria ser localizada cada operação da parte da rede pertencente à empresa?
- Que capacidade de produção deve ter cada operação da parte da rede pertencente à empresa ao longo do tempo?

c) Ajuda a empresa a focalizar uma perspectiva de longo prazo na rede

Após a integração vertical da rede de operações e a localização de suas diversas atividade ser decidida, o próximo conjunto de decisões diz respeito ao tamanho ou capacidade de cada parte da rede.

13.3 Sustentabilidade Ambiental

Devido às pressões sociais e econômicas sobre as empresas para considerar a preservação ambiental, principalmente no projeto de suas novas Unidades Produtivas ou nos rearranjos de suas unidades existentes, atualmente a preocupação com a preservação ambiental se tornou um dos principais fatores a serem avaliados para a seleção do local de instalação de uma Unidade Produtiva.

As empresas são cada vez mais responsabilizadas pela busca da sustentabilidade ambiental (a capacidade de preservar o meio ambiente), seja pelos governos, pesquisadores, ambientalistas ou consumidores. Nas atividades de produção, por exemplo, Jiménez e Lorente (2001) recomendam que a performance ambiental seja considerada como um novo objetivo de desempenho, o que de certa forma muitas empresas já incorporaram em suas principais atividades como: produção limpa, marketing verde, logística reversa e ecodesign. Entretanto, além dessas atividades, as empresas já necessitam considerar questões de sustentabilidade ambiental em suas principais atividades, para que se alcance a diminuição do consumo de recursos naturais e a redução da poluição do ar, do solo, da água e sonora, nas unidades fabris projetadas.

Algumas décadas atrás, algumas empresas adotaram a idéia da descentralização industrial como solução para o problema, mas apenas distribuir as indústrias em uma área geográfica maior não diminui a poluição gerada. A poluição total produzida, apesar de não estar mais concentrada em uma única região, será a mesma e continuará proporcionando consequências negativas ao meio ambiente como, por exemplo, o aquecimento global.

A legislação para controle ou punição das indústrias agressoras ao meio ambiente traz diversas consequências para o processo de implantação de novas indústrias, entre estas destaca-se: modificações no dimensionamento das indústrias e de seus aglomerados, alterações nos processos de fabricação, restrições para a localização de indústrias consideradas mais agressivas ao meio ambiente etc.

A empresa que busca minimizar os efeitos nocivos de atuação das empresas sobre o meio ambiente e desenvolver padrões de sustentabilidade ambiental deve estar de acordo com os padrões da ISO 14000. Quando se discute o problema de leis e impostos para não serem penalizadas em determinadas regiões, as empresas devem estudar os regulamentos para a disposição adequada dos resíduos gerados, a diminuição da geração de fumaça e a redução de transtornos para a comunidade. Entretanto, percebe-se que a preocupação é maior em evitar multas do que com a preservação do meio ambiente.

A utilização de recomendações internacionais para políticas de gestão do ambiente interno das organizações – com a implantação da AS 8000 que define os requisitos e práticas sociais a serem seguidas por fabricantes e seus fornecedores – também influencia e é impactada pelos métodos de PFL.

Os primeiros estudos quanto à definição da localização da indústria apresentavam uma lista de fatores que deveriam ser considerados. Nestes há fatores referentes à relação da fábrica com o ambiente, como: topografia e condições do solo, estudo da direção dos ventos e da incidência do sol; clima (temperaturas, mudanças de tempo, umidade, altitude, efeitos climáticos); orientação do terreno em relação à comunidade (direção do vento, proximidade de áreas residenciais).

É importante destacar que houve uma evolução nesta linha de raciocínio, da mesma forma que deve-se preocupar em proteger a fábrica dos prejuízos provocados pelas catástrofes naturais incorporou-se nas últimas décadas a preocupação de proteger também o meio ambiente dos danos causados pelas fábricas, destaca-se o atendimento à legislação ambiental existente na região sobre: desmatamento, uso da água, geração de ruídos, vibrações, poeira, disposição final do lixo, detritos e fumaça, que podem afetar a comunidade vizinha. Análise dos meios de transporte disponíveis na região, pois cada um possui diferentes tipos de impactos (consumo de combustível e geração de poluentes).

13.3.1 Gestão de Resíduos

Originado nas atividades dos diversos ramos da indústria, tais como: o metalúrgico, o químico, o petroquímico, o de papelaria, da indústria alimentícia etc. O lixo industrial é bastante variado, podendo ser representado por cinzas, lodos, óleos, resíduos alcalinos ou ácidos, plásticos, papel, madeira, fibras, borracha, metal, escórias, vidros, cerâmicas. Nesta categoria, inclui-se grande quantidade de lixo tóxico. Esse tipo de lixo necessita de tratamento especial pelo seu potencial de envenenamento. A Figura 13.1 apresenta um esquema das empresa tradicionais que operam no "modelo linear clássico" dentro do contexto de meio ambiente, ou seja, contenção e tratamento, quando existentes, somente após a geração dos resíduos.

Em 1996, a *International Standards Organization* criou normas para a avaliação de responsabilidade ambiental da empresa. Essas normas, denominadas ISO 14000, focam três áreas: normas de sistemas de gerenciamento, normas de operação e normas de sistemas ambientais.

- ISO 14001: SGA – Especificações para implantação e guia (NBR desde 02/12/1996).
- ISO 14004: Sistemas de Gestão Ambiental (SGA) – Diretrizes gerais (NBR desde 02/12/1996).
- ISO 14010: Guia para auditoria ambiental – Diretrizes gerais (NBR desde 30/12/1996).

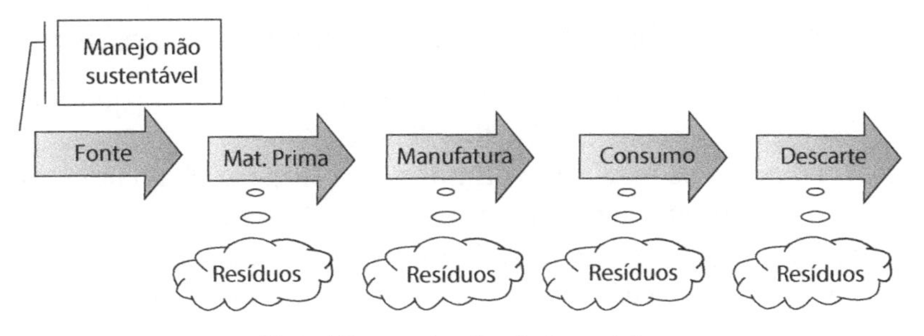

FIGURA 13.1
Modelo Industrial Linear Clássico "*End of Pipe*"

Fonte: Furtado *et al.*, 2001.

13.3.2 Gestão Energética

Somente depois do "apagão" de 2001 é que esse campo tem merecido maior atenção por parte das empresas e órgãos governamentais. Racionalizar energia significa também diminuir os impactos ambientais causados na geração e no uso desta.

No quadro atual, a racionalização do uso de energia ganha maior importância, levando-se em conta a quase paralisação de investimentos para expansão de geração no setor elétrico brasileiro, e da quase ausência de política energética nos últimos anos, dificultando mesmo o crescimento do País, pela ausência de infraestrutura.

Assim, a conservação de energia envolve aspectos importantes como o combate ao desperdício, o reaproveitamento de energia, o uso de tecnologias ou programas de racionalização de energia, cogeração, entre outros.

Em relação à questão da sustentabilidade ambiental, além dos diversos fatores citados que devem ser considerados no projeto de plantas industriais, destaca-se para o surgimento de um novo custo em relação à água, além de ser um insumo cada vez mais caro e escasso, as empresas precisam considerar o custo de tratamento da água a ser devolvida ao meio ambiente, de acordo com os padrões mínimos legais de pureza e descontaminação.

Conclui-se que, devido à conscientização da população e dos governos para as consequências negativas que os resíduos industriais podem acarretar ao meio ambiente, é destacado que a eliminação de resíduos sólidos, líquidos ou gasosos tende a ser cada vez mais controlada, razão pela qual os custos de tratamento desses resíduos devem ser considerados desde o início dos estudos de localização da planta industrial.

13.4 Técnicas para Identificar a melhor Localização

Várias técnicas ou modelos que utilizam variáveis qualitativos e/ou quantitativos podem ser utilizados para encontrar a melhor localização de uma nova Unidade Produtiva, mas usualmente os resultados ótimos na localização de qualquer instalação são obtidos com a combinação de ambos conjuntos de variáveis. Neste tópico serão apresentadas as técnicas mais usuais na literatura, para o caso de localização de uma nova Unidade Produtiva única e para localização de múltiplas unidades.

1. Ponderação Qualitativa

A ponderação qualitativa pode ser usada quando não se conseguir apropriar uma estrutura de custos a cada localidade considerada. Consiste em se determinar uma série de fatores julgados relevantes para a decisão, nos quais cada localidade alternativa recebe um julgamento.

Corrêa e Corrêa (2004) afirmam que este método constitui-se um método racional de confrontar e avaliar alternativas de macrolocalização, que pondera vários fatores locacionais. O que se pode avaliar é que mesmo com diversos fatores pode-se alcançar uma alternativa considerando todos eles em sua importância.

Na ponderação qualitativa selecionam-se os critérios de avaliação, atribuem-se pesos a esses critérios e notas para cada localização avaliada, multiplicam-se as notas pelos pesos de cada critério e a localização que obtiver maior somatório será a selecionada.

Esse julgamento é convertido numa nota, através de uma escala numérica arbitrária. A cada fator, segundo sua importância relativa, é então atribuído um peso, que deve levar em conta os benefícios de cada fator para a estratégia da empresa. A soma ponderada das notas pelos pesos dos fatores dará a produção final para cada localidade. Será escolhida a localidade que ostentar a maior pontuação final.

Sejam *k* fatores, indicados por *Fij*, onde *i* refere-se à localidade e *j* ao particular fator. Assim, *F23* indica o valor do fator 3 para a localidade 2. Chamando de *pj* ao peso relativo do fator *j*, a ponderação final para a localidade *i(Ni)* pode ser expressa como:

$$\mathrm{Ni} = \sum_{j=1}^{k} FijPj \qquad \text{(Fórmula 13.1)}$$

Passo a passo:

1. Definem-se os critérios.
2. Atribuem-se pesos a esses critérios.
3. Avalia-se atribuindo notas relativas aos critérios perante as localizações avaliadas.

Exemplo: A Ambev quer construir uma nova unidade no Brasil, e selecionou três possíveis locais, definindo os seguintes critérios e pesos conforme a tabela a seguir:

Critérios	Pesos
Custo do Local	4
Impostos	3
Mão de Obra especializada	2
Transportes	1
Potencial para expansão	1
Clima	1

Para cada um dos três possíveis locais, foram atribuídos notas conforme a tabela a seguir:

	Local A	Local B	Local C
Critérios	**Nota**	**Nota**	**Nota**
Custo do Local	8	7	6
Impostos	3	5	8
Mão de Obra especializada	9	6	5
Transportes	5	6	4
Potencial para expansão	8	4	6
Clima	2	7	8

Em função desses dados, determine a melhor localização entre os três possíveis locais.

Solução:

		Local A		Local B		Local C	
Critérios	**Pesos**	**Nota Aplic.**	**P. Fa (*)**	**Nota Aplic.**	**P. Fb (*)**	**Nota Aplic.**	**P. Fc (*)**
Custo do local	4	8	32	7	28	6	24
Impostos	3	3	9	5	15	8	24
Mão de obra especializada	2	9	18	6	12	5	10
Transportes	1	5	5	6	6	4	4
Potencial para expansão	1	8	8	4	4	6	6
Clima	1	2	2	7	7	8	8
SOMA			74		72		76

2. Método do Ponto de Equilíbrio

Neste método faz-se a comparação entre custos fixos e variáveis para determinar o ponto de equilíbrio. O método é composto de três passos:

Passo a passo:

- calcula-se o lucro associado a cada localidade, escolhendo aquela no qual a expectativa de lucro for maior;
- caso a receita seja a mesma, calcula-se o custo total em cada localidade, optando pela localidade que apresentar o menor custo total (custos fixos + custos variáveis);
- calcula-se o PE escolhendo a localidade onde PE for menor.

Exemplo:

A EPR S.A. produz *air bags* para automóveis e pretende implantar uma nova unidade produtiva. A empresa espera vender 5.000 unidades por ano, ao preço médio de R$ 1.300,00 e entre as três cidades avaliadas constatou-se que:

	Brasília	Recife	Rio de Janeiro
Custos fixos anuais	R$ 650.000,00	R$ 600.000,00	R$ 750.000,00
Custos variáveis unitários	R$ 640,00	R$ 770,00	R$ 690,00

Com base nessas informações, calcule a melhor localização tendo como parâmetro o menor ponto de equilíbrio:

Resolução:

Sabe-se que o ponto de equilíbrio é calculado pela divisão do custo fixo pela diferença entre o preço de venda unitário do produto e os custos e despesas variáveis por unidade de produto, logo se calcula o PE para as três cidades avaliadas pela fórmula:

$$PE = \frac{CF}{PV - CV}$$

Portanto:

$$PE_{Brasília} = \frac{650.000}{1.300 - 640} \qquad PE_{Recife} = \frac{600.000}{1.300 - 770} \qquad PE_{Rio\ de\ Janeiro} = \frac{750.000}{1.300 - 690}$$

$$PE_{Brasília} = 984{,}84 \qquad PE_{Recife} = 1.132{,}07 \qquad PE_{Rio\ de\ Janeiro} = 1.229{,}50$$

Conclui-se que com base nessas informações, que a EPR S.A. terá o menor ponto de equilíbrio equivalente a produção de 985 unidades na cidade de Brasília.

3. Modelo do Centro de Gravidade

O modelo do centro de gravidade é usado para avaliar alternativas quando se quer localizar uma nova instalação dentro de uma rede de instalações e/ou mercados já existentes, formada pelas localizações existentes e suas principais fontes de matérias-primas e mercados consumidores, considerando também os volumes de bens e serviços a serem transportados entre esses locais e os custos do transporte.

Essa rede, em alguns casos, pode se constituir tão somente de mercados consumidores ou fornecedores, enquanto em outros pode englobar mercados e outras instalações. Para Slack (2002), muitas vezes esta técnica é utilizada para localizar armazéns intermediários ou de distribuição, dadas as localizações, por exemplo, das fábricas e dos clientes.

A essência do método está justamente em encontrar uma localização tal que os custos de transporte sejam levados a um valor mínimo aproximado. O centro de gravidade é a localização tal que é mínima a distância total ponderada entre a localização procurada e as outras instalações e mercados.

Passo a passo:

- para cada instalação ou mercado existente, assinalar uma coordenada horizontal e outra vertical. Isso pode ser feito construindo-se um sistema de eixos ortogonais sobre um mapa da região global contendo as instalações e os mercados. No caso de uma cidade e/ou redondezas, assumir o ponto médio como representativo. As coordenadas podem então ser medidas com uma régua e transformadas da forma como se queira, desde que sejam todas elas multiplicadas por um mesmo número. Na verdade, são apenas coordenadas relativas definidas em relação ao sistema de eixos sistema de eixos para encontrar a posição real.
- o centro de gravidade da localização procurada terá duas coordenadas (horizontal Gx e vertical Gy), assim determinadas:

$$G_x = \frac{\sum X_i \; C_i \; P_i}{\sum C_i \; P_i} \qquad G_y = \frac{\sum Y_i \; C_i \; P_i}{\sum C_i \; P_i} \qquad \text{(Fórmula 13.2)}$$

Onde:

Gx = coordenada horizontal do centro de gravidade

Gy = coordenada vertical do centro de gravidade

X_i = coordenada horizontal do fornecedor ou cliente i

Y_i = coordenada vertical do fornecedor i

C_i = volume transportado do fornecedor i ou para o cliente i

Exemplo: Uma indústria de produtos eletrônicos quer construir um Centro de Distribuição (CD) para melhor atender seus clientes em Belo Horizonte, Salvador, Rio de

Janeiro e Curitiba. A fábrica localiza-se na cidade de Belo Horizonte. A localização é mostrada no mapa e os dados na tabela a seguir. Determine a localização do armazém de distribuição.

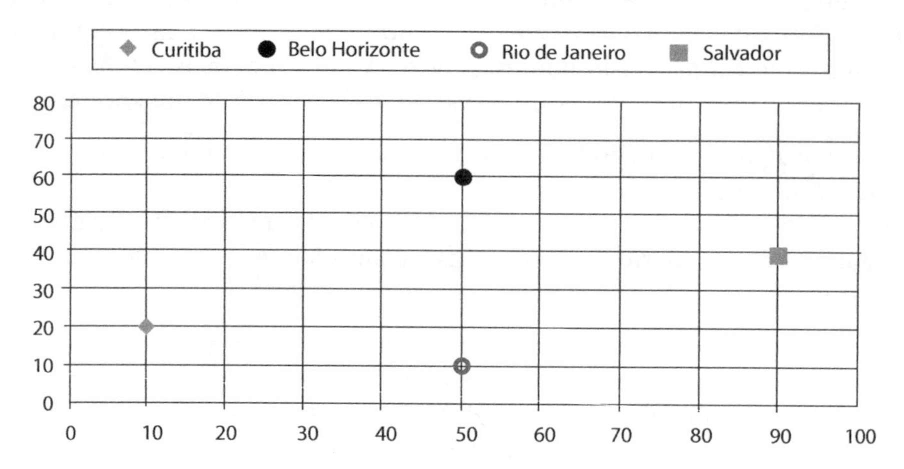

Localização	Demanda/Volumes	Fornecimento/Volumes
Belo Horizonte	40.000	120.000
Rio de Janeiro	70.000	
Curitiba	100.000	
Salvador	90.000	

Solução:

$$G_x = \frac{(100.000\ x\ 10) + (70.000\ x\ 50) + (40.000\ x\ 50) + (90.000\ x\ 90) + (120.000\ x\ 50)}{(100.000 + 70.000 + 40.000 + 90.000 + 120.000)} = 49{,}04$$

$$G_y = \frac{(100.000\ x\ 20) + (70.000\ x\ 10) + (40.000\ x\ 60) + (90.000\ x\ 40) + (120.000\ x\ 30)}{(100.000 + 70.000 + 40.000 + 90.000 + 120.000)} = 29{,}85$$

Graficamente:

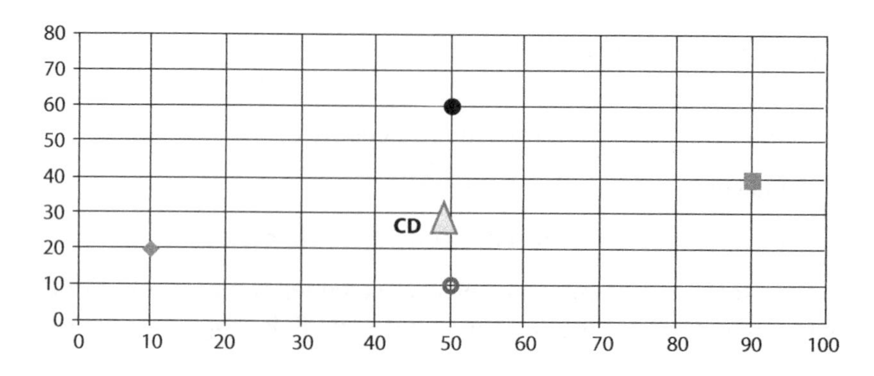

Questões e Tópicos para Discussão

1) **(PETROBRAS/2012) No planejamento da localização de instalações industriais, só NÃO se constata que:**
   a) a reação da comunidade local ao tipo de processo a ser utilizado pode ser decisiva para a escolha da localização;
   b) as empresas intensivas em matérias-primas de baixo valor tendem a se localizar próximo às fontes de fornecimento;
   c) as metodologias de avaliação devem considerar diversos fatores em conjunto;
   d) as variações entre os custos associados à energia elétrica para diferentes alternativas de localização são irrelevantes;
   e) os custos associados ao transporte de mercadorias e à aquisição de terreno variam em função do local escolhido para a localização da instalação.

2) **(PETROBRAS/2009) Uma empresa analisou fatores qualitativos para decidir a melhor localização de uma nova instalação industrial. A empresa definiu os fatores a serem considerados e, depois, o corpo gerencial atribuiu notas para cada fator, sendo zero para a pior condição e 10, para a melhor condição. As notas médias de cada fator são apresentadas na tabela.**

Fator	Peso	Notas por fator		
		Localização X	Localização Y	Localização Z
Qualificação dos recursos humanos	4	10	6	6
Restrições ambientais	6	4	10	6
Incentivos fiscais	6	6	10	6
Proximidade de fornecedores	8	10	4	6
Proximidade de centros consumidores	10	4	4	8

   Com base nessa análise, afirma-se que a(s) localização(ões):
   a) X é a melhor opção;
   b) Y é a melhor opção;
   c) Z é a melhor opção;
   d) X e Y são equivalentes, pois obtiveram a mesma pontuação;
   e) Y e Z são equivalentes e melhores opções para a instalação.

3) **(PETROBRAS BIOCOMBUSTÍVEL/2010) Devido ao aumento da demanda de seus produtos, uma indústria está avaliando cinco possíveis localidades para a instalação de uma nova unidade industrial. Em função de fatores de localização mais relevantes identificados, a Organização atribuiu notas de 1 a 7 a cada fator para cada uma das localidades analisadas, conforme mostra a Tabela a seguir.**

Tabela
Fatores de Localização

Fator	Peso	Notas				
		Local MT	Local RJ	Local BH	Local SP	Local CE
Sistema de Transporte Adequado	25	7	4	4	5	7
Proximidade de matéria-prima	20	4	3	4	6	5
Disponibilidade de mão de obra	15	6	6	6	5	4
Restrições ambientais	14	6	3	2	1	3
Isenção de impostos	12	2	5	5	7	4

A localidade que tem a melhor avaliação é:

a) Local MT;
b) Local RJ;
c) Local BH;
d) Local SP;
e) Local CE.

4) **(PETROBRAS DISTRIBUIDORA/2010)**

	A	B	C
300 Km	F1 (35t)	C2 (98 unid.)	F3 (90t)
200 Km			
100 Km	C1 (85 unid.)		
	100 Km	200 Km	300 Km

A seleção do local para a implantação de uma organização é um tipo de decisão estratégica e, por isso, deve ser amparada em modelos de decisão consistentes. Um desses é o método do centro de gravidade. Considere os dados acima, sabendo-se que F corresponde aos pontos de fornecimento de materiais, que C corresponde aos pontos de consumo dos bens fabricados e que os custos de transporte das colunas A, B e C correspondem a R$ 4,00, R$ 3,00 e R$ 5,00 por tonelada por quilômetro, respectivamente. A partir desses dados, conclui-se a respeito da localização mais apropriada que:

a) tanto a coordenada horizontal como a vertical estão acima de 250;
b) tanto a coordenada horizontal como a vertical estão em torno de 200;
c) tanto a coordenada horizontal como a vertical estão em torno de 100;
d) a coordenada horizontal está acima de 200 e a coordenada vertical está abaixo;
e) a coordenada horizontal está abaixo de 200 e a coordenada vertical está acima.

5) **(TRANSPETRO/2011) A empresa Z busca selecionar o melhor local para a instalação de uma nova unidade de produção. Tal unidade deverá abastecer dois mercados, representados pelas cidades X e Y, com demandas iguais a 2.000 t e 3.500 t, res-**

pectivamente. Considerando-se a distância entre as duas cidades igual a 100 km, afirma-se que:

a) qualquer localização entre X e Y resultará no mesmo custo com transporte;
b) a instalação da unidade na cidade X, para redução dos custos com transporte, é melhor do que na cidade Y, pois a quantidade consumida será menor;
c) a localização que minimiza os custos com transporte corresponde ao meio do caminho entre as cidades, ou seja, a 50 km de cada uma;
d) a melhor localização para a unidade, com base no método do centro de gravidade, é um ponto entre as duas cidades, distando 75,5 km de X e 24,5 km de Y;
e) a melhor localização para a unidade, com base no método do centro de gravidade, é um ponto entre as duas cidades, distando 63,6 km de X e 36,4 km de Y.

6) **(CASA DA MOEDA/2012) A empresa XPTO está querendo instalar uma nova unidade produtiva e está buscando o local que lhe proporcione os menores custos de transporte considerando seus fornecedores F1 e F2 e mercado consumidor M1.**

Local	Quantidade (ton)	Custo Transporte ($ por ton por km)	Coordenada Horizontal (H) km	Coordenada Vertical (V) km
F1	200	3	200	500
F2	100	2	400	300
M1	250	4	100	200

Com base nos dados da tabela, a melhor localização para essa instalação, usando o método do centro de gravidade, é definida pelas coordenadas:

a) H = 130,8 e V = 386,3;
b) H = 166,7 e V = 311,1;
c) H = 207,4 e V = 273,7;
d) H = 295,2 e V = 337,2;
e) H = 372,6 e V = 202,5.

7) **(CASA DA MOEDA/2012) Uma empresa de coleta de papel para reciclagem quer minimizar o custo de transporte do papel de três locais (P, Q e R) onde faz a coleta para uma central de processamento. São dadas, na tabela, as coordenadas das localizações coletoras e os volumes diários a serem expedidos.**

Localização	Coordenadas (x,y)	Volume em toneladas por dia
P	(10,4)	20
Q	(4,2)	25
R	(2,6)	25

A destinação central está localizada no ponto de coordenadas:

a) (5, 4);
b) (3, 6);
c) (4, 4);
d) (7, 5);
e) (2, 7).

8) **(PETROBRAS/2012) Uma empresa, que atende a quatro pontos de mercado, decidiu manter todos os estoques de produtos em um único armazém, de onde partirão as entregas para suprir os pontos de mercado. Os pontos de coordenadas, de volumes e de tarifas de transporte são apresentados na tabela abaixo.**

Ponto de Mercado	Volume total movimentado (em tonelada transportada)	Tarifa de transporte (em R$/ton/Km	Coordenadas	
			Xi	Yi
1	1.000	0,08	1	2
2	1.000	0,05	2	5
3	2.500	0,10	4	2
4	1.500	0,08	5	4

Usando o método do centro de gravidade, a localização aproximada para um armazém único é:

a) $X_g = 3,00$ e $Y_g = 2,78$;
b) $X_g = 3,16$ e $Y_g = 3,00$;
c) $X_g = 3,42$ e $Y_g = 3,00$;
d) $X_g = 3,56$ e $Y_g = 2,78$;
e) $X_g = 3,56$ e $Y_g = 3,00$.

9) **(36/PETROBRAS/2014) Um centro de distribuição de mercadorias, localizado no nó O, necessita suprir todas as lojas e supermercados localizados nos demais nós. As rotas possíveis, com as respectivas distâncias em quilômetros, são representadas na malha abaixo.**

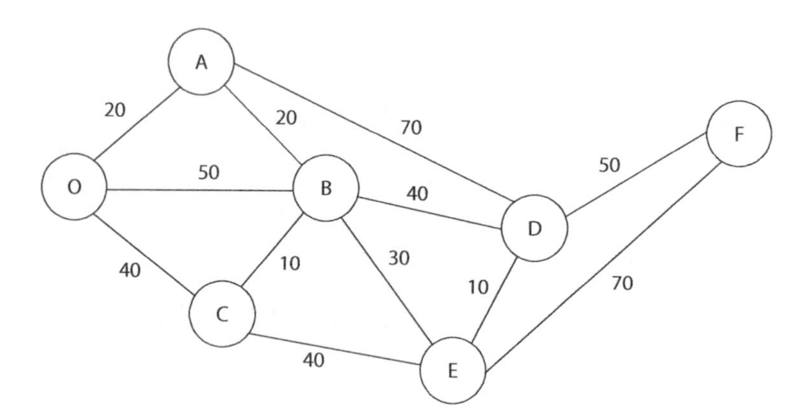

Sabendo-se que apenas um caminhão irá realizar todas as entregas, o menor percurso da viagem de ida, em km, é de:

a) 140
b) 150
c) 170
d) 180
e) 190

10) **(BNDES/2012) Uma empresa estuda a localização para instalação de uma nova planta para produção de um novo componente. A produção anual será de 5.000 unidades. Abaixo apresentam-se dados de cinco cidades previamente selecionadas.**

Cidade	Custos Fixos Anuais	Custos Variáveis
Cidade 1	R$ 1.000.000,00	R$ 900,00
Cidade 2	R$ 1.100.000,00	R$ 850,00
Cidade 3	R$ 1.200.000,00	R$ 800,00
Cidade 4	R$ 1.300.000,00	R$ 750,00
Cidade 5	R$ 1.400.000,00	R$ 700,00

Considerando que a localização será baseada em uma análise dos custos fixos e variáveis anuais, a cidade que apresenta o menor custo para a escala de produção pretendida é:

a) Cidade 1;
b) Cidade 1;
c) Cidade 3;
d) Cidade 4;
e) Cidade 5.

11) **(FINEP/2011/ÁREA 12) Em projetos industriais de investimento, vários fatores são importantes e devem ser considerados na escolha da localização da unidade produtora, EXCETO a:**

a) proximidade da sede do agente financiador, no caso de projetos intensivos em capital;
b) proximidade do mercado comprador, no caso de a produção ser de bens com baixo valor por volume ou peso;
c) disponibilidade de energia na região escolhida, no caso de projetos intensivos em energia;
d) disponibilidade de mão de obra adequada na região escolhida, no caso de projetos intensivos em mão de obra;
e) disponibilidade de meios de transporte, no caso de a fonte de uma matéria-prima volumosa ser distante.

12) **(PETROBRAS/2014) Em relação aos métodos utilizados para auxiliar na decisão referente à localização das instalações, considere as afirmações a seguir.**

I. O método do centro de gravidade envolve a identificação de critérios relevantes para a avaliação de instalações, a definição da importância relativa de cada critério e a atribuição de fatores de ponderação ("pesos") para cada um deles por meio de uma escala de pontuação arbitrária.
II. No método da pontuação ponderada são comparadas diferentes localidades em função dos custos totais da operação (custos fixos + custos variáveis).
III. Os métodos de pontuação ponderada e de ponto de equilíbrio podem servir como complementares ao método do centro de gravidade.

É correto APENAS o que se afirma em:

a) I;

b) II;

c) III;

d) I e II;

e) II e III.

13) **(PETROBRAS/2014): Sobre o planejamento das instalações, verifica-se que**

a) existe um ***trade off*** entre o número de instalações e o custo logístico, o que significa que quanto maior o número de instalações, maior o custo total;

b) com o aumento do número de instalações, o custo total de transporte aumenta, pois elas estarão mais dispersas, sendo necessário mais viagens para atendê-las;

c) com o aumento do número de instalações há uma redução no custo de estocagem, havendo uma maior dispersão dos itens, que deixarão de estar concentrados em uma única instalação;

d) quanto maior o número de instalações, melhor o nível de serviço oferecido ao cliente, pois há uma redução no tempo de resposta ao atendimento dos pedidos;

e) o número de instalações é determinado maximizando-se o custo de transporte de transferência.

PARTE IV

PROJETO DE LAYOUT

FASE 3: PROJETO DE LAYOUT

Apresentação

O projeto de layout, terceira fase da metodologia PFL, determina de forma detalhada o posicionamento relativo entre as áreas da Unidade Produtiva, e estabelece as posições específicas de cada máquina, equipamento, insumos e serviços de apoio. Tal qual visto nos capítulos anteriores, o projeto do layout fabril somente poderá ser tão eficiente quanto o processo de fabricação a ele destinado permitir. Por outro lado, um projeto de layout fabril inadequado poderá afetar consideravelmente a eficiência do processo, mesmo este tendo sido adequadamente otimizado. Esta fase está dividida em quatro etapas, representadas pela figura a seguir:

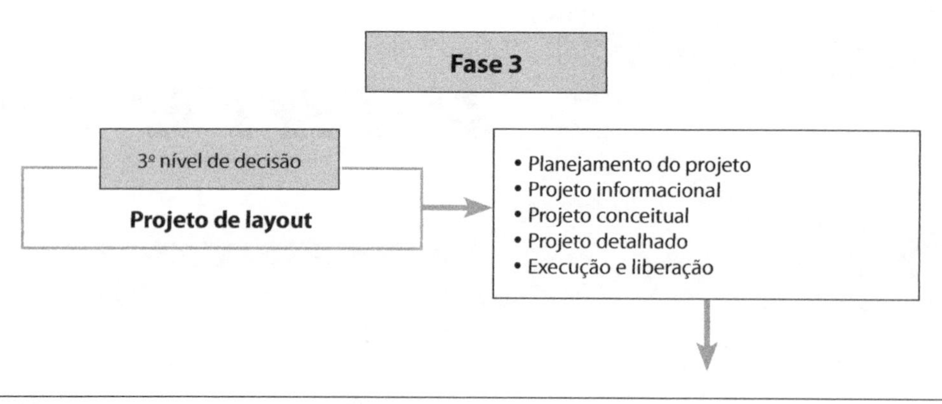

FIGURA 4
Metodologia PFL – Projeto de Layout.

1ª ETAPA: Planejamento do projeto

A etapa Planejamento do Projeto envolve a adaptação do modelo de referência apresentado neste capítulo às necessidades específicas do projeto do novo layout. Em todos projetos o planejamento de projetos surge como um aspecto central, sendo o elemento norteador para a execução do projeto e a base para as alterações em seu controle.

Nesta visão macro do projeto de layout vários temas importantes devem ser avaliados, dentre os quais a visão de crescimento previsto para a planta, o uso do modelo de referência proposto para a definição das atividades do projeto e a formação de equipes para o projeto de layout. O uso de um modelo permite ter uma visão global das ações necessárias à realização de um projeto de layout fabril.

2ª ETAPA: Projeto informacional

A etapa de Projeto Informacional tem foco no levantamento e análise das informações necessárias para realização do projeto fabril. O projeto informacional é a fase do projeto que tem como objetivo a coleta de informações, tanto quantitativas quanto qualitativas, necessárias ao desenvolvimento do layout fabril. Entretanto, nesta fase também se objetiva aumentar a conscientização de toda a organização através de questionamentos que faça a equipe de projeto refletir sobre assuntos que possivelmente não tenham considerado anteriormente.

Destaca-se nesta etapa a necessidade de integração de informações originadas em diversas áreas: engenharia do produto, engenharaia de manufatura, engenharia de produção etc. Outra tarefa de grande importância é obter informações sobre o espaço físico, que consiste em verificar as condições de contorno (espaço-físico) em que se dará o projeto. Na sequência, toda informação disponível sobre o espaço físico futuro deve ser registrada, também incluindo desenhos e limitações já observadas, como, por exemplo, tamanho e o formato da construção, colunas, assoalhos, configurações e características externas.

3ª ETAPA: Projeto Conceitual

A etapa de Projeto Conceitual lida com definição e escolha de alternativas de projeto de layout adequado às especificações determinadas na fase anterior. Na fase de Projeto Conceitual, a visão da empresa, presente no Planejamento tático fabril, é desdobrada em duas principais atividades.

A atividade analisar afinidades é um processo estruturado que visa transformar as informações provenientes da fase de Projeto Informacional em um conjunto de propostas de layout que estejam de acordo com a visão da organização presente no Planejamento tático fabril. Na atividade escolher alternativas as opções de layout desenvolvidas anteriormente são comparadas perante a análise dos parâmetros críticos definidos pela própria equipe de projeto.

4ª ETAPA: Projeto detalhado

A etapa de Projeto Detalhado visa ao detalhamento e à otimização da alternativa selecionada. Uma vez selecionada uma alternativa, esta pode ser avaliada e otimizada, visando proporcionar maiores ganhos e eliminar eventuais desperdícios. Em alguns casos, a equipe de projeto pode optar por detalhar mais de uma alternativa, de forma a amadurecer sua visão e tomar a melhor decisão.

Na etapa de Projeto Detalhado ocorre uma evolução da qualidade da informação, porém não mais na forma de um fluxo, e sim um processo iterativo entre estas três atividades. Dentre estas, a atividade de Consolidar Layout tem como principal tarefa Detalhar o Layout, cujo desenho contendo todos os detalhes da alternativa de layout selecionada é elaborado.

14

Projeto de layout

14.1 Layout

A utilização dos espaços de trabalho iniciou-se de forma intuitiva, mas com o desenvolvimento de novos sistemas produtivos a partir da segunda metade do século XX, e com as novas exigências de respostas rápidas do mercado globalizado nas últimas décadas, maior atenção passou a ser dada a distribuição e o arranjo destas áreas e o layout assumiu um papel de fundamental importância no processo produtivo. Essa atenção ao planejamento na utilização das áreas deve-se inicialmente aos engenheiros químicos, de mineração alemã, à indústria de embutidos de carne em Chicago, a produtores de automóveis e a armadores britânicos.

Com os estudos de Taylor, Barnes, Maynard, casal Gilbreth e de outros contemporâneos, o mero arranjo físico intuitivo passou a ter uma série de conceitos e técnicas de visualização de processos que permitiram a sua evolução para uma área de estudos com corpo próprio (MUTHER, 1978). Em situações reais, o problema do layout ocorre com mais frequência no ambiente industrial quando os recursos produtivos devem ser dispostos no chão de fábrica. Mas existem diferentes situações práticas que geram a necessidade de se construirem layouts eficazes. Por exemplo, quando se deseja determinar a localização de unidades de tratamento em hospitais, de salas ou departamentos em empresas, instituições governamentais, aeroportos, de prédios em *campi* universitários, o layout de componentes em placas de circuitos eletrônicos, dentre outros.

A importância do estudo do problema de layout apresenta dois aspectos: econômico e científico. Sob a ótica econômica, um layout eficiente numa indústria pode obter considerável redução nos custos de produção. A dimensão do investimento em novas áreas produtivas nas indústrias e outras instituições, a cada ano, incentiva a busca de novas alternativas ao problema. Além disso, uma porcentagem significativa das áreas produtivas construídas são modificadas anualmente e requerem um replanejamento. A reorganização do layout precisa ser uma atividade constante em qualquer organização que pretenda ser competitiva e eficiente em sua área de atuação, devido principalmente a evolução tecnológica que produz novas máquinas e equipamentos, tornando modelos e métodos obsoletos.

O layout de qualquer empresa, quer seja uma indústria ou prestadora de serviços, é o resultado final de uma análise e proposições de um layout após as decisões relacionadas a produtos, processos e recursos de produção terem sido tomadas. Quando uma alternativa de layout é considerada, vem à tona o problema de um completo planejamento para a produção de um novo ben ou serviço. No entanto, tais problemas envolverão cada vez mais situações de re-layout de processos já existentes ou na alteração de alguns arranjos em alguns equipamentos.

Um layout típico envolve a consideração de uma grande série de atividades inter-relacionadas entre os setores. De acordo com Hill (1985), o desenho de um layout é a materialização da estratégia de manufatura, contemplando a maioria dos pontos de escolha do processo e da infraestrutrura da manufatura.

Mallick e Gaudreau (1957) *apud* Bartlett *et al.* (1994) intitulam o layout como uma impressão geral da gestão da produção. De fato, o layout é o plano mestre que integra e coordena fisicamente os cinco fatores do gestão industrial: homem, material, dinheiro, máquinas e mercado.

Devido a esse conteúdo, o layout de um sistema de produção é o produto principal da engenharia de produção. Está presente na modificação de prédios e máquinas, na relação com gastos em investimentos, na escolha de materiais de produtos e no volume de produção requerida pela previsão de vendas. Os principais fatores determinantes para o projeto de um layout são:

- **Tipo de produto**: Interessa saber se o produto é um bem ou um serviço, se é produzido para estoque ou para encomenda etc.
- **Tipo de processo de fabricação**: São questões relacionadas ao tipo de tecnologia utilizada na fabricação, que materiais são utilizados, e quais os meios utilizados para realizar esse tipo de serviço.
- **Volume de produção**: O volume de produção tem implicações no tamanho da fábrica a construir, e na capacidade de expansão.

No quadro a seguir são apresentados os principais critérios de decisão e restrições referentes ao projeto e desempenho do Layout:

Quadro 14.1 Critérios de decisão e restrições para o projeto de layout

Critérios de decisão	Restrições
• minimização de custos de manuseamento de materiais; • minimização da distância percorrida pelos clientes; • minimização da distância percorrida pelos empregados; • maximização da proximidade de departamentos relacionados.	• limitação de espaço; • necessidade de manter localizações fixas para certos departamentos; • Normas de segurança; • regulamentos relativos a incêndio.

14.2 Tipos clássicos de Layout

O projeto da disposição física dos recursos produtivos (máquinas, equipamentos, pessoas etc) numa unidade produtiva requer, a princípio, a definição do tipo de layout adequado às necessidades da produção. Os tipos básicos de layout definem o sistema de organização da produção, dependendo da natureza dos produtos e do tipo de operações executadas, e são usualmente classificados em quatro tipos principais, descritos a seguir.

14.2.1 Layout Posicional

O layout posicional, também denominado de layout fixo ou *project shop*, é talvez o tipo mais básico de layout e é utilizado quando o produto a ser produzido tem dimensões muito grandes e não pode ser facilmente deslocado. Nestes casos, o produto é fabricado ou montado num local fixo e os recursos materiais e/ou humanos deslocam-se à volta do produto. Em essência, o layout fixo ou posicional adequa-se a produtos processados em lotes unitários (que se realiza apenas uma vez) e de grande tamanho ou baixa mobilidade. Neste tipo de layout são os equipamentos, matéria-prima e mão de obra que se movem até o produto.

O layout posicional é um caso especial, no qual o produto permanece numa posição fixa através dos estágios de produção devido ao seu formato ou peso. No layout posicional os recursos organizam-se em torno do bem a ser fabricado/montado (bens) ou em torno da pessoa que está sendo atendida (serviços). O objetivo no planejamento é otimizar a localização de centros de recursos ao redor do produto.

Usado para processos produtivos em que se observa uma dificuldade de movimentação dos recursos produtivos como na manufatura de navios e na montagem de maquinários de grande porte e pacientes em cirurgia em hospitais. Neste caso, trabalhadores, máquinas e materiais são colocados no local onde vai ser realizado o trabalho.

Dessa forma, os materiais ou componentes principais ficam em um lugar fixo enquanto os equipamentos e operadores se deslocam até o local para a execução das operações necessárias. O mesmo conceito pode ser aplicado a projeto de layout de serviços. Em uma UTI ou em uma sala de operações de um hospital, por exemplo, o enfermo fica posicionado ao centro dos equipamentos, e os médicos trabalham ao seu redor.

Os custos de manuseamento de material são muito grandes. Tenta-se colocar os materiais mais usados perto do local de construção, enquanto os materiais que se usam menos são colocados mais longe. Seus principais parâmetros são os centros de recursos; pontos de localização e requisitos de localização de recursos. Outro fator importante na colocação de materiais é a sua precedência temporal. Esse fator é particularmente importante sempre que o espaço é limitado.

A manufatura de um produto, neste tipo de processo, é planejada e controlada com base na localização dos recursos, que é alterada à medida que a fabricação ou montagem evolui. O layout posicional é um tipo de layout dos recursos produtivos utilizado por empresas de fabricação de bens sob encomenda, geralmente com o produto sendo de grandes dimensões como navios e aviões. Outros exemplos deste tipo são encontrados na construção de edifícios, pontes, barragens, represas etc. A Figura 14.1 ilustra esquematicamente este tipo de layout.

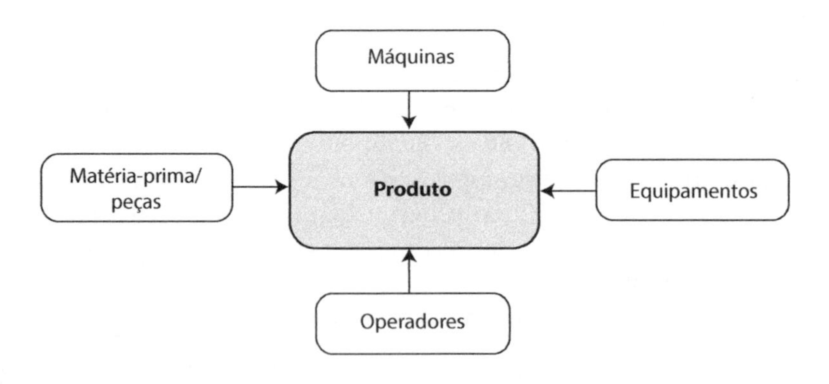

FIGURA 14.1
Estrutura esquemática de um layout posicional.

No quadro a seguir são apresentadas as principais vantagens e desvantagens do layout posicional:

Quadro 14.2 Vantagens e desvantagens do layout posicional

Vantagens	Desvantagens
• melhor planejamento e controle do trabalho, dado que tudo está orientado para um único objetivo. • alta flexibilidade de mix de produtos e processos; • alta variedade de tarefas para a mão de obra; • permite enriquecimento de tarefas; • favorece trabalho em times; • centros de trabalho quase autônomos: rapidez; • pequena movimentação de materiais.	• programação do espaço ou atividade pode ser complexa; • grande necessidade de supervisão; • grande movimentação de equipamentos e mão de obra especializada, gerando custos elevados; • falta de estruturas de apoio, tais como energia elétrica e água; • posicionamento de equipamento e pessoas pode ser inseguro, não ergonômico ou pouco prático; • baixa utilização de equipamento gerando custos elevados.

No layout posicional a gestão da produção e algumas técnicas como a análise de recursos locacionais trazem uma abordagem sistemática para minimizar custos e inconveniências no fluxo em uma posição.

14.2.2 Layout por Produto

O layout por produto, também denominado de layout em linha ou *flow shop*, é usado quando um produto ou um conjunto de produtos muito semelhantes são fabricados em grandes volumes. No layout por produto as máquinas ou estações de trabalho são organizadas na forma de linhas de fabricação ou montagem de acordo com as sequências de operações do produto. Trata-se de um layout orientado para o produto com o especial propósito de agrupar as máquinas em um fluxo linear.

Neste tipo de layout a sequência de operações presente no roteiro de fabricação ou montagem do produto define a alocação das máquinas e estações de trabalho na linha. Assim, este tipo de layout possui relação direta com processos em linha e contínuos, sendo que cada produto possui uma linha dedicada a ele. Dessa forma o trabalho flui de modo contínuo, sendo que os operários e máquinas permanecem fixos nas posições para eles definidas.

Os layouts de linhas (linha de produção ou linha de montagem) são obtidos juntando as pessoas e o equipamento de acordo com uma sequência predefinida de operações a realizar em um produto. São caracterizados por grandes lotes de produção e máquinas para fins específicos, os quais normalmente são utilizados transportadores automáticos (com a forma de uma linha reta) que minimizam o transporte de material pelas pessoas. Este tipo de layout possui menor variabilidade de produtos, maior grau de mecanização, e a taxa de produção neste tipo de layout tende a ser alta.

Quando se define o layout para uma linha, não se altera a ordem em que o processo de fabricação e montagem é realizado, ou seja, ordem das máquinas na linha seguem a direção do fluxo do produto, no entanto aumenta-se a eficiência e a eficácia dos processos produtivos. Mas antes da elaboração de uma configuração deste tipo, é necessário o estudo detalhado para a determinação do melhor conjunto de tarefas ou operações que devem ser executadas em cada estação.

Em um layout por produto, os produtos movem-se de uma estação para a próxima até o seu completo processamento no final da linha. Esse tipo de layout reúne operários e equipamentos conforme a sequência de operações necessárias à manufatura ou montagem do produto. Tipicamente um operador trabalha em cada estação, desempenhando tarefas repetitivas. As estações não operam independentes; assim a linha é tão rápida quanto a estação mais lenta (RUSSEL, 2002).

A Figura 14.2 ilustra uma fábrica organizada em linhas de produção (A, B e C). Da forma como foi esquematizada a figura, os processos realizados podem ser tanto de manufatura quanto de montagem.

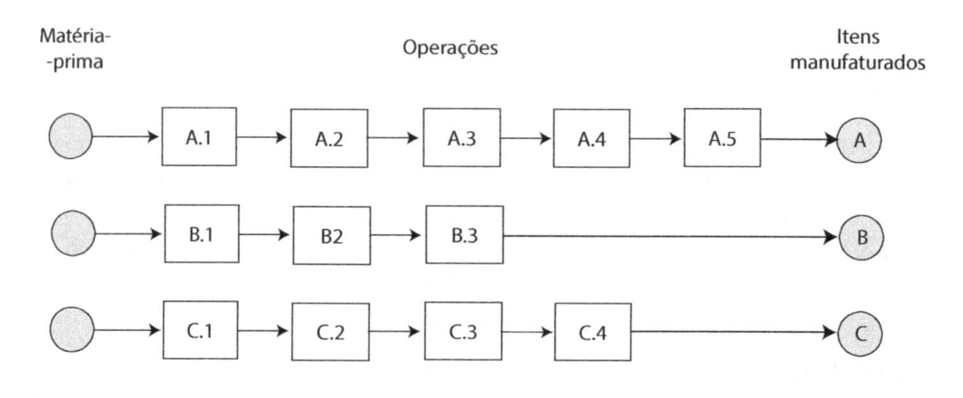

FIGURA 14.2

Exemplo esquemático de um Layout por Produto contendo três linhas.

No quadro a seguir são apresentadas as principais vantagens e desvantagens do layout por produto:

Quadro 14.3 Vantagens e desvantagens do layout por produto

Vantagens	Desvantagens
• altas taxas de produção (grande capacidade de produção), • baixos custos unitários para altos volumes de produção; • alto grau de automação e baixo nível de perdas com transportes, normalmente automatizadas; • menor tempo perdido em *setups* e transporte de materiais e clientes (baixo tempo de espera entre operações); • menor quantidade de estoque intermediário (menor custos de estocagem); • simplificação do controle da produção; • operações muito simplificadas, que permitem a utilização de mão de obra pouco qualificada (barata); • uso mais efetivo da mão de obra; • dá oportunidade para especialização de equipamento.	• alto valor de investimentos em máquinas e equipamentos. • grande risco de reprojeto do layout para produtos com vida útil curta ou incerta; • supervisão geral é requerida; • baixa flexibilidade para a incorporação de mudanças nos produtos ou processos; • baixa utilização dos recursos para produtos com baixo volume; • paradas de máquinas param a linha (sistema não é robusto); • tarefas repetitivas para os operários gerando efeitos colaterais graves em termos de aborrecimento dos operários e de absentismo; • é muito importante que a linha esteja bem balanceada; • necessidades de reprojetos frequentes para produtos com vida curta ou incerta.

O layout por produto tem como principais características que o fluxo é suave, simples, lógico e direto; os equipamentos são dispostos de acordo com a sequência de operações; e exige balanceamento de linha. O layout por produto adequa-se a sistemas produtivos de grandes volumes e baixa variedade, como frequentemente observado na produção de automóveis, alimentos, computadores. Em projeto de serviços observa-se este tipo de layout principalmente em locais com a presença de filas, como, por exemplo, aeroportos, caixa de bancos ou de supermercados.

O principal problema no *layout* por produto é a obtenção do equilíbrio na utilização de operadores e equipamentos em todas as operações, isto é, agrupar as operações em conjuntos que tomem aproximadamente o mesmo tempo. Nestes, obter o nivelamento na utilização de trabalhadores e equipamentos em todas as operações é o problema central em arranjos *flow-shop*. Ou seja, devem-se agrupar operações em conjuntos que tomem aproximadamente o mesmo tempo. Linhas de produção podem ter ritmo ditado externamente (automóveis) ou internamente (eletrônicos de tamanho pequeno).

No layout por produto os recursos estão localizados em sequência por conveniência. Decisões como tempo de ciclo a que o projeto precisa conformar-se, o número de estágios da operação, a forma e o arranjo dos estágios na linha determinam espectros de arranjos “longo-magro” a “curto-gordo”. A alocação de tarefas nos estágios é chamada balanceamento de linha, que pode ser desempenhada tanto manualmente ou por meio de computadores. Em suma e conforme ilustra a Figura 14.3:

- **Longo ou curto** se referem ao número de estágios;
- **Gordo ou magro** se referem à quantidade de trabalho alocado em cada estágio.

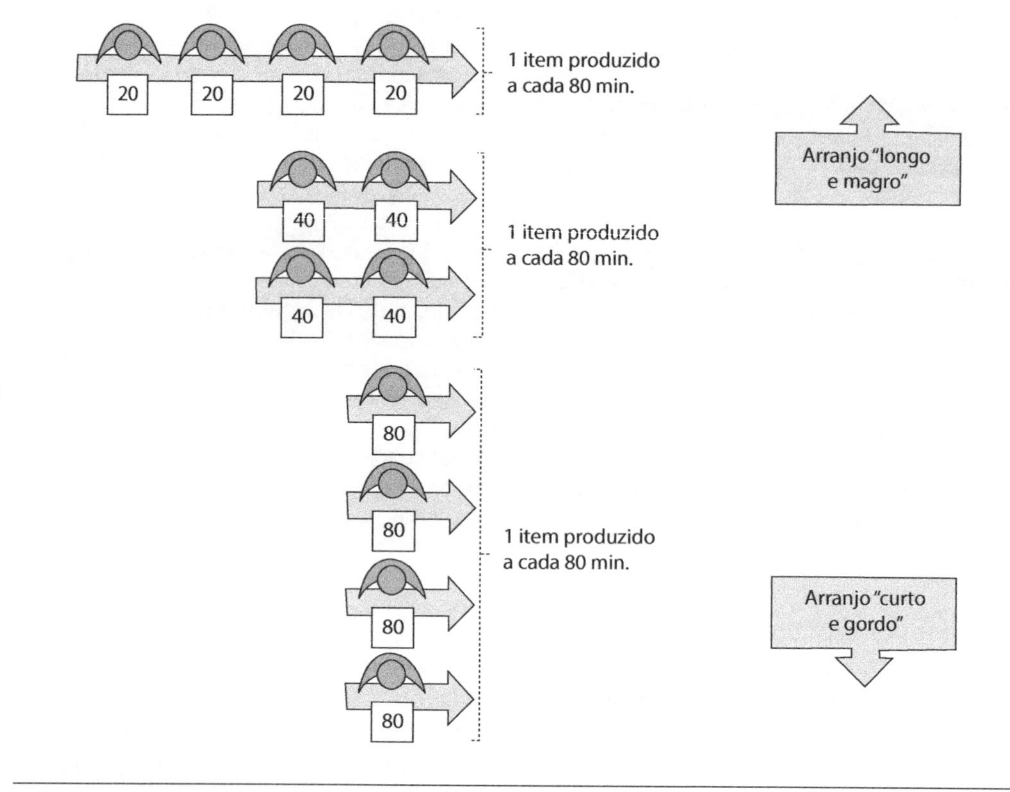

FIGURA 14.3

Layouts Longos-Magros e Curtos-Gordos.

Fonte: Slack (2002).

No quadro a seguir são apresentadas as principais vantagens dos layouts longos-magros e layouts curtos-gordos:

Quadro 14.4 Vantagens dos layouts longos-magros e layouts curtos-gordos

Longos- Magros	Curtos-Gordos
• Requisito de material mais moderado; ▪ Se um equipamento especial é necessário em um elemento de trabalho, apenas uma unidade do equipamento precisa ser comprada; ▪ Nos arranjos curtos-gordos, cada estágio precisaria de um equipamento; • Operação mais eficiente; ▪ Se cada pessoa faz apenas uma pequena parte do trabalho, ela passa menos tempo em atividades não produtivas, como apanhar ferramentas e materiais • Fluxo controlado de materiais e clientes.	• Maior flexibilidade de mix; ▪ Cada estágio ou linha pode se especializar em modelos de produtos diferentes; • Maior flexibilidade de volume; ▪ Estágios podem simplesmente ser formados ou eliminados quando os volumes variam; ▪ Nos arranjos longos-magros, há necessidade de rebalanceamento cada vez que os tempos mudam; • Maior robustez; ▪ Se um estágio para ou quebra, os demais não são afetados; • Trabalho menos monótono.

14.2.3 Layout por Processos

No layout por processos, também conhecido por layout funcional e por *job shop*, a organização funcional das máquinas em um chão de fábrica agrupa máquinas que desempenham a mesma função. O layout por processos consiste na formação de departamentos ou setores especializados na realização de determinadas tarefas, no qual se agrupam todas as máquinas e operações semelhantes criando seções dedicadas. Suas principais características são que máquinas e equipamentos ficam fixos e o produto se movimenta; máquinas e equipamentos são agrupados por função (montagem, usinagem soldagem etc.) e é adequado em sistemas de produção intermitentes (por lote).

No layout por processo, máquinas e ferramentas são agrupadas funcionalmente de acordo com o tipo geral de processo de manufatura: tornos em um departamento, furadeiras em outro, injetoras de plástico em outro, e assim por diante (BLACK, 1998). Neste caso, juntam-se grupos de pessoas ou de máquinas que têm a mesma função. Cada um dos produtos ou cada um dos clientes passa por alguns departamentos e não passa por outros, dependendo das necessidades.

Este tipo de layout é mais aplicável quando o volume de produção é baixo e existe uma grande diversificação de tipos de produtos. Trata-se do layout mais comumente encontrado nas indústrias. Black (1998) referencia que sua característica principal é a produção de grande variedade de produtos, que resulta em pequenos lotes de produção, muitas vezes de qualidade menor que a esperada.

O layout por processos caracteriza-se pelo agrupamento das máquinas por tipo ou função, por exemplo: seção de tornos, seção de fresadoras e seção de fornos. Baseado no processo de fabricação, agrupa máquinas que executam tarefas ou operações similares em diferentes departamentos. Assim, podem ser encontrados departamentos com tornos mecânicos, departamentos com fresas, departamentos com máquinas de polir, entre outros. Embora de fácil implementação, esta configuração não é muito eficaz. Por exemplo, uma peça que necessita de torneamento, furação e fresamento deverá ser levada de uma área a outra do chão de fábrica, aumentando os tempos improdutivos.

Em termos de planejamento de layout, grande parte do esforço se dá na aproximação de setores que tenham maior intensidade de tráfego, visando minimizar a movimentação de materiais. Para tanto, os principais parâmetros considerados são os volumes deslocados entre setores, os custos de movimentação, as distâncias percorridas e as restrições ambientais.

A indústria metalomecânica ainda utiliza muito este tipo de layout, e normalmente os hospitais, por exemplo, também estão assim divididos (existe a pediatria, a radiologia, a ortopedia etc.). Outro exemplo de aplicação deste tipo de layout dentro de uma empresa é o setor de ferramentaria.

A Figura 14.4 ilustra um layout funcional, em que diferentes produtos usinados (A, B e C), produzidos em pequena escala, passam pelos diferentes processos (torneamento, fresamento, corte e retificação) conforme a necessidade de seu processo de manufatura. Cada peça segue um caminho diferente, podendo ou não ter compartilhado um determinado equipamento durante sua fabricação.

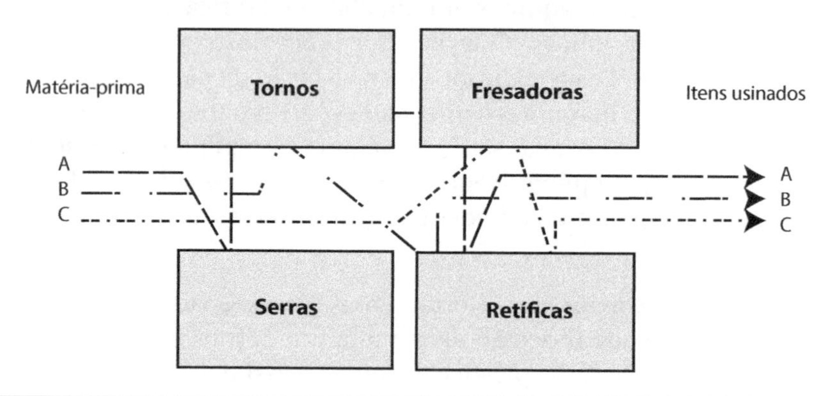

FIGURA 14.4
Ilustração esquemática de um layout funcional.

O layout funcional adequa-se a sistemas produtivos de baixos volumes e alta variedade, como, por exemplo, em indústrias que fabricam máquinas especiais, ferramentarias, gráficas e hospitais (setores específicos para cirurgia, atendimento de emergência, internação etc.). No layout por processo todos os recursos similares são agrupados na operação. O projeto visa geralmente minimizar as distâncias percorridas durante as operações. Tanto métodos manuais (como diagramas de fluxos, ou cartas "de-para", cartas de relacionamentos) quanto baseados em computador podem ser usados na elaboração do projeto detalhado.

No quadro a seguir são apresentadas as principais vantagens e desvantagens do layout por processos:

Quadro 14.5 Vantagens e desvantagens do layout por processos

Vantagens	Desvantagens
• ajuste rápido a diferentes mix de produção; • alta flexibilidade do mix de processos (estática) pois os equipamentos (máquinas) costumam ser de média flexibilidade; • alta flexibilidade do mix de produtos (dinâmica) pois é adequado para cenários de grande variabilidade de produtos; • maior taxa de utilização dos recursos produtivos (equipamentos e operários); • mobilidade na programação da produção; especialização dos trabalhadores e supervisores no processo produtivo; • é mais fácil manter a continuidade de produção no caso de quebra de máquina, falta de material ou ausência do operador; • não requer duplicação de máquinas; baixa ociosidade; baixo investimento; • relativamente robusto em caso de interrupção de etapas; • facilita distribuição de carga máquina; • supervisão de equipamentos e instalações relativamente fácil.	• taxas de produção tendem a ser menores; • maior incidência de *setups* (perda de tempo produtivo); • *lead times* de produção costumam ser relativamente longos; • geram um enorme volume de tráfego no transporte de componentes entre departamentos para as várias operações; • exigência de operadores mais generalistas; • fluxo complexo torna o planejamento e controle da produção muito mais difícil; • tipicamente resulta em formação de filas nas máquinas; • maior espaço e capital são necessários para estoques de produto em processamento; • custos indiretos altos: *setups*, movimentação, estoques, supervisão ou filas de clientes; • para manter layout atualizado, empresa deve considerar perfil histórico de produtos/serviços prestados.

14.2.4 Layout Celular

Este tipo de layout, segundo RUSSEL *et al.* (1998), pode ser considerado como uma tentativa de se conseguir a eficiência do layout por processo e ao mesmo tempo a flexibilidade para a produção de um mix de produtos semelhantes. BLACK (1998) e SLACK *et al.* (1997) definem o layout celular como um tipo de layout com o objetivo de montar minifábricas para diferentes famílias de produtos.

Destaca-se que neste capítulo será apresentada uma visão geral da literatura sobre formação de células orientadas pela produção, bem como sobre suas principais características, suas principais vantagens e desvantagens nos processos de produção. Porém, este tema terá continuidade no Capítulo 16, que tem como foco principal as técnicas para o projeto de células de manufatura.

Ocorre que em uma grande parcela de empresas não há uma variedade pequena e volume suficientemente grande para justificar a adoção de um layout por produto; em outras, exatamente o oposto, não justificando a adoção de layouts por processos. Neste intervalo de média variedade e médio volume são utilizados layouts denominados celulares. As células são agrupamento de peças ou produtos que possuem algum grau de similaridade entre si, criando subunidades produtivas (células) dedicadas a estes produtos ou a partes de sua fabricação e montagem.

O layout celular destaca-se por ser flexível quanto ao tamanho de lotes por produto, que permite um nível de qualidade e de produtividade alto. O transporte de materiais e estoques diminui, e a responsabilidade sobre o produto fabricado é maior do que em linhas de produção, gerando uma maior satisfação no trabalho. As principais características do sistema de manufatura celular são:

- o tempo de ciclo para o sistema dita a taxa de produção para a célula;
- os produtos ou peças têm roteiros de fabricação variados na célula;
- máquinas e equipamentos são arranjados na sequência do processo de fabricação de uma família de produtos ou peças;
- produção em lotes, os lotes são de tamanho médio e produzem uma família (mix) de produtos ou peças;
- a célula é usualmente projetada na forma de "U".

Os layouts celulares podem variar consideravelmente, partindo de células muito semelhantes a layouts em linhas, passando por diferentes graus de flexibilização do processo, chegando inclusive a existirem células puramente funcionais. A Figura 14.5

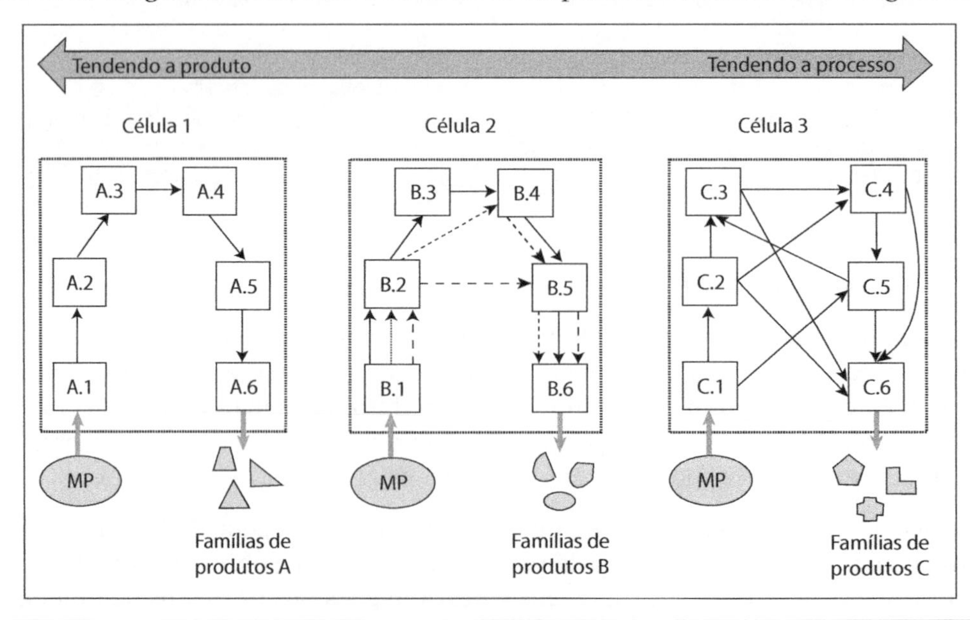

FIGURA 14.5
Ilustração esquemática de um layout composto de três células distintas.

ilustra um layout composto de três células em U, em que a primeira esquematiza uma célula tendendo a processos, a segunda uma intermediária e a terceira uma tendendo a processos.

Dada sua amplitude de possibilidades de configuração, o layout celular permite aliar os benefícios advindos da flexibilidade do layout por processo com a simplicidade do layout em linha. É importante lembrar que o layout celular adequa-se a sistemas produtivos de médios volumes e médias variedades, sendo empregado em uma grande gama de indústrias incluindo empresas calçadistas, de autopeças, mobiliário, utensílios domésticos e bancos.

No quadro a seguir são apresentadas as principais vantagens e desvantagens do layout celular:

Quadro 14.6 Vantagens e desvantagens do layout celular

Vantagens	Desvantagens
• boa combinação de flexibilidade e integração; • grande utilização do equipamento/baixa ociosidade; • maior controle do sistema e confiabilidade de entregas; • são usadas máquinas pequenas e móveis, que são usualmente mais lentas e baratas. • redução do inventário; • redução dos tempos de preparação e atravessamento (*lead time*); • fluxo de material mais organizado que contribui para o aumento da qualidade do produto final; • favorece trabalho em grupos, polivalência de mão de obra e visão do produto; • trabalho em grupo pode resultar em maior motivação; • flexibilidade no trabalho, pois operadores são multifuncionais; • operadores trabalham em pé e caminhando; • aumento da segurança no trabalho.	• exigência maior de capacidade: um sistema de manufatura celular exige maior capacidade de produção que um sistema funcional, pois em geral envolve a dedicação de máquinas às células; • resistência dos operários: pode haver resistência dos trabalhadores da fábrica à adoção de células de produção devido à impressão de aumento de trabalho sem a contrapartida do aumento salarial; • impossibilidades físicas: alguns processos de produção são mais difíceis de serem organizados de forma celular devido ao grande porte dos equipamentos, ou outras limitações de ordem física; • exige que os operadores sejam multifuncionais, alto custo com treinamento; • pode requerer movimentação ou compartilhamento de máquinas; • pode haver ociosidade ocasional de máquinas e ferramentas para famílias de menor similaridade.

No layout celular grande parte do esforço de projeto está na definição dos agrupamentos de produtos (ou consumidores, no caso de serviços) de tal forma que possam ser propostas as células. Neste sentido, os procedimentos de Tecnologia de Grupo (TG) utilizados no projeto de manufatura celular, que serão vistos no Capítulo 16, auxiliam na formação de famílias de peças e máquinas para cada célula de produção.

14.2.5 Layout Mistos

Os layouts mistos, também denominados de híbridos, são o resultado da utilização de mais de um dos tipos clássicos de layout em uma mesma Unidade Produtiva, devido à alta variedade de volumes num grande mix de produção.

Em muitos casos práticos, com a constante adaptação das empresas às demandas do mercado, quer por mudanças na variedade ou nos volumes de produção, uma determinada empresa pode constatar que nenhuma das soluções anteriores atende completamente suas necessidades. Dessa forma é frequente encontrar soluções de layouts que são uma combinação dos anteriormente descritos, ou seja, constata-se que na prática uma grande parcela dos layouts são planejados levando em consideração uma combinação de alguns dos quatro tipos básicos de arranjos físicos.

Isso se deve ao fato de cada setor da empresa possuir processos com necessidades distintas entre si, em termos de volume de produção e de variedade de itens a serem produzidos, ou na finalidade do layout a ser projetado, como no caso de oficinas específicas para uso da manutenção. A Figura 14.6 ilustra um restaurante que se utilizou de três tipos de layout distintos:

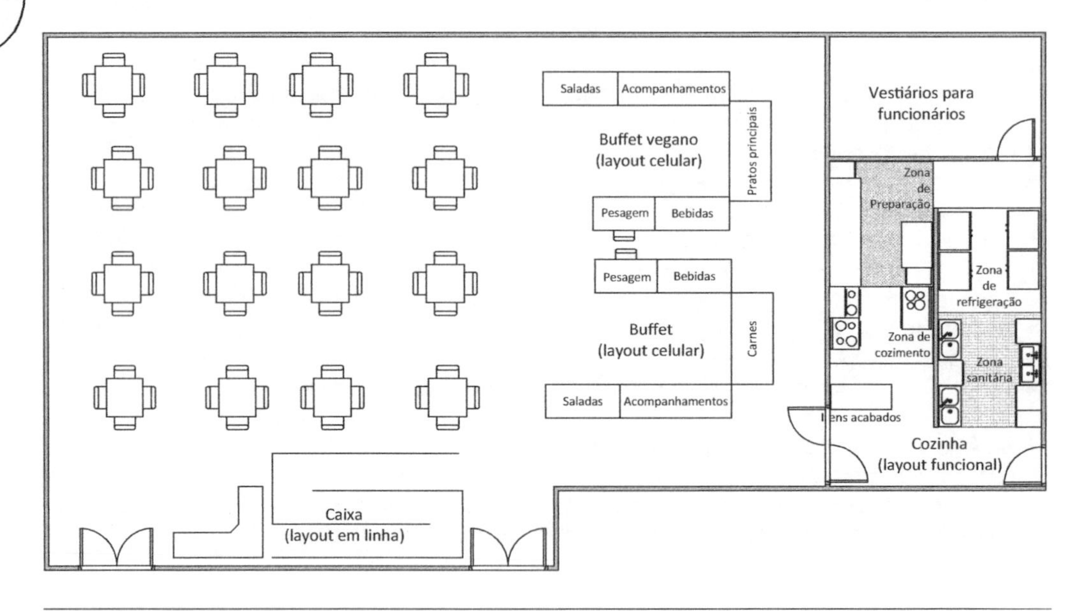

FIGURA 14.6

Exemplo esquemático de aplicação de um Layout Misto em um restaurante.

- Na cozinha optou-se por uma distribuição de equipamentos por zonas, gerando um layout funcional. Há uma zona para preparação, uma para cozimento, uma sanitária, uma dedicada à refrigeração e uma para itens acabados.

- O restaurante oferece dois tipos distintos de Buffet, um normal e outro de comida vegana. Cada Buffet permite que o cliente monte o prato da forma que deseja, porém seguindo um fluxo lógico de pratos e com limitações de opções. Dessa forma, cada Buffet pode ser visto como uma célula, e o conjunto das diferentes combinações de pratos as famílias de produtos.
- No caixa foi adotado um layout em linha sendo oferecido apenas o serviço de cobrança.

No quadro a seguir é apresentada uma síntese associando os tipos básicos de layout com seus principais objetivos e aplicações:

Quadro 14.7 Objetivos e aplicações dos tipos clássicos de layout

Layout	Objetivos	Aplicações
Posicional (fixo ou *project shop*)	Otimizar a localização dos centros de recursos ao redor de produtos de grande porte que têm uma sequência complexa e longa de atividades.	Construção de edifícios, navios, ferrovias, aviões, turbinas, geradores.
Produto (linha ou *flow shop*)	Tentam maximizar a eficiência do operário agrupando as atividades de trabalho sequencial em estações (ou postos) de trabalho que fornecem uma alta utilização da mão de obra e do equipamento com um mínimo de tempo ocioso.	Linhas de montagem automóveis, computadores, indústrias de processos químicos, alimentos.
Processos (funcional ou *job shop*)	Aproximar setores com maior intertráfego para minimizar os custos de transporte de materiais, dimensionando e localizando os departamentos de acordo com o volume e fluxo dos produtos.	Maquinário, impressos, hospitais, escolas, armazéns, bancos.
Celular	Otimizar a formação de famílias de peças e máquinas; dimensionar o número de máquinas de cada tipo em cada célula. Aumentar a flexibilidade.	Indústrias de calçados, autopeças, mobiliário, utensílios, bancos.

14.3 Manufatura Integrada por Computador

Muitos conceitos e estratégias foram desenvolvidos após o advento das máquinas automáticas e das máquinas de controle numérico (CN). Seguindo a evolução natural na busca da maior produtividade chegou-se à tecnologia controle numérico computadorizado (CNC), desenvolveram-se as aplicações de controle adaptativo (CA), criou-se o conceito de centros de usinagem (CDU), sistemas flexíveis de manufatura (FMS), projeto e fabricação auxiliado por computador (CAD/CAM), manufatura integrada por computador (CIM) etc.

A manufatura integrada por computador tem como um de seus pilares a Tecnologia de Grupo, cujos bens de consumo a serem produzidos são avaliados juntamente com os processos de manufatura e todos os insumos necessários para sua produção, e através de análises consecutivas é estabelecido um procedimento padrão para a produção otimizada.

Para problemas mais complexos, a passagem para um layout celular é geralmente feita com sucesso, através da utilização de algoritmos permitindo que observações, antes impossíveis de serem feitas, possam introduzir elementos novos na análise dos processos como um todo. O estudo das características das máquinas, peças, operações, ferramentas e do tipo de processo de fabricação utilizada possibilita a identificação do tipo de problema que está sendo tratado, e das melhores técnicas de TG para resolvê-lo.

Em Choi (1996), o autor diz que o sucesso de uma conversão para um sistema celular requer um bom manuseio das variáveis e um completo entendimento de como essas variáveis se interagem e as possíveis relações entre elas. Afirma ainda que as variáveis como variedade de produtos e volume de produção podem ser aumentadas, assim como as variáveis custos de produção e tempo de produção podem ser diminuídas.

14.3.1 Célula Flexível de Manufatura

Célula Flexível de Manufatura – CFM (*Flexible Manufacturing Cell* – FMC) é o menor conjunto indivisível na fabricação que garante o cumprimento de uma etapa completa do processo, a partir do item a processar e dentro de uma família de peças predeterminada. O termo "flexível" indica que a célula pode facilmente ser adaptada para a fabricação de peças diferentes.

As células projetadas para operar com equipamentos com altas taxas de produção, frequentemente, incorporam várias formas de automação flexível (Sistemas de Manufatura Flexíveis – FMS), que são também aplicados no aprimoramento da flexibilidade em sistemas de manufatura.

Segundo Dimopoulos e Mort (2001), as linhas de produção não são flexíveis o suficiente para as atuais necessidades de mercado, logo a necessidade de sistemas mais eficientes de manufatura, como os Sistemas de Manufatura Flexíveis (SMF), que são extensamente aplicados para aprimorar as requisições de flexibilidade em vários aspectos dos procedimentos de manufatura.

Entretanto, o passo inicial para um SMF é a Manufatura Celular (MC), que consiste na aplicação da Tecnologia de Grupo (TG) ao sistema produtivo (*job-shop*, no caso), resultando num novo layout, agora de formação celular (*cell-shop*).

Uma das aplicações mais interessantes da Tecnologia de Grupo (TG), e também sua principal dificuldade, é a formação das FMCs. Isso exige um estudo das peças que serão produzidas, bem como da capacidade de cada máquina disponível, já que devem ser definidos agrupamentos máquinas-peças coerentes com a produção.

Para uma organização em FMCs, a alternativa mais conveniente é a que separa as peças em função dos processos pelos quais ela é fabricada. Dessa forma, podem ser reunidas as máquinas capazes de realizar tais processos em uma mesma célula, formando, assim, agrupamentos máquinas-peças.

Lorini (1993) destaca que a organização e a integração dos equipamentos nas células podem basear-se nas seguintes orientações básicas:

- células simples, sem nenhum sistema automático de manuseio ou controle e trabalho agrupado para execução em máquinas simples.
- célula semi-integrada, projetada com transportadores usados para armazenagem e transporte de peças;
- totalmente integrados, através de sistemas de transporte e de controles de fluxo de trabalho.

a) Célula de uma Máquina

A célula de uma máquina é composta por ferramentais e dispositivos necessários a montagem ou acabamento das partes fabricadas na célula. Aplica-se a produtos simples, compostos por um componente principal e acessório fornecidos externamente (SILVEIRA, 1994). Esta célula também pode ser provida por um robô para o manuseio de material que deve processar uma família de peças similares (ASKIN; GOLDBERG, 2002).

b) Células de máquinas agrupadas e transporte manual

Células de máquinas agrupadas e transporte manual são compostas por várias máquinas, capazes de processar um conjunto determinado de componentes ou produto completo, sem possuir mecanismos automáticos de manuseio e transporte dessas peças entre as máquinas (SILVEIRA, 1994). As máquinas e ferramentas podem ser do tipo convencional ou programável, mas operadores especializados efetuam o controle dos equipamentos. Neste tipo de concepção de célula, deve-se considerar o tipo de *layout* que facilite a atuação do operador, em termos de visibilidade, comandos e circulação entre as máquinas (LORINI, 1993).

Nas células de máquinas agrupadas e transporte manual, os trabalhadores formam um time que percorre a linha principal e os alimentadores que produzem os componentes. O time deve ser responsável por atividades como programação da produção, qualidade assegurada, preparação de ordens, manutenção de máquinas e pela própria fabricação (ASKIN; GOLDBERG, 2002).

A célula de máquinas agrupadas e transporte semi-integrado é provida de algum sistema automático (mecânico ou eletromecânico) de movimentação das peças entre as máquinas. Se as peças processadas tiverem um fluxo semelhante, este *layout* pode ser disposto em linha, com um sistema de transporte retilíneo, passando por todas as máquinas, às vezes interligadas por estações de carga e descarga de material. No caso de as peças processadas passarem pelas máquinas em sequências diferentes, a célula vai exigir um *layout* em *loop*. Na Figura 14.7, estão ilustradas as configurações básicas de células de manufatura.

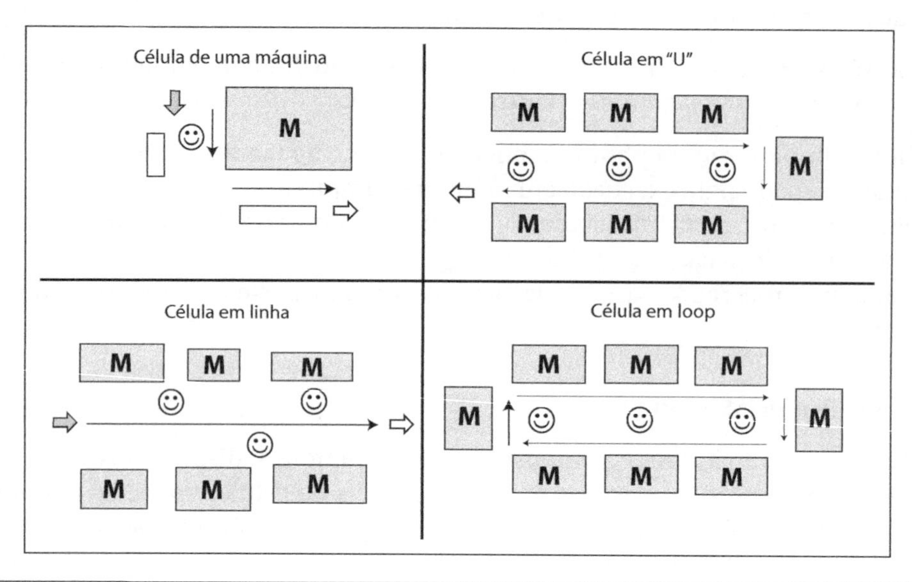

FIGURA 14.7
Configurações básicas de células de manufatura.

Fonte: Silveira (1994).

14.4 Escolha do tipo de Layout

Russel (2002) enfatiza que as decisões fundamentais para o planejador do layout envolvem o volume de capital a investir, a facilidade de criação de pontos de estoque, o ambiente e atmosfera de trabalho, a facilidade de manutenção dos equipamentos, o grau de flexibilidade necessário, além de conveniências dos clientes e níveis de vendas.

A combinação entre volume de produção e variedade de produtos impacta fortemente na escolha do tipo de layout, como também no planejamento e na hierarquia de decisão (ASKIN; GOLDBERG, 2002). A análise do Produto e Volume deve considerar o contexto do tempo atual e futuro dos produtos e seus volumes. Essa análise ajuda o planejador a compreender a relação entre vários produtos. Os produtos de alto e baixo volume, por exemplo, podem exigir equipamentos e modos de produção diferentes (LEE, 1998).

Se produtos usam recursos similares em quantidades similares, estes podem ser considerados de forma agregada para fins de planejamento. Se múltiplos produtos com diferentes perfis de recursos são produzidos, então todos os produtos e processos, em particular aqueles que são gargalos potenciais, devem ser considerados na decisão da escolha do tipo de layout (ASKIN; GOLDBERG, 2002). À medida que os volumes de produção crescem e a variedade decresce, processos com layout dedicado e fluxos contínuos tornam-se mais econômicos. Altos volumes de produção podem justificar ferramentais e equipamentos especializados (ASKIN; GOLDBERG, 2002).

A variedade de produtos produzidos em uma empresa impacta diretamente sobre as necessidades de flexibilidade no layout produtivo adotado. Layouts flexíveis permitem rápidas adaptações a mudanças de mercado e necessidades específicas dos clientes. Num layout flexível, qualquer instalação continua adequada após significativas mudanças ocorridas no mix de produção, sem incidências de custos excessivos (RUSSEL, 2002). Outras considerações importantes na decisão do tipo de processo e layout em um sistema produtivo são (RUSSEL, 2002):

a) A produtividade operacional pode ser afetada se certos postos de trabalho podem ser operados por pessoal comum em alguns layouts, mas não em outros;
b) O *downtime* despendido em esperas por materiais pode ser causado por dificuldades no manuseio, resultante de um layout inadequado ao fluxo de materiais e transporte destes; e
c) O ambiente de trabalho, incluindo temperatura, nível de ruído e segurança costumam estar diretamente relacionados ao layout selecionado, devendo ser considerados na análise de decisão.

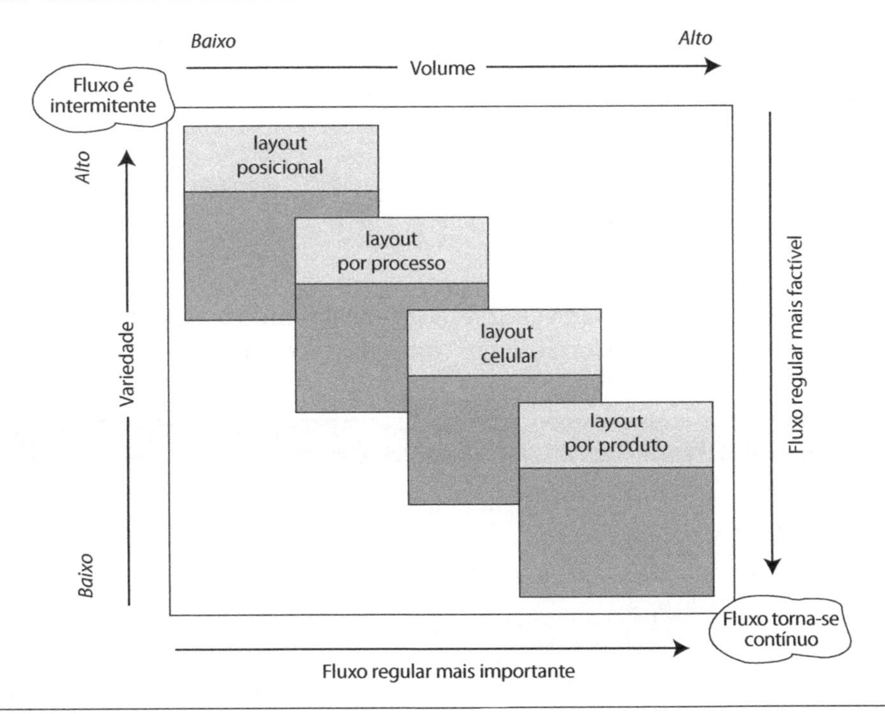

FIGURA 14.8
Tipos de layout por volume x variedade.

Fonte: Slack *et al.* (2002).

Slack (2002) apresenta uma tipologia para layout fabril que considera o volume e a variedade de produtos a fabricar como base para a definição dos tipos de layout, sendo essa correlação ilustrada na Figura 14.8. Entretanto, na prática, tipologia mostra-se apenas orientativa, sendo encontrados com frequência casos em que a combinação desses tipos de layout é observada.

É importante destacar que a relação entre tipos de processos e tipos básicos de layouts não é totalmente direta, existindo uma sobreposição entre elas, como já observado na figura anterior. Na prática existirá a necessidade de avaliar as relações de compromisso (*trade-offs*) existentes entre as opções de layout existentes, definindo aquela que trará o melhor retorno operacional para a empresa. A Figura 14.9 apresenta as sobreposições existentes tanto para processos industriais quanto para diferentes tipos de serviços.

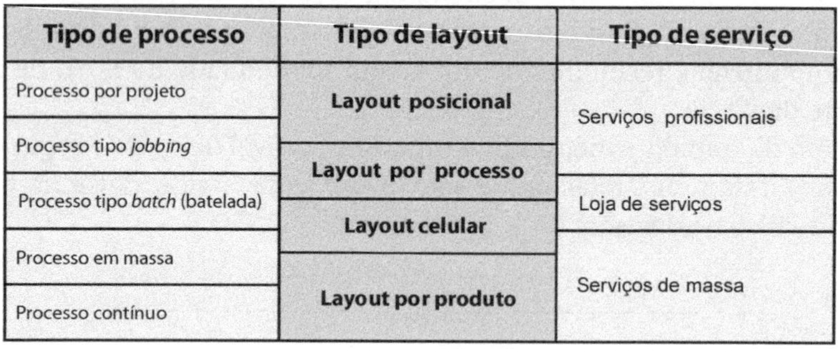

Tipo de processo	Tipo de layout	Tipo de serviço
Processo por projeto	**Layout posicional**	Serviços profissionais
Processo tipo *jobbing*	**Layout por processo**	
Processo tipo *batch* (batelada)	**Layout celular**	Loja de serviços
Processo em massa	**Layout por produto**	Serviços de massa
Processo contínuo		

FIGURA 14.9

Correlação entre Tipos de layout e tipos de Processos quanto ao volume e variedade.

Fonte: Slack (2002).

No quadro a seguir é apresentada uma síntese relacionando os tipos básicos de layout com as principais técnicas e ferramentas utilizadas para projetos de layout:

Quadro 14.8 Técnicas e ferramentas utilizadas para projetos de layout

Layout	Técnicas
Posicional (fixo ou *project shop*)	Análise da alocação dos recursos. Utiliza o Sistema Gerencial do PERT/CPM para sequenciar as tarefas ao longo do tempo.
Produto (linha ou *flow shop*)	Procura-se otimizar o tempo dos operadores e das máquinas, fazendo o que se chama de "balanceamento da linha".
Processos (funcional ou *job shop*)	Fluxogramas, Diagramas de fluxos, diagramas de afinidades, carta de relacionamentos.
Celular	Análise do fluxo de produção. Tecnologia de Grupos. Balanceamento, Roteiros de Operação padrão (ROP).

14.5 Técnicas e ferramentas clássicas para projeto de layout

Cada tipo de layout permite a utilização de ferramentas diferentes para a elaboração do seu projeto, dependendo do tipo de layout pretendido, quantidade de informações disponíveis ou, até mesmo, preferência do projetista por alguma ferramenta. Apesar de o custo de um layout adequado muitas vezes ser superior ao de um layout mal estudado, o segundo irá afetar continuamente o custo da produção. Algumas ferramentas têm tido maior atenção na literatura, sendo frequente sua utilização pelos diferentes processos de projeto de layout fabril.

14.5.1 PERT/CPM (*Program Evaluation and Review Technique/ Critical Path Method*)

PERT/CPM são técnicas de planejamento e controle de grandes projetos em que, a partir do escalonamento das diversas atividades é possível montar gráficos e estudar o planejamento do projeto e, por consequência, as necessidades de recursos e espaços para execução de cada uma dessas atividades. As redes PERT evidenciam relações de precedência entre atividades e permitem calcular o tempo total de duração do projeto, bem como o conjunto de atividades principais e de apoio, pois todas necessitam de atenção especial, caso contrário os atrasos em sua execução e o aumento dos custos impactam no projeto como um todo.

Caminho Crítico:

Caminho crítico é um termo criado para designar um conjunto de atividades vinculadas a uma ou mais atividades que não têm margem de atraso (folgas). O caminho que contém a sequência mais longa das atividades é chamado de caminho crítico da rede. É chamado caminho crítico porque qualquer atraso em qualquer atividade neste caminho atrasará o projeto todo.

Folgas:

Os tempos de folga que precedem as atividades podem ser obtidos pela diferença entre os tempos de conclusão tarde e cedo para cada atividade. O valor da folga corresponde ao atraso da atividade e pode sofrer sem comprometer a duração total determinada pelo comprimento do caminho crítico.

Prazo Esperado de Projeto:

Sendo os tempos esperados das atividades valores discretos, o prazo esperado de projeto é igual ao maior tempo para execução do projeto.

a) Distribuição de Probabilidade Beta (μ):

Determina o tempo esperado de duração para cada atividade. É calculado pela fórmula:

$$m = \frac{(TP + 4xTMP + TO)}{6} \qquad \text{(Fórmula 14.1)}$$

Onde:

TP = Tempo Pessimista;
TMP = Tempo mais Provável;
TO = Tempo Otimista.

b) Tempo Otimista (TO):

O menor tempo possível no qual a atividade pode ser executada. É o tempo necessário para completar o trabalho, caso tudo corra melhor do que se espera.

c) Tempo Pessimista (TP):

O máximo de tempo necessário à execução da atividade.

d) Tempo Mais Provável (TMP):

Estimativa de tempo mais exata possível. É a estimativa que seria usada se tudo corresse satisfatoriamente.

As técnicas PERT/CPM utilizam diagramas de rede do cronograma do projeto para representar o sequenciamento de atividades. Neste contexto, apresentam-se a seguir dois destes métodos:

a) Método do Diagrama de Precedência (MDP):

O MDP é um método de construção de um diagrama de rede do cronograma do projeto que usa caixas ou retângulos, chamados de nós, para representar atividades e os conecta por setas que mostram as dependências. A próxima figura mostra um diagrama de rede do cronograma do projeto simples desenhado usando o MDP. Esta técnica também é chamada de atividade no nó (ANN) e é o método usado pela maioria dos pacotes de software de gerenciamento de projetos.

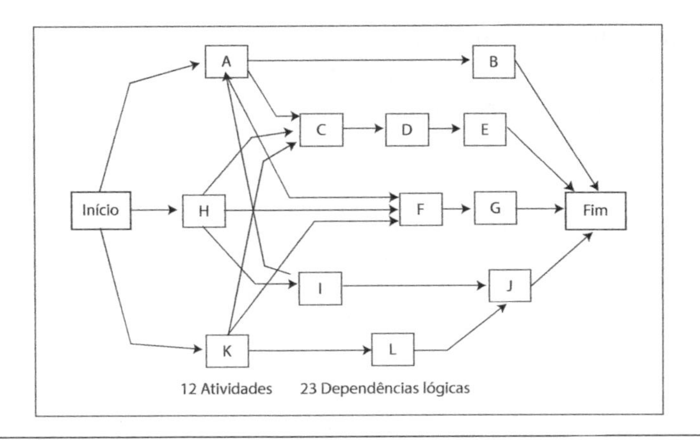

FIGURA 14.10
Diagrama de rede usando MDP.

b) Método do Diagrama de Setas (MDS):

O MDS é um método de construção de um diagrama de rede do cronograma do projeto que usa setas para representar atividades e as conecta nos nós para mostrar suas dependências. A figura abaixo mostra um diagrama de lógica de rede simples desenhado usando MDS. Esta técnica é também chamada de atividade na seta (ANS) e, embora menos adotada do que o MDP, ainda é usada no ensino da teoria de rede do cronograma e em algumas áreas de aplicação.

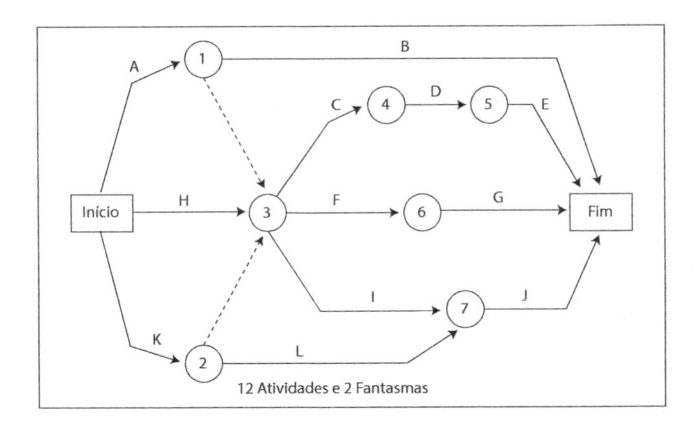

FIGURA 14.11
Diagrama de rede usando MDS.

Exemplo:

1) O PERT (*Program Evaluation and Review Technique*) e o CPM (*Critical Path Method*) foram desenvolvidos com o objetivo de auxiliar no planejamento e controle de grandes projetos. Nas duas técnicas, os projetos são representados, graficamen-

te, por diagramas de rede, mostrando os relacionamentos entre as atividades. Considere que, na rede abaixo, as durações das atividades A, B, C, D, E, F e H são iguais a 5, 5, 7, 5, 2, 3 e 4 dias, respectivamente.

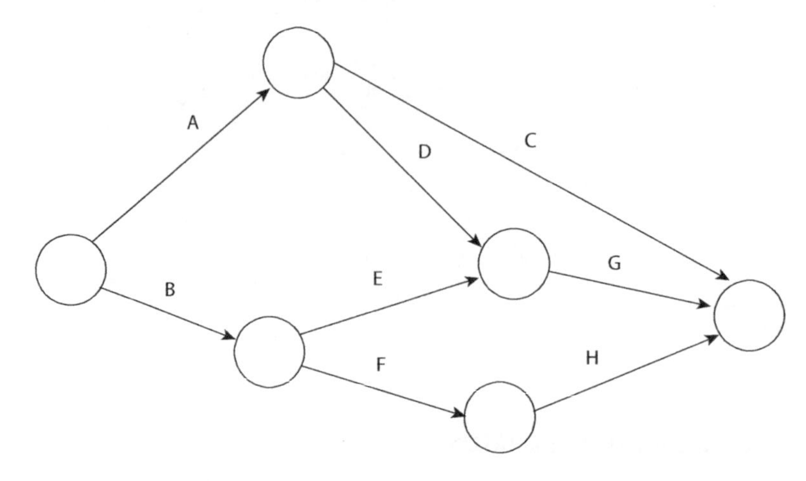

Com base nas informações disponíveis, conclui-se que o(a):

a) caminho mais curto é formado pelas atividades B, E e G, independente da duração da atividade G;
b) projeto possui dois caminhos críticos, independente da duração da atividade G;
c) projeto apresentará um caminho crítico, se a duração da atividade G for igual a um dia;
d) projeto apresentará três caminhos críticos, se a duração da atividade G for igual a dois dias;
e) duração total do projeto independe da duração da atividade G.

Resolução:

Constata-se que para esta questão temos apenas quatro opções de caminho possíveis para analisar:

1ª opção - o caminho A – C;

2ª opção - o caminho A – D – G;

3ª opção – o caminho B – E – G;

4ª opção – o caminho B – F – H.

Agora somando os tempos fornecidos no enunciado para cada uma das opções, tem-se:

1ª opção - o caminho A – C; (5+7=12);

2ª opção - o caminho A – D – G; (5+5+G=?);

3ª opção – o caminho B – E – G; (5+2+G=?);

4ª opção – o caminho B – F – H; (5+3+4=12).

Analisando o enunciado e as alternativas resulta que:

a) Errado – se G for maior que 5 as atividades B, E e G, não formam o caminho mais curto.
b) Errado - se G for menor que 5 o projeto possui apenas um caminho críticos formado pelas atividades B, E e G.
c) Errado - projeto apresentará dois e não um caminho crítico, se a duração da atividade G for igual a um dia.
d) Certo.
e) Errado – sendo G uma das atividades do projeto dependendo do caminho a duração total do projeto depende, sim , da duração da atividade G.

Conclui-se que o projeto apresentará três caminhos críticos, se a duração da atividade G for igual a dois dias.

Resposta correta: Alternativa D.

2) O PERT consiste num método que dá suporte ao gerenciamento de projetos por meio da determinação da duração média das atividades que compõem uma rede de tarefas. Considerando-se que os tempos de duração previstos para a realização de determinada atividade, em dias, correspondem a 7 (otimista), 11 (mais provável) e 15 (pessimista), a duração média da atividade, em dias, será de:

a) 9;
b) 9,5;
c) 11;
d) 12;
e) 13.

Resolução:

Aplicando os dados fornecidos pela questão na fórmula acima se tem:

$$\mu = \frac{(15 + 4x11 + 7)}{6} = \frac{66}{6} = 11\ dias$$

Conclui-se que a duração média da atividade é de 11 dias.

Resposta correta: Alternativa C.

14.5.2 Balanceamento de Linhas de Produção

O balanceamento de linha de fabricação e montagem como método de dimensionamento de capacidade de produção permite obter melhor aproveitamento dos recursos disponíveis. O balanceamento também mostra-se necessário devido à ocorrência de mudanças nos processos, como inclusão ou exclusão de novas operações, mudanças no tempo de processamento, alteração de componentes e alteração na taxa de produção.

O balanceamento de linhas corresponde à distribuição de atividades sequenciais por postos de trabalho, de modo a permitir uma elevada utilização de trabalho e de equipamentos, e minimizar o tempo ocioso. Operações com tempo ocioso ou sobrecarregado representam problemas de eficiência da linha, o que gera alterações na capacidade e aumento no custo unitário de produção.

Como nas linhas de produção os recursos são organizados de acordo com as etapas do processo de transformação, o problema fundamental dos layouts lineares, como também dos layout celulares, é a distribuição de tarefas entre os diferentes postos de trabalho. Para isso, é necessário conhecer o tempo padrão de cada uma das operações, de forma que o equilíbrio entre os tempos produtivos possa garantir a estabilidade do processo.

Os objetivos da análise da linha de produção são:

- Determinar quantas estações de trabalho deve-se ter;
- Determinar quais tarefas atribuir a cada estação de trabalho;
- Minimizar a quantidade de trabalhadores e máquinas utilizados;
- Fornecer a quantidade necessária de capacidade.

Portanto, balancear uma linha significa atribuir tarefas às estações de trabalho, para otimizar uma medida de desempenho. Usualmente, a medida de desempenho relaciona-se ou com o número de estações, minimizando os custos de produção, ou com o tempo de ciclo, maximizando a taxa de produção por eliminar tempos ociosos nas estações. Segundo Henig (1986), a maioria dos estudos minimiza o número de estações, assumindo um dado tempo de ciclo.

Basicamente, o balanceamento de uma linha constituída por muitas operações, para processamento de um produto, consiste em encontrar a solução para uma das seguintes alternativas:

1. Dado um tempo de ciclo, encontrar o menor número de postos de trabalho necessários.
2. Dado um certo número de postos de trabalho, minimizar o tempo de ciclo.

Um bom balanceamento deve agrupar as atividades de tal maneira que os tempos de produção em cada estação correspondam ao tempo de ciclo (ou a um múltiplo do tempo de ciclo se for necessário mais do que um operador) ou que estejam pouco abaixo. Um balanceamento eficaz minimiza o tempo em vazio.

Procedimentos para o balanceamento:

1. **Calcular o tempo do ciclo (TC)**: é o tempo máximo permitido em cada estação, ou seja, o intervalo de tempo entre duas peças consecutivas, ou ainda a frequência com que uma peça deve sair da linha.

$$TC = \frac{tempo\ disponível\ no\ período}{quantidade\ de\ produção\ exigida\ no\ período} \quad \text{(Fórmula 14.2)}$$

2. **Calcular o número mínimo de operadores/estações (Nmin):** Estação é o mesmo que posto de trabalho (PT) numa linha de produção. Normalmente uma estação é ocupada por um único operador, que pode realizar uma ou mais operações. Contudo, uma estação pode ter mais do que um operador, ou um operador pode intervir em mais do que uma estação.

$$Nmin = \frac{\Sigma ti}{TC} \quad \text{(Fórmula 14.3)}$$

Onde:

Σti - Tempo total necessário para a produção de uma unidade ou ainda a soma das durações de todas as operações.

Obs.: O resultado deve ser arredondado para a unidade imediatamente superior.

3. **Calcular a eficiência do balanceamento (Ef):**

$$Ef = \frac{Nmin}{NR} \quad \text{(Fórmula 14.4)}$$

Onde:

NR – número real de operadores na linha. Resulta do arredondamento para a unidade imediatamente superior do Nmin calculado.

Exemplo:

Determine o balanceamento das seguintes operações, representadas através do diagrama em que as oito operações de montagem aparecem em ordem de precedência. Pretende-se que a taxa de saída da linha seja de 600 unidades por dia. A linha opera 8 horas por dia.

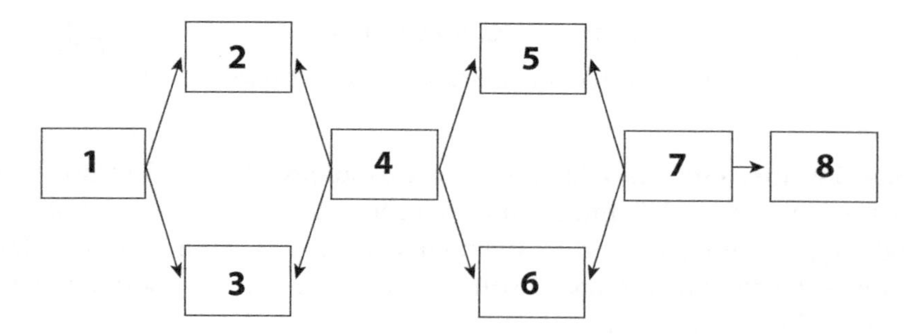

O tempo de cada operação está na tabela abaixo (representado em minutos).

Operação	1	2	3	4	5	6	7	8
Tempo	0,62	0,39	0,69	0,27	0,14	0,56	0,35	0,28

Resolução:

Seguindo os procedimentos para balanceamento, incialmente calcula-se o tempo de ciclo.

$$TC = \frac{8\ horas\ por\ dia}{600\ unidades\ por\ dia} = \frac{480\ minutos}{600} = 0{,}80\ minutos/unidade$$

Calculando o número mínimo de operadores:

$$Nmin = \frac{3{,}30}{0{,}80} = 4{,}125\ operadores.$$

Por fim, a eficiência do balanceamento:

$$Ef = \frac{4{,}125}{5} = 0{,}825 = 82{,}50\%$$

Considerando os valores calculados, a seguir é apresentada a distribuição das operações de montagem pelas cinco estações de trabalho, também representada na figura a seguir:

Estação de trabalho	Operações	Σ tempos
1	1	0,62
2	3	0,69
3	2;4	0,66
4	5;6	0,70
5	7;8	0,63

Heurísticas para balanceamento de linha:

Métodos Heurísticos, baseados em regras simples, têm sido usados para desenvolver boas soluções (não soluções ótimas) para problemas de balanceamento de linha e assim fazer o agrupamento de atividades em estações de trabalho. São métodos primários que permitem obter soluções que serão, à partida, próximas da ótima, não permitindo a resolução de problemas mais complexos de balanceamento. Apresentam-se a seguir duas heurísticas para balanceamento de linha.

a) Heurística do tempo de processamento

Nesta heurística a aplicação das operações a postos de trabalho é feita de acordo com seu tempo de processamento. Esta regra faz com que as operações com menor tempo de processamento fiquem para o fim, o que permitirá distribuí-las de modo a preencher os tempos mortos nos postos de trabalho.

Passo 1: Colocar as operações por ordem decrescente de tempo de operação. Sempre que possível, são aplicadas as operações com maior tempo de processamento.

Passo 2: Atribuir operações a uma estação, até perfazer o tempo de ciclo, respeitando sempre as precedências.

Passo 3: Se duas ou mais tarefas têm a mesma ordem de precedência, adiciona-se a tarefa com duração mais longa.

Passo 4: Repetir o passo 2 para todas as estações.

Obs.: Esta heurística somente pode ser usada quando cada uma e todas as durações de tarefa forem inferiores ou iguais à duração do ciclo e também não pode haver quaisquer estações de trabalho duplicadas. Além disso, se a última operação tiver a maior duração, estará sempre no topo da lista.

b) Heurística do número de sucessores imediatos

Esta heurística acrescenta tarefas a uma estação de trabalho em ordem de precedência de tarefa, uma de cada vez, até que a utilização seja de 100% ou que se observe que tal utilização caia. Depois, esse processo é repetido na estação de trabalho seguinte para as tarefas remanescentes.

Passo 1: Construir o diagrama de precedências, de modo que as operações com idêntica precedência sejam colocadas verticalmente em colunas. Os elementos que puderem ser colocados em mais de uma coluna, devem ser representados tracejados.

Passo 2: Listar os elementos seguindo uma ordem crescente de colunas. Listar também os tempos de operação e o somatório dos tempos de operação para cada coluna.

Passo 3: Atribuir elementos a estações, começando pela coluna I.

Passo 4: As operações com maior número de sucessores imediatos são aplicadas em primeiro lugar, o que permite alargar o leque de hipóteses de aplicação de operações.

Passo 5: Repetir o processo, seguindo a numeração das colunas, até atingir o tempo de ciclo.

Exemplo:

Considere o diagrama de precedências de uma linha de montagem a seguir. Agrupe as tarefas da linha de montagem em um número apropriado de estações segundo as heurísticas do tempo de processamento e do número de sucessores imediatos e compare a eficiência dos balanceamentos efetuados. As setas do diagrama indicam a sequência segundo a qual as operações devem ser efetuadas. Considere que o tempo de ciclo (TC) é de 1 minuto.

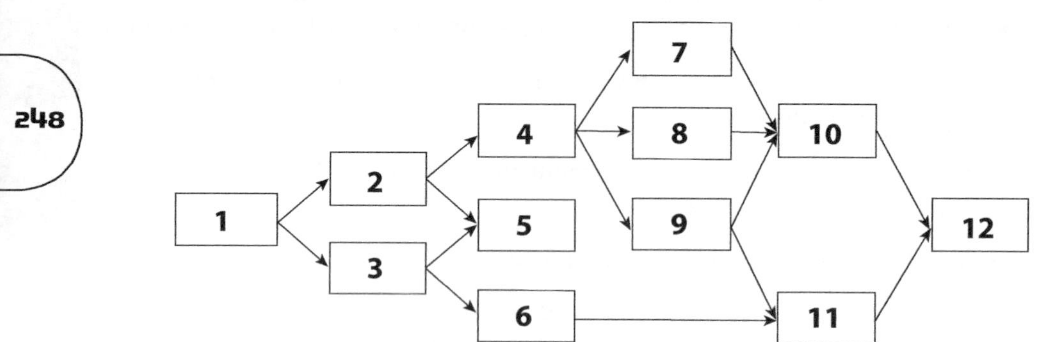

O tempo de cada operação está na tabela abaixo (representado em minutos).

Operação	1	2	3	4	5	6	7	8	9	10	11	12
Tempo	0,30	0,40	0,50	0,15	0,30	0,20	0,30	0,50	0,20	0,45	0,50	0,70

Resolução:

Seguindo os procedimentos da heurística do tempo de processamento, o 1º passo é ordenar as operações por ordem decrescente de tempo de operação.

Operação	Tempo	Operações precedentes
12	0,70	10;11
3	0,50	1
8	0,50	4
11	0,50	9;6
10	0,43	7;8;9
2	0,40	1
7	0,30	4
5	0,30	2;3
1	0,30	-
9	0,20	4;5
6	0,20	3
4	0,15	2

O 2º passo desta heurística é atribuir operações a uma estação, até perfazer o tempo de ciclo, respeitando sempre as precedências.

Estação	Operações	Tempo	Σ Ti
1	1	0,30	1,00
	3	0,50	
	6	0,20	
2	2	0,40	0,85
	4	0,15	
	5	0,30	
3	7	0,30	1,00
	8	0,50	
	9	0,20	
4	10	0,45	0,95
	11	0,50	
5	12	0,70	0,70

Considerando os valores calculados, a seguir é representada a distribuição das operações de montagem pelas cinco estações de trabalho obtidos pela heurística do tempo de processamento:

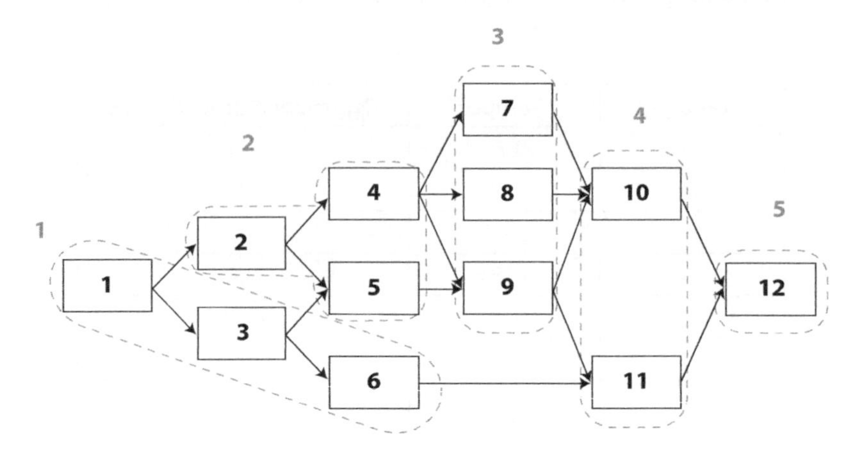

Por fim, para calcular a eficiência do balanceamento, é necessário calcular o número mínimo de operadores:

$$Nmin = \frac{4{,}50}{1{,}00} = 4{,}5\ operadores.$$

Logo:

$$Ef = \frac{4{,}50}{5} = 0{,}90 = 90{,}0\%$$

Agora, seguindo os procedimentos da heurística do número de sucessores imediatos, as operações de idêntica precedência são colocados verticalmente em colunas.

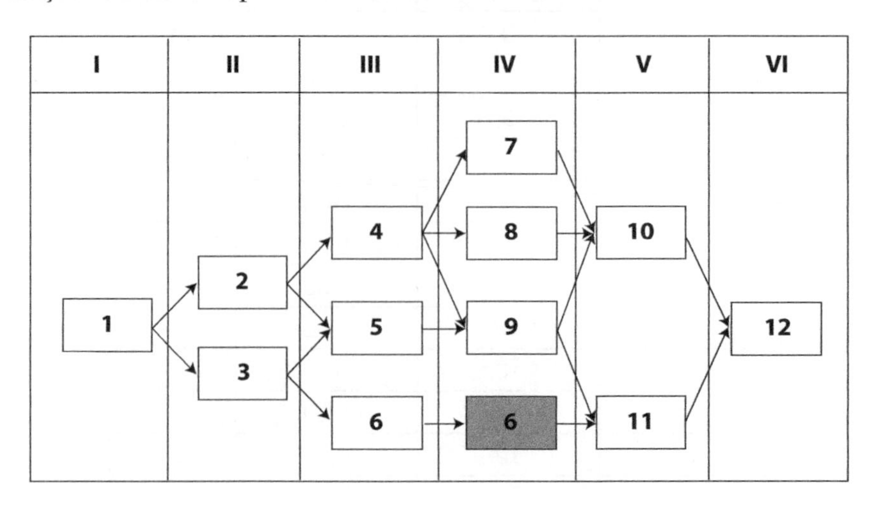

O 2º passo é listar os elementos seguindo uma ordem crescente de colunas. Listar também os tempos de operação e o somatório dos tempos de operação para cada coluna.

Operação	**Coluna**	**Tempo**	**Σ Ti**
1	I	0,30	0,30
2	II	0,40	
3	II	0,50	0,90
4	III	0,15	
5	III	0,30	
6	III;IV	0,20	0,65
7	IV	0,30	
8	IV	0,50	
9	IV	0,20	1,00
10	V	0,45	
11	V	0,50	0,95
12	VI	0,70	0,70

Na sequência, vamos atribuir elementos a estações, começando pela coluna I. Repetir o processo, seguindo a numeração das colunas, até atingir o tempo de ciclo.

Estação	**Operação**	**Tempo**	**Σ Ti**
1	1	0,30	
	2	0,40	
	4	0,15	0,85
2	3	0,15	
	5	0,30	
	6	0,20	
	9	0,20	0,85
3	7	0,30	
	8	0,50	0,80
4	10	0,45	
	11	0,50	0,95
5	12	0,70	0,70

Considerando os valores calculados, a seguir é representada a distribuição das operações de montagem pelas cinco estações de trabalho obtidos pela heurística do número de sucessores imediatos:

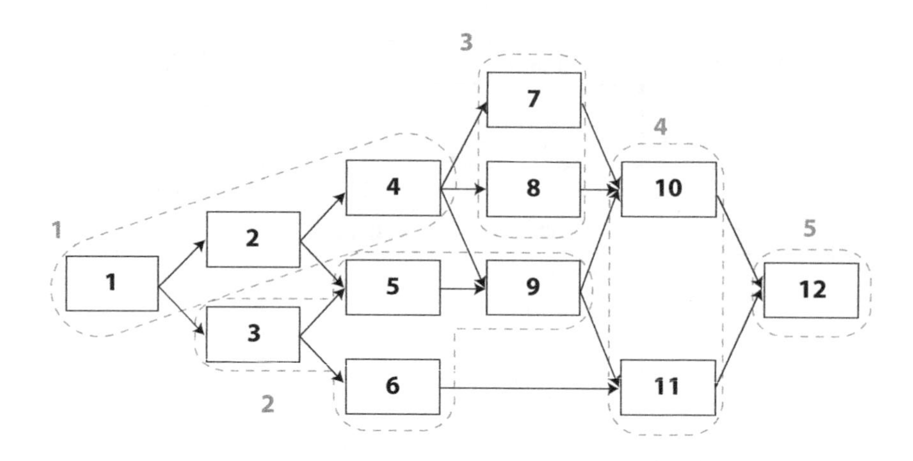

Utilizando o valor já calculado para o número mínimo de operadores:

$$Ef = \frac{4{,}50}{5} = 0{,}90 = 90{,}0\%$$

Neste caso o valor da eficiência é igual para as duas heurísticas, dado que o número de estações é cinco nos dois casos.

14.5.3 Diagrama P-Q

Uma das ferramentas mais simples utilizadas para o projeto de layout é o Diagrama P-Q (produto-quantidade), também chamado de Gráfico P-V (produto-volume). Estes gráficos são obtidos ao se colocar em um histograma o volume de produção de cada produto ou família, iniciando pelos de maior volume, seguindo para os de menor volume, tal qual ilustra a Figura 14.12.

É interessante destacar que esta ferramenta é particularmente interessante para a priorização de foco de projeto, uma vez que, ao se otimizar um layout para a realização dos produtos mais frequentes, reduz-se o deslocamento total diário realizado por estes processos, mesmo que o novo layout tenha um deslocamento mais longo para produtos menos frequentes.

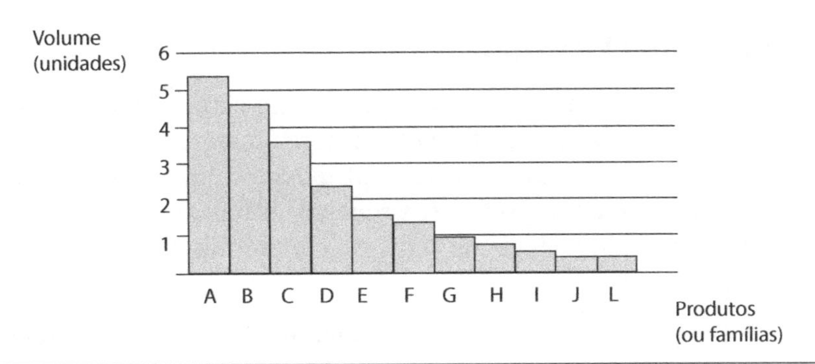

FIGURA 14.12
Exemplo de gráfico de P-V.

14.5.4 Curva ABC

Apesar de não se tratar de uma ferramenta clássica de projeto, é altamente recomendado o uso da curva ABC em conjunto com os gráficos P-V para a determinação das prioridades entre os produtos. A curva ABC é construída com base no Princípio de Pareto, o qual afirma que em várias situações é usual que 20% de elementos somados correspondam a 80% da importância do fator analisado. Dessa forma, no caso do diagrama P-V, considera-se como grupo A os 20% dos produtos de maior volume, grupo B os 30% de volume intermediário e grupo C os 50% restantes de menor volume. É importante destacar que essa separação, além de indicar os grupos prioritários em termos de volume, também pode indicar grupos de produtos candidatos a tipos de layout distintos na organização.

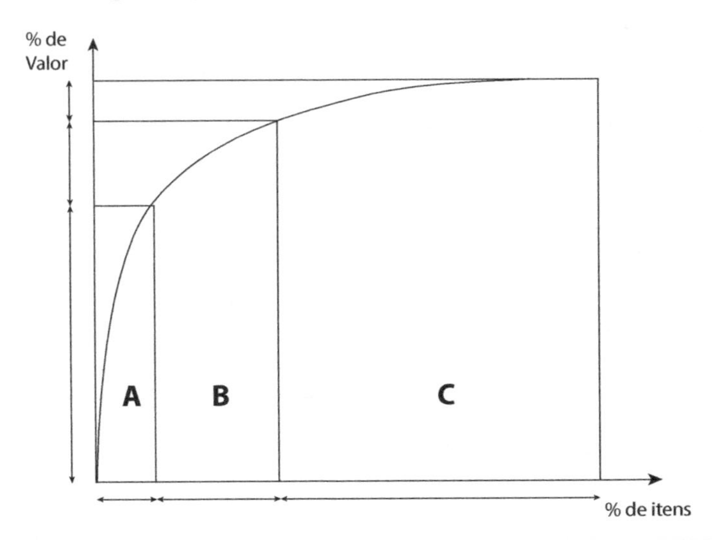

FIGURA 14.13
Curva ABC.

Fonte: Francischini (2008).

14.5.5 Diagramas de Processo

Os diagramas de processo, também conhecidos como cartas de processo ou folhas de processo, são ferramentas particularmente interessantes para o detalhamento do processo. O diagrama de processo tem como propósito central registrar a sequência de tarefas dos principais elementos de um processo, as relações de tempo entre diferentes partes de um trabalho e registrar o fluxo de materiais, movimento de pessoas ou informações no trabalho.

Para elaborar o Diagrama de Processos, cada elemento ou etapa do processo deve receber um símbolo segundo a norma ANSI Y15.3M-1979 (Figura 14.14). Todos os elementos do processo devem ser considerados, não apenas as operações, uma vez que transportes, estoques etc. também ocupam espaço físico.

	NOME	AÇÃO	EXEMPLOS
	Operação	Agrega valor	Corte, pintura, embalagem,...
	Espera/Atraso	Atraso/retenção	Fila
	Estocagem	Armazenamento formal	Depósito, "pulmão",...
	Transporte	Movimenta itens	Esteira, guindaste, corda,...
	Inspeção	Verifica defeitos	Insp. visual, dimensional,...
	Manuseio*	Transfere ou classifica	Colocação na esteira,...
	Montagem*	Operação dedicada	Montagem

FIGURA 14.14
Simbologia adotada pela norma ANSI Y15.3M-1979.

A Figura 14.15 mostra um exemplo de diagrama de processo, no qual os símbolos representam diferentes tipos de eventos que envolvem o produto do trabalho, as linhas horizontais no início do processo mostram os itens fornecidos ao processo que está sendo executado. As linhas verticais mostram a sequência de eventos e as setas hori-

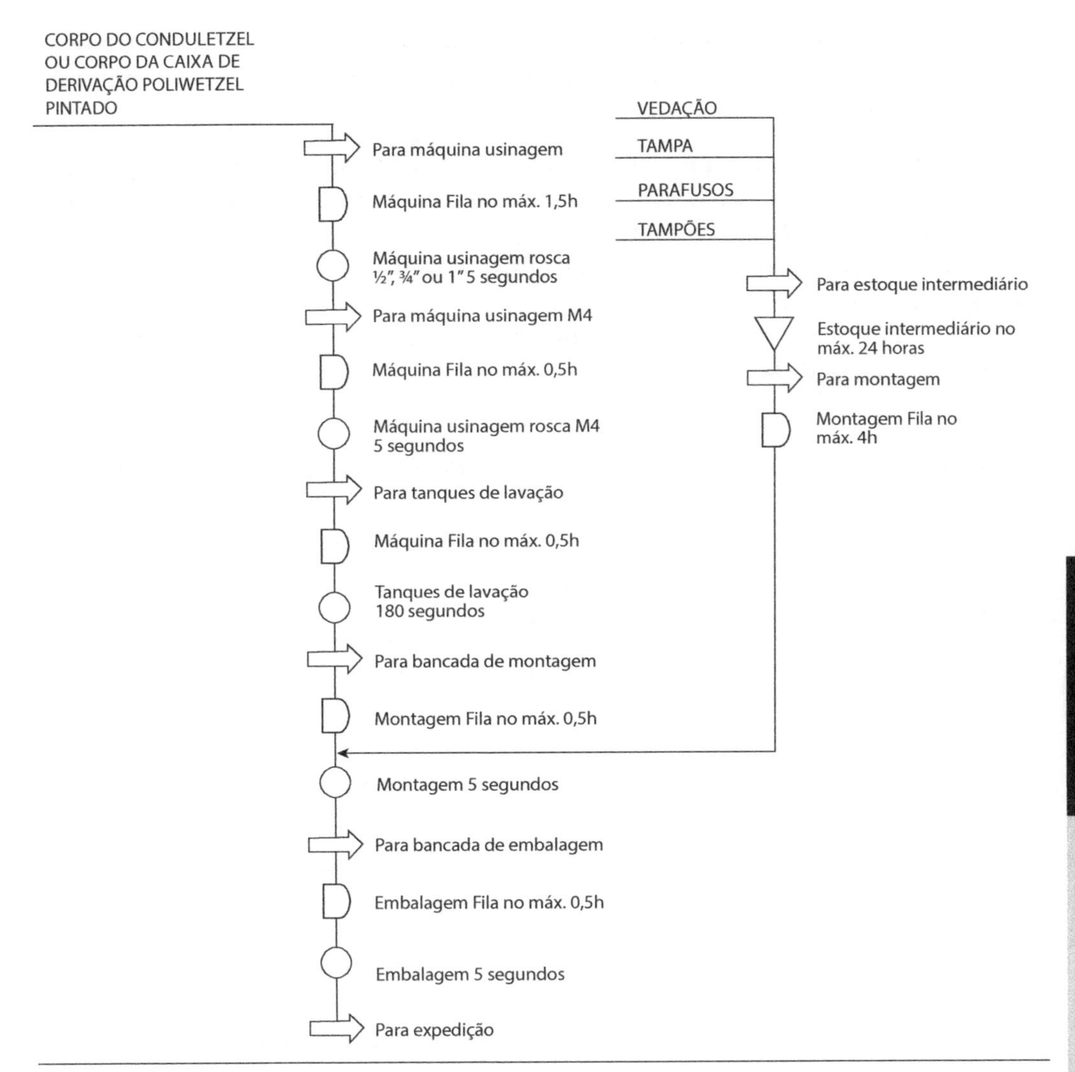

FIGURA 14.15

Exemplo de diagrama de processo para a montagem de caixas de derivação de eletrodutos.

Fonte: Olivan Bittencourt de Carvalho.

zontais mostram onde se combinam ou separam-se os itens em trabalho durante o processo. O texto à direita de cada símbolo, além de descrever o evento, pode indicar tempo, número de pessoas ou outras informações relevantes.

14.5.6 Carta Multiprocesso

A carta multiprocesso, também denominada de carta de processos múltiplos, é uma técnica que representa numa única carta o roteiro de fabricação de diferentes produtos ou de atendimento a diferentes serviços, sendo aplicada na avaliação comparativa de diferentes alternativas de layout. É empregada quando o produto é constituído de várias partes, ou para diversos produtos que possuem partes ou processos comuns entre si.

A Carta de Processos Múltiplos, ilustrada na Figura 14.16, consiste em uma tabela em forma de matriz correlacionando o processo com os produtos a serem fabricados A primeira coluna lista as diferentes operações do processo, e as demais os produtos produzidos por essas operações. Cada processo é indicado em etapas numericamente, respeitando-se a sequência de fabricação. Devido à sua estrutura, a Carta de Processos Múltiplos permite a análise de processos simultâneos, sendo adequada à definição e análise de layouts celulares.

Operação	Produto A	Produto B	Produto C	Produto D	Produto E
Cortar	1	1	1		1
Centrar	2	2	2	1	
Tornear		3	4	2	
Mandrilar		4	3		
Fresar	3				2
Retificar	4			3	
Tratamento térmico		5	5	4	3

FIGURA 14.16
Exemplo de uma carta de processos múltiplos.

A carta de processos múltiplos auxilia a elaboração do layout, devido a:

- aglutinação de vários processos em "grupos de trabalho" (sequências preferenciais de processamento);
- equipamentos com posição prefixada (início ou término de processamento do produto);
- produtos do mesmo material, de mesmo tempo de operação, de operações semelhantes, máquinas semelhantes, qualidades semelhantes etc.

A definição da melhor sequência de máquinas, considerando simultaneamente os roteiros de processamento do conjunto de produtos ou peças que serão processados, é obtida através da seguinte heurística:

- tendo como referência os roteiros de processamento representados na carta multiprocessos, calcula-se o somatório dos pesos para a sequência original das máquinas apresentada;

- tendo como parâmero os deslocamentos negativos e a intensidade de fluxo procura-se identificar quais as alterações na posição das máquinas que aumentam o somatório dos pesos;
- recalcula-se o somatório dos pesos para a nova proposta de sequência de máquinas;
- se o somatório dos pesos recalculado for maior que o inicial, a nova sequência das máquinas é melhor que a original.

Somatório dos pesos ($\sum$P):

O somatório dos pesos representa, para uma determinada sequência de máquinas, a movimentação total para um conjunto de produtos ou partes representado pela carta multiprocessos e pode ser calculado através da seguinte fórmula:

$$\sum_{1}^{n} P = IF * S \qquad \text{(Fórmula 14.5)}$$

Onde:

IF = Intensidade de fluxo;

S = Saldo final dos pontos para cada produto;

n = número de produtos ou partes.

Intensidade de Fluxo (IF):

A intensidade de fluxo representa o volume de produto movimentado entre as etapas do processo produtivo, levando em consideração as perdas no processo, e é calculada através da seguinte fórmula:

$$IF = Qm * D \qquad \text{(Fórmula 14.6)}$$

Onde:

Qm = Média entre o peso inicial e o peso final do produto;

D = Demanda dos produtos.

Regras de Pontuação de Fluxo:

As regras de pontuação de fluxo atribuem pontos a cada deslocamento (de peça, clientes etc.) conforme estes avançam ou recuam no sentido do fluxo sugerido pelo layout original. As regras para pontuação são as seguintes:

- Se o deslocamento avança no sentido do fluxo sugerido pelo layout original, atribuir:

  + 2 pontos para deslocamento à etapa imediatamente seguinte;

  + 1 ponto para deslocamento à etapa em sequência não imediata.

- Se o deslocamento recua em sentido contrário do fluxo sugerido pelo layout original, atribuir:

  - 2 pontos para deslocamento à etapa imediatamente anterior;

  - 1 ponto para cada etapa que tiver de ser pulada adicionalmente.

Exemplo:

Utilize a Carta de Múltiprocessos abaixo para obter uma opção de layout melhor que a de dispor as etapas M1, M2, M3, M4, M5, M6, M7 e M8 nesta sequência, entre o DMP (depósito de matéria-prima) e o DPA (depósito de produto acabado), no processamento dos produtos A, B, C, D, E, F, e G, considerando que há uma perda de volume de 5% acumulativa por etapa em que os produtos forem efetivamente processados.

Produtos	A	B	C	D	E	F	G
DMP	▽	▽	▽	▽	▽	▽	▽
M1	○	○		○	○		○
M2	○		○		○		○
M3		○		○	○	○	○
M4		○	○	○		○ ○	
M5	○		○ ○		○	○	○
M6	○	○		○		○	○
M7	○			○	○		○
M8	○	○	○	○	○		
DPA	△	△	△	△	△	△	△

Produtos	Demanda (103 unidades/ano)	Peso inicial (Kg por unidade)
A	40	2,50
B	30	2,30
C	25	2,00
D	15	2,60
E	35	2,20
F	50	2,10
G	20	2,40

Resolução:

Considerando a sequência inicial das máquinas, os roteiros de processamento de cada produto e as regras de pontuação de fluxo, apresentam-se na carta multiprocessos os pontos para cada deslocamento e o total para cada produto:

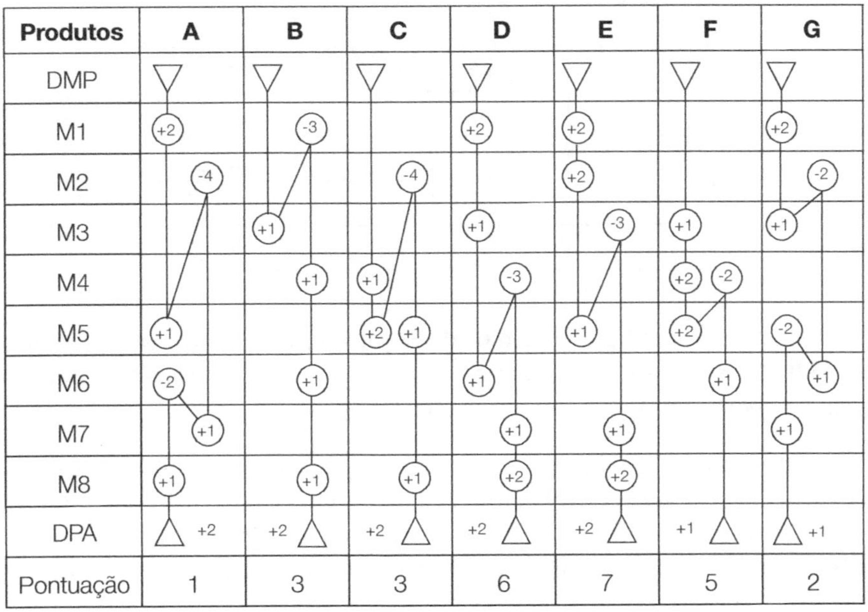

Produtos	A	B	C	D	E	F	G
DMP	▽	▽	▽	▽	▽	▽	▽
M1	+2	-3		+2	+2		+2
M2	-4		-4		+2		-2
M3		+1		+1	-3	+1	+1
M4		+1	+1	-3		+2 -2	
M5	+1		+2 +1		+1	+2	-2
M6	-2	+1		+1		+1	+1
M7	+1			+1	+1		+1
M8	+1	+1	+1	+2	+2		
DPA	△ +2	+2 △	+2 △	+2 △	+2 △	+1 △	△ +1
Pontuação	1	3	3	6	7	5	2

A seguir apresenta-se a tabela com os valores do peso médio e intensidade de fluxo para os produtos A, B, C, D, E, F, e G.

Produtos	Demanda	Peso inicial	Peso final	Qm	IF
A	40	2,5	1,84	2,17	86,75
B	30	2,3	1,78	2,04	61,20
C	25	2	1,55	1,77	44,34
D	15	2,6	1,91	2,26	33,83
E	35	2,2	1,6	1,91	66,80
F	50	2,1	1,62	1,86	93,12
G	20	2,4	1,76	2,08	41,64

A seguir, é calculado a somatório dos pesos para a sequência original de máquinas:

Produtos	IF	Pontos	Peso
A	86,75	1	86,75
B	61,20	3	183,59
C	44,34	3	133,03
D	33,83	6	203,01
E	66,80	7	467,61
F	93,12	5	465,62
G	41,64	2	83,28
Σ p			1.622,89

Na sequência, tendo como parâmero os deslocamentos negativos e a intensidade de fluxo identificam-se quais as alterações na posição das máquinas que aumentam o somatório dos pesos, como exemplo destaca-se que:

- a M2 é responsável por três deslocamentos negativos dos produtos A, C e G. Sendo que dois destes são em relação a M5, ou seja, se as máquinas M2 e M5 estiverem mais próximas, diminuíram esses deslocamentos negativos. Tal alteração é muito significativa especialmente para o produto A, pois a IF calculada é a 2ª maior;
- por sua vez, a posição da M8 resulta em cinco pontuações positivas, que nos leva a mantê-la na sua posição original; mesmo raciocínio se aplica a M1, que resulta em quatro pontuações positivas, contra apenas uma negativa;
- quanto ao IF, a princípio o ideal seria que os produtos F; A; E e B, que têm a IF maior tivessem as máquinas sequenciadas de tal forma que para esses produtos não houvesse deslocamentos negativos.

Considerando estas e outras associações, apresenta-se na sequência uma nova proposta de sequenciamento das máquinas e a respectiva pontuação do fluxo:

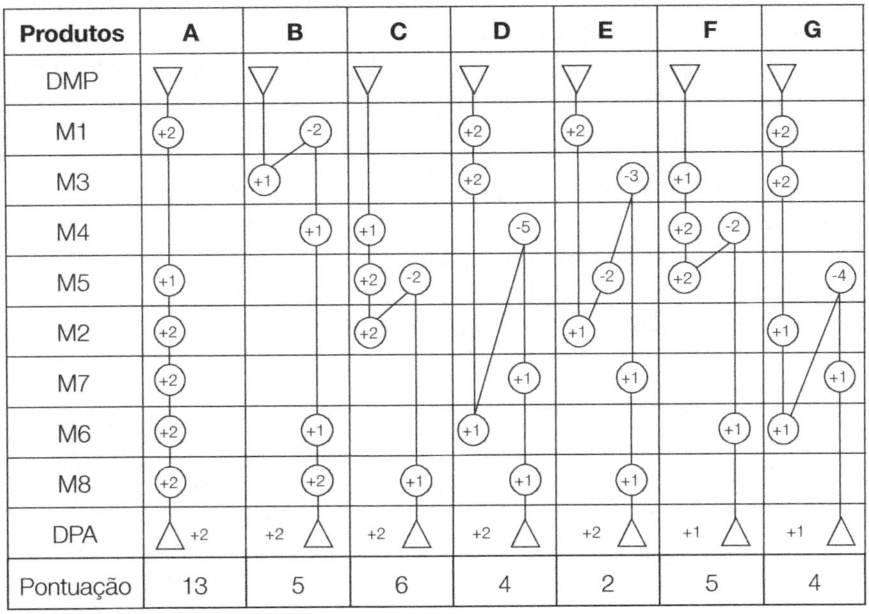

Produtos	A	B	C	D	E	F	G
DMP	▽	▽	▽	▽	▽	▽	▽
M1	+2	-2		+2	+2		+2
M3		+1		+2	-3	+1	+2
M4		+1	+1	-5		+2 -2	
M5	+1		+2 -2		-2	+2	-4
M2	+2		+2		+1		+1
M7	+2			+1	+1		+1
M6	+2	+1		+1		+1	+1
M8	+2	+2	+1	+1	+1		
DPA	△ +2	+2 △	+2 △	+2 △	+2 △	+1 △	+1 △
Pontuação	13	5	6	4	2	5	4

Devido aos produtos e processos serem os mesmos, pode-se utilizar os valores obtidos no cálculo do IF, logo pode-se calcular o somatório dos pesos para este novo sequenciamento de máquinas:

Produtos	IF	Pontos	Peso
A	86,75	13	1.127,81
B	61,20	5	305,98
C	44,34	6	266,07
D	33,83	4	135,34
E	66,80	2	133,60
F	93,12	5	465,62
G	41,64	4	166,57
Σ p	2.600,98		

Constata-se que o somatório dos pesos para a nova proposta de sequência de máquinas é 60,27% maior que o inicial, logo a nova sequência das máquinas é muito melhor que a original.

14.5.7 Mapofluxograma

O mapofluxograma, também denominado de mapa-fluxograma, representa a movimentação física de um ou vários itens através dos centros de processamento dispostos no layout de uma instalação produtiva, numa sequência de rotina fixa. É obtido desenhando sobre a planta da organização o caminho percorrido pelos produtos a partir das informações constantes nos diagramas de processos, sempre se obedecendo ao diagrama de processos.

A trajetória ou rota física dos itens, que podem ser produtos, materiais, formulários ou pessoas, é desenhado, por meio de linhas gráficas com indicação de sentido de movimento, sobre a planta baixa em escala da instalação envolvida. A Figura 14.17 ilustra um exemplo. No caso de um grande número de produtos ou de famílias de produtos, são desenhados apenas os itens de maior importância do gráfico P-V.

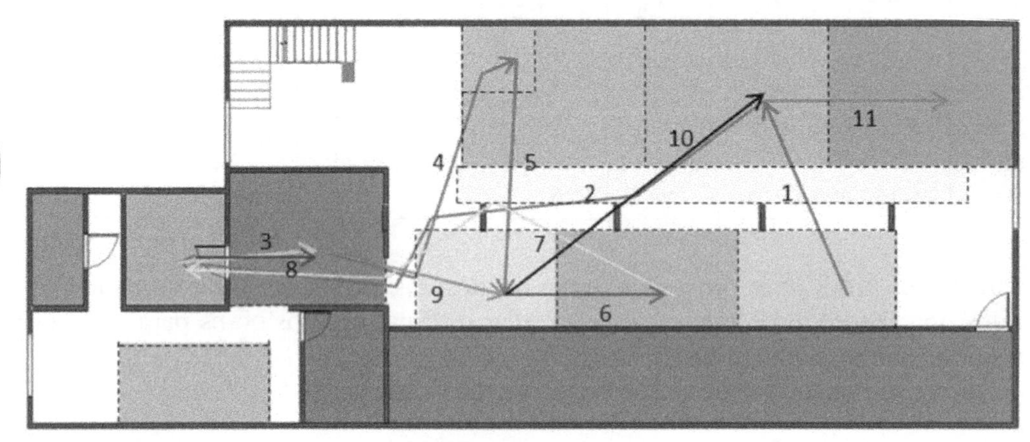

Legenda do percurso		
1. Recepção-Montagem	5. Teste Hidrostático-Limpeza/Decapagem	9. Manutenção-Teste de Estanqueidade
2. Montagem-Sala PQS BC	6. Limpeza/Decapagem-Pintura	10. Teste de Estanqueidade-Montagem
3. Sala PQS BC-Manutenção	7. Pintura-Sala PQS BC	11. Montagem-Expedição
4. Manutenção-Teste Hidrostático	8. Sala PQS BC-Manutenção	

FIGURA 14.17

Mapofluxograma para um processo de manutenção de equipamentos.

Fonte: Aline Ribeiro Ramos.

Ao se analisar o mapofluxograma, além do comprimento total percorrido pelos produtos, também deve ser observada a existência de cruzamentos de fluxos, idas e voltas excessivas, e deslocamentos longos sem a existência de operações. Esses elementos são indicativos de uma má distribuição do layout atual. Propostas de racionalização do fluxo de materiais podem ser elaboradas para serem consideradas na proposição do novo layout.

14.5.8 Cartas De-Para

As cartas De-Para, também denominadas de cartas From-To, são uma boa ferramenta para minimização dos custos de transporte entre departamentos: caso dos layouts funcionais em que normalmente tem-se uma grande variedade de produtos.

Essas cartas são estruturadas na forma de matrizes, em que a primeira linha possui o mesmo conteúdo da primeira coluna, sendo os cruzamentos entre linhas e coluna o local de registro dos produtos que circulam de um local (os "de") para outro (os "para"). Na análise da carta de-para toma-se como base o número de produtos que passa de um local para outro, definindo a intensidade de fluxo entre as operações.

De \ Para	1 Cortar	2 Centrar	3 Tornear	4 Mandrilar	5 Fresar	6 Retificar	7 Tratamento térmico
1 Cortar	-	ABC			E		
2 Centrar		-	BD	C	A		
3 Tornear			-	B		D	C
4 Mandrilar			C	-			B
5 Fresar					-	A	E
6 Retificar						-	D
7 Tratamento térmico							-

FIGURA 14.18
Exemplo de uma carta de-para.

Um dos principais critérios de decisão quantitativos para problemas de layout funcionais é a diminuição dos custos de transporte entre departamentos. Utiliza-se a seguinte função para determinação destes custos:

$$C = \sum_{i=1}^{N} \sum_{j=1}^{N} T_{ij} C_{ij} D_{ij} \qquad \text{(Fórmula 14.7)}$$

Onde:

Tij - número de viagens entre departamento i e departamento j;

Cij - custo por unidade de distância e por viagem de i para j;

Dij - distância de i para j;

C- custo total;

N- número de departamentos.

Dado que Tij e Cij são constantes que não dependem da localização dos departamentos i

e j, o problema pode-se enunciar do seguinte modo:

Pretende-se encontrar uma combinação de Dij (ou Layout) que resulte num valor mínimo para C.

Exemplo:

Uma empresa está dividida em oito departamentos (conforme planta abaixo) e, devido aos grandes volumes de movimentação e a distância entre departamentos, tem constatado muitos desperdícios de tempo e produtividade para o layout atual. Considerando os dados apresentados, determine qual o layout ideal para esta empresa.

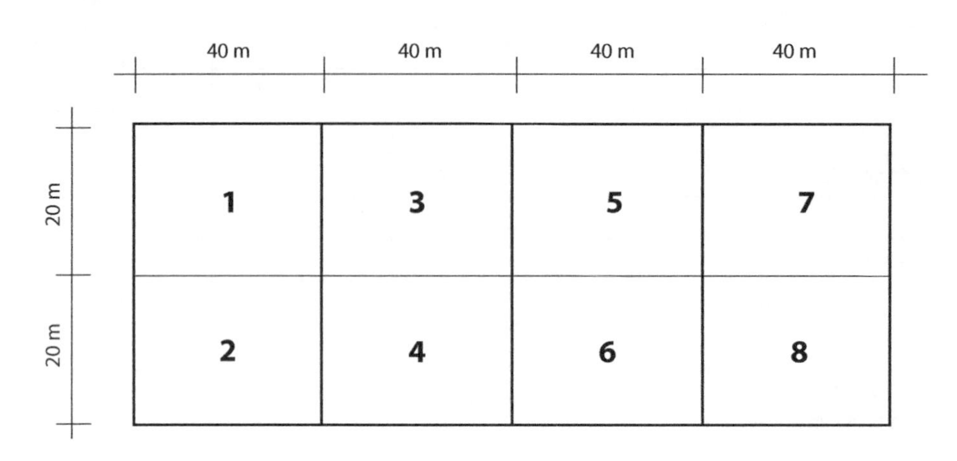

Tij - número de viagens entre departamento i e departamento j

Departamento

Departamento	1	2	3	4	5	6	7	8
1		40	150	50	75	20	0	50
2			50	0	30	35	75	25
3				15	45	0	5	100
4					40	70	35	65
5						0	35	20
6							55	30
7								80
8								

Tij – número de viagens entre departamentos

Cij - custo por unidade de distância e por viagem de i para j

Departamento

Departamento	1	2	3	4	5	6	7	8
1		0,05	0,04	0,20	0,07	0,03	0,10	0,06
2			0,06	0,50	0,04	1,20	0,07	0,03
3				0,03	0,07	0,10	0,07	0,06
4					0,05	0,07	0,04	0,07
5						0,10	0,04	0,03
6							0,06	0,06
7								0,09
8								

Cij – custo por unidade de distância e por viagem

Dij - distância de i para j

Departamento

Departamento	1	2	3	4	5	6	7	8
1		20	40	60	80	100	120	140
2			60	40	100	80	140	120
3				20	40	60	80	100
4					60	40	100	80
5						20	40	60
6							60	40
7								20
8								

Dij – distância de i para j

Resolução:

O passo inicial é calcular a função custo para o layout original. Fazendo as respectivas multiplicações, resulta que os custos de movimentação por par de departamentos são apresentados a seguir:

Departamento

Departamento	1	2	3	4	5	6	7	8
1		40,00	240,00	600,00	420,00	60,00	0,00	420,00
2			180,00	0,00	120,00	3360,00	735,00	90,00
3				9,00	126,00	0,00	476,00	600,00
4					120,00	196,00	140,00	364,00
5						0,00	56,00	36,00
6							198,00	72,00
7								144,00
8								

Tij * Cij * Dij

Fazendo o somatório resulta que o custo total é de R$ 8.802,00. Dado que Tij e Cij são constantes, para encontrar uma combinação de Dij que resulte num valor mínimo para C, agora vamos identificar e aproximar os departamentos com os maiores custos. Constata-se que são os departamentos 2 e 6; departamentos 2 e 4; departamentos 1 e 4; departamentos 3 e 8; respectivamente.

Neste sentido apresenta-se a seguinte proposta de layout:

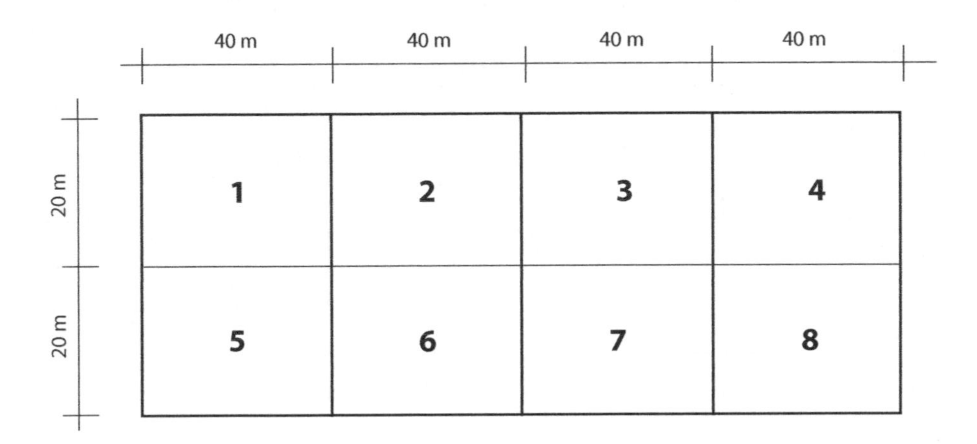

Para este novo layout são encontradas as novas distãncias entre departamentos:

Departamento

Departamento	1	2	3	4	5	6	7	8
1		40	60	80	20	60	100	140
2			40	80	60	20	60	100
3				40	100	60	20	60
4					140	100	60	20
5						40	80	120
6							40	80
7								40
8								

Dij – distância de i para j

Fazendo as respectivas multiplicações para esta proposta de layout, os custos de movimentação por par de departamentos são apresentados a seguir:

Departamento

Departamento	1	2	3	4	5	6	7	8
1		80,00	360,00	800,00	105,00	36,00	0,00	420,00
2			120,00	0,00	72,00	840,00	315,00	75,00
3				18,00	315,00	0,00	119,00	360,00
4					280,00	490,00	84,00	91,00
5						0,00	112,00	72,00
6							132,00	144,00
7								288,00
8								

Tij * Cij * Dij

Resulta que o somatório dos custos para a nova proposta de layout é de R$ 5.728,00. Constata-se que esse valor é 35,0% menor que o calculado para o layout inicial, logo o novo layout para os departamentos é muito melhor que a original.

14.5.9 Diagrama de Afinidades

O Diagrama de Afinidades, também denominado de Carta de Interligações Preferenciais, é uma ferramenta que se utiliza de uma escala de afinidades denominada AEIOUX, tal qual ilustrado na Figura 14.19, em que "4/A" representa maior grau de afinidade entre duas UPE, portanto maior necessidade de proximidade, e "–1/X" grau negativo, ou seja, devem estar separadas. Na Figura 14.19 também são apresentadas as convenções para representação gráfica dessas afinidades, as quais serão discutidas mais adiante.

Descrição	Vogal	Escala	Gráfico manual	Gráfico CAD	Cor
Absoluta	A	4			Vermelho
Excepcional	E	3			Amarelo
Importante	I	2			Verde
Ordinária	O	1			Azul
Sem importância	U	0	–	–	–
Distante	X	-1			Preto

FIGURA 14.19
Convenções de afinidades.

O Diagrama de Afinidades é estruturado na forma de uma matriz triangular, tal qual ilustra o exemplo da Figura 14.20. Nas linhas da matriz são listadas as unidades de planejamento de espaço (UPE), ou seja, todos os elementos que ocuparão um espaço físico no layout em estudo. Nas interseções entre linhas na parte triangular da matriz são registradas as afinidades entre as UPE, conforme o grau de afinidade já apresentado. Além dos dados de processo, provenientes dos diagramas de processo, também podem ser considerados outros tipos de afinidades, incluindo comunicações, compartilhamento de equipamentos ou de pessoal, entre outros.

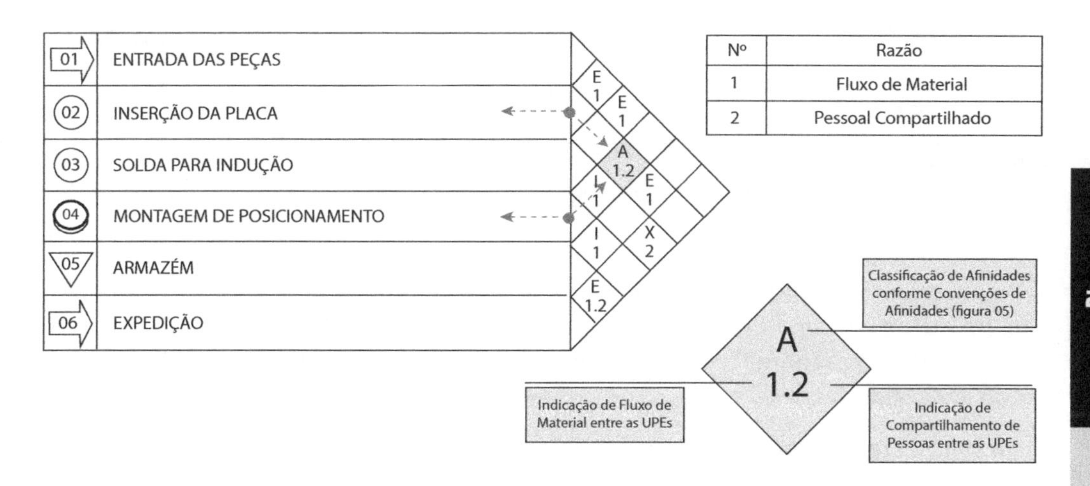

FIGURA 14.20

Exemplo de diagrama de afinidades.

14.5.10 Diagrama de Inter-relações

Também se pode incluir entres as ferramentas clássicas de projeto de layout o diagrama de configuração, também chamado de Diagrama de Fluxo ou de Inter-relações, e o Planejamento Primitivo de Espaço. O Diagrama de Configuração representa graficamente as afinidades existentes entre as diferentes UPE em estudo, sendo utilizado um processo de graduação de confecção baseado nas intensidades de relacionamento vistas na Figura 14.20. Inicialmente são incluídas as afinidades tipo A e reorganizado o diagrama para que sejam eliminadas as sobreposições de linhas que possam existir. Em seguida as afinidades tipo E são adicionadas, realizando-se uma nova rodada de eliminação de sobreposições. Feito isso, caso a complexidade do diagrama permitir, adicione as afinidades tipos I e O, tentando evitar ao máximo a inclusão de linhas sobrepostas. Havendo afinidades tipo X, estas também devem ser consideradas. O procedimento é ilustrado na Figura 14.21.

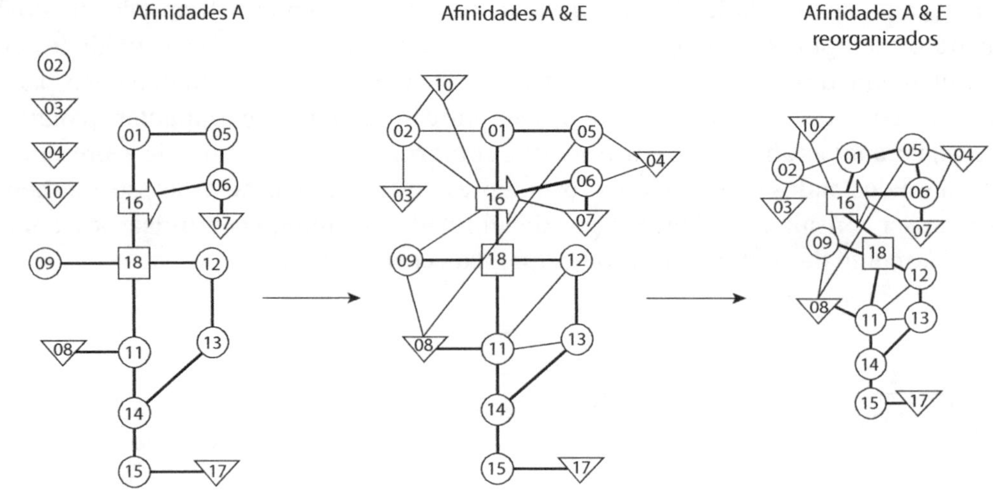

FIGURA 14.21

Exemplo de otimização de um diagrama de configuração.

Fonte: Tibor Schmidt.

O Planejamento Primitivo de Espaço é um detalhamento do Diagrama de Configuração, no qual as necessidades de espaço são sobrepostas ao Diagrama de Configuração, permitindo uma melhor visualização do conjunto de UPES e possibilidades de união entre elas. A

Figura 14.22 ilustra o procedimento de confecção do Planejamento Primitivo do Espaço.

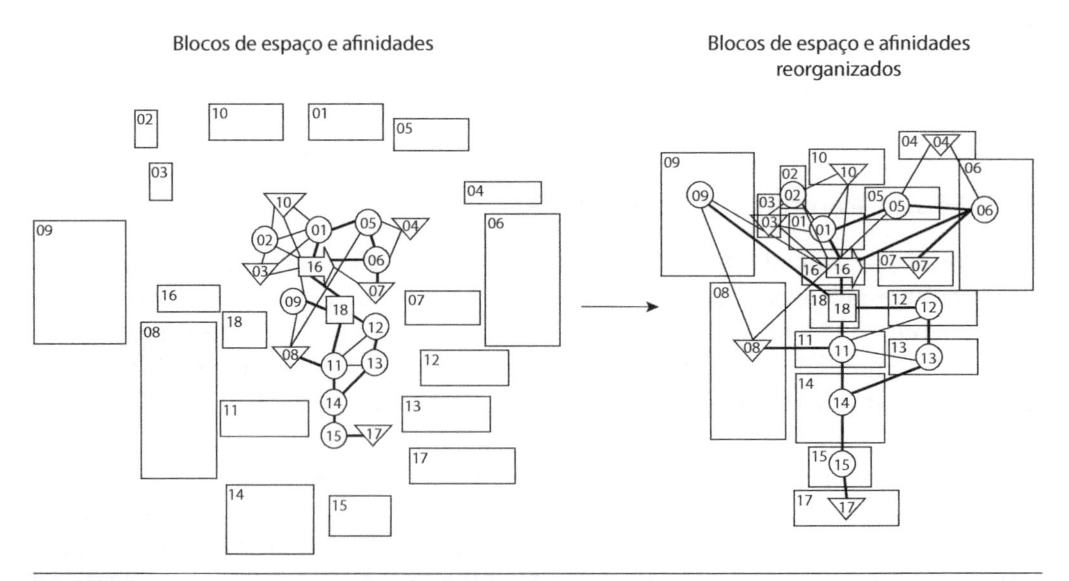

FIGURA 14.22

Exemplo da construção de um Planejamento Primitivo do Espaço.

Fonte: Tibor Schmidt.

14.6 Projeto de Layout

O Projeto do Layout de uma unidade produtiva é de grande importância para as organizações visto que é o layout que vai assegurar o entrosamento interno e a harmonia no funcionamento da empresa. O projeto do layout de uma operação produtiva inicia-se pela análise de todo o conhecimento dos objetivos estratégicos da produção.

Devem ser considerados os vários elementos abordados no projeto de fábrica previamente definidos, tais como: volume de produção, dimensionamento, projeto dos produtos, tipos de produção, equipamentos produtivos, mão de obra, material, áreas de movimentação, estocagem, mão de obra indireta e qualquer outro item que se relacione com a atividade industrial. Alinhado a esses objetivos o projeto de layout definirá como estarão dispostas as máquinas, matérias-primas, estoque e o pessoal dentro da estrutura da empresa, tudo isso com a finalidade de atender as demandas da estratégia de produção.

Com base nessas informações tem-se o embasamento necessário para escolher o tipo de layout mais adequado aos objetivos estratégicos da organização, o qual servirá de base para construção do projeto detalhado do layout fabril. Estando o layout definido, há a necessidade de detalhar o layout de seus postos de trabalho, juntamente com os elementos de ergonomia e a organização dos métodos a serem realizados.

Em organizações de maior porte, cujo planejamento tático é mais complexo, é usual dividir o processo em duas fases, ocupando-se primeiramente do planejamento intersetorial (também denominado macrolayout), depois para o intrassetorial (ou microlayout). No planejamento intersetorial é estabelecido o layout da fábrica como um todo, definindo-se a localização de departamentos e setores da organização.

Já no intrassetorial, para cada setor da organização, é definido o posicionamento de máquinas, postos de trabalho e outros elementos necessários ao setor ou departamento. Ainda nesse nível, no caso de espaços administrativos, são definidas as localizações dos equipamentos e móveis, de forma a privilegiar as necessidades de espaço pessoal e comunicação. Em organizações de menor porte, onde a divisão setorial ou departamental é menos complexa, é comum tratar o problema de layout fabril em uma única fase, acelerando o processo.

Em linhas gerais, o projeto do layout trata da organização e localização dos equipamentos produtivos no espaço da planta, e o projeto do sistema de manuseio é o projeto de todos os meios e mecanismos de satisfação de todas as interações entre os centros de produção e de serviços requeridas pelo layout (Skinner, *op. cit.*). Um projeto de layout deve:

- Tentar otimizar custo e flexibilidade da produção.
- Detalhar suficientemente a localização física de todo o maquinário e os fluxos de materiais e pessoas, além das operações que podem ser executadas por esses recursos. Obedecendo aos princípios de:

  - integração;
  - mínima distância;
  - obediência ao fluxo das operações;
  - racionalização de espaços;
  - satisfação e segurança;
  - flexibilidade.
- Ser compatível com seu ambiente competitivo.
- Considerar também os seus elementos tecnológicos e gerenciais, como:
  - tecnologia de fabricação;
  - automação industrial;
  - manufatura ou fábrica virtual;
  - TI (tecnologia de informação);
  - Princípios de Manufatura Enxuta.

O atendimento dessas premissas usualmente envolve a realização de várias atividades, com o objetivo específico de:

- Melhorar (reduzir) o manuseio e armazenagem de materiais;
- Otimizar o desempenho da mão de obra, sem movimentações desnecessárias;
- Melhorar a utilização do espaço disponível;
- Redução do tempo de manufatura (reduzir o tempo de ciclo de fabricação/operação);
- Maximizar o uso de equipamentos e recursos tecnológicos de alto investimento, bem como facilitar a sua manutenção;
- Redução dos custos indiretos;
- Aumentar a moral e a satisfação do trabalho;
- Facilitar a entrada, movimentação e saída de pessoas, materiais e equipamentos;
- Facilitar acesso visual às operações, quando adequado (*kanban*);
- Induzir fluxo de clientes, quando for o caso (supermercado, loja de departamentos);
- Incorporar medidas de segurança e qualidade ambiental no trabalho (isolamento de ruídos, iluminação natural, climatização);
- Proximidade de áreas especiais (instalações hidráulicas, caldeiraria, fluidos industriais);
- Propiciar obediência a medidas ambientais, incluindo tratamento e destinação adequados de efluentes e resíduos, emanações eletromagnéticas, gases, fumaças etc.

Apesar de os projetos de layout possuírem premissas e objetivos em comum, cada projeto terá suas peculiaridades. Grande parte desses fatores deve ser considerada previamente, ainda no projeto do produto e do processo, ou planejado pela área de produção da empresa. Isso porque, ao se projetar um novo layout, esses aspectos estarão sendo consolidados de forma física, ou seja, um layout fabril.

Tudo o que foi apresentado anteriormente denota a dificuldade de se estabelecer como serão posicionados os recursos produtivos no espaço disponível para que os objetivos do negócio sejam atingidos. Ao se fazer isso, determina-se a estrutura física da qual os processos irão se servir para efetuar a produção. Além do discutido anteriormente, um bom layout deverá considerar também os seguintes aspectos:

- **Segurança inerente**: Haverá sempre uma preocupação com os produtos e as pessoas que trabalham nas empresas. Deve-se evitar movimentação manual com cargas excessivamente pesadas, existência de docas, equipamentos de movimentação adequados e locais de movimentação desses equipamentos. As saídas de incêndio devem ser claramente sinalizadas, com acessos desimpedidos.
- **Extensão e clareza do fluxo**: No estudo de layout serão considerados todos os fluxos de movimentação de produtos (entrada e saída), bem como a intensidade destes e a necessidade de armazenamento por tipo de produto.
- **Coordenação gerencial**: Deverá sempre haver locais adequados para o pessoal da supervisão e gerência nos armazéns.
- **Ergonomia e produtividade da mão de obra**: Os produtos de maior giro devem sempre estar a uma altura de fácil acesso. Nas áreas de reembalagem deve ser sempre considerada a possibilidade de o pessoal trabalhar bem acomodado, longe de fumaça das empilhadeiras e ruídos.
- **Utilização dos espaços ou verticalização**: O layout contemplará as áreas de movimentação e trânsito adequadas à intensidade de fluxo, bem como demonstrará claramente as áreas de manuseio e espera necessária. O layout, juntamente com os sistemas de estocagem a serem definidos, permitirá também a melhor utilização do pé direito existente, otimizando a ocupação do espaço.
- **Possibilidade de alterações no modelo através do tempo**: Sempre será analisada a possibilidade de crescimento do armazém, conforme a previsão de crescimento da empresa.

Por outro lado, o layout errado proporciona:

- congestionamentos frequentes com precária utilização do espaço;
- quantidades excessivas de materiais em processo;
- distâncias percorridas pelo produto/serviço excessivas;
- trabalhadores especializados executando trabalho não especializado;
- gargalos numa seção; ociosidade em outra;
- atrasos nas entregas e ciclos longos de operação;
- dificuldade de controle do trabalho e pessoal.

Visando contribuir neste tema de tão grande importância para o sucesso das organizações, destaca-se que no próximo capítulo será apresentado de forma inédita um novo procedimento racional para o projeto de layout. A fim de auxiliar na realização de um projeto de layout adequado, foi proposto um modelo de referência que organiza as ações de projeto necessárias em quatro fases distintas: Planejamento do Projeto; Projeto Informacional; Projeto Conceitual e Projeto Detalhado.

14.7 Projetos de Re-layout

Embora a maioria da literatura se concentre nos procedimentos para projeto de um novo layout, constata-se que a grande maioria dos casos práticos envolvem a necessidade de melhorias de desempenho dos layouts em operação, através de reprojetos de layouts baseados nos já existentes, ou seja, projetos de re-layouts. Essa necessidade resulta de um conjunto de fatores que contribuem para reduzir o tempo de vida útil de um layout fabril, dos quais destacam-se:

- no mercado existe uma forte tendência para um nível crescente de volatilidade e de incerteza;
- cada vez mais organizações atuam num mercado global de grande concorrência e indefinição;
- uma crescente inovação tecnológica e de mudanças nas especificações dos produtos, estas exigidas pelos consumidores.

Por outro lado, Heragu (1997) aponta que o re-layout das instalações industriais existentes se tornará tanto ou mais comum que o layout de novas instalações industriais. Considerando esse cenário, Heragu e Kochhar (1994) afirmam que o tempo de vida útil efetivo de um layout de uma instalação industrial não será superior a um ano.

Nesse contexto, argumenta ainda, que para além do custo associado ao fluxo e manipulação ou manejo de materiais, é necessário considerar um custo adicional que está associado à mudança das instalações da sua posição atual para outro local no novo layout .

Embora esperando que a mudança de local das instalações possa reduzir o custo do fluxo, considerando esse custo adicional de re-layout, pode-se encontrar situações em que a mudança física de local de algumas instalações possua custos associados proibitivos, que não compensam a redução de custos de operação com as instalações em novos locais.

A investigação e o desenvolvimento que tem sido realizados usualmente no projeto do layout fabril supõe que os produtos e recursos produtivos já são conhecidos à partida, nomeadamente os seus custos associados. Supõe também que o sistema de produção é imutável, o que, como se constatou, não é verdade nos sistemas industriais modernos. Devem ser usados sistemas que assegurem um projeto de layout viável e não o melhor layout para o sistema de produção não desejado.

Para concluir, Meller e Gau (1996) argumentam que a investigação e o desenvolvimento para o projeto de novos sistemas industriais devem apontar no sentido de quebrar o caráter sequencial do projeto de layout e sistemas de manipulação de materiais, o projeto de layout e o projeto de sistemas de produção.

Metodologias para o projeto de re-layout

Poucos pesquisadores se dedicaram a desenvolver metodologias para o re-layout, dentre estes apresentam-se os trabalhos de Silveira (1998) e dos pesquisadores Krajewski e Ritzman (1999). Segundo Silveira (1998), a metodologia para o projeto re-layout pode ser dividida em três fases.

- **Fase I**: denominada Preparação, delimita-se a área a ser estudada, forma-se o time de trabalho e definem-se os objetivos pretendidos com a prática, focalizando precisamente o processo escolhido, ou parte deste.
- **Fase II**: denominada Definição, realiza-se uma coleta específica de dados, trabalha-se com esses dados de acordo com as técnicas de análise escolhidas e, por fim, dimensiona-se de forma conceitual e real as melhorias propostas.
- **Fase III**: denominada Instalação, prepara-se a planta para as mudanças propostas, gerenciam-se tais modificações e retomam-se as fases iniciais de uma nova avaliação.

Em resumo, segundo Mayer (1990), o método de análise do layout existente de toda uma empresa, objetivando sua revisão completa, exige a consideração de maior número de fatores do que o método de análise de qualquer outro problema desse tipo. Consequentemente, se nos familiarizarmos com todos esses fatores, não haverá dificuldade em adaptar a análise a ser descrita na solução de um problema menos complexo.

Segundo Krajewski e Ritzman (1999), os layouts de processos envolvem três passos básicos, tanto para o desenvolvimento de um novo layout como para a revisão de algum existente:

- coleta de informações;
- desenvolvimento de um diagrama de blocos;
- modelagem de um layout detalhado.

Destaca-se que para o passo de coleta de informações, três tipos de informações são necessárias para se iniciar o projeto de revisão de um layout:

- **necessidade de espaço por setor**: o projetista de layouts deve unir as necessidades de espaço com a capacidade de planejamento, calcular os equipamentos específicos e os espaços necessários para cada setor, além de prever espaços de circulação e corredores;
- **espaço disponível**: um diagrama espacial aloca os espaços e indica a colocação de cada setor. Para descrever um novo layout de uma planta, são necessárias somente as dimensões da fábrica e a alocação espacial de cada setor. No caso da alteração de um layout já existente, o diagrama de blocos também é necessário, para o início de um novo desenvolvimento;
- **fatores individuais característicos**: na elaboração de novos layouts, deve-se também conhecer quais setores devem ser locados próximos uns aos outros. A locação

é baseada no número de viagens e deslocamentos entre os setores e de fatores qualitativos.

Orientações para a mudança

Antes de partir-se diretamente para como planejar a mudança, é desejável dar-se um passo atrás e observar que em muitas organizações industriais e de serviços existem ciclos de expansão e de redução devido à natureza do negócio. O layout da produção também deve ser tratado dinamicamente. Da mesma forma que existem as estratégias de longo prazo em muitos negócios, também existe a necessidade de ter um plano macro para o layout. Tal plano deve antecipar investimentos futuros e prever adaptações às mudanças na produção. Muitas vezes, decisões precipitadas poderão impor severas restrições e que trarão muitas dificuldades para instituir mudanças no layout. Alguns exemplos incluem mudanças em locais de expedição e recebimento, realocação de máquinas pesadas, pisos com baixa capacidade de carga etc. O layout macro deve também prever o significado da produção em reagir rapidamente à mudança, ampliando sua capacidade em um curto espaço de tempo ou ser possível de trabalhar eficiente e paralelamente às mudanças. O design da produção deve ser flexível no sentido de prever esse alto nível de responsabilidade. Observa-se, no entanto, que variações nas necessidades da produção não obrigam necessariamente a uma alteração de layout.

Geralmente, a melhoria do layout pode proporcionar uma melhor utilização das máquinas, melhor manutenção do maquinário, fluxos mais suaves de material e uma coordenação mais próxima entre clientes e fornecedores, ao ponto de identificar a criticidade das datas de entrega.

Porém, quando todas estas tentativas falham ou se apresentam ineficazes para as solicitações impostas, pode ser a hora de realizar um novo layout da produção, por ser a alternativa de mais fácil implementação e de menor custo. Quando essas ocasiões surgem, então o layout deve ser flexível o suficiente para rapidamente acomodar tais mudanças. Assim, uma questão é pertinente: como desenvolver um layout flexível? Harmon e Peterson (1990) sugerem o uso dos seguintes objetivos:

- reorganizar os setores da produção para atingir um nível de manufatura superior;
- estipular o espaço de acesso mais reduzido e prático possível de recebimento e expedição de materiais e componentes para cada setor;
- organizar todos os setores no sentido de dedicar-se à produção de um mesmo produto ou de uma família de produtos; minimizando inventários, estoques e melhorar a intercomunicação;
- locar componentes comuns a alguns setores em um mesmo ponto, central aos usuários, para minimizar as distâncias de trajeto;
- minimizar o tamanho da planta, eliminando o máximo de tempo perdido e locomoção de trabalhadores;
- eliminar os estoques centralizados, dispersando-os aos setores competentes;

- eliminar escritórios fixos e realizar serviços de suporte no perímetro da produção;
- minimizar o raio de espaços laterais na área de produção.

Questões e Tópicos para Discussão

1) **Quais são os tipos básicos de layout e como eles se relacionam com o volume de produção e a variedade de produtos produzida?**

2) **Quais são as principais características de:**
   - Um layout por produto
   - Um layout por processo
   - Um layout celular
   - Um layout posicional

3) **Qual é o tipo de layout recomendado para as situações a seguir? Justifique suas respostas.**
   - Construção de uma ponte.
   - Usinagem de peças de motores (os motores possuem arquiteturas semelhantes – pistões, bloco do motor, virabrequim, etc. – mas cada peça possui processos de fabricação muito distintos).
   - Montagem de motores
   - Fabricação de máquinas para a indústria de alimentos de pequeno e médio porte (as máquinas, sempre em inox, possuem arquiteturas semelhantes, mas cada cliente possui uma necessidade distinta, e as solicitações não seguem uma periodicidade)

4) **Um proprietário de uma empresa de vassouras contratou você para verificar se o layout que ele fez está correto. A fabricação de vassouras de piaçava segue, basicamente, os seguintes passos:**
   1. Recebimento e seleção das matérias-primas (lavar no tanque, cortar no comprimento com auxílio de uma guilhotina, desembaraçar e preparar a piaçava, separando-a em molhos).
   2. Fixação dos molhos com barbante (máquina: Corrupio).
   3. Preparação da base da vassoura (confecção de tacos de madeira, utilizando a serra e a furadeira).
   4. Preparação das capas (corte e conformação de chapas de folhas de flandres já pintadas; utilizada uma prensa).
   5. Montagem das bases (conformação manual e fixação, com pregos, da capa de folha de flandres na base, sendo realizada em bancada)
   6. Prensagem (etapa em que a matéria-prima, a piaçava, é prensada dentro da base pelo uso de uma Tufadeira - Máquina de encher).
   7. Aparo e penteação (cortar e pentear as cerdas da vassoura semipronta de maneira a deixá-la uniforme).
   8. Colocação de cabos (estágio em que o cabo da vassoura é pregado na peça já montada; feito em bancada própria; neste caso os cabos são comprados prontos de um fornecedor).
   9. Enfeixamento e estocagem (realizada na mesma bancada que a operação anterior, trata-se da formação de maços de vassouras encabadas e prontas para a venda, de modo a facilitar sua estocagem, expedição e transporte).

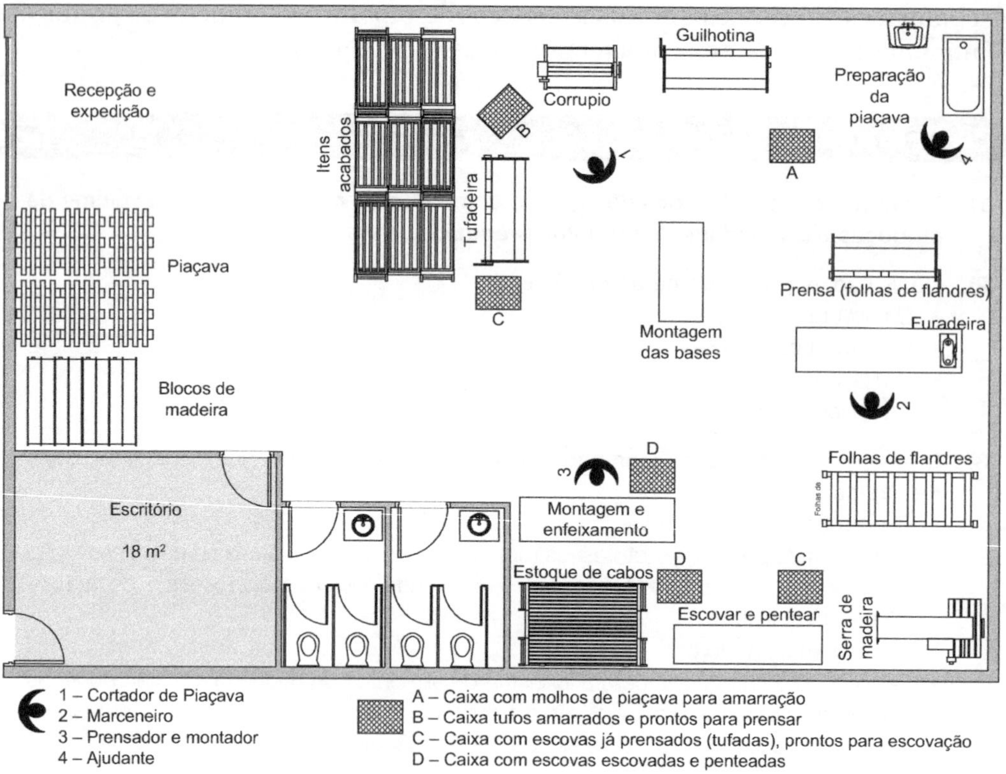
Recepção e expedição
Itens acabados
Corrupio
Guilhotina
Preparação da piaçava
Tufadeira
Piaçava
Blocos de madeira
Montagem das bases
Prensa (folhas de flandres)
Furadeira
Folhas de flandres
Escritório
18 m²
Montagem e enfeixamento
Estoque de cabos
Escovar e pentear
Serra de madeira
1 – Cortador de Piaçava
2 – Marceneiro
3 – Prensador e montador
4 – Ajudante
A – Caixa com molhos de piaçava para amarração
B – Caixa tufos amarrados e prontos para prensar
C – Caixa com escovas já prensados (tufadas), prontos para escovação
D – Caixa com escovas escovadas e penteadas

Para tanto se pede:

- O diagrama do processo.
- O fluxo de materiais na organização (mapofluxograma).
- Qual o tipo de layout que o arranjo físico atual mais se aproxima? Faça uma análise crítica deste fluxo. Que alterações você proporia?

5) **(Adaptado de ENADE 2008) A figura a seguir apresenta um fluxograma simplificado de um processo de fabricação contínua para produção de álcool hidratado. O caldo proveniente da moagem da cana-de-açúcar passa por um tratamento para obtenção do mosto, sendo a ele adicionada uma massa, composta de xarope e mel, que é processada em um tanque misturador, seguida da adição do fermento. O vinho obtido passa por colunas de destilação, que alimentam 5 linhas de envase. Para o volume atual de produção, os níveis de utilização das capacidades instaladas são os seguintes: 80% no tanque misturador; 50% nas colunas de destilação; e 100% nas 5 linhas de envase. Com base nas informações disponíveis, elabore o Diagrama de processo.**

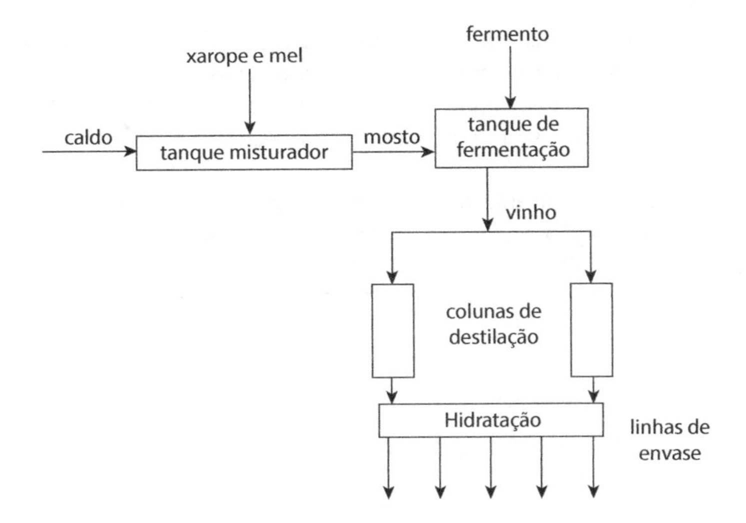

6) **Com base na tabela abaixo, organize os produtos em um gráfico P-V. Utilize a análise ABC para determinação das prioridades. Utilize uma planilha para facilitar sua análise**

Produto	Quantidade	Produto	Quantidade	Produto	Quantidade
A	500	H	159	O	25
B	125	I	153	P	920
C	149	J	257	Q	452
D	972	K	354	R	413
E	135	L	665	S	354
F	710	M	254	T	297
G	698	N	312	U	70

7) **(Atividade) Durante uma semana, ao visitar um estabelecimento qualquer (uma padaria, um supermercado etc.), procure identificar que tipos de layouts foram adotados pelo estabelecimento. Quais são as vantagens competitivas para o estabelecimento ao adotar este tipo layout?**

8) **(Atividade) Recorte 15 retângulos de papel de aproximadamente 5x2 cm. Em cada pedaço identifique o equipamento, com base na lista abaixo:**
   - 3 máquinas de corte
   - 3 tornos
   - 3 fresas
   - 3 retíficas
   - 3 bancadas de acabamento

Sabendo que um determinado processo será realizado em sequencia, iniciando pelo corte, passando pelo torno, fresa, retífica e acabamento, elabore 3 cenários distintos de layout: em três linhas, em 3 células em U, e funcional. Observe os impactos na ocupação de espaço de cada configuração.

9) **(PETROBRAS/2008): O arranjo físico se preocupa com o posicionamento dos recursos de transformação e, por isso, é fundamental para o bom planejamento das instalações. Os quatro tipos básicos de arranjo físico são:**
   - celular ou de tecnologia de grupo;
   - por processo;
   - por produto;
   - posicional ou de posição fixa.

   Nesse contexto, são exemplos de instalações para o arranjo físico
   a) celular: linha de produção de automóveis e restaurante *self-service*.
   b) por processo: linha de produção de automóveis e restaurante à *la carte*.
   c) por processo: supermercado e loja de departamentos.
   d) por produto: restaurante à *la carte* e estaleiro.
   e) posicional: linha de produção de automóveis e restaurante *self-service*.

10) **(PETROBRAS DISTRIBUIDORA/ 2010): Os tipos de arranjo físico estão ligados à natureza de agrupamento dos métodos na indústria e podem ser classificados em linear, funcional, fixo, celular ou combinado. No primeiro tipo:**
   a) o material se desloca por meio de operações análogas e lineares;
   b) o material se desloca por meio de uma sequência específica de operações enquanto as máquinas permanecem fixas;
   c) o produto fica parado enquanto operadores e máquinas se movimentam;
   d) as máquinas são agrupadas de modo a realizar operações análogas, em um mesmo local;
   e) as máquinas e os operadores se movimentam de acordo com a sequência de operações lineares necessárias.

11) **(BNDES/2008): Os estudos de arranjo físico em uma operação produtiva preocupam-se com a disposição dos recursos de transformação e dos recursos a serem transformados em uma unidade de produção. Nos estudos teóricos, os arranjos físicos são divididos em quatro tipos básicos. Arranjo físico posicional é aquele em que:**
   a) os recursos de transformação de processos com necessidades similares são agrupados e localizados juntos;
   b) o posicionamento dos recursos de transformação é fixado em forma de células de trabalho especializadas, para onde os recursos a serem transformados são movimentados;
   c) o recurso a ser transformado permanece estacionário, enquanto os recursos de transformação são deslocados para a área de trabalho, quando for necessário;
   d) a localização dos recursos de transformação é definida para especialização de uma linha de produção, para um único componente, produto ou família de produtos;
   e) a posição dos recursos de transformação é fixa por onde os recursos a serem transformados são movimentados, típico em linhas de produção seriada.

12) **(PETROBRAS DISTRIBUIDORA/2008): Construção de uma rodovia e estaleiros para grandes navios são exemplos de arranjo físico**
   a) celular;
   b) posicional;
   c) customizado;
   d) por produto;
   e) por processo.

13) **(PETROBRAS DISTRIBUIDORA/2008): Os processos de produção em massa são os que produzem bens em grande volume com pouca variedade. Para este tipo de processo de fabricação, os tipos básicos de arranjos físicos recomendados são os arranjos:**
   a) celular e por produto;
   b) celular e posicional;
   c) customizado e por produto;
   d) customizado e automatizado;
   e) por processo e por produto.

14) **(PETROBRAS/2011): Planejar o arranjo físico de uma instalação consiste basicamente em decidir como serão dispostos, no espaço disponível, os centros de trabalho. Com relação ao arranjo físico em linha ou por produto, tem-se que:**
   a) a sequência linear de operações para fabricar o produto ou prestar o serviço é uma necessidade;
   b) o produto tende a permanecer fixo, ou quase fixo, aglutinando em torno de si pessoas, ferramentas e materiais;
   c) os centros de trabalho são agrupados de acordo com a função que desempenham;
   d) os centros de trabalho são agrupados em torno dos funcionários da empresa;
   e) os funcionários tendem a permanecer fixos, ou quase fixos, aglutinando em torno de si ferramentas e materiais.

15) **(PETROBRAS/2012): Considere as afirmações abaixo sobre o arranjo físico por processo.**
   I. Esse arranjo é bastante adequado à manufatura de produtos com alto grau de padronização, produzidos em grandes quantidades e de forma contínua.
   II. Esse arranjo é adequado à produção de um conjunto variado de produtos.
   III. Esse arranjo possui como marca principal a baixa produção, com produtos de características únicas e com baixo grau de padronização.

   É correto o que se afirma em
   a) I, apenas.
   b) II, apenas.
   c) III, apenas.
   d) I e II, apenas.
   e) I, II e III.

16) (24/CASA DA MOEDA/2012): No arranjo físico por processo, os recursos transformadores similares são agrupados juntos na operação de produção. Uma das vantagens desse tipo de arranjo físico é ter o(a):

a) posicionamento das máquinas para a execução de todas as operações em uma peça;
b) custo unitário baixo para grandes volumes de produção;
c) item trabalhado em posição fixa;
d) utilização baixa dos recursos;
e) flexibilidade alta de *mix* de produtos.

17) (TRANSPETRO/2011): Uma determinada empresa de serviços, para obter um fluxo de clientes mais eficiente, utiliza o arranjo físico por produto. Dentre as desvantagens do uso desse tipo de arranjo físico inclui-se o(a):

a) aumento da velocidade dos serviços e de produção;
b) nível alto de utilização dos equipamentos e colaboradores;
c) sistema com baixa flexibilidade em resposta a mudanças no volume de produção;
d) tempo de treinamento menor se comparado a outro tipo de arranjo físico;
e) execução de tarefas rotineiras pelo setor de contabilidade e de compras.

18) (DECEA/2009): A linha de produção semiautomatizada é composta por máquinas de controle numérico que atendem a diversas linhas de produto da empresa. O leiaute é caracterizado pela localização de equipamentos de mesma função próximos uns aos outros. Neste caso, o tipo de arranjo físico é por:

a) processo, que promove maior capacidade de produção seriada;
b) processo, que possibilita maior taxa de utilização das máquinas;
c) produto, que promove maior flexibilidade na produção;
d) produto, que promove a produção de componentes customizáveis;
e) produto, que possibilita a produção em larga escala com menor custo.

19) (PROMINP/LOGÍSTICA/2012): De acordo com o conceito de tecnologia de grupo, a formação de certos tipos de agrupamentos de máquinas gera ganhos de produtividade e rapidez para empresas. Os agrupamentos de máquinas são feitos de acordo com a semelhança entre os(as):

a) equipamentos;
b) clientes envolvidos;
c) produtos fabricados;
d) peças sobressalentes;
e) necessidades de manutenção.

20) (49/PETROBRAS/2014) Geralmente, espera-se que o planejamento de uma instalação parta do nível geral para o particular, como, por exemplo, da localização global para o posto de trabalho. Porém, a forma inversa de planejamento, do particular para o geral, também é possível, EXCETO no caso em que:

a) a empresa faz uma transição da manufatura funcional para a celular e as células-piloto necessitam ser desenvolvidas para comprovar o trabalho;
b) um projeto de instalação de um grande escritório é realizado e definem-se, primeiramente, os detalhes de *layout* das estações de trabalho;
c) a necessidade de relocalização dos armários de ferramentas numa estrutura de manufatura celular é imperativa;

d) a gerência crê que o planejamento do espaço existente não é mais ideal, devido ao aumento da produção e à necessidade de atualização das tecnologias empregadas;
e) a necessidade de adequação dos sanitários, em virtude do aumento do número de operários com deficiência de locomoção (cadeirantes), é fundamental.

21) (PROMINP/LOGÍSTICA/2012): O tempo de setup de uma operação específica é de duas horas, e o tempo de operação por peça é de 10 minutos. O tempo total para a realização dessa operação para 150 peças, em minutos, é:
a) 120;
b) 130;
c) 1.500;
d) 1.620;
e) 1.630.

22) (PETROBRAS/2008): Uma pequena empresa está se estruturando para produzir seu principal produto em escala industrial. Para tanto, o arranjo físico e o fluxo dos diversos elementos de produção estão dispostos de acordo com o seguinte diagrama de precedência (os valores entre colchetes representam os tempos de serviço de cada elemento de produção, em minutos):

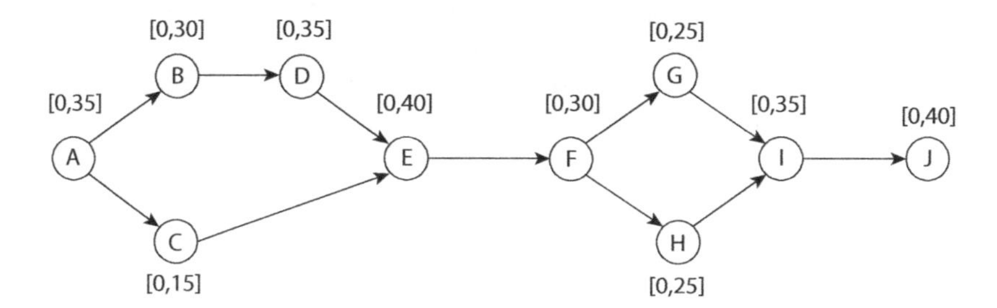

A demanda semanal é de 3.300 unidades, e o regime de trabalho é de 44 horas por semana. O tempo de ciclo para esse arranjo físico, em segundos, é igual a:
a) 40;
b) 48;
c) 60;
d) 64;
e) 80.

23) (TRANSPETRO/2011): Uma empresa de médio porte em operações de serviço, que utiliza o arranjo físico por produto, calculou que o conteúdo médio de trabalho, ao processar uma solicitação de serviço, é de 60 minutos, sendo as solicitações processadas a cada 20 minutos. Nessas condições, o número de estágios, para esse tipo de arranjo físico, está entre:
a) 2 e 6;
b) 7 e 11;
c) 12 e 16;
d) 18 e 22;
e) 24 e 30.

24) (TRANSPETRO/2011): Suponha que o setor de operações de retaguarda (*back-office*) de uma grande empresa de serviço esteja projetando uma operação para processar solicitações de entregas de encomendas e trabalhe com o arranjo físico por produto. O número de solicitações a serem processadas é de 240 por semana, e o tempo disponível para processar as solicitações é de 8 horas diárias, trabalhando 5 dias por semana. Nessas condições, o tempo de ciclo, para esse arranjo físico, está, em minutos, entre:

a) 34 e 38;
b) 28 e 32;
c) 22 e 26;
d) 15 e 19;
e) 8 e 12.

25) (TRANSPETRO/2011): Numa determinada fábrica, solicitou-se a produção de 300 unidades de um item que precisa de duas estações de trabalho, E-1 e E-2, para seu processamento. O tempo de preparação em E-1 é de 30 minutos, e o tempo de operação é de 4 minutos por item. O tempo de preparação em E-2 é de 40 minutos, e o tempo de operação é de 2 minutos por item. O tempo de espera entre as duas estações de trabalho é de meia hora. O tempo de transporte entre E-1 e E-2 é de 10 minutos. O tempo de espera, após a operação em E-2, é de 1 hora para finalizar os trabalhos nessa linha de produção. Não existe fila em nenhuma das duas estações de trabalho. O tempo exigido para a produção (MLT – Manufacturing Lead Time), em horas, está entre:

a) 1 e 6;
b) 8 e 14;
c) 15 e 21;
d) 22 e 28;
e) 29 e 36.

26) (PETROBRAS/2008): Em uma empresa, o arranjo físico e o fluxo dos diversos elementos de produção estão dispostos de acordo com o diagrama de precedência abaixo (os valores entre colchetes representam os tempos de serviço de cada elemento, em minutos).

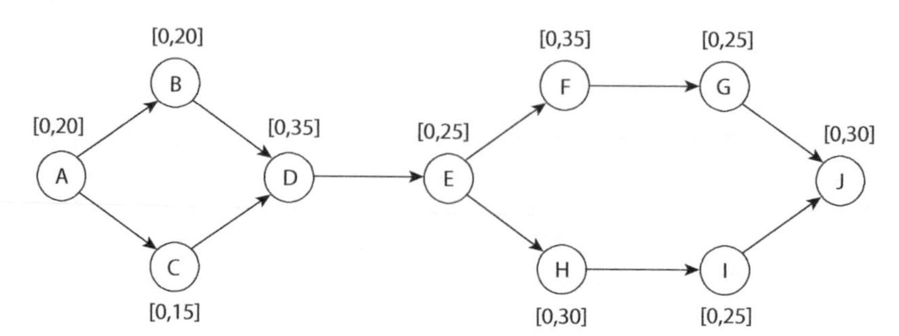

A demanda semanal é de 4.000 unidades e o regime de trabalho é de 40 horas semanais. Supondo que o tempo de ciclo seja igual a 36 segundos, a quantidade necessária de estágios para controlar a linha de produção é:

a) 3;
b) 4;

c) 5;
d) 6;
e) 7.

27) **(PETROBRAS/2009): Um engenheiro de produção responsável por uma oficina de montagem de bombas deseja calcular o número de operários que devem trabalhar para montar 10 bombas por hora. A montagem é composta por quatro operações, de acordo com o diagrama de sequência apresentado na figura abaixo.**

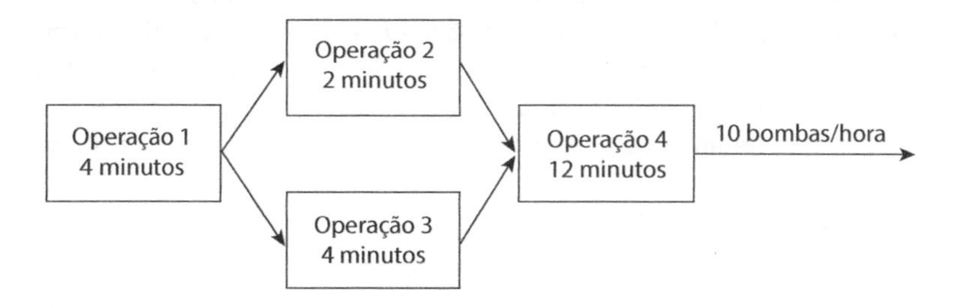

Considerando um tempo útil de trabalho de 40 minutos por operário, por hora trabalhada, o número mínimo de operários trabalhando na linha (NOT) e a eficiência máxima do balanceamento da linha de montagem, em percentagem (Ef), são, respectivamente,

	NOT	Ef(%)
a)	4	100,0
b)	5	83,3
c)	6	91,7
d)	7	85,7
e)	8	75,0

28) **(63/PETROBRAS/2010): Uma empresa se comprometeu a entregar um produto no prazo estabelecido no contrato. A equipe de engenharia preparou a seguinte rede de atividades para o processo de produção do novo produto:**

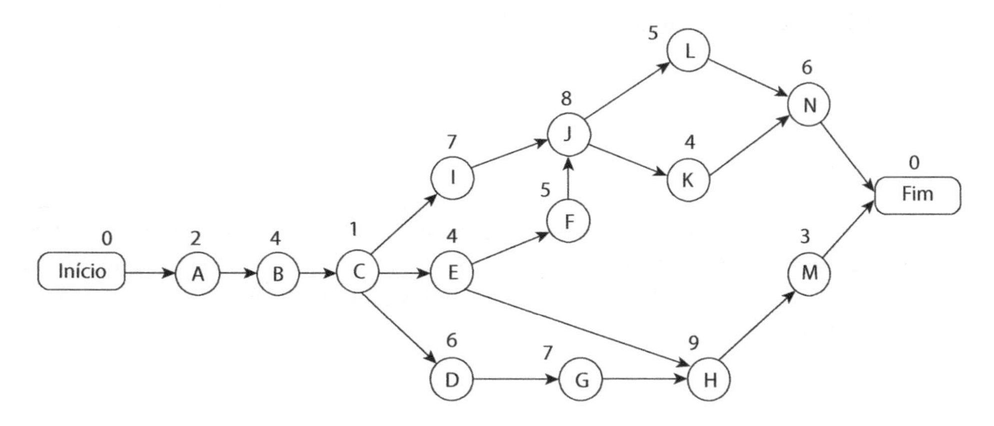

Sabendo-se que a duração das atividades é medida em dias, o caminho crítico e a sua duração são, respectivamente:

a) Início – A – B – C – D – G – H – M – Fim; 32 dias;
b) Início – A – B – C – I – J – L – N – Fim; 33 dias;
c) Início – A – B – C – E – F – J – L – N – Fim; 35 dias;
d) Início – A – B – C – E – H – M – Fim; 37 dias;
e) Início – A – B – C – E – F – J – K – N – Fim; 34 dias.

29) **(36/PETROBRAS/2012): Uma atividade A, com duração de seis dias, tem data de início mais cedo no décimo primeiro dia e data de início mais tarde no décimo quarto dia. A atividade B é sucessora da atividade A, com uma relação de dependência término para início. A atividade B, com duração de 3 dias, tem data de início mais cedo no décimo sétimo dia. Sabendo-se que não existem dias úteis não trabalhados, verifica-se que a:**

a) folga livre para a atividade A é nula;
b) folga livre para a atividade A é de 3 dias;
c) folga total para a atividade A é nula;
d) data de término mais cedo da atividade A é o final do dia 17;
e) data de término mais cedo da atividade B é o final do dia 20.

Utilize a tabela a seguir, que apresenta a lista de atividades de um projeto com os tempos estimados, para responder às questões 29 e 30.

	Estimativa de Tempos (semanas)			
Atividade	**TO**	**TMP**	**TP**	**Predecessores imediatos**
A	1	2	3	-
B	2	3	4	A
C	1	2	9	A
D	1	3	5	B
E	1	2	3	C,D

30) **(35/DECEA/2009): O caminho crítico do projeto é composto pelas atividades:**

a) A, B e E;
b) A, C e E;
c) A, B, C e E;
d) A, B, D e E;
e) A, B, C, D e E.

31) **(36/DECEA/2009): Considerando que os tempos das atividades seguem uma distribuição de probabilidade beta e com base nas estimativas de tempo apresentadas na tabela, os tempos em semanas esperados para as atividades A, B, C, D e E, respectivamente, são:**

a) 2, 3, 2, 3 e 2;
b) 2, 3, 3, 3 e 2;

c) 2, 3, 4, 4 e 3;
d) 2, 4, 3, 3 e 2;
e) 3, 4, 9, 5 e 3.

32) **(45/PETROBRAS/2009): Uma atividade de um projeto tem três estimativas de tempo para sua execução. Considerando um tempo otimista de 4 semanas, o mais provável, de 5 semanas e o pessimista, de 12 semanas, qual é o tempo de duração esperado, em semanas, para a atividade?**
a) 5
b) 6
c) 7
d) 10
e) 12

33) **(62/TRANSPETRO/2011): O diagrama usado para documentar processos em gestão de produção é denominado Diagrama de Fluxo de Processo e utiliza diversos símbolos para identificar os diferentes tipos de atividades. Nesse tipo de diagrama, qual símbolo representa a atividade de inspeção?**

a) 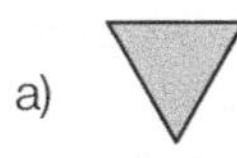

b) 

c) 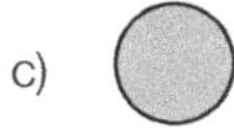

d) 

e) 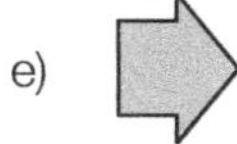

34) **(45/PETROBRAS/2012): Em relação ao Fluxograma de Processos, considere as afirmativas abaixo.**
I. O fluxograma é uma representação gráfica do que ocorre com o material, ou conjunto de materiais, durante uma sequência definida de fases do processo de produção.
II. Quando o fluxograma se refere à representação de montagens, é usual a denominação Diagrama de Montagem.
III. O fluxograma é uma variação do Cronograma Físico-Financeiro.
IV. O fluxograma recebe também a denominação Diagrama Homem-Máquina.

É correto o que se afirma em:
a) I, apenas;
b) IV, apenas;
c) I e II, apenas;
d) II e IV, apenas;
e) I, II, III e IV.

35) (38/PETROBRAS DISTRIBUIDORA/2010): Diversas informações precisam ser contempladas para que se possa desenvolver o layout mais adequado para o pleno funcionamento de determinado sistema produtivo. Com essa finalidade, diversas ferramentas podem ser utilizadas. Sobre essas ferramentas, considere as afirmações a seguir.

I. A carta multiprocesso e o fluxograma têm como finalidade esboçar todos os processos organizacionais.

II. O diagrama de relacionamentos permite identificar as diversas relações de proximidade entre as atividades.

III. A matriz de competências essenciais e o diagrama de relacionamentos visam a organizar informações relativas ao desempenho.

É correto o que se afirma em:

A) I, apenas;

B) II, apenas;

C) I e II, apenas;

D) II e III, apenas;

E) I, II e III.

36) (66/PETROBRAS/2014) Uma planta industrial, destinada à produção de um produto único, tem três departamentos (A, B e C) acomodados de acordo com o layout abaixo, no qual estão indicados os tempos totais de deslocamentos entre os mesmos.

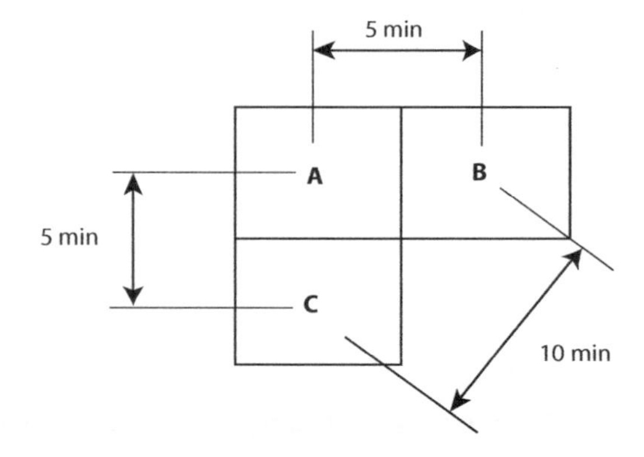

Há necessidade de deslocamento do produto entre os departamentos para execução das fases de fabricação. O Quadro a seguir apresenta os números de deslocamentos entre cada departamento, por produto.

Para		A	B	C
De	A	–	3	2
	B	2	–	4
	C	2	3	–

Cada vez que o produto, ainda inacabado, chega a um departamento, nele permanece durante 2 minutos, para as operações de fabricação correspondentes. Assim, qual o tempo de fabricação, em minutos, de uma unidade do mesmo?

a) 65

b) 83

c) 115

d) 147

e) 188

37) **(60/TRANSPETRO/2011): A representação visual de um processo utilizado por diversas organizações, cuja finalidade é pôr em evidência a origem, o processamento e o destino das informações num fluxo normal do processo de trabalho, é o:**

A) diagrama de dispersão;

B) Organograma;

C) Fluxograma;

D) Pictograma;

E) Histograma.

38) **(PETROBRAS/2009) Um engenheiro de produção está analisando dois layouts para localização de unidades de produção de uma planta industrial, conforme a figura apresentada a seguir.**

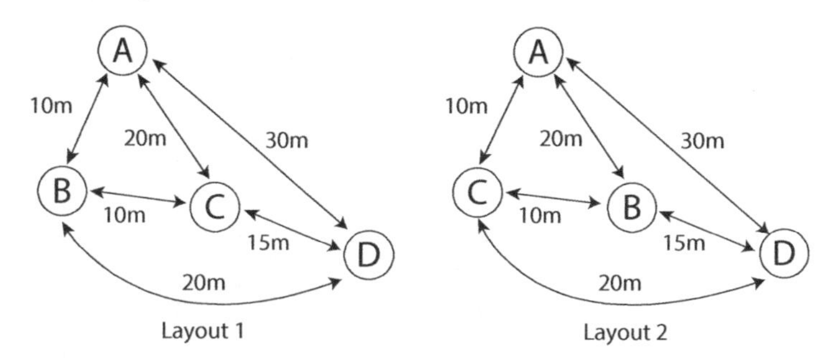

Unidades transportadas por mês entre setores	Quantidade	Custo unitário de transporte (R$/m)
A-B	20	10,00
A-C	10	5,00
B-C	10	5,00
B-D	10	10,00

Considerando as quantidades transportadas por mês entre as unidades e os custos unitários de transporte apresentados na tabela acima, os custos mensais de transporte nos layouts 1 e 2, em reais, respectivamente, são:

a) 4.500,00 e 5.500,00;

b) 4.500,00 e 6.500,00;

c) 5.500,00 e 4.500,00;

d) 5.500,00 e 6.500,00;

e) 6.500,00 e 5.500,00.

39) **Na empresa CN & Filhos Ltda constatou-se que os custos de transportes internos para o processamento dos seus 10 produtos principais estão muito altos. Obtenha uma nova opção de layout ao menos 20% melhor que a de dispor as etapas na sequência inicial apresentada na Carta de Múltiprocessos abaixo e considere que há uma perda de volume de 5% acumulativa por etapa em que os produtos forem efetivamente processados.**

Produto	**A**	**B**	**C**	**D**	**E**	**F**	**G**	**H**	**I**	**J**
DMP	▽	▽	▽	▽	▽	▽	▽	▽	▽	▽
M1	○	○		○	○		○			○
M2	○		○		○	○		○		○
M3		○	○	○					○	
M4	○	○	○	○		○		○		○
M5					○	○	○	○	○	○
M6	○	○	○	○		○	○		○	
M7		○		○	○			○	○	○
M8	○		○		○	○	○		○	
M9		○		○				○	○	○
M10	○				○		○	○		
DPA	△	△	△	△	△	△	△	△	△	△

Produtos	**Demanda (103 unidades/ano)**	**Peso inicial (Kg por unidade)**
A	50	3,10
B	35	4,40
C	45	4,50
D	25	3,00
E	30	3,60
F	40	2,80
G	25	3,20
H	45	3,70
I	35	2,60
J	45	2,30

40) Segundo auditoria realizada na Empresa XYZ constatou-se que os custos anuais de transportes internos entre departamentos estão muito altos, mas um estudo preliminar identificou que havia um potencial para redução destas despesas de ao menos 10% com a execução de um re-layout na sua planta industrial. Visando atingir este objetivo a direção da empresa contratou um(a) Engenheiro(a) de Produção para projetar o re-layout na sua planta industrial composta por nove departamentos A, B, C, D, E, F, G, H e I, organizados segundo a Figura 1, para os quais se tem as quantidades mensais que devem ser transportadas (Carta De-Para) em quilos por mês e os custos unitários de transporte (Tabela 1).

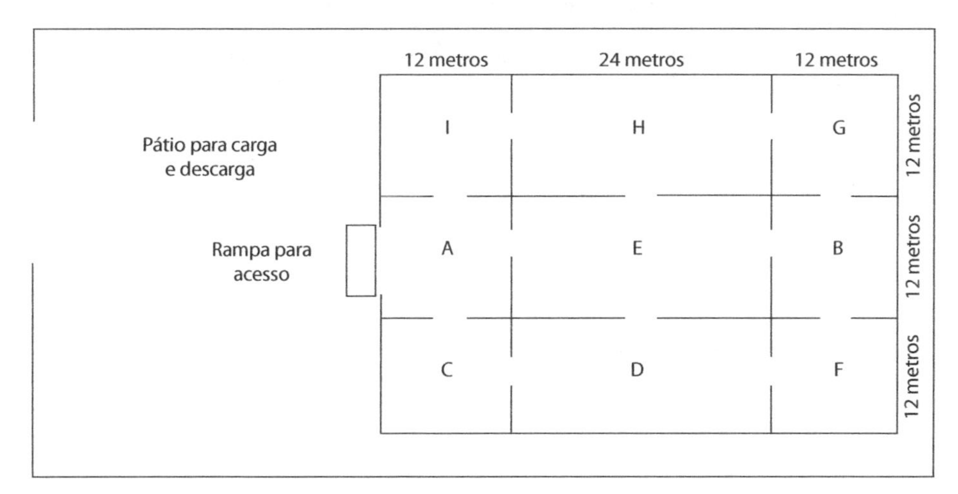

DE-PARA	A	B	C	D	E	F	G	H	I
A	-	240	240	240	280	200	120	140	120
B		-	180	240	220	140	280	200	120
C			-	120	140	120	240	280	200
D				-	100	120	140	120	240
E					-	140	120	180	240
F						-	240	280	200
G							-	240	140
H								-	200
I									-

Tabela 1 – Custos (custos/metro/quilo)

Distância (metros)	R$
Abaixo de 20,00	5,00
De 20,0 a 30,00	10,00
Acima de 30,00	20,00

Utilizando a Carta De-Para, calcule os custos de transporte da situação atual e encontre uma solução que forneça uma economia no custo total de transporte de 20% ou mais, considerando as seguintes restrições:

- As movimentações dos recursos em processos (WIP) entre os setores produtivos são realizadas somente no sentido vertical e/ou horizontal;
- Devido a existência de uma rampa para acesso ao prédio, o setor A deve suportar obrigatoriamente os setores de embarque e recebimento;
- Todos setores devem manter suas dimensões atuais;
- Caso seja necessário no estudo de re-layout, pode-se considerar a mudança de posição das paredes internas.

15

Procedimento racional para o projeto de layout

O planejamento do layout fabril é uma atividade indispensável a qualquer organização industrial. Apesar de as organizações nem sempre realizarem o projeto de forma estruturada ou formal, o conhecimento técnico para sua realização já é de conhecimento comum, tendo sofrido poucas modificações nas últimas décadas.

Por outro lado, tem sido observado um crescente interesse pela área de gestão de projetos, devido principalmente aos resultados positivos de sua utilização. Para o PMI,[1] um projeto é um empreendimento temporário, ou seja, uma ação com início e fim bem definidos, com objetivos claros e envolvendo a gestão de recursos humanos, físicos e financeiros. Sua realização ocorre em cinco processos distintos. No primeiro deles, a inicialização, há a apresentação do projeto, sendo explicitados os objetivos, justificativas e resultados esperados no projeto, bem como informações das limitações do projeto, incluindo a disponibilidade de recursos.

Na sequência há o planejamento do projeto, cujos resultados esperados são desdobrados em atividades, as quais geram o cronograma do projeto. Além do escopo e do tempo, também ocorre o planejamento dos custos, riscos, qualidade, comunicações, recursos, aquisições e da integração do projeto. A execução do projeto é outro processo, sendo feita com base no planejado, sendo o processo de controle responsável pelo monitoramento do andamento do projeto. Finalizando, há o processo de encerramento, em que há o arquivamento do projeto para futura referência.

Dentro do planejamento do projeto, quando da realização do planejamento do tempo, Rozenfeld *et al.*[2] propõem a adaptação de um modelo de referência como base para a proposição das atividades do projeto. Um modelo de referência, segundo os

---

[1] PMI – PROJECT MANAGEMENT INSTITUTE. *A guide to the project management body of knowledge: PMBOK GUIDE.* Pensylvania USA: PMI Inc., 2004.

[2] ROZENFELD, H.; FORCELLINI, F.A.; AMARAL, D.C.; TOLEDO, J.C. SILVA, S.L.; ALLIPRANDINI, D.H.; SCALICE, R.K. *Gestão de Desenvolvimento de Produtos: uma referência para a melhoria do processo.* São Paulo-SP: Ed. Saraiva, 2006.

próprios autores, é um referencial comum para toda a empresa, uma mapa no qual cada processo da organização pode ser explicitado em suas fases e atividades, bem como em seus objetivos, ferramentas e documentos. Por exemplo, tal ação permite a uma empresa comparar os resultados das atividades de um projeto com outro, uma vez que a nomenclatura, objetivos, entradas e saídas adotadas são derivadas de um mesmo padrão para todos os projetos. Dessa forma, erros cometidos no passado são mais facilmente identificados, e procura-se replicar oportunidades verificadas em projetos anteriores.

Dentro desse contexto, optou-se apresentar o projeto do layout fabril na forma de um modelo de referência, de forma a facilitar sua utilização em projetos de melhoria, principalmente no tocante à gestão de projetos. O modelo proposto apresenta fases, atividades e tarefas necessárias para o correto planejamento e execução de um layout fabril. As bases utilizadas para o seu desenvolvimento, sua estrutura e uma análise de sua viabilidade de aplicação são discutidas nos tópicos a seguir.

15.1 O modelo de referência para o Projeto do Layout Fabril

Tal qual visto nos capítulos anteriores, o projeto do layout fabril somente poderá ser tão eficiente quanto o processo de fabricação a ele destinado permitir. Por outro lado, um projeto de layout fabril inadequado poderá afetar consideravelmente a eficiência do processo, mesmo este tendo sido adequadamente otimizado.

Para auxiliar na realização de um projeto de layout adequado, foi proposto um modelo de referência que organiza as ações de projeto necessárias em quatro fases distintas, conforme ilustra a Figura 15.1, as quais são descritas a seguir:

- **Planejamento do Projeto** – envolve a adaptação do modelo de referência apresentado neste capítulo às necessidades específicas do projeto do novo layout.
- **Projeto Informacional** – focado no levantamento e na análise das informações necessárias para realização do projeto fabril.
- **Projeto Conceitual** – lida com definição e escolha de alternativas de projeto de layout adequado às especificações determinadas na fase anterior.
- **Projeto Detalhado** – visa o detalhamento e a otimização da alternativa selecionada.

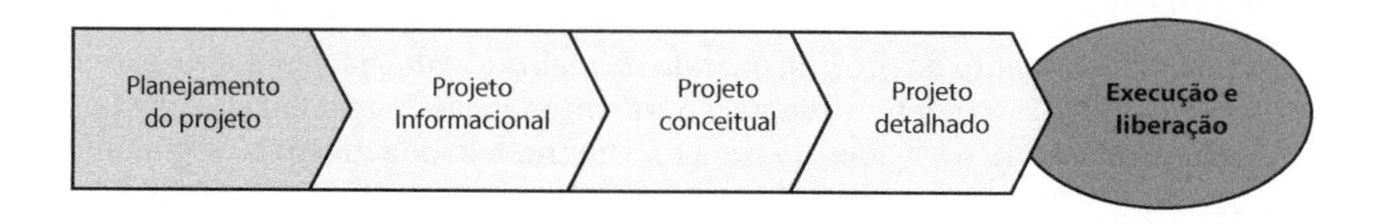

FIGURA 15.1
Estrutura geral do Modelo de Referência para Projeto de Layout Fabril.

Uma visão geral mais detalhada do modelo é apresentada na Figura 15.2, em que os limites das fases são representados pelas bordas mais grossas, das atividades pelas bordas mais finas e as tarefas em seus blocos individuais. Também são representadas nas figuras (apenas) as principais saídas de cada tarefa, entretanto é importante destacar que o conhecimento desenvolvido em cada atividade evolui a cada tarefa, podendo haver revisões dos conteúdos anteriores e reuso dos mesmos em diversas situações.

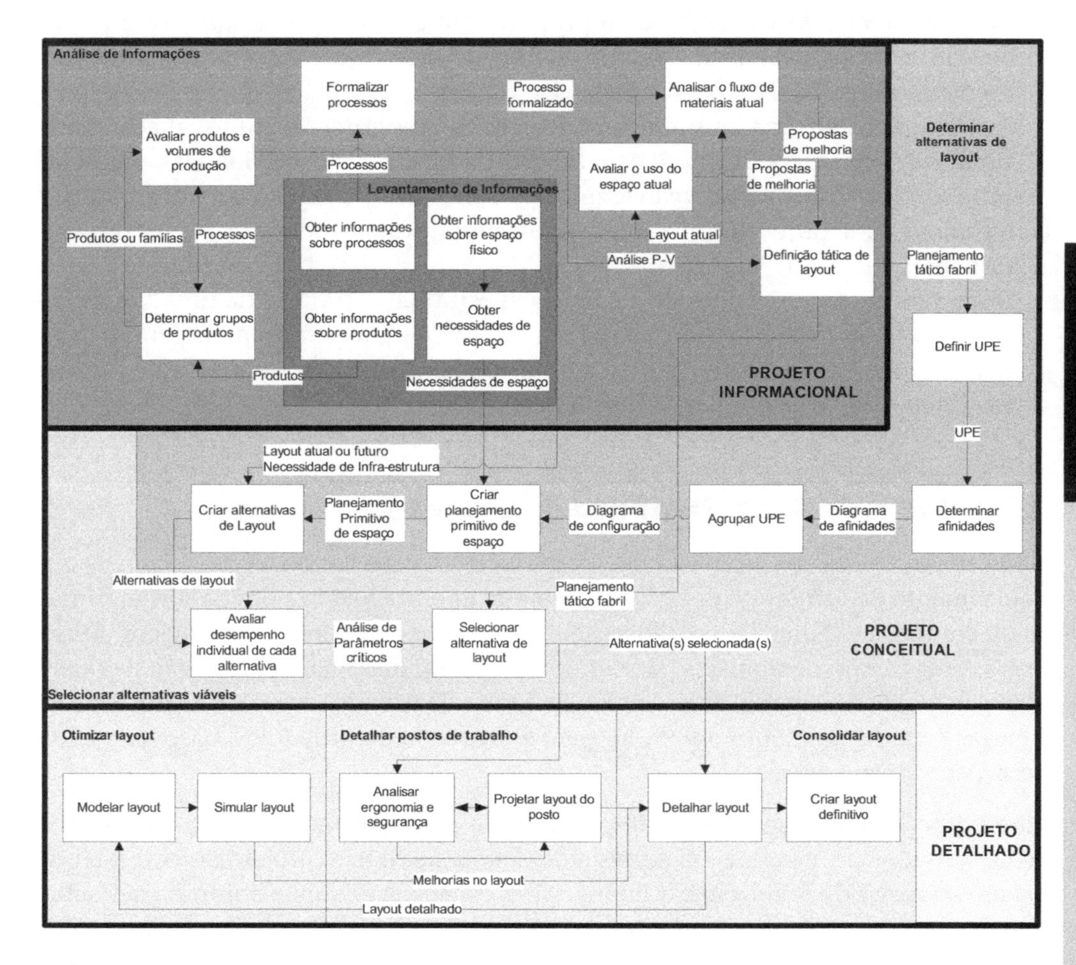

FIGURA 15.2

Visão geral do modelo de referência proposto para o projeto de layout fabril.

Antes de entrar na apresentação destas fases, entretanto, cabe ressaltar que, além dos aspectos descritos neste documento, outras atividades de grande importância devem ser realizadas em cada uma das fases do projeto do layout. Estas são consideradas como atividades de apoio, e têm por objetivo dar suporte às decisões gerenciais durante a realização do projeto. São elas:[3]

- **Revisões do Planejamento do Projeto** – ocorre no início de cada fase, principalmente em projetos de maior complexidade. As premissas presentes no plano de projeto inicial são reavaliadas e as alterações necessárias realizadas;
- **Acompanhamento da viabilidade econômica do projeto** – consiste em verificar os gastos dos projetos durante todo seu andamento. Havendo alterações significativas, o projeto poderá ser paralisado;
- **Análise técnica da viabilidade do projeto** – trata-se de uma avaliação interna à equipe de projeto, realizada sempre ao final de cada fase. São avaliados principalmente os aspectos técnicos do projeto;
- **Análise gerencial da viabilidade do projeto (*phase gate*)** – é uma avaliação realizada por membros externos e usualmente de hierarquia superior à da equipe de projeto. Os dados da avaliação técnica e econômica do projeto são discutidos, e o projeto pode obter permissão para continuar, sofrer alterações ou ser descontinuado;
- **Documentar decisões tomadas e lições aprendidas** – trata-se de uma boa prática adotada por muitas organizações, a qual facilita o aprendizado organizacional permitindo recuperar informações em futuros projetos, replicando o que foi bem realizado e não repetindo os erros do passado.

15.2 Fase de Planejamento do Projeto

Todo projeto, para ser propriamente desenvolvido, deve ser bem gerenciado. O Gerenciamento de Projetos é uma área de conhecimento cuja importância vem sendo, cada vez mais, essencial ao correto uso dos recursos humanos, tecnológicos, financeiros e de tempo disponíveis para um projeto, sem que haja depreciação da qualidade do mesmo. Neste contexto, o planejamento de projetos surge como um aspecto central, sendo o elemento norteador para a execução do projeto e a base para as alterações em seu controle.

Entretanto, não é nosso objetivo descrever todos os procedimentos de gestão de projetos, mas apenas introduzir algumas recomendações para o projeto do layout fabril, ficando a cargo do leitor buscar na literatura especializada mais informações sobre o tema.[4] A primeira recomendação está relacionada à elaboração da declaração de escopo do projeto. Na confecção desse documento devem ser considerados os objetivos estratégicos da organização, presentes em seu Plano Estratégico de Negócio (PEN). Como já visto anteriormente, o PEN é o documento que descreve as diretrizes de atuação da empresa nas áreas administrativas, financeira, de marketing e de ma-

[3] Para se conhecer mais a fundo o conteúdo destas atividades é recomendada a leitura do Capítulo 3 do livro Gestão de Desenvolvimento de Produtos de Rozenfeld *et at.* (2006).

[4] Para tanto, é recomendada a leitura do Capítulo 5 de Rozenfeld *et al.* (2006) e do *Project Management Body of Knowledge* (PMBOK) do *Project Management Institute* (PMI, 2004), principal referência na área.

nufatura visando dar à organização vantagens competitivas e uma visão de futuro. Em algumas organizações já há um desdobramento desse documento dedicado à planta fabril, usualmente resultante do Planejamento Estratégico Fabril. Neste, um dos elementos de maior importância para o projeto de um novo layout é a visão de crescimento previsto para a planta. No caso de sua ausência, essas informações podem ser obtidas diretamente com a administração da empresa.

Como segunda recomendação, tal qual já discutido na fundamentação teórica, é o uso do modelo de referência proposto para a definição das atividades do projeto. O uso desse modelo permite ter uma visão global das ações necessárias à realização de um projeto de layout fabril. Entretanto é importante destacar que na adaptação do modelo devem ser considerados aspectos da complexidade e novidade do projeto:

- **Complexidade**: aspectos como o porte da empresa (pequeno, médio ou grande) e quantidade de produtos e processos a serem considerados no projeto, são indicativos da necessidade de se dividir o projeto em fases, abordando inicialmente uma visão interdepartamental, para depois ir a uma visão intradepartamental;
- **Novidade**: o projeto de um novo layout, com produtos e processos ainda desconhecidos tenderá a ser mais longo e detalhado do que a adaptação de um layout já conhecido (procedimento chamado de re-layout) no qual ocorre a recuperação de alguns de seus aspectos de produtividade ou a introdução de novos produtos.

Ressaltando as colocações anteriores, no Quadro 15.1 são apresentas as características dos projetos quanto a sua complexidade e novidade. Como se pode notar, a adaptação do modelo acaba por impactar mais significativamente na duração do projeto, não levando à eliminação de fases, nem sendo comum a redução no número de etapas. Por outro lado, em projetos de menor complexidade ou em layouts mais conhecidos, há uma considerável simplificação no tocante à necessidade de levantamento de informações, uma vez que as mesmas já existem, ou, no caso de projetos de menor complexidade, a abrangência do levantamento é notadamente menor. Outro fator importante a ser destacado é a possibilidade de realizar tarefas, atividades ou até mesmo parte das fases, de forma paralela, economizando tempo do projeto.

Outro aspecto a ser enfatizado é a formação de equipes para o projeto de layout. Usualmente o projeto de fábrica não é uma ação cotidiana da empresa, sendo realizada apenas para o atendimento de sua visão estratégica. Nesse sentido, é importante criar temporariamente uma equipe multidisciplinar que possua um grande conhecimento dos produtos e processos a serem introduzidos no novo layout, e que preferencialmente tenha trabalhado no desenvolvimento dos mesmos. Não havendo pessoas capacitadas para alteração do layout da organização, é recomendada a contratação de especialistas, uma vez que um layout inadequado poderá levar a gastos desnecessários à organização.

Quadro 15.1 Características do projeto do layout de fábrica em relação à sua novidade e complexidade

CARACTERÍSTICAS		COMPLEXIDADE	
		Alta (organização de médio a grande porte)	**Baixa (organizações de pequeno a médio porte)**
NOVIDADE	**Novo Layout**	• Exige o projeto do processo já otimizado; • Focado em toda a empresa; • Realização de um pré-projeto para analisar a distribuição de setores e departamentos para, depois, repetir o projeto a cada departamento/setor; • Uso do modelo completo, com alto detalhamento (maior duração).	• Exige o projeto do processo já otimizado; • Focado em toda a empresa; • Uso do modelo completo, porém ocorre a sobreposição do interdepartamental e o intradepartamental, ou seja, quando necessários setores podem ser tratados no mesmo nível que determinados equipamentos, por exemplo; • Quanto menor a empresa, menor será a duração.
NOVIDADE	**Re-layout (alterações no layout atual)**	• Uso do modelo completo, porém com simplificações, pois grande parte do levantamento de informações já ocorre durante o uso do layout ou são derivadas do projeto anterior; • Usualmente focado em setores e departamentos específicos da organização, porém podendo haver alterações de aspecto interdepartamental.	• Uso do modelo completo, porém com simplificações, pois grande parte do levantamento de informações já ocorre durante o uso do layout ou são derivadas do projeto anterior; • Por se tratar de organizações de menor porte é recomendada a realização do re-layout completo da organização, porém alterações de menor porte também são possíveis.

15.3 Fase de Projeto informacional

O projeto informacional é a fase do projeto que tem como objetivo a coleta de informações, tanto quantitativas quanto qualitativas, necessárias ao desenvolvimento do layout fabril. Entretanto, nesta fase também se objetiva aumentar a conscientização de toda a organização através de questionamentos que faça a equipe de projeto refletir sobre assuntos que possivelmente não tenham considerado anteriormente.

As informações coletadas nesta fase servirão como base para o planejamento do projeto e para tanto é imprescindível a realização de levantamento e análise de dados. A Figura 15.3 ilustra as atividades desenvolvidas no projeto informacional, cujas tarefas serão discutidas nos tópicos a seguir.

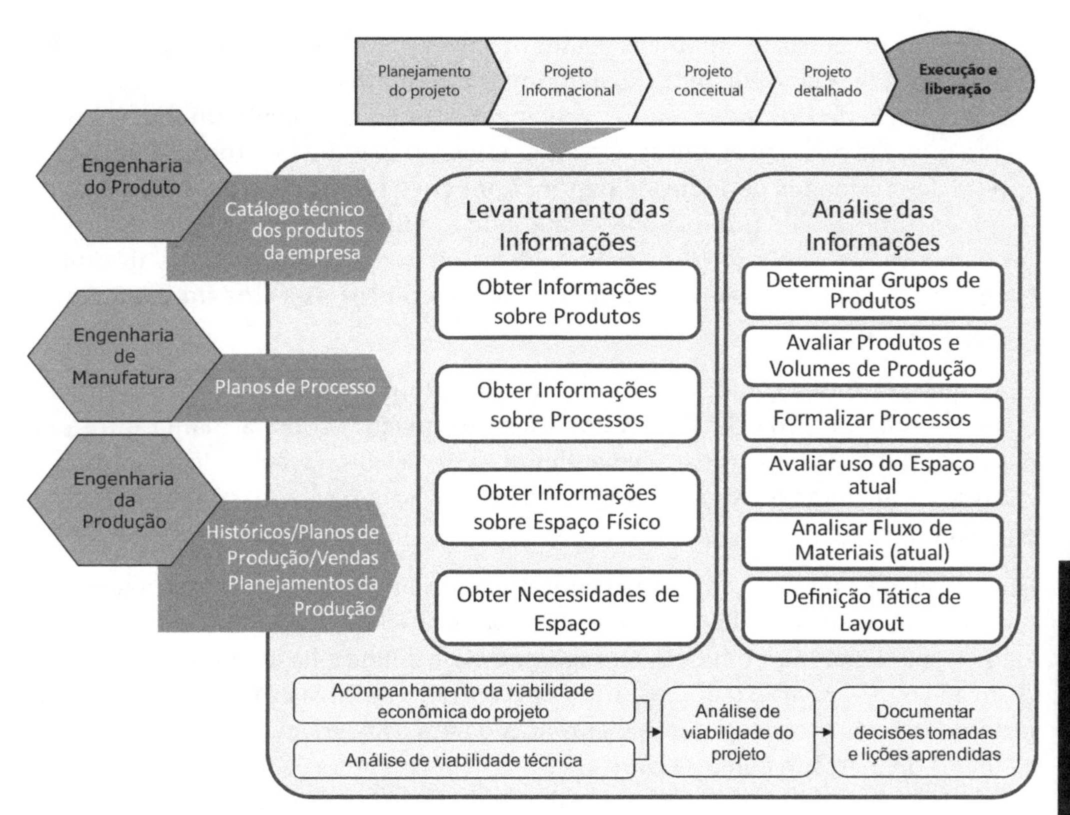

FIGURA 15.3
Atividades e Tarefas do Projeto Informacional.

15.3.1 Levantamento das informações

Na atividade de levantamento de informações ocorre a reunião das informações necessárias a análise que irá definir o melhor tipo de layout a adotar na empresa ou setor. Quatro aspectos são observados: os produtos a serem fabricados, os processos a se realizar, a área ocupada atual e as demandas para o espaço futuro. Grande parte dessas informações pode ser obtida diretamente de outros setores da organização, responsáveis pelas seguintes áreas de conhecimento:

- **Engenharia do Produto** – é responsável pela análise das informações de mercado fornecidas pelo marketing da organização e pela transformação destas em novos produtos. Dados de demanda (estes também podem ser obtidos diretamente de Marketing), ciclo de vida do produto e o próprio catálogo técnico de produtos (atuais e futuros) podem ser levantados a partir desta área.
- **Engenharia de Manufatura** – realiza o projeto do processo de manufatura dos novos produtos, ou seja, define a sequência de operações, máquinas e equipamentos, além de outros planejamentos. Tais informações são apresentadas na forma de

planos de processo, incluindo os planos macros de fabricação e montagem, planos de operações, planos de *setup* de máquina, entre outros.
- **Engenharia de Produção** – atua principalmente no acompanhamento e planejamento das operações, buscando adequá-las ao volume de produção desejado para determinados períodos de tempo. Também é responsável pela definição do tipo de processo de produção a ser adotado (o que influencia no tipo de layout, como visto no Capítulo 4), da política de estoques (o que afeta a área destinada aos mesmos), planejamento da manutenção e outros aspectos do dia a dia da organização.

Uma quarta fonte de informação, inerente ao próprio projeto, deriva do projeto estratégico fabril. A partir dele são obtidas informações sobre a planta futura ou das possibilidades de ampliações na planta local, das limitações físicas de infraestrutura, assim como a visão estratégica da organização para a instalação industrial em estudo.

Esta atividade é dividida em quatro tarefas. A primeira delas, obter informações sobre os produtos (Figura 15.4), visa determinar a variedade de itens a serem produzidos e sua demanda no médio e longo prazo, auxiliando na adequação de layout (relação volume X variedade). As principais entradas, neste caso, são o portfólio de produtos da empresa no período de produção para o layout em desenvolvimento, e os dados de mercado como as projeções ou planejamentos de vendas. Na ausência dessas informações, elas podem ser elaboradas a partir do histórico de produção e de vendas do produto ou, no caso de novos produtos, através de pesquisa de mercado. Todas as informações devem ser compiladas e organizadas de forma a elaborar:

- A lista de produtos a serem fabricados: é um documento que apresenta a lista dos produtos, prazos e quantidades a serem fabricadas;
- Gráficos de produção/vendas: apresenta o histórico e a previsão de produção ou vendas para curto, médio e longo prazo.

Entradas	Ferramentas	Saídas
• Catálogo técnico dos produtos para o novo layout • Histórico de produção • Histórico de vendas • Planos de produção • Projeções/ Planejamento de vendas	• Questionários e Entrevistas • Técnicas de confecção de gráficos	• Lista de produtos a serem fabricados • Gráfico de produção • Gráfico de vendas

FIGURA 15.4

Entradas, ferramentas e saídas da tarefa "obter informações sobre os produtos".

Na tarefa obter informações sobre processos (Figura 15.5) ocorre a coleta de dados sobre os processos a serem realizados pelo layout em estudo, também visando a auxiliar na adequação volume X variedade do layout. Dentre as possibilidades de dados a serem coletados incluem os planos de processo de fabricação e montagem e seus detalhamentos; dados dos equipamentos atuais, incluindo sua disponibilidade; necessidades de aquisições (principalmente para novos processos); e os demais planejamentos da produção (por exemplo, fluxogramas de produção, tabelas de rotinas de operações e diagramas de fluxo de materiais, tal qual o ilustrado na Figura 15.6). Na ausência dessas informações, um simples acompanhamento do processo *in loco* pode ser realizado.

Entradas	Ferramentas	Saídas
• Planos de fabricação e montagem (e detalhamentos) • Dados dos equipamentos atuais • Necessidades de aquisições • Planejametnos da Produção	• Acompanhamento do processo *in loco* • Banco de dados	• Catálogo de processos • Observações do processo • Lista estruturada de máquinas e equipamentos a serem instalados

FIGURA 15.5
Entradas, ferramentas e saídas da tarefa "obter informações sobre processos".

Ao final da tarefa são obtidos:

- Observações do processo: são informações obtidas *in* loco, que devem ser consideradas na elaboração do diagrama de processos;
- O catálogo de processos: é um sumário ou compilação de todos os processos a serem realizados no novo layout. Alternativamente, em projetos de menor complexidade, já pode ser criado o Diagrama de Processos (veja item 16.3.2, tarefa "Formalizar processos");
- Uma lista estruturada de máquinas e equipamentos a serem instalados: é um documento que formaliza a quantidade de máquinas e equipamentos que serão instalados na planta e sua vida útil prevista. Incluem equipamentos para produção, transporte e armazenagem.

Uma tarefa de grande importância é obter informações sobre o espaço físico (Figura 15.7), que consiste em verificar as condições de contorno (espaço-físico) em que se dará o projeto. Tal processo se dá em duas frentes. Primeiramente os dados existentes sobre o layout atual devem ser obtidos, incluindo o desenho da planta vigente e o registro de seus problemas e limitações. O dimensionamento das máquinas, equipamentos e outros espaços utilizados nos processos atuais para transporte, armazenagem ou inspeção deve ser registrado.

Chapa
Almoxarifado
Chapas empilhadas em fardos
9,7 Ton./dia
Laser
Chapas cortadas transformadas em câmaras e costolones
9,0 Ton./dia
Dobra
Câmaras são dobradas
Colostones são dobrados
9,0 Ton./dia
Solda Semiaut.
Quadros para soldar
1,9 Ton./dia
Câmaras soldadas
5,5 Ton./dia
Costolones para soldar
3,5 ton./dia
Acabamento
Acabamento nas câmaras
5,5 Ton./dia
Ensaios
Ensaios de Raio-X
5,5 Ton./dia
Solda Aut.
Solda de quadros e colostones na câmara
10,9 Ton./dia
Ensaios
Ensaios de LP
10,9 Ton./dia
Usinagem
Usinagem das câmaras
10,8 Ton./dia
Ensaios
Ensaios de TH
10,8 Ton./dia
Exped./Receb.
Enviar terceiro polimento
10,8 Ton./dia
Caldeiraria
Montagem da estrutura mecânica
11,3 Ton./dia
UNICS
Montagem hidráulica e pneumática
11,7 Ton./dia
Collaudo
Testes finais
11,7 Ton./dia
Est. Prod. Acab.
Em caixas
11,7 Ton./dia
Ao cliente

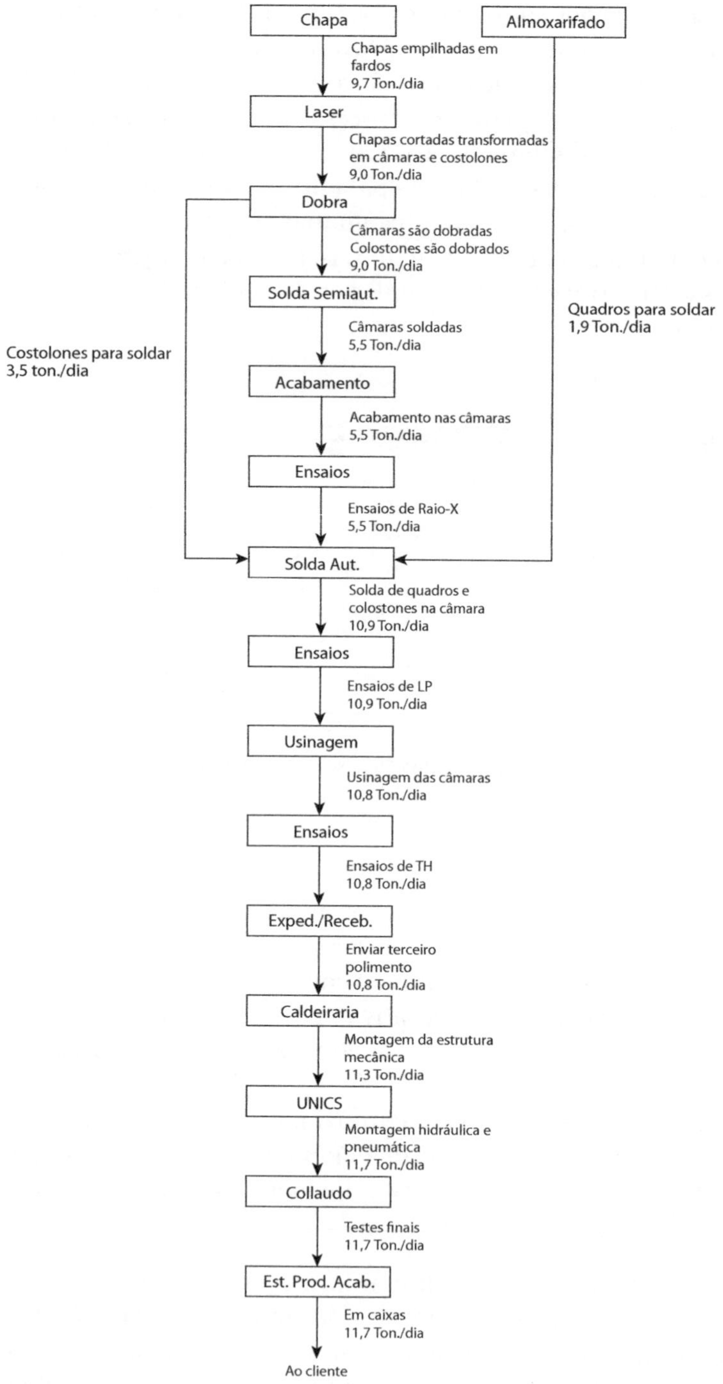

FIGURA 15.6

Exemplo de Fluxo de Materiais.

Fonte: Tibor Schmidt.

Entradas	Ferramentas	Saídas
• Desenhos e informações da planta atual • Desenhos e informações da planta futura • Limitações da planta futura	• Questionários e Entrevistas • Visitações • Medições • Softwares CAD • Check-list de infraestrutura	• Planta atual em CAD • Planta do local futuro • Informações sobre o espaço futuro formalizadas, incluindo: - Lista de limitações do espaço futuro - Lista de necessidades de infraestrutura

FIGURA 15.7

Entradas, ferramentas e saídas da tarefa "obter informações sobre o espaço físico".

O estudo do espaço físico atual permite identificar possíveis problemas, como desperdícios no processo devido a movimentação excessiva e estoques desnecessários, evitando que esses problemas sejam repetidos no novo layout.

Na sequência, toda informação disponível sobre o espaço físico futuro deve ser registrada, também incluindo desenhos e limitações já observadas, como, por exemplo, tamanho e o formato da construção, colunas, assoalhos, configurações e características externas. Uma lista pode ser laborada com as necessidades de infraestrutura para as máquinas e equipamentos. Ao final da tarefa têm-se como principais saídas:

- Planta atual em CAD: é o desenho em CAD da planta atual que possibilita avaliar o uso dos espaços existentes. A Figura 15.8 ilustra um layout em CAD.
- Planta do local futuro em CAD: para determinação do layout futuro (somente no caso de ampliações e novas fábricas).
- Informações sobre o espaço futuro formalizadas: é uma listagem dos dados a serem considerados no projeto, incluindo:
- Lista de limitações do espaço futuro;
- Lista de necessidades de infraestrutura.

Como última tarefa desta atividade deve-se obter as necessidades de espaço. O objetivo é determinar a demanda de espaço para máquinas e equipamentos, estoques, espaços administrativos, serviços para produção (manutenção, laboratórios etc.), serviços para funcionários (banheiros) e outras demandas. O ponto de partida é a lista de máquinas e equipamentos a serem instalados, já obtida anteriormente, incluindo equipamentos para produção, transporte e armazenagem.

Informações provenientes da tarefa anterior também podem ser utilizadas, incluindo o uso atual de espaço e as demandas de espaço. Dados de como os produtos serão manejados também devem ser obtidos, incluindo: dimensões, peso, fragilidade, fluxo, necessidades de corredores, portas, espaçamento entre pilares, veículos utilizados para movimentações (empilhadeira, jacarés) etc.

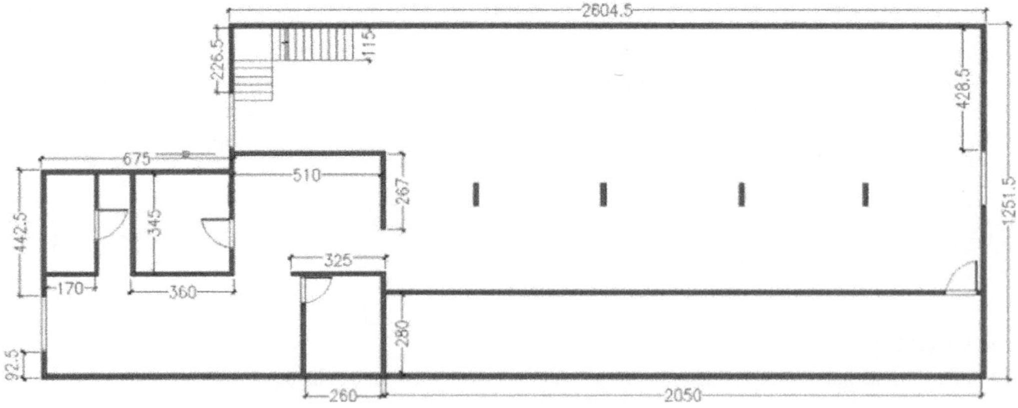

FIGURA 15.8
Exemplo de uma planta baixa para uma empresa.

Fonte: Aline Ribeiro Ramos.

Entradas	Ferramentas	Saídas
• Lista estruturada de máquinas e equipamentos a serem instalados • Uso atual de espaço Análise das demandas de espaço • Informações sobre manipulação de cargas Informações diversas	• Questionários e Entrevistas • Técnicas de confecção de gráficos • Visitação • Medições	• Tabela de necessidades de espaço • Necessidades especiais de infraestrutura

FIGURA 15.9
Entradas, ferramentas e saídas da tarefa "obter as necessidades de espaço".

Ao final desta tarefa deve ser elaborada uma tabela registrando as necessidades de espaço para máquinas e equipamentos, espaços administrativos, serviços da produção (laboratórios, manutenção etc.), serviços para os funcionários (banheiros, cozinha etc.) e de espaços para movimentação e armazenagem. Nesta tabela também podem ser inseridas informações sobre as necessidades específicas de infraestrutura especiais dos itens contemplados na tabela. Um modelo desta tabela é exemplificado no Quadro 15.2. É importante destacar que as demandas de áreas, assim como seus complementos (por exemplo, espaços para manutenção ou operação de equipamentos), devem ser preferencialmente apresentadas em "m x m", não em m^2, permitindo a caracterização de espaços retangulares. No caso dos complementos de área, também devem ser informados a localização deste complemento (à frente, atrás, à direita, à esquerda, acima ou abaixo).

Quadro 15.2 Exemplo de tabela de necessidades de espaço para o setor de soldagem em uma empresa fictícia

Nome / Descrição	Função Primária							QTD.	Área ocupada atual [m x m]					Outras Necessidades de área e observações
	Mq	Tr	Es	Mv	SP	ST	Outra							
Estoque			X					1	0	1,5	14 x 4,5	1,5	2	Espaços frontal e lateral para acesso empilhadeira
Acabamento		X						1	1,5	0,5	2 x 6,4	0,5	1,5	Espaços laterais para acesso de operador com paleteira
Máquinas de solda	X							4	1,5	0,5	2,8 x 2,8	0,5	1,5	Espaços laterais para acesso da manutenção e de operador com paleteira
Lavadora	X							1	1	1	7,5 x 6	1	0	Espaços laterais para acesso da manutenção
Expedição				X				1	3,3	0	4,5 x 8,5	0	0	Espaço lateral para acesso empilhadeira e jacaré
Corredores empilhadeira				X				-	0	0	1,5 x 50	0	0	Soma de toda área destinada a corredores
Escritório supervisor		X						1	0	0	3 x 4	0	0	-
Armários para funcionários						X		1	0	0	15 x 1,3	0	0	-
Quadros informativos					X			3	0	0	1 x 0,5	0	0	-

LEGENDA:		
	Mq - Máquina ou equipamento	Mv - Movimentação / Transporte
	Tr - Posto de trabalho	SP - Serviços para produção
	Es - Estoque / material em processo	ST - Serviços para o trabalhador

15.3.2 Análise das informações

Concluído o levantamento de informações, bem como a organização dos dados obtidos, tem início a atividade de Análise das informações, a qual inicia com a tarefa de determinar grupos de produtos (Figura 15.10), que tem por finalidade agrupar os produtos a serem produzidos pela similaridade de processos. O ponto de partida é lista de produtos a serem fabricados e o catálogo de processos, obtidos nas duas primeiras tarefas da atividade anterior.

Entradas	Ferramentas	Saídas
• Lista de produtos a serem fabricados • Catálogos de processos	• Fluxograma de análise de processos existentes • Métodos de agrupamento de produtos/processos	• Grupos ou famílias de produtos

FIGURA 15.10
Entradas, ferramentas e saídas da tarefa "determinar grupos de produtos".

A base para esta análise é proveniente da Tecnologia de Grupo, um conjunto de métodos e ferramentas para arranjar peças e seus processos produtivos mais importantes de acordo com sua similaridade de projeto ou fabricação (ver Capítulo 19).

Ao final desta tarefa são obtidos os Grupos ou famílias de produtos, um registro documental organizando as informações de produtos e processos em seus respectivos grupos.

Na tarefa avaliar produtos e volumes de produção (Figura 15.11), os grupos de produtos identificados devem ser priorizados através de gráficos de produção/vendas, visando determinar o volume de produção de médio e longo prazo gerando um gráfico de produto e volume.

Entradas	Ferramentas	Saídas
• Grupos de produtos • Gráfico de produção/vendas	• Técnicas de elaboração de gráficos (histograma)	• Gráfico de P-V (produto-volume)

FIGURA 15.11
Entradas, ferramentas e saídas da tarefa "avaliar produtos e volumes de produção".

Em paralelo com a determinação de produtos e volumes pode ser realizada a tarefa de formalizar processos (Figura 15.12), em que os diagramas de processos para os produtos, ou grupos de produtos, devem ser elaborados. No caso de um grande número de famílias de produtos, devem ser priorizadas as de maior volume de produção, sendo utilizado o gráfico de P-V como base para a tomada de decisão. O uso de diagramas de processos tem algumas vantagens em relação aos demais tipos de registro visual de processo, tais como os fluxogramas de processos e os diagramas de fluxo de materiais, por não enfatizarem as operações, e sem proverem uma visão de todas as ações do processo.

Entradas	Ferramentas	Saídas
• Catálogo de processos • Observações do processo • Grupos de produtos	• Técnicas de diagramação de processos	• Diagramas de processos

FIGURA 15.12
Entradas, ferramentas e saídas da tarefa "formalizar processos".

A tarefa de avaliar o uso de espaço atual (Figura 15.13) tem por objetivo fazer uma análise crítica da ocupação, verificando se essa utilização está sendo predominantemente realizada em operações, transportes, esperas, inspeções, armazenagens, futuras expansões ou outros usos. A base desta análise é a planta atual da empresa, sendo criado um diagrama de uso do espaço atual. Depois de confeccionado o diagrama, ele deve ser avaliado em busca de melhorias para o novo layout, mesmo quando se tratar de uma nova fábrica, desta forma evitando a ocorrência de problemas observados no layout atual. As saídas desta tarefa são:

- **Diagrama de uso do espaço atual**: este procedimento consiste em avaliar as diferentes áreas da organização através do preenchimento de suas áreas com cores caracterizando sua utilidade para empresa, sendo recomendado para tanto o uso das categorias da norma ANSI Y15.3M-1979. A Figura 15.14 ilustra o diagrama de espaço atual para o exemplo de planta baixa da Figura 15.8.

Entradas	Ferramentas	Saídas
• Planta atual em CAD • Tabela de Necessidades de espaço	• Técnicas de elaboração de gráficos • Softwares de CAD	• Diagrama de uso do espaço atual • Proposta para racionalização do uso do espaço

FIGURA 15.13
Entradas, ferramentas e saídas da tarefa "avaliar o uso de espaço atual".

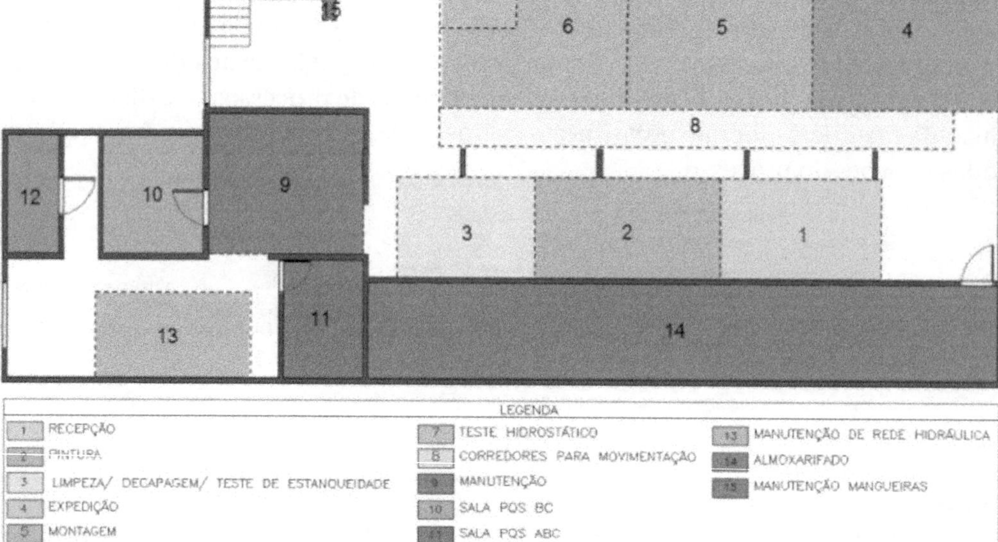

FIGURA 15.14

Exemplo de Diagrama de espaço.

Fonte: Aline Ribeiro Ramos.

- **Proposta para racionalização do uso do espaço:** através do diagrama de espaço atual é possível contabilizar a área dedicada da empresa em cada categoria. A Figura 15.15 apresenta um diagrama de pizza para o exemplo da Figura 15.14. Para que se possa propor melhorias na racionalização do espaço, observa-se o quanto a organização dedica seus espaços aos elementos que agregam valor. Para um processo

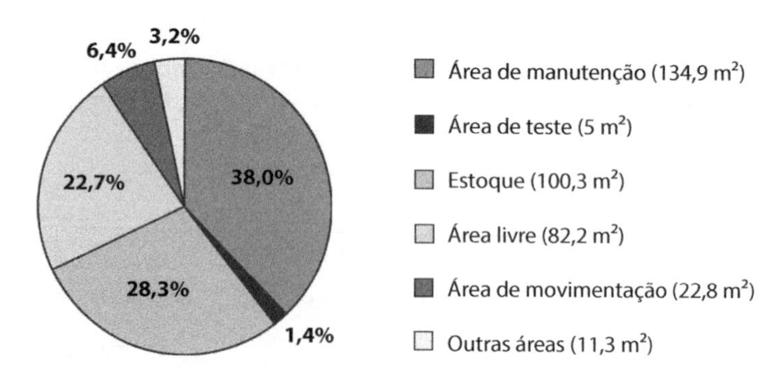

FIGURA 15.15

Exemplo de levantamento da ocupação do espaço atual.

Fonte: Aline Ribeiro Ramos.

de manufatura, seria desejável uma ocupação de 60% do espaço, ou superior, com operações; por outro lado, valores abaixo de 30% corresponderiam a problemas críticos. Entretanto, tais valores são apenas para referência, variando dependendo do ramo industrial em que a empresa atua. O mais indicado seria comparar com empresas consideradas como *benchmark* em desempenho no mercado, visando a igualar ou a superar seus índices de desempenho. Em nosso exemplo, considerando-se que se trata de uma empresa para manutenção de equipamentos, 39,4% do espaço estariam destinados à realização de operações (manutenção e testes), caracterizando um possível desbalanceamento no uso do espaço.

Outro estudo baseado na planta atual da empresa é feito na tarefa analisar fluxo de materiais atual (Figura 15.16), em que é registrado e avaliado o deslocamento dos materiais na organização.

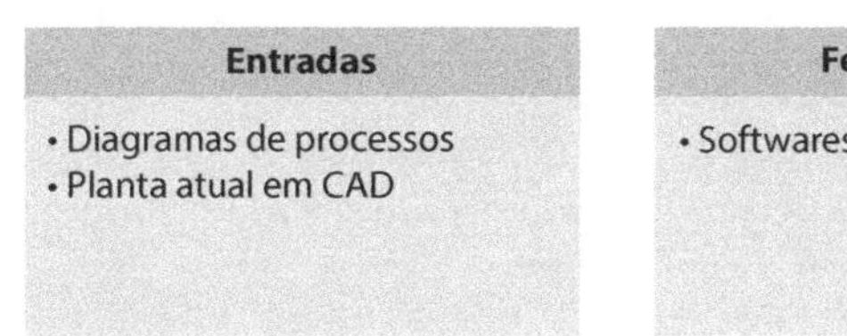

Entradas	Ferramentas	Saídas
• Diagramas de processos • Planta atual em CAD	• Softwares CAD	• Diagrama de fluxo de materiais • Propostas de racionalização do fluxo de materiais

FIGURA 15.16
Entradas, ferramentas e saídas da tarefa "analisar fluxo de materiais atual".

A finalização do Projeto Informacional ocorre com a tarefa de definição tática de layout, na qual todos os pressupostos iniciais do projeto, presentes na declaração de escopo, serão reavaliados, sendo determinados os tipos de layouts (em linha, celular etc.) mais adequados ao problema em questão, bem como possíveis combinações e variantes. Além da declaração de escopo, todos os dados obtidos e avaliados durante a fase de Projeto Informacional devem ser estudados.

O resultado desta fase é a elaboração de um documento formal, aqui denominado Planejamento tático fabril, contendo a diretriz tática que será adotada na fase de projeto conceitual, incluindo os tipos de layout mais adequados e as propostas de melhoria a serem adotadas. É importante destacar que as decisões presentes neste documento devem ser disseminadas e acordadas entre os principais envolvidos no projeto e devem possuir apoio da alta administração da empresa.

15.4 Fase de Projeto Conceitual

Na fase de Projeto Conceitual a visão da empresa, presente no Planejamento tático fabril, é desdobrada em várias alternativas de layout fabril, as quais são comparadas entre si, determinando a mais atrativa para a organização. A Figura 15.17 ilustra as atividades e tarefas do projeto conceitual.

Planejamento do projeto
Projeto Informacional
Projeto conceitual
Projeto detalhado
Execução e liberação

Analisar afinidades
Definir UPE
Agrupar UPE
Determinar afinidades
Criar propostas de layout

Escolher alternativas
Avaliar desempenho individual
Realizar seleção

Acompanhamento da viabilidade econômica do projeto
Análise de viabilidade técnica
Análise de viabilidade do projeto
Documentar decisões tomadas e lições aprendidas

FIGURA 15.17
Atividades e tarefas do Projeto Conceitual.

15.4.1 Analisar afinidades

A atividade Analisar afinidades é um processo estruturado que visa transformar as informações provenientes da fase de Projeto Informacional em um conjunto de propostas de layout que estejam de acordo com a visão da organização presente no Planejamento tático fabril.

Sua primeira tarefa é a Definição de Unidades de Planejamento de Espaço (UPE; Figura 15.18). Lee (1998) define UPE como sendo as entidades organizadas pelos engenheiros de planejamento de espaço. As UPE podem ser setores ou departamentos inteiros da organização, ou máquinas, postos de trabalho, unidades de armazenamento, ou qualquer outro elemento que, sozinho ou em conjunto com outros elementos, serão considerados como uma unidade para fins de planejamento.

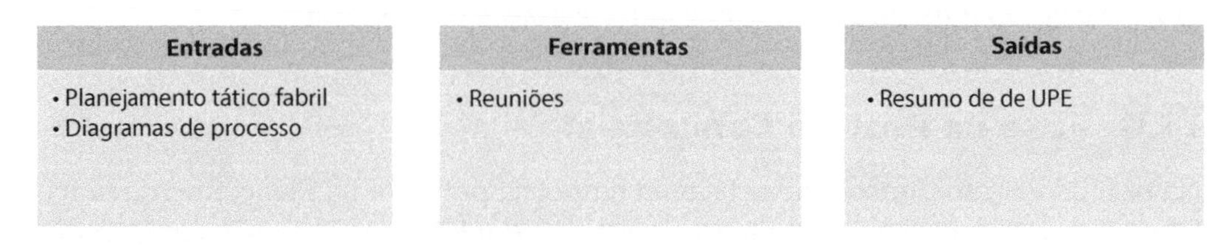

Entradas	Ferramentas	Saídas
• Planejamento tático fabril • Diagramas de processo	• Reuniões	• Resumo de de UPE

FIGURA 15.18
Entradas, ferramentas e saídas da tarefa "Definição de Unidades de Planejamento de Espaço".

Para definir as UPE é recomendada a realização de reuniões iniciais da equipe de projeto para, depois, em conjunto com as gerências dos setores envolvidos, verificar a validade das UPE determinadas. Recomenda-se que toda alteração do atual deve ser registrada, assim como as razões das alterações. Os elementos-chave para definição das UPE são a lista de produtos a serem fabricados, o diagrama de processos e o diagrama de uso do espaço atual.

Já o resultado final deve ser registrado em uma tabela, denominada Resumo de UPE. Nela são apresentadas as UPE a serem adotadas no novo layout, correlacionando com as já existentes quando da realização do re-layout da fábrica, sendo explicitados os elementos introduzidos (inclusões) e transferidos a outras UPE (exclusões). As fontes, ou razões, dessas alterações também são identificadas, podendo incluir uma série de elementos como alterações de processo, inclusão de novas tecnologias, alterações provenientes da tecnologia de grupo ou de mudanças da estratégia da organização, de infraestrutura, de organograma da organização, entre inúmeras outras possibilidades.

Para ilustrar a aplicação de um resumo de UPE é apresentada a Figura 15.19, que exemplifica um grande esforço para a melhoria da estratégia de armazenagem da

#UPE	Nome da UPE	Inclusão	Exclusão	Fontes de proposição				
				Existente	Processo	P&D	Estratégia	Infraestrutura
1	Almoxarifado 1 (novo)	Armazenamento de itens comprados para montagem			X		X	X
2	Almoxarifado 2		Armazenamento de itens comprados para montagem Armazenagem de tintas	X	X			
3	Usinagem	Depósito intermediário	Área de refugos	X	X		X	
4	Montagem		Depósito intermediário	X	X			
5	Pintura	Armazenagem de tintas		X				
6	Teste	Teste elétrico		X		X		
7	Expedição	Área de refugos		X			X	

FIGURA 15.19
Exemplo de resumo de UPE.

empresa, inclusive com a criação de uma nova área de armazenagem (as demais já existiam, sendo esta resultado) e deslocamento dos refugos de processo para a expedição, devido a uma alteração da estratégia da organização. Outro detalhe interessante é a inclusão de um equipamento para testes, proveniente de Pesquisa e Desenvolvimento da empresa, na UPE de testes.

Uma vez concluída a definição de UPE, tem-se início a tarefa de Determinar as Afinidades (Figura 15.20) entre UPE, a qual avaliará o grau de necessidade de proximidade entre as UPE definidas anteriormente. Utilizando como base os diagramas de processo, os quais explicitam as afinidades relacionadas ao processo, os dados de produto-volume e os fluxos de materiais, os quais dão a noção de quantidade de material que passa entre pares de UPE, avalia-se o tipo de afinidade segundo a escala AEIOUX, vista no capítulo anterior.

Entradas	Ferramentas	Saídas
• Resumo de UPEs • Diagramas P-V • Diagramas de processos: mostram afinidades relacionadas ao processo • Observações	• Escala AEIOUX; • Análise de Fluxo de materiais	• Diagramas de afinidades

FIGURA 15.20
Entradas, ferramentas e saídas da tarefa "Determinar as afinidades".

As informações de processo obtidas devem ser registradas em um Diagrama de Afinidades, juntamente com outros tipos de afinidades, incluindo comunicações, compartilhamento de equipamentos ou de pessoal, entre outros. Ao se utilizar a escala AEIOUX sugere-se evitar indicar afinidades como "A", reservando essa classificação para afinidades excepcionais, utilizando a classificação "E" para os itens mais importantes no geral.

A próxima atividade é a de Agrupar UPE (Figura 15.21). Nela são utilizadas as informações do Diagrama de Afinidades, sendo produzido o diagrama de configurações,

Entradas	Ferramentas	Saídas
• Diagramas de afinidades • Tabela de Necessidades de Espaço • Diagramas de afinidades	• Procedimento para planejamento da configuração do espaço	• Diagramas de configuração • Planejamento Primitivo de Espaço

FIGURA 15.21
Entradas, ferramentas e saídas da tarefa "Agrupar UPE".

explicitando graficamente as afinidades encontradas entre UPE, seguindo o procedimento visto no capítulo anterior. Diagramas de configuração alternativos também podem ser criados, contudo apenas as configurações de maior potencial devem ser escolhidas.

Para concluir o agrupamento de UPE, o diagrama de configuração é sobreposto às necessidades de espaço, presentes na tabela de necessidades de espaço, criando o Planejamento Primitivo de Espaço. Esse diagrama é a base na qual serão montadas as propostas de layout.

Finalizando a atividade de análise de afinidades, tem a tarefa Criar Propostas de Layout (Figura 15.22), que tem como finalidade transformar o planejamento primitivo de espaço em alternativas de layout, considerando as limitações físicas existentes no espaço físico do futuro layout, incluindo necessidades de espaço para corredores, disponibilidade de infraestrutura especial para as máquinas e equipamentos etc.

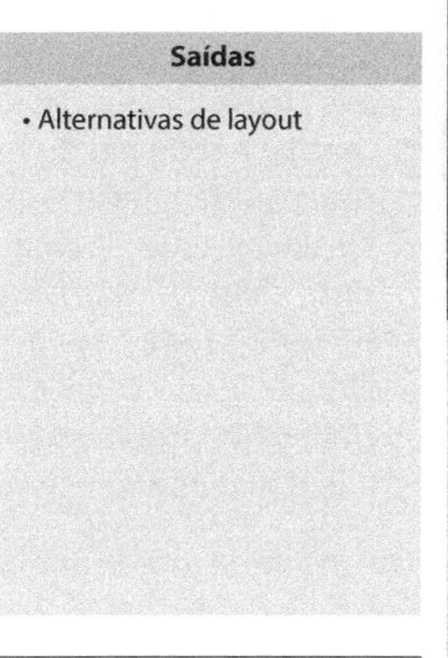

Entradas	Ferramentas	Saídas
• Planejamento tático fabril • Planta em CAD: - atual, caso atualização do layout - futura, caso ampliação ou nova planta • Planejamento Primitivo do Espaço • Proposta para racionalização do uso do espaço • Propostas de racionalização do fluxo de materiais • Necessidades especiais de infraestrutura	• Análise do espaço e limitações • Tabelas padronizadas	• Alternativas de layout

FIGURA 15.22
Entradas, ferramentas e saídas da tarefa "criar propostas de layout".

Para a elaboração das propostas de layout, além dos dados coletados ao longo do projeto, algumas situações devem ser observadas:

- Lembrar que o espaço físico é tridimensional e, portanto, pode haver sobreposições entre UPE estudadas.
- Limitações como pilares e necessidades de corredores devem ser levadas em conta. Seus tamanhos dependem do volume de material a ser transportado e do meio de transporte utilizado. Folgas nas laterais dos corredores também devem ser consideradas.
- As boas práticas de segurança e a ergonomia também devem ser consideradas.

Recomenda-se a elaboração das propostas através do uso de ferramentas de Desenho Auxiliado por Computador (CAD), o que facilitará a realização da avaliação de desempenho das propostas. Não há um número de propostas ideal, porém é recomendado que haja o suficiente para que se tenha uma boa comparação, e não se tenha um número excessivo a ponto de a equipe de projeto não realizar uma boa avaliação.

15.4.2 Escolher alternativas

Uma vez de posse das alternativas de projeto, inicia-se a atividade de escolher alternativas, sendo a primeira tarefa avaliar o desempenho individual de cada proposta (Figura 15.23). O procedimento adotado para tanto é a análise dos parâmetros críticos do projeto, ou seja, índices de desempenho que podem proporcionar um menor desperdício no projeto, sendo alguns dos critérios comumente avaliados:

- O custo da mudança – obtido a partir das estimativas de gastos com a implantação da proposta;
- Custo operacional do layout – baixos custos de introdução não implicam em baixos custos de operação. Um dos grandes benefícios de um bom projeto de layout fabril é a redução da movimentação de materiais que, juntamente com outros fatores, podem levar a custos operacionais mais interessantes para a organização.
- Deslocamento de materiais – avaliado através de diagramas de fluxo de materiais para cada alternativa. A Figura 15.24 ilustra uma avaliação de deslocamento de materiais para uma proposta de layout para o caso apresentado na 15.14.
- Ocupação do espaço – obtido com a construção de diagramas de uso de espaço para cada proposta. A Figura 15.24 também apresenta a proposta de racionalização do layout apresentada na Figura 15.14 em termos de uso de espaço.

Outros indicadores podem ser utilizados, incluindo aspectos estéticos do layout, ergonômicos, de interação social, viabilidade de expansão, entre outros. A determinação de tais critérios depende da visão tática da empresa, presente no Planejamento Tático Fabril.

Entradas	Ferramentas	Saídas
• Alternativas de layout fabril	• Avaliação de parâmetros críticos • Técnicas de diagramação: - fluxo de materiais - uso de espaço	• Diagramas de fluxo de materiais para as alternativas • Diagramas de uso de espaço para as alternativas • Outras medições (parâmetros críticos)

FIGURA 15.23
Entradas, ferramentas e saídas da tarefa "avaliar o desempenho individual".

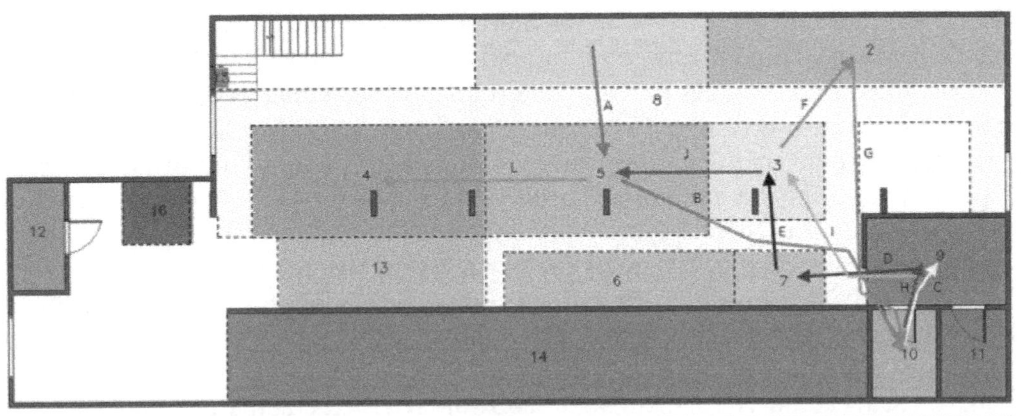

Legenda do percurso do deslocamento do extintor		
A. Recepção-Montagem	E. Teste Hidrostático-Limpeza/Decapagem	I. Manutenção-Teste de Estanqueidade
B. Montagem-Sala PQS BC	F. Limpeza/Decapagem-Pintura	J. Teste de Estanqueidade-Montagem
C. Sala PQS BC-Manutenção	G. Pintura-Sala PQS BC	L. Montagem-Expedição
D. Manutenção-Teste Hidrostático	H. Sala PQS BC-Manutenção	

FIGURA 15.24
Exemplo de racionalização do uso do espaço.

Fonte: Aline Ribeiro Ramos.

Finalizando o Projeto Conceitual, na tarefa realizar seleção (Figura 15.25), os resultados dos índices de desempenho são utilizados para comparar as alternativas de projeto, determinando a mais qualificada para o projeto em desenvolvimento.

Entradas	Ferramentas	Saídas
• Planejamento tático fabril • Diagramas de fluxo de materiais para as alternativas • Diagramas de uso de espaço para as alternativas	• Matriz de avaliação • Medições adicionais	• Alternativa(s) seleciona(s)

FIGURA 15.25
Entradas, ferramentas e saídas da tarefa "realizar seleção".

Para a realização da seleção da melhor alternativa é recomendado o uso de uma matriz de avaliação, como mostra o exemplo da Figura 15.26. Essa ferramenta permite analisar diferentes soluções para um determinado problema ao confrontar em uma matriz as alternativas de projeto (colunas) com critérios de comparação (linhas). Cada critério, estabelecido na tarefa anterior, recebe um peso de importância, sendo 1 ponto para baixa, 5 para alta e os valores intermediários (2 a 4) como diferentes graus de importância. Uma alternativa deve ser selecionada como referência a qual é comparada, a fim de verificar quais destas pode ser considerada melhor (+), pior (-) ou igual (0) à alternativa de referência. A equipe deve analisar então as alternativas de melhor soma ponderada, obtida pela multiplicação dos pesos dos critérios com o índice de comparação. No exemplo da Figura 15.26, a soma ponderada da alternativa 2 foi calculada como 4x(+1)+5x(0)+3x(+1)+3x(0)+5x(-1)=2. O somatório simples é utilizado como critério de desempate.

	Peso	Alternativa 1	Alternativa 2	Alternativa 3	Alternativa 4
Movimentação de materiais	4	Referência	+	0	0
Adequação ao ambiente disponível	5		0	0	0
Custo	3		+	0	+
Uso do espaço	3		0	0	0
Viabilidade de expansão	5		-	-	-0
	Σ+	0	2	0	1
	Σ-	0	-1	-1	0
	Σ	0	1	-1	1
	ΣPonderado	0	2	-5	3

FIGURA 15.26
Exemplo de Matriz de Seleção.

Para a escolha da alternativa de referência é sugerido que se opte por aquela que a equipe já imagine que será a melhor. Dessa forma, os pontos negativos da alternativa serão ressaltados podendo gerar propostas de melhoria. Além disso, caso a alternativa de referência não seja a escolhida, a que sair vitoriosa terá aspectos positivos aos imaginados pela equipe de projeto.

15.5 Fase de Projeto Detalhado

Uma vez selecionada uma alternativa, esta pode ser avaliada e otimizada, visando proporcionar maiores ganhos e eliminar eventuais desperdícios. Em alguns casos, a equipe de projeto pode optar por detalhar mais de uma alternativa, de forma a amadurecer sua visão e tomar a melhor decisão. A visão geral do Projeto Detalhado do Layout pode ser vista na Figura 15.27, sendo dividida em três atividades:

- Otimizar layout;
- Consolidar layout;
- Detalhar postos de trabalho.

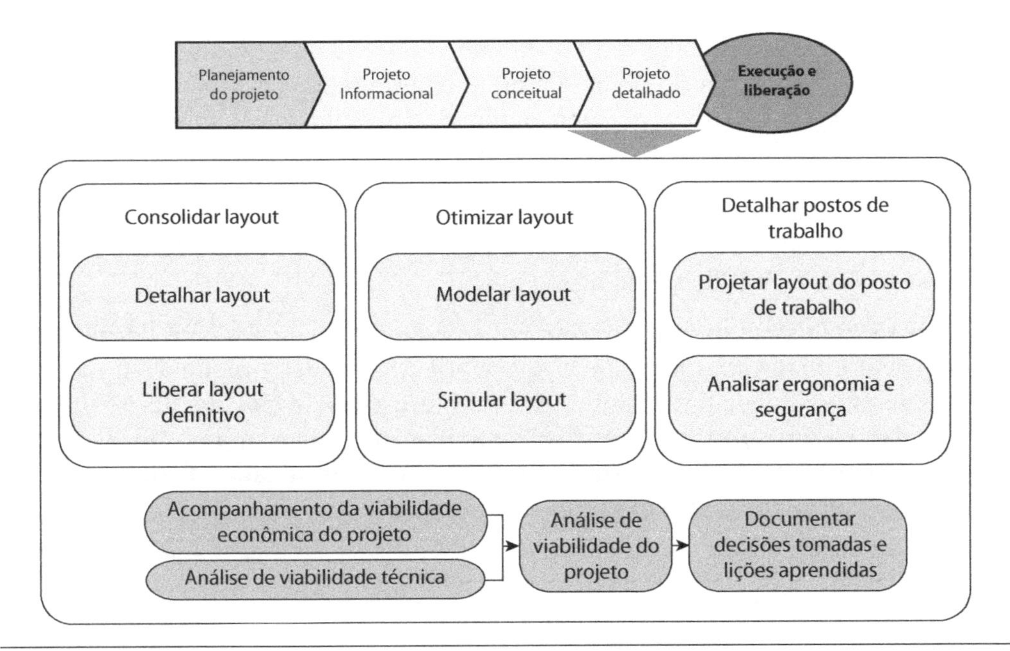

FIGURA 15.27
Projeto Detalhado.

Nas fases anteriores do projeto, independente de ocasionais necessidades de aprimorar a qualidade das informações, pôde-se observar certo fluxo entre as tarefas, em que a maturidade da visão do layout era maior a cada tarefa desenvolvida. No Projeto Detalhado, entretanto, também ocorre uma evolução da qualidade da informação, porém não mais na forma de um fluxo, e sim um processo iterativo entre essas três atividades.

A atividade de Consolidar Layout tem como principal tarefa Detalhar o Layout, no qual um desenho contendo todos os detalhes da alternativa de layout selecionada é elaborado. Essa tarefa é continuamente alimentada com melhorias provenientes das atividades Otimizar Layout e Detalhar Postos de trabalho, sendo que a tarefa Liberar Layout Definitivo só ocorre quando tais atividades atingirem níveis considerados satisfatórios pela equipe de projeto.

A atividade Otimizar Layout tem início com a tarefa de Modelar Layout. Alguns possíveis caminhos têm sido comumente utilizados pelas empresas:

- Criar um modelo computacional. Esta alternativa permite avaliar não somente o uso do layout, mas também o processo em si. Sua grande vantagem está na possibilidade de criar rapidamente diferentes cenários;
- Criar um mock-up, ou seja, um modelo em escala 1:1, porém não funcional ou parcialmente funcional. Sua grande vantagem está na possibilidade de interação com os usuários, o que facilita a discussão de suas particularidades. Tal alternativa tem sido frequentemente utilizada em consultorias de Manufatura Enxuta, porém limitado a setores ou postos de trabalho, devido à complexidade de construção.
- Utilizar Maquetes (modelos em escala reduzida). É uma alternativa aos modelos computacionais. A criação de uma maquete permite analisar diferentes cenários de layout, porém não trará a mesma qualidade de resultados da simulação computacional.

O uso dos modelos criados é feito na tarefa de Simular layout, em que os resultados obtidos são avaliados e melhorias no layout ou no processo são propostas e encaminhadas à tarefa de Detalhamento do Layout.

A Figura 15.28 ilustra um modelo tridimensional criado para avaliar o desempenho de uma determinada alternativa de layout fabril. Através deste modelo é possível simular diferentes atividades, levantar possíveis restrições de movimentação e, quando associado a um software de análise e simulação, avaliar parâmetros de produtividade, como, por exemplo, distância percorrida e necessidades de ampliação ou redução de espaço ocupado em estoques intermediários.

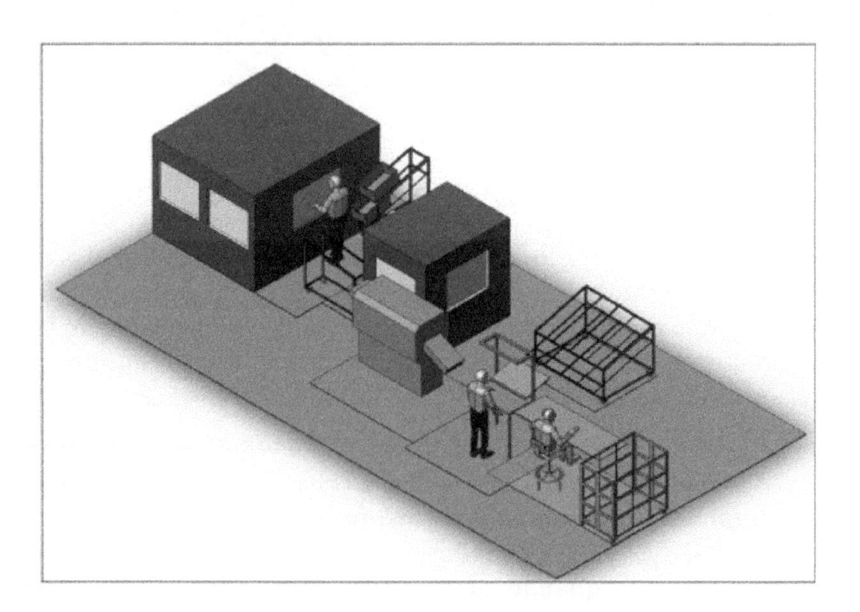

FIGURA 15.28

Exemplo de modelo layout fabril tridimensional.

Fonte: Olivan Bittencourt.

O resultado final desses ciclos de detalhamento e otimização é uma planta do layout estudado, devidamente cotada, tal qual exemplificado na Figura 15.29. Todas as informações adicionais, como necessidades de recursos e de instalações elétricas e hidráulicas, também devem ser anexadas, de forma a prover todo o conteúdo necessário à implantação do layout.

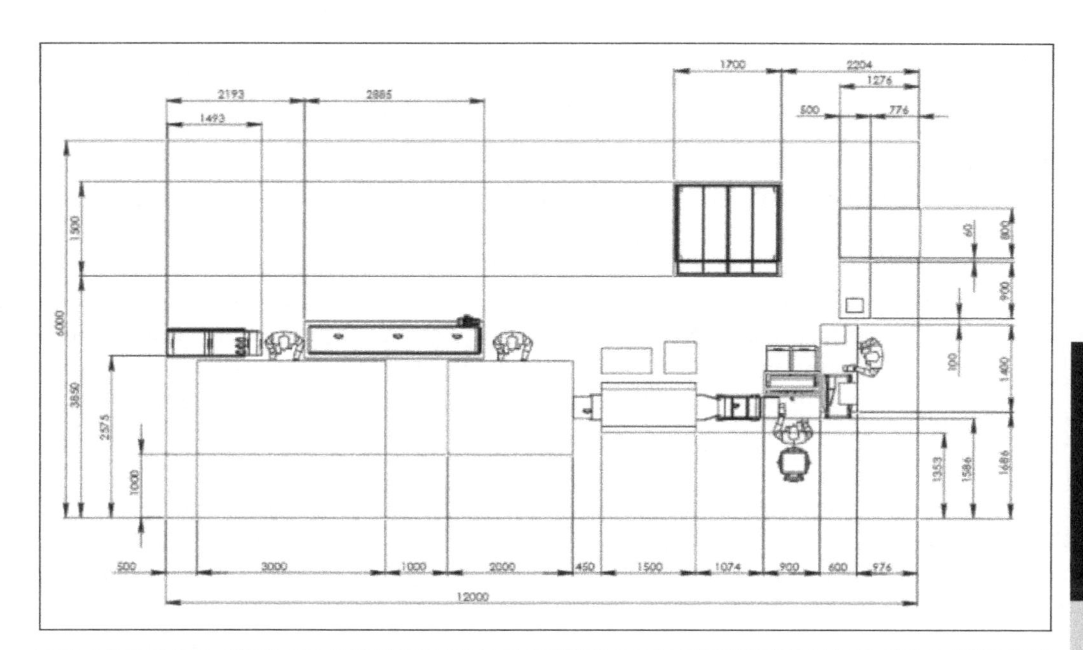

FIGURA 15.29
Exemplo de um layout definitivo.

Uma das atividades mais trabalhosas dentro do projeto de layout fabril é o detalhamento dos postos de trabalho. Grande parte dos esforços a serem realizados compõe outras áreas de conhecimento: o Estudo de tempos e Métodos e o Projeto Ergonômico.

O Estudo de Tempos e Métodos é o termo clássico utilizado para designar os conjuntos de métodos de medição de eficiência do trabalho, incluindo a cronometragem, amostragem do trabalho e tempos sintéticos. Todos os métodos de medição trabalham com o princípio da divisão da operação em elementos, de forma a facilitar a determinação do tempo necessário para a sua realização. A cronometragem é um dos métodos mais antigos, vinculado aos princípios dos estudos da administração científica, e consiste na aquisição de tempos cronometrados em amostras predeterminadas. Uma variante desse método é a Amostragem do Trabalho, ideal para quando for proibitivo o monitoramento contínuo de uma operação inteira. Neste método de medição, em vez de cronometrar atividades individuais, é levantado um número específico de observações da atividade elencada na operação que está sendo auditada. Cada observação é classificada de acordo com o tipo de atividade, especificada antes da medição, e estimada a porcentagem de tempo que foi despendida em cada atividade.

No caso de layouts essencialmente novos, em que não há dados anteriores para subsidiar a definição da melhor forma de realização do trabalho, o método de medição por tempos sintéticos aparece como uma solução particularmente interessante. Os tempos sintéticos são métodos que permitem calcular o tempo padrão para um trabalho ainda não iniciado, ou seja, ainda não passível de cronometragem. Existem dois sistemas principais de tempos sintéticos: o *work-factor* ou fator de trabalho e sistema *methods-time measurement* (MTM) ou métodos e medidas de tempo.

Por outro lado, a ergonomia, algumas vezes referida como "engenharia de fatores humanos", ou simplesmente "fatores humanos", preocupa-se com os aspectos fisiológicos dos projetos do trabalho, isto é, com o corpo humano e como ele ajusta-se ao ambiente. Isso envolve dois aspectos: primeiro, como a pessoa confronta-se com os aspectos físicos de seu local de trabalho, em que "local de trabalho" inclui mesas, cadeiras, escrivaninhas, máquinas, computadores e assim por diante; segundo, como uma pessoa relaciona-se com as condições ambientais de sua área de trabalho imediata, como por exemplo, a temperatura, a iluminação, o barulho do ambiente etc.

O estudo ergonômico é desenvolvido sobre duas bases:

- Deve haver adequação entre pessoas e o trabalho que elas fazem. Para atingir essa adequação, há somente duas alternativas. Ou o trabalho pode ser adequado às pessoas que os fazem, ou, alternativamente, as pessoas podem ser adequadas ao trabalho. A ergonomia direciona para a primeira alternativa.
- É importante adotar uma abordagem científica ao projeto do trabalho, por exemplo, colecionando dados para indicar como as pessoas reagem sob diferentes condições de projeto de trabalho e tentando encontrar o melhor conjunto de condições de conforto e desempenho.

Três elementos são essenciais à ergonomia:

- Anatomia e biomecânica – estuda a divisão anatômica básica do corpo humano, que é feita em cabeça, tronco e membros, e os sistemas orgânicos são grupos de órgãos que atuam no desenvolvimento de determinada função orgânica, podem ter características genéticas e anatômicas equivalentes e dividem-se em sistema esquelético, muscular, nervoso, circulatório, endócrino, respiratório, digestivo, urinário e reprodutor.
- Fisiologia – ciência que estuda o balanço energético dentro do organismo: coração, pulmões e esforço muscular. Com essas observações, pode-se evitar o trabalho estático, propiciar pausas livres e frequentes, dar controle sobre o ritmo de trabalho.
- Antropometria – é a disciplina que descreve as diferenças quantitativas das medidas do corpo humano, particularmente o tamanho e a forma, estuda as dimensões tomando como referência a distintas estruturas anatômicas e serve como ferramenta para a ergonomia com o objetivo de adaptar o trabalho ao homem. A antropometria é o estudo das dimensões do corpo humano e é fundamental para a

ergonomia, no desenvolvimento de máquinas, equipamentos e ferramentas que serão manuseadas pelo homem. É dividida em Antropometria Estática, que mede as diferenças estruturais do corpo humano, em diferentes posições, sem movimento; e Antropometria Dinâmica, cujo registro de movimentos é importante porque delimita os espaços onde deverão ser colocados os objetos, os controles das máquinas ou peças para montagem etc.

Fazendo-se um paralelo com o projeto do layout fabril, o Estudo de Tempos e Métodos seria equivalente ao Projeto do Sistema Produtivo, em que a sequência de trabalho é determinada e o processo produtivo nivelado. Já a Ergonomia faria parte do papel da Engenharia de Manufatura, definindo a forma correta de utilização dos recursos produtivos, neste caso os operadores. Tal qual feito anteriormente, a forma de realização de tais métodos não será detalhada neste capítulo, cabendo ao leitor interessado no tema a busca por literatura específica, sendo o resultado de sua realização considerado entrada para o projeto do layout do posto de trabalho.

É importante destacar que a Ergonomia e o Estudo de tempos e Métodos devem estar intimamente ligados, uma vez que não é econômico, nem produtivo, adotar formas de realização de atividades que venham a molestar o trabalhador, havendo sempre uma alternativa ergonomicamente adequada que, no mínimo, mantenha os níveis de produtividade. Além disso, ambas as atividades influenciam diretamente na organização do posto de trabalho, tal qual ilustra a Figura 15.30, o que impacta consideravelmente no desempenho das operações e na racionalização do uso do espaço.

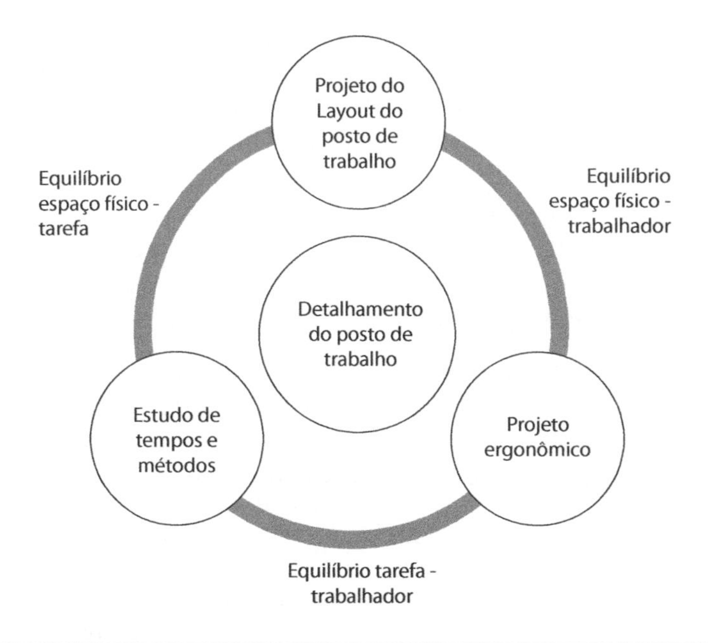

FIGURA 15.30

Os três aspectos do detalhamento de um posto de trabalho.

Para auxiliar na realização do Planejamento do posto de trabalho, um conjunto de tarefas foi proposto, tal qual ilustra a Figura 15.31, divididas em dois grandes grupos: projeto informacional e projeto detalhado. É importante destacar que alterações nos postos de trabalho podem gerar melhorias para a tarefa Detalhar Layout.

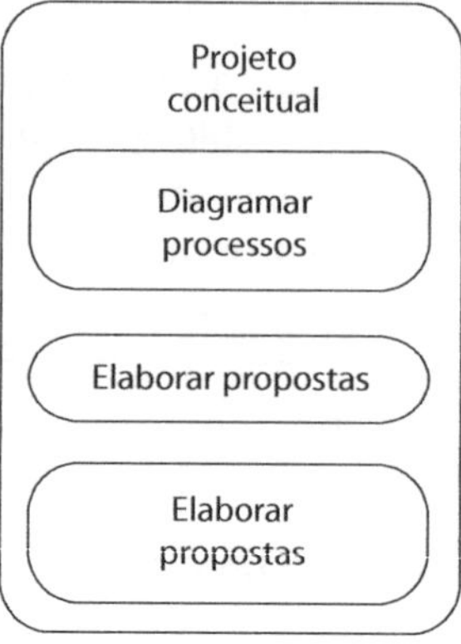

FIGURA 15.31
Estrutura do Planejamento do Posto de Trabalho.

O projeto informacional inicia com a Descrição do Posto de Trabalho, que pode ser realizada de forma simples e informal e visa registrar a localização e função do posto no layout de fábrica. Também devem ser incluídas as limitações dimensionais e fisiológicas já conhecidas, e outras informações pertinentes. Já a tarefa de Estudar Produtos e Volumes visa, quando houver mais de um produto a ser processado, determinar quais deles devem ser priorizados na organização do posto de trabalho, baseando-se na frequência com que esses produtos aparecem no posto em estudo. Para tanto, a elaboração de um gráfico de produto-volume (P-V) é recomendada. Finalizando, deve-se elaborar uma lista de ferramentas e dispositivos fundamentais para o desenvolvimento das atividades. Essa lista deve levar em conta o estudo de P-V realizado anteriormente, bem como as necessidades de infraestrutura.

O projeto conceitual do posto de trabalho inicia com a elaboração do Diagrama de Processo de Duas Mãos, que visa registrar a sequência de processo de um posto de trabalho que utiliza trabalho manual, utilizando os mesmos princípios dos diagramas de processos aplicados ao nível nas fases anteriores. A diferença em relação ao diagrama utilizado para o projeto do layout fabril está o fato de que, neste caso, se considera o que cada mão fará, tal qual exemplificado na Figura 15.32.

Para a tarefa de Elaborar Propostas de layout recomenda-se que a disposição de ferramentas respeite a sequência do diagrama de processos, bem como esteja disponível a respectiva mão, mesmo que isso leve a uma redundância de ferramentas. Dessa forma, o acesso às ferramentas fica mais intuitivo, facilitando a realização do trabalho.

	Mão esquerda	Mão direita	
Esperar	○ ⇨ D □ ▽	○ ⇨ D □ ▽	Pegar a placa- suporte
	○ ⇨ D □ ▽	○ ⇨ D □ ▽	Inserir na fixação
Segurar a placa suporte	○ ⇨ D □ ▽	○ ⇨ D □ ▽	Pegar dois suportes
	○ ⇨ D □ ▽	○ ⇨ D □ ▽	Posicionar a placa traseira
	○ ⇨ D □ ▽	○ ⇨ D □ ▽	Pegar os parafusos
	○ ⇨ D □ ▽	○ ⇨ D □ ▽	Posicionar os parafusos
	○ ⇨ D □ ▽	○ ⇨ D □ ▽	Pegar os propulsores de ar
	○ ⇨ D □ ▽	○ ⇨ D □ ▽	Apertar os parafusos
Esperar	○ ⇨ D □ ▽	○ ⇨ D □ ▽	Recolocar o propulsor de ar
	○ ⇨ D □ ▽	○ ⇨ D □ ▽	Pegar o conjunto central
	○ ⇨ D □ ▽	○ ⇨ D □ ▽	Inspecionar o conjunto central
Segurar o conjunto central	○ ⇨ D □ ▽	○ ⇨ D □ ▽	Posicionar e fixar
	○ ⇨ D □ ▽	○ ⇨ D □ ▽	Ligar o cronômetro
	○ ⇨ D □ ▽	○ ⇨ D □ ▽	Esperar o final do teste
Esperar	○ ⇨ D □ ▽	○ ⇨ D □ ▽	Inspecionar
Gesto de transferência	○ ⇨ D □ ▽	○ ⇨ D □ ▽	Gesto de transferência
Esperar	○ ⇨ D □ ▽	○ ⇨ D □ ▽	Colocar de lado

FIGURA 15.32
Exemplo de Diagrama de Processo de Duas Mãos.

Além disso, as limitações de alcance determinam a distância máxima aceitável do item. Se o indivíduo com o menor alcance pode pegar o objeto, os que têm maior alcance também conseguirão. As limitações de postura frequentemente são difíceis de identificar porque dependem do tamanho das pessoas, de sua posição e das dimensões do equipamento. A altura da superfície de trabalho, por exemplo, depende da altura do operário e da altura da cadeira do operário.

Com base nestas limitações a Antropometria delimitou zonas de alcance horizontal e vertical. Tais zonas, ilustradas na Figura 15.33, devem ser consideradas ao se proporem as alternativas de layout, de forma que os itens e as ferramentas mais necessários aos produtos com maior frequência no estudo de P-V fiquem em zonas mais privilegiadas (em cinza). Usualmente o produto a ser manipulado é posicionado imediatamente à frente do operador, de forma a facilitar o trabalho com duas mãos.

Por último, deve-se proceder à seleção de qual alternativa de layout é a mais interessante, sendo o procedimento recomendado o mesmo para a seleção de alternativas de layout fabril, ou seja:

- Avaliar desempenho individual de cada alternativa de projeto, através de métricas relevantes definidas pela equipe de trabalho;

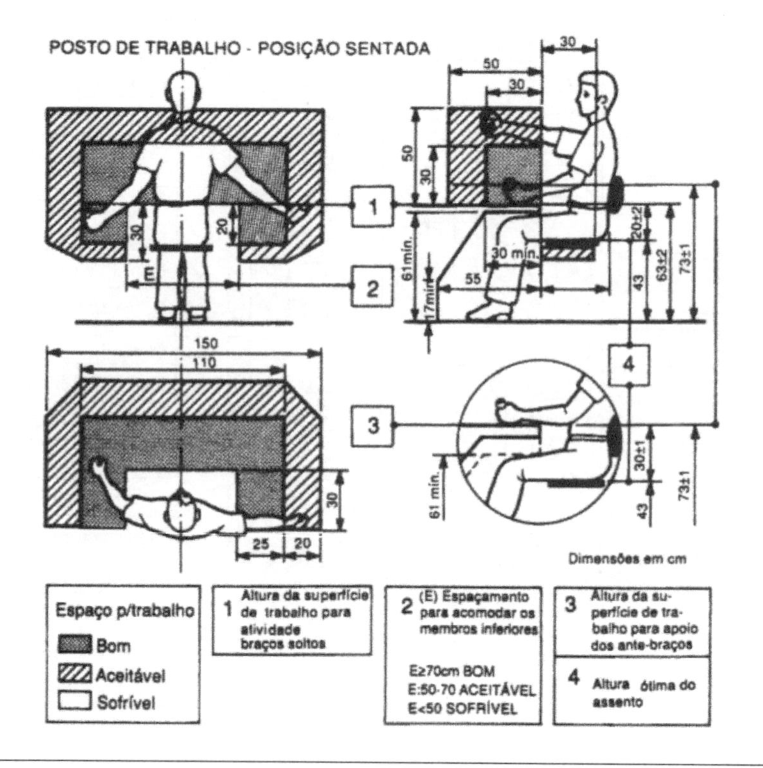

FIGURA 15.33

Recomendações para o dimensionamento de posto de trabalho para postura sentada e em pé.

Fonte: Norma francesa AFNOR X-35-104, 1980.

- Realizar seleção, podendo ser utilizada uma matriz de avaliação para a comparação das alternativas.

É importante destacar que esse procedimento deve ser repetido para os demais postos de trabalho, iniciando pelo de maior importância (posto gargalo, por exemplo), seguindo para os de menor importância.

15.6 Usando o modelo em projetos de layout

Em gestão de projetos é comum o uso de um modelo de referência para padronizar as atividades desenvolvidas. Assim, os grupos envolvidos em projetos similares compartilham uma mesma nomenclatura e procedimentos, evitando erros de interpretação e garantindo a qualidade do resultado.

O uso do modelo se dá ao longo do processo de planejamento do projeto. Com base na minuta do projeto (*Project charter*) o gestor de projeto elabora a Estrutura Analítica de Projeto (*Work Breakdown Strcture* – WBS), que apresenta, de forma hierárquica e estruturada, as entregas e os pacotes de trabalho esperados durante a execução do projeto. Com base no WBS é elaborada uma lista de atividades, as quais são derivadas do modelo de referência completo (no nosso caso, um modelo para o projeto de layout fabril). Uma vez escolhidas as atividades, é possível orçar o projeto, definir a programação de participação da equipe de trabalho, definir o cronograma de projeto e de desembolso de recursos etc.

Questões e Tópicos para Discussão

1) Discuta as vantagens de um modelo racional e padronizado *versus* a prática de tentativa e erro, ainda presente em muitas organizações.
2) Analise a afirmação a seguir em termos de complexidade do projeto e do grau de novidade do layout: "um modelo de referência é apenas de referência e deve ser adaptado".
3) Analise, com base nos tipos de informação necessário e objetivos, as fases de projeto informacional, projeto conceitual e projeto detalhado. Que tipos de ações são realizadas? Quais são os principais resultados esperados?
4) Elabore um cronograma de projeto para o reprojeto de uma instalação qualquer (pode ser uma padaria, uma empresa, um restaurante etc.) com base na sequência apresentada no item 15.6 e no modelo de referência apresentado.
5) Treine a aplicação do modelo de referência proposto para um layout de sua escolha.
6) A Antropometria é uma das ciências de maior importância para a Ergonomia. Descreva como essa ciência pode auxiliar no projeto de uma nova instalação fabril.
7) De que forma o diagrama de processo de duas mãos pode auxiliar ao projeto de um posto de trabalho? Ilustre sua resposta com um pequeno exemplo.

16

Sistemas de manufatura celular

Desde a implantação pelos japoneses de estratégias de manufatura como diferencial competitivo, indústrias em todo o mundo passaram a buscar melhorias de seus processos produtivos e da redução de desperdícios. Essa nova visão da produção inspirada em experiências muito bem-sucedidas deu origem a vários movimentos para modernização dos ambientes produtivos, tais como os sistemas de manufatura celular.

Nas últimas décadas do século XX, mudanças econômicas mundiais modificaram os padrões de exigência do consumidor, gerando um mercado volátil e de difícil previsibilidade. As indústrias mais competitivas se atualizaram e passaram a implantar novas técnicas e filosofias que aprimoraram as condições de produção, obtendo assim uma melhor relação custo/benefício. As principais demandas do mercado que tem motivado muitas empresas a alterar significantemente o projeto e a gestão de seus sistemas de operações são:

- demanda pouco previsível, dinâmica e com um alto grau de customização em seus produtos;
- a variabilidade de suas demandas aumentou, resultando em menores quantidades e, consequentemente, menores tamanhos de lote;
- os produtos passaram a ter um ciclo de vida muito curto, aumentou a variedade e complexidade dos materiais utilizados na composição dos produtos;
- busca contínua por maior lucratividade, produtividade e flexibilidade da produção.

Essas demandas intensificaram a necessidade de que os sistemas de manufatura sejam mais ágeis para absorver mudanças nos níveis de demanda e nos requisitos de fabricação dos produtos. Neste ambiente altamente competitivo, os sistemas de manufatura celulares surgiram como uma alternativa às empresas que utilizavam formas tradicionais de organização da fábrica, significando uma configuração intermediária entre a produção em massa da linha de produção e a organização funcional.

Rapidamente se adequaram as empresas que possuem volume de produção médio, tipicamente por lotes, e oferecem uma variedade de produtos também média. (SLACK, CHAMBERS; JONSTON, 2002).

As pesquisas em torno dos sistemas de manufatura celular ainda são muito vastas e abrangem grande quantidade de pesquisas, técnicas e enfoques. Sabe-se que ainda existem muitos caminhos a percorrer, mas busca-se neste capítulo contribuir para aumentar o conhecimento sobre este importante tema e fornecer subsídios para aumentar ainda mais sua aplicabilidade nas indústrias.

16.1 Manufatura Celular

Atualmente a formação e utilização de células de manufatura são temas amplamente discutidos e analisados na literatura acadêmica mundial. Os sistemas celulares de produção têm sido aplicados com frequência crescente nas empresas que procuram adotar os princípios denominados de *World Class Manufacturing (WCM)*, como forma de manutenção de sua competitividade e ampliação de seus mercados de atuação.

Um ponto de concordância na gestão de sistemas de operações vem do fato de que a organização de um chão de fábrica em células de manufatura aumenta significativamente sua produtividade e flexibilidade, pois estas reduzem grande parte dos tempos improdutivos nos processos de fabricação e se adaptam com maior facilidade às mudanças de volume e mix.

Severiano (1999) afirma que a manufatura celular é "um novo paradigma de organização industrial, resultante da tentativa de se linearizar o fluxo de materiais, num sistema de produção intermitente sem, no entanto, sacrificar demais a flexibilidade inerente à organização funcional."

Para Ghinato (1998), a ideia básica da manufatura celular é melhorar o gerenciamento do sistema de manufatura através do agrupamento de recursos produtivos, em células independentes, isto é, subsistemas de produção.

A formação de células de manufatura a partir de layouts funcionais e lineares dentro da indústria de automobilística mundial é um exemplo clássico, advindo da análise do sucesso da manufatura japonesa, em especial atenção aos conceitos do Sistema Toyota de Produção. Desse modo, o layout celular representa um meio termo entre o layout funcional e o layout linear e, por conseguinte apresenta características intermediárias entre esses dois tipos de layout.

Na literatura encontram-se várias definições para manufatura celular; dentre estas as definições clássicas apresentadas por Wemmerlov e Johnson (1997); Contador (1998); Irani (1999); Severiano (1999); Askin e Golberg (2001) e Bastos *et al* (2002). Nestas, identificaram-se pontos de concordância que são sintetizados a seguir:

Uma célula de manufatura é uma unidade produtiva capaz de satisfazer com vantagens as necessidades produtivas e requisitos de mercado. São projetadas e organizadas para fabricar um grupo específico de peças, componentes ou produtos (famílias) com roteiros de produção semelhantes. As células de manufatura são formadas por um grupo de recursos de produção (máquinas, ferramentas etc.), que executam processos de manufatura diferentes, sendo que cada uma delas é capaz de processar as operações de manufatura para diferentes famílias.

Mesmo constatada uma conformidade no tocante à sua formação e principalmente de sua importância para as empresas, isso não significa que a literatura especializada trate todos os aspectos dentro do tema manufatura celular com a mesma ênfase, ou seja, apesar de eles apresentarem pontos de concordância semelhantes, cada qual dá maior importância a diferentes particularidades dentro do sistema celular.

16.1.1 Funcionalidade da célula de manufatura

A funcionalidade das células de manufatura com a aplicação dos seus conceitos, disciplina, metodologia, capacitação e confiabilidade nos equipamentos ainda hoje traz desafios e mudanças de postura nas companhias. A manufatura celular constitui um modo de organização original, radicalmente diferente da fábrica funcional, apresentando, no entanto, alguns pontos comuns com o sistema em linha.

A implementação de células de manufatura num sistema de produção vai muito além de envolver a reorganização do fluxo de produção através do reposicionamento das máquinas constituintes; promove uma mudança da cultura industrial, que passa do trabalho individual para o trabalho em times com os mesmos objetivos; do trabalho em um tipo de máquina, para múltiplas habilidades dos operadores com treinamento intensivo; e de uma só responsabilidade, que é manufaturar peças, para maiores responsabilidades, como, qualidade, *setup* e manutenção.

O sistema de manufatura celular é composto por células de manufatura e montagem ligadas por uma única forma de inventário e controle da informação. As operações necessárias para produzir uma família de produtos ou um conjunto de peças com requisitos similares são agrupadas na célula numa sequência que minimiza a movimentação de materiais através da mesma. Neste tipo de layout, seu processo de formação é denominado agrupamento máquina/peça. Esses agrupamentos são os conjuntos iniciais a partir dos quais os estudos de dimensionamento serão feitos, até o estágio de configuração detalhado das células.

Com o layout celular, um grupo de máquinas forma uma célula e cada célula terá o seu sistema de manejo ou manipulação de materiais. Um dos objetivos principais é que um conjunto de peças, componentes ou produtos é completamente processado numa célula. Todos os componentes fabricados são então encaminhados para as áreas de montagem.

Utiliza-se o layout celular quando uma família de componentes é fabricada numa pequena célula, sendo indicado quando se tem média variedade de peças e tamanho de lote pequeno a médio. Além disso, quanto mais estável for a demanda e quanto maior for a vida dos produtos fabricados, mais adequado se torna o layout celular.

Monden *apud* Coriat (1994) parte do princípio de que o objetivo inicial que deve ser firmado na empresa é o de se encontrarem formas de implantação do grupo de máquinas, bem como o posicionamento dos trabalhadores em volta destas, que permitam adaptar-se às variações tanto qualitativas quanto quantitativas de demanda, em outras palavras deve ser possível fazer uma redução de pessoal em caso de redução de demanda. Para atingir tais objetivos três séries de dispositivos são requeridas:

- Conceber instalações em forma de "U", permitindo a linearização das linhas de produção;
- mobilizar trabalhadores pluriespecializados (multifuncionais);
- recalcular permanentemente os padrões das operações alocados aos trabalhadores.

Essas são as razões pelas quais as células de produção apresentam um layout em forma de "U", pois esse formato facilita a intervenção consecutiva do operador sobre vários postos de trabalho, bem como economiza seus movimentos no interior da célula. Essa visão adotada por Severiano (1999) é também compartilhada por Coriat (1994), que argumenta "a principal vantagem na estratégia ohnista é que, num mesmo tipo de layout, as tarefas determinadas aos trabalhadores podem a todo momento ser redefinidas e recompostas, inclusive através de uma ultrapassagem de fronteiras - entre duas formas "U" virtuais e justapostas..."é ela que materializa fisicamente o princípio ohnista do tempo partilhado, que lhe permite construir produtividade sobre a flexibilidade das tarefas.

A abordagem da manufatura celular prescreve que, nas células de manufatura, um mesmo operador deve poder operar várias máquinas diferentes, funcionando de forma simultânea ou sucessiva. Severiano (1999) explica esse fato do seguinte modo: em um sistema de produção celular, a disposição dos postos de trabalho deve permitir a maior aproximação física possível entre o posto a jusante e o posto a montante, de modo que um mesmo operador possa efetuar várias operações diferentes, com um deslocamento mínimo de peças.

A implantação da manufatura celular promove também o desenvolvimento das habilidades dos operadores e o seu *empowerment*, uma vez que o operador é responsável pela célula também é responsável pela qualidade do produto; além do que a proximidade dos recursos necessários à fabricação de uma família de produtos facilita o controle visual do fluxo de trabalho.

Outra característica importante é que este tipo de layout pode ser facilmente controlado, com simplificação das atividades de Planejamento e Controle de Produção (PCP), pois como os recursos são dedicados às famílias de peças, a complexidade do

PCP é menor do que aquela observada em sistemas *job shop* nos quais os padrões de fluxo são menos previsíveis e qualquer máquina pode processar qualquer peça.

16.1.2 Vantagens e desvantagens da manufatura celular

O desempenho superior do layout celular sobre os outros tipos de layout de manufatura é amplamente relatado na literatura acadêmica e na prática pelas implementações realizadas. Miltenburg (2001) apresenta, em seu trabalho de pesquisa, com 114 empresas japonesas e americanas que utilizam um layout em forma de U com JIT, tendo em média 10,2 máquinas e 3,4 operadores por layout em forma de U. Aproximadamente um quarto de todos os layouts em U são equipados por um operador. Os principais benefícios apontados são: 76% de melhoria da produtividade em média; queda de 86% no estoque em processo; 75% de redução no *lead-time*; e 83% de queda nas taxas de defeito.

Kher e Jensen (2002) apontam resultados em que a formação das células melhora o desempenho do tempo e o atraso do fluxo das peças processadas em 83,33% dos casos e 85% de redução do espaço físico das instalações com a utilização das máquinas previstas. Para algumas famílias, os benefícios da manufatura celular podem resultar em reduções do *Lead Time*, realizadas por máquinas dedicadas às células, que variam entre 5% e 7,5% . A seguir destaca-se uma síntese dos principais benefícios da implementação da manufatura celular citados na literatura.

- aumento da flexibilidade operacional;
- aumento da produtividade;
- aumento da qualidade do produto final;
- aumento da segurança no trabalho;
- simplificação das atividades de PCP;
- aumento das possibilidades de automação;
- redução dos tempos de preparação;
- redução do estoque em processo;
- redução do *lead-time*.

No entanto, também se encontram na literatura uma série de desvantagens e barreiras à implementação de sistemas celulares. A seguir destacam-se as principais desvantagens da implementação da manufatura celular nas indústrias:

- a maior desvantagem de um sistema de célula de manufatura relativo a um *jobshop* layout é que requer mais recursos (especialmente máquinas) na ordem para satisfazer uma certa demanda, pois em geral envolve a dedicação de máquinas às células;
- resistência dos operários: pode haver resistência dos trabalhadores da fábrica à adoção de células de produção devido à impressão de aumento de trabalho sem a contrapartida do aumento salarial;

- impossibilidades físicas: alguns processos de produção são mais difíceis de serem organizados de forma celular devido ao grande porte dos equipamentos, ou outras limitações de ordem física.

16.1.3 Projeto da Manufatura Celular

O aumento da concorrência trouxe a necessidade de aumento de produtividade, com a consequente redução de custos e prazos, alterando o ambiente industrial na busca de soluções que tragam vantagens competitivas, mais rápidas e mais produtivas. Como um fator importante para o aumento da produtividade nas empresas, atualmente dispomos de uma base conceitual consistente para o projeto e o desenvolvimento das células de produção celular.

O problema de projeto de células, como vários outros problemas em manufatura, envolve múltiplos objetivos (Mansouri; Moattar; Newman, 2000). De acordo com as estratégias de negócio e de manufatura, o projetista pode escolher otimizar uma medida de desempenho, ou estabelecer um *trade-off* entre diversos objetivos. Yasuda e Yin (2001) afirmam que um ponto vital para a fase de projeto de células de manufatura é a capacidade de se levar em conta as peculiaridades dos processos de operações de cada empresa que decidir implementar a manufatura celular.

O processo de formação de células de manufatura ainda é um problema que motiva muitos trabalhos para contornar tantos problemas de ordem prática. Bastos (2002) lembra que os sistemas de produção celular, antes de qualquer tentativa de implementação, devem ser prévia e cuidadosamente projetados de maneira a se poder agilizar e prever as possíveis e potenciais vantagens que podem oferecer.

No projeto de um layout celular, sempre nos confrontamos com dois problemas: o de formação das famílias de peças e o de formação dos correspondentes grupos de máquinas (células), onde essas famílias serão processadas. A determinação de famílias de peças e grupo de máquinas tem um grau de importância como um processo fundamental de formação da célula de produção. Esse procedimento é de real importância para o processo de avaliação da manufatura celular aplicado no chão de fábrica.

Esses processos de identificação diferem a respeito de como são criadas as células, se por re-layout de equipamentos existentes no chão de fábrica ou se novos equipamentos são adquiridos para as células. Assim, células usando equipamentos existentes são tipicamente afetadas, pois seus operadores têm maiores responsabilidades para organizar, processar, manusear materiais e inspecionar.

Segundo Wemmerlöv & Johnson (1997), a reorganização do trabalho dentro de uma estrutura celular requer alterações em muitas áreas, como a seleção de pessoal, projeto de posto de trabalho, planejamento e controle da produção, sistema de custos etc.

Para implementação eficaz da Manufatura Celular há a necessidade da utilização de métodos que auxiliam o projeto da célula de manufatura; esses métodos visam a definição da célula de manufatura, a disposição física do grupo de máquinas internas a célula, dimensionamento do número de máquinas em uma célula, critérios para compartilhamento de máquina entre células, definição do fluxo da peça e sequenciamento da produção na célula de manufatura.

Existem diversos métodos para a formação de uma célula de manufatura que consideram os principais fatores para a formação de uma célula de acordo com as vantagens e necessidades desejadas, e para obter esses resultados, os métodos podem apresentar soluções distintas entre si.

Muitos objetivos de desempenho podem ser obtidos pela aplicação de métodos mais precisos, mas para tal deve ser utilizada uma metodologia abrangente, analisando este processo sob diferentes níveis. Dentre os métodos que foram desenvolvidos para o projeto da manufatura celular, têm-se dos mais intuitivos aos mais avançados e entre as diversas soluções propostas, destaca-se Tecnologia de Grupo – TG (*Group Technology* – GT).

16.1.4 Aspectos Operacionais

A literatura destaca alguns aspectos operacionais que devem ser considerados quando do desenvolvimento do projeto de sistemas de células de manufatura. Para Selim *et al.*, (1997) e Luong *et al.*, (2002), os principais fatores utilizados para a decisão no processo de determinação das células de manufatura são:

- volume de produção;
- variedade e tipo das peças a serem manufaturadas;
- as máquinas que processam cada peça;
- tipo e capacidade das máquinas de produção;
- as rotas das peças durante o processamento;
- tempo de processamento;
- tempo de *setup*;
- as restrições existentes em cada empresa.

Lorini (1993) também destaca que o tamanho da célula é um parâmetro que deve ser controlado por várias razões, entre as quais podem ser citadas como as mais importantes:

- a limitação do espaço físico disponível;
- o tipo de sistema de movimentação desejado;
- o tamanho dos lotes de fabricação e;
- o número de operadores integrados a cada célula, para que possam acompanhar visualmente todo o fluxo produtivo.

16.1.5 Cuidados

Devido à complexidade natural exibida pelos sistemas de operações, o projeto de células de manufatura, no entanto, está longe de ser uma tarefa fácil. Os projetistas de layout celular precisam ampliar sua abordagem sobre o tema, pois geralmente suas propostas envolvem apenas conceitos e padrões de visão de curto prazo. Devem ser consideradas a adequação do sistema celular e cultura organizacional da empresa às necessidades produtivas da empresa, a flexibilidade desejada para o sistema, a necessidade de investimentos em equipamentos e movimentação do fluxo de material.

As mudanças físicas decorrentes de uma nova alternativa ou estratégia devem ser simuladas, para avaliar possíveis desequilíbrios da carga de trabalho das células e insuficiente capacidade de produção, tamanho do lote etc. As restrições operacionais também devem ser consideradas na viabilidade e nos aspectos conceituais do projeto, pois muitos processos de fabricação geram excessivos níveis de ruído e vibrações, não sendo suscetíveis a fazer parte de uma célula.

Segundo Arzi *et al.* (2001), em muitas situações práticas a demanda por produtos é variável. Demandas externas não estáveis e estocásticas causam flutuações nas exigências de capacidade no chão de fábrica, que resultam em máquinas inativas, ou alternativamente, em capacidade escassa, em células de manufatura, podendo constituir uma significativa deficiência. A solução para a formação de células em um ambiente de demanda variável seria incluir peças excepcionais.

Ao se projetar ou modificar o sistema de operações de uma empresa, deve-se sempre avaliar o custo das opções disponíveis e seu impacto estratégico. Yasuda e Yin (2001) salientam que as informações a respeito do custo envolvido na implementação e operação do sistema celular devem ser consideradas não só para verificar a disponibilidade de recursos da empresa ao implementar o sistema celular, mas principalmente para ser um ponto de referência na avaliação da performance do sistema e sua melhoria contínua.

No entanto, é difícil mensurar todos os fatores economicamente relevantes. Mesmo assim, é possível saber que um fator é desejável, enquanto outros são indesejáveis. Por exemplo, em manufatura celular é desejável ter-se o menor fluxo intercelular possível, visto que isso propicia melhor controle da produção e menor uso de sistemas de movimentação. Não obstante, é difícil calcular o custo de movimentação de um lote entre duas células.

A implantação de um sistema destes exige que, genericamente, os roteiros de fabricação das peças sejam semelhantes. Se isso não ocorrer, o sistema de movimentação terá de ser muito flexível, o que significa custos bem maiores em sua implantação. Além disso, mesmo com um sistema flexível, algumas peças inevitavelmente acabam percorrendo um caminho mais longo do que percorreriam se o transporte fosse manual (SILVEIRA, 1994).

Como vimos, a implantação de um layout celular requer, obviamente, a formação das células, isto é, busca-se então inicialmente identificar quais máquinas pertencerão a cada célula e a disposição das máquinas dentro da célula, minimizando a movimentação das peças entre as células. Entretanto, a formação de células envolve restrições que variam conforme a empresa, tornando o problema de difícil generalização.

A definição de uma célula de manufatura requer uma análise muito mais ampla que apenas a simples identificação das máquinas que são capazes de processar um determinado produto, mas sim destinadas a atender inteiramente a fabricação de um grupo de peças, componentes ou produtos (famílias). Para alcançar as vantagens clássicas da manufatura celular, os projetos de implantação da manufatura celular têm alguns objetivos específicos:

- as operações devem ser completadas dentro de uma célula;
- devem ser conhecidos os tempos de processo das peças;
- dimensionamento da capacidade das máquinas e distribuição da carga de trabalho;
- balanceamento do tempos de fabricação;
- evitar retrocesso nos fluxos dos processos de produção;
- diminuir os tempos improdutivos resultantes da movimentação de materiais;
- programas de capacitação de operadores.

Para obter o perfeito balanceamento dos tempos de fabricação, a capacidade de cada operação e do fluxo de trabalho devem ser um foco principal de projeto detalhado da célula. O projetista deve minimizar desequilíbrios de carga e assegurar um fluxo de trabalho enxuto para que os objetivos estejam dentro do *lead-time* almejado. A redução do *lead-time*, por sua vez, decorre da redução de inventário em processo de produção, por meio da Lei de Little.

Devem ser estabelecidos limites para o carregamento de cada máquina para fins de alocação desses tempos de processo das peças durante a definição das famílias e implementar programas para treinamento dos operadores, uma vez que a disponibilidade de operadores polivalentes nas células e a quantidade de treinamento oferecido ao operador é um problema crítico do projeto da célula de manufatura.

Para alcançar o objetivo da flexibilidade, usualmente os sistemas de manufatura celular trabalham com grupos de máquinas de pequeno porte que possibilitem a fabricação das famílias de peças, que facilmente podem ser reconfigurados de um tipo para outro, com mínimo tempo de *setup* de máquinas. Mas os tipos de flexibilidade que os sistemas de manufatura celular devem apresentar vão além do tamanho ou tipo de máquina, vão desde a flexibilidade quanto ao volume e mix de produção até as mudanças no projeto dos produtos, que vão exigir flexibilidade quanto ao roteamento, bem como em projetos para novos produtos.

Segundo Dillion (2003), o tempo de *setup* é um dos fatores importantes para o desempenho e a flexibilidade de uma célula de manufatura. Obviamente, reduzir o número de *setup* não somente incrementa a acuracidade pela eliminação dos erros de reposição causados por trocas de ferramental múltiplas vezes, como também praticamente elimina o tempo que as peças despendem esperando pela próxima operação.

Li (2003) comenta que os tempos médios de processamento do *setup* não estão relacionados diretamente com a eficiência de produção, eles são empregados especialmente para examinar a efetividade da manufatura celular na redução do tempo de *lead-time.* Uma larga redução no tempo de *setup* melhora o desempenho do *layout* celular. Uma média ou larga redução do tempo é um pré-requisito crítico para o sucesso de implementação do fluxo unitário de peça no fluxo dentro da célula.

De acordo com Oliveira e Montevechi (2001), geralmente o custo devido ao tempo de *setup,* o tempo e trabalho requeridos para realizar a preparação de uma determinada máquina ou linha produtiva tendem a decrescer com o aumento do número de células. Com essa diminuição no tempo de *setup,* permite-se atender mais rapidamente à nova ordem de produção, o que pode acarretar em uma diminuição do inventário em processo.

Na definição do grupo de máquinas, um dos principais objetivos do projeto de células de manufatura é manter agregadas algumas máquinas em uma mesma célula, devido a:

- sua interdependência por características tecnológicas, físicas ou por outra razão estratégica;
- a célula de manufatura deve processar todo o roteiro de operações especificado para a família de peças, minimizando o movimento entre as células;
- a manufatura celular deve permitir processar a matéria-prima em seu estado inicial até atingir o produto acabado;
- a manufatura celular deve permitir acompanhar todas as fases de produção dos produtos e com todas tarefas conduzidas por pequeno número de trabalhadores;
- quando os recursos necessários à manufatura de uma família de peças (ou produtos) estão mais perto uns dos outros, há necessidade de menores lotes de produção, reduzindo a quantidade de peças esperando processamento.

Mas na prática, células completamente independentes são usualmente difíceis de serem geradas, já que algumas peças necessitam ser processadas fora da célula ou terceirizadas. Do ponto de vista operacional, pode também ser necessário separar as peças de maior complexidade de manufatura. Wermmerlov e Johnson (2000) afirmaram que muitas células de manufatura não processam completamente seus produtos, as quais necessitam de recursos de outras partes do sistema para serem completadas, gerando o fluxo intercelular.

O estudo apresentado por Wemmerlov e Johnson (2000) mostra que o uso de células parcial é comum, pois muitas células de manufatura não controlam suas famílias de peças inteiramente, sendo conectadas a um sistema de manufatura maior que efetua o processamento por completo. Isso ocorre em função de essas células não terem total disponibilidade, tamanho adequado e restrições específicas. Quando não é possível dedicar o equipamento necessário para processar completamente uma família em sua própria célula, o fluxo intercelular de material é requerido. Há muitos casos em que uma célula parcial melhora o desempenho da família que processa.

Em suma, apesar de ser desejável a formação de células independentes, na prática tenta-se projetar um sistema celular em que a integração entre células seja o mínimo possível.

16.2 Tecnologia de Grupo – TG (*Group Technology* – GT)

Diante da crescente competição internacional, fruto da globalização de mercado e consequentemente das exigências dos consumidores, os fabricantes têm buscado técnicas que otimizem a produção, garantindo qualidade, a menores custos, com alta flexibilidade e alta produtividade, bem como produção em pequenos lotes.

Nesse panorama é que a Tecnologia de Grupo – TG (*Group Technology* – GT) tem emergido como um importante princípio científico no aprimoramento da produtividade de sistemas de manufatura em lotes, nas quais tipos diferentes de produtos, de volumes relativamente pequenos, são produzidos em lotes pequenos (WON; LEE, 2001). O projeto da Manufatura Celular consiste em implementar a TG em um processo de manufatura, ou seja, no âmbito do "chão de fábrica"; implica em elaborar um novo layout, agora celular.

Tradicionalmente, para a organização dos sistemas de produção em massa eram usados layouts em linha e para outros tipos de produção, normalmente layouts por processos. Nesses tipos de estruturas, a redução dos tamanhos dos lotes poderia acarretar uma elevação dos custos como os de setup. A TG invalidou essa relação e, em decorrência disso, obteve economia mesmo em pequenos lotes.

Atualmente, a Tecnologia de Grupo (TG) é vista como um enfoque moderno aplicado ao estudo de sistemas de manufatura que vem sendo utilizado por muitas indústrias, com abordagens de produção por tarefas (*job shop)* e de produção por lotes (*bach).* Seu advento representa um importante mecanismo no aperfeiçoamento do sistema de operações industriais, mas pode envolver outros setores.

A Tecnologia de Grupo tem sua maior aplicação para os casos em que as empresas têm um número de máquinas utilizadas no processo de manufatura e fabrique um número de peças suficientemente grande que impossibilite a utilização de métodos manuais de agrupamento. Nesses casos, para definição de uma Célula de Manufatura é necessária a utilização de metodologias para a identificação do grupo de máquinas que serão agrupadas fabricando famílias de peças.

Destaca-se a importância da Tecnologia de Grupo (TG) nos projetos de sistemas de manufatura celular, em que peças similares são agrupadas em famílias, e máquinas são agrupadas em células. Em resumo, a Tecnologia de Grupo é uma metodologia que define a solução de problemas de layout celulares, decompondo os sistemas de manufatura em vários subsistemas ou grupos controláveis.

16.2.1 Origem

A Tecnologia de Grupo (TG) vem sendo utilizada há mais de um século pelas indústrias para organização da fábrica, desde Henry Ford até os dias de hoje. No passado eram técnicas esparsas, sendo hoje em dia, um conjunto sistemático de conceitos, aplicado nas indústrias numa escala ampla e abrangente.

Inicialmente, a Tecnologia de Grupo foi vista como a base para a integração total de uma indústria no sentido de que proporciona uma organização básica de todos os componentes a serem produzidos pela fábrica, através da classificação e codificação destas em características similares.

Até os anos 1960, a TG baseava-se no princípio da identificação de elementos semelhantes em uma fábrica. Dessa maneira, seria possível tanto a formação de famílias de peças (ou produtos) como a agregação de processos de fabricação (SINGH; RAJAMANI, 1996). Mas somente com o desenvolvimento dos computadores nos anos 1970 o conceito foi difundido.

16.2.2 Tecnologia de Grupo *versus* Célula de Manufatura

A principal aplicação da Tecnologia de Grupo (TG) é o desenvolvimento de um sistema de manufatura celular em que partes similares são agrupadas em famílias e máquinas são agrupadas em células, as quais são dedicadas a produção de famílias de peças, componentes ou produtos. Portanto, pode-se concluir que o projeto de manufatura celular tem sua origem nos conceitos de Tecnologia de Grupo.

Segundo Lopes (1998), a Tecnologia de Grupo é a ferramenta utilizada para formar células de manufatura. As técnicas existentes para formação de célula derivam do conceito da Tecnologia de Grupo (TG), explorando as semelhanças entre as peças para se obterem vantagens operacionais e econômicas mediante um tratamento de grupo. Neste sentido, tem-se:

- Família é um conjunto de peças, componentes ou produtos com similaridade de processos de fabricação e/ou geométrica;
- Grupo é um conjunto de máquinas capazes de processar inteiramente todos os componentes de uma família.

16.2.3 Família de Peças

O principal parâmetro para formação de famílias são as semelhanças nas características quanto aos requisitos de fabricação, mas também as semelhanças geométricas são utilizadas para formação de famílias. O objetivo é identificar um conjunto de produtos, processos e requisitos similares.

Uma família de peças é um conjunto de peças que possuem necessidades similares em termos de ferramentas, preparação e operações para sua fabricação. Muitas vezes, famílias de peças são designadas para uma célula com base nas sequências de operações de forma que o fluxo de materiais e o sequenciamento são simplificados, apesar do fato de famílias de peças produzidas por uma mesma célula poderem requerer ferramentas diferentes. Esse processo de formação da célula de manufatura pode resultar em famílias de peças requisitando o mesmo conjunto de máquinas, em que cada tarefa é processada em uma máquina na mesma sequência tecnológica.

A formação de famílias de peças pode se dar por diversos métodos. A metodologia mais usual é a Análise do Fluxo de Produção (AFP) que, segundo Lorini (1993), analisa a sequência de operação e o caminho que a peça percorre através das máquinas dentro da fábrica. As peças são agrupadas por meio de rotas comuns, cujo fluxo de cada componente independe do tamanho ou formato. Nessa etapa, surge a matriz incidência máquina/peça, que indica as relações de operação máquinas/peças.

O layout de manufatura celular, aplicação da TG em processos produtivos, no final da etapa de Análise de Fluxo de Produção (AFP), dispõe-se de tabelas de incidência máquina/peça, sejam elas binárias ou que considerem o tempo de processamento máquina/peça, bem como o tamanho dos lotes de peças. Tais tabelas, ou matrizes, precisam ser organizadas de forma otimizada, relacionando máquinas e células. Os algoritmos baseados em programação genética apresentam-se como formas eficientes na busca dessas soluções ótimas de agrupamento.

16.2.4 Tecnologia de Grupo

O problema básico que envolve a TG é a identificação de grupos de máquinas e das famílias de peças. Em razão disso, procura-se identificar e explorar as semelhanças entre produtos, peças e processos de manufatura. Uma família de peças ou componentes separados com base no processo de fabricação teria o mesmo grupo ou sequência de processos de fabricação. Esse grupo de processos pode ser organizado ou agrupado para formar uma célula.

Na TG decompõe-se o sistema de manufatura em vários subsistemas, capazes de processar um determinado grupo de famílias similares, com tamanhos e formas similares que são fabricadas pelo mesmo conjunto de processos. Células de manufatura projetadas a partir dos conceitos de Tecnologia de Grupo (TG) produzem uma família de produtos afins; possuem processos semelhantes, mas não necessariamente idênticos; as células TG têm um moderado foco no produto.

Na literatura encontram-se várias definições para Tecnologia de Grupo (TG), dentre estas as definições clássicas apresentadas por Gallagher e Knight (1986), Groover (1995), Burbidge (1996), Dowlatshahi *et al.* (1997), Vakharia *et al.* (1998), Severiano (1999), Kuo *et al.*, (2001) e Russel (2002). Nestas, identificaram-se pontos de concordância que são sintetizados a seguir:

> A Tecnologia de Grupo (TG) é uma metodologia que define a solução de problemas de sistemas de manufatura celular, ajudando a gerir a diversidade dos processos e aumentar a produtividade de sistemas de manufatura em lotes. A TG consiste em analisar, identificar e relacionar a similaridade de famílias de peças, componentes, produtos e/ou processos de fabricação num espectro mais amplo; e depois agrupá-las de modo a obter vantagens de sua similaridade ao longo das atividades de projeto e manufatura. Esta similaridade pode ser em função dos processos de fabricação e/ou montagem, da geometria ou dos materiais necessários.

16.2.5 Implementação da Tecnologia de Grupo (TG)

Segundo Burbidge (1996), o primeiro passo para o planejamento da Tecnologia de Grupo é planejar a formação de famílias de peças e grupos de máquinas. Logo, a primeira fase da implantação de Tecnologia de Grupo e consequentemente do projeto de células de manufatura é a fase de análise e identificação de agrupamentos, baseada em critérios de similaridade e formação de famílias de peças.

A implementação da TG requer o reconhecimento dos grupos (ou famílias) formados por elementos que apresentam características semelhantes de processos de fabricação ou de dimensões geometria (forma, dimensões, tolerâncias etc.). Uma vez delimitadas as famílias de peças, pode-se organizar as máquinas envolvidas no processo para formar as células de manufatura. A aplicação de Tecnologia de Grupo apresentada por Filho (1998) é descrita como um modo de reconhecer e explorar similaridades de três maneiras diferentes:

- executando atividades semelhantes simultaneamente;
- padronizando tarefas semelhantes, e
- armazenando e recuperando, eficientemente, informações sobre problemas repetitivos.

16.3 Análise de Agrupamentos – AA (*Clustering Analysis* – CA)

Geralmente o problema de formação de células de manufatura e montagem é visto como um processo de agrupamento de máquinas e famílias de peças. Esse agrupamento de peças diferentes em uma família vem de encontro a tendência do mercado que pende para uma maior variedade de produtos fabricados em menores quantidades.

O agrupamento de máquinas em uma célula deve ser feito através de algum método que identifique características comuns aos processos de fabricação das peças que permitam o reconhecimento das máquinas necessárias para a fabricação das peças. Os critérios para a formação do agrupamento também devem ser rigorosamente estabelecidos de modo a evitar ambiguidades, o que fatalmente impediria a execução do método. Nesse sentido, inúmeros algoritmos de agrupamento têm sido desenvolvidos e implementados.

A metodologia mais conhecida para formação de agrupamentos numa formulação matricial (peças e máquinas que formarão as células de manufatura) é a Análise de Agrupamentos, que utiliza os critérios de similaridade para identificação de agrupamentos. As informações das máquinas e das peças são dispostas numa matriz, de conteúdo binário, chamada de matriz de incidência, utilizada para o projeto de células de manufatura.

A análise de agrupamento tem por finalidade reunir, por algum critério de classificação, as unidades amostrais em grupos, de tal forma que exista homogeneidade dentro do grupo e heterogeneidade entre grupos (JOHNSON; WICHERN, 1992; CRUZ; REGAZZI, 1994).

Na literatura encontram-se várias definições para Análise de Agrupamentos dentre estas as definições clássicas apresentadas por Carrie (1973); Selim *et al.* (1997), Tahara *et al.* (1997); Fraley; Raftery, (1998). Nestas, foram identificados pontos de concordância que são sintetizados a seguir:

> A Análise de Agrupamentos (AA) é um método utilizado na Tecnologia de Grupo para examinar cada par de objetos com o objetivo de obter relações de similaridade entre eles para agrupar objetos, entidades ou seus atributos em grupos, de modo que cada elemento se associe dentro de um grupo e os grupos tenham uma determinada associação entre si. Para isso requer a formação de uma matriz de incidência componente-máquina.

16.3.1 Classificação dos problemas na Análise de Agrupamentos (AA)

A literatura lida com um grande e diverso conjunto de metodologias de agrupamento para identificação de famílias de partes e grupos de máquinas no projeto de células de produção. Esses métodos determinam quais os atributos são necessários para classificar peças, componentes ou produtos, planejando uma divisão final dos produtos em famílias, com base em alguns atributos, e cada um pode apresentar uma solução distinta.

A relação entre o número de variáveis (máquinas e peças) envolvidas no setor produtivo é um dos principais parâmetros utilizados para classificar os problemas da

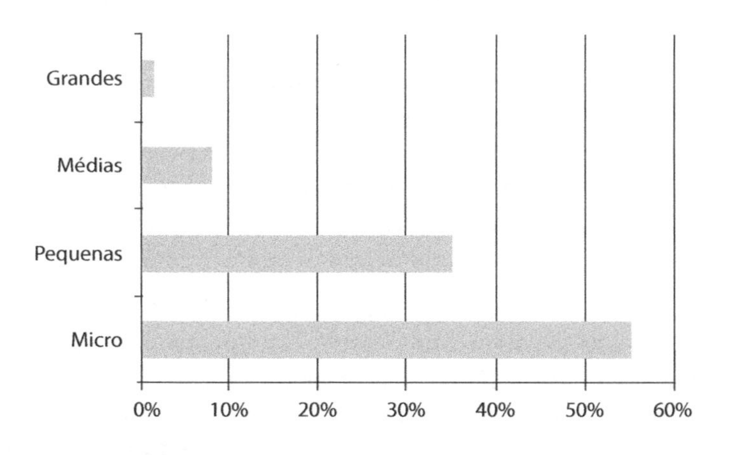

FIGURA 16.1
Classificação do porte da empresa.

análise de agrupamentos, pois quanto maior o número de máquinas e peças, mais complexo se torna o projeto e sua implantação no chão de fábrica.

No mercado brasileiro em que temos uma grande participação das PMEs (Pequenas e Micro Empresas) formando o perfil empresarial brasileiro, não podemos deixar de considerar que a relação entre o número de variáveis está diretamente associada ao tamanho das empresas. Segundo o Sebrae nacional, no Brasil existem 6,3 milhões de empresas (2013), desse total mais de 90% são PMEs. Abaixo uma síntese da classificação das empresas segundo o Sebrae.

O número de variáveis (máquinas e peças) e o tamanho da empresa vão refletir no tamanho de problema na AA, nesse sentido existe a escolha natural da abordagem ou do algoritmo a ser utilizado visando a eficiência do agrupamento. Para os métodos de agrupamentos baseados em matrizes, recomendamos os valores abaixo para classificação dos problemas de AA.

Quadro 16.1 Classificação dos problemas na AA

Empresas	Número de máquinas	Número de peças	Complexidade
Micro	$m \leq 10$	$n \leq 20$	Baixa
Pequenas e Médias	$10 < m \leq 30$	$20 < n \leq 50$	Média
Grandes	$m > 30$	$n > 50$	Grande

Para as microempresas, que representam cerca de 55% do número de empresas no Brasil, os problemas que têm uma relação máquinas *versus* peças tipicamente baixa na formação de agrupamentos são de mais fácil resolução e são portanto classificados como problemas de baixa complexidade. Enquandram-se nessa classe os métodos mais simples desenvolvidos para a formação de células, como, por exemplo, inspeção visual, classificação e codificação e análise de fluxo de produção.

A partir disso os processos de identificação de agrupamentos para pequenas, médias e grandes empresas são classificados como problemas de média e alta complexidade e são realizados através da aplicação dos chamados algoritmos de agrupamento. Os algoritmos são poderosas ferramentas para formação de agrupamentos, e para os problemas de média complexidade são utilizados os algoritmos classificados como básicos.

Para as pequenas e médias empresas que representam quase 45% do número de empresas no Brasil são utilizados algoritmos básicos, os quais foram os primeiros algoritmos desenvolvidos para formação de agrupamentos e baseiam-se principalmente na manipulação da matriz. Nesses métodos, linhas e colunas são rearranjadas para obtenção da diagonal de blocos, da qual as células de máquinas e famílias de peças são obtidas, como, por exemplo, *Rank Order Clustering* (ROC); *Direct Clustering Analysis* (DCA) e o *Cluster Identification Algorithm* (CIA).

Para o caso particular das grandes empresas que representam menos de 1% do número de empresas no Brasil, que envolvem problemas de grande complexidade e que precisam ser resolvidos com grande precisão, geralmente é necessário comprometer as exigências de mobilidade e sistematicidade e utilizar algoritmos sofisticados que não apenas garantam encontrar uma boa resposta, mas que têm como objetivo encontrar a resposta ótima.

Esses casos requerem sofisticados sistemas especialistas, técnicas de inteligência artificial, redes neurais, técnicas estatísticas e programação inteira, até os algoritmos com técnicas estocásticas como os algoritmos *simulated annealing*, conteúdos estes abordados nas disciplinas de Pesquisa Operacional, Modelagem Computacional ou similares e, portanto, fogem ao escopo deste livro.

O surgimento de novas técnicas, que proporcionem de modo mais abrangente um avanço na resolução do problema de formação de células, talvez seja uma meta futura mais viável do que tentar melhorar os métodos já existentes com modificações e adaptações. Apresenta-se a seguir a classificação dos métodos de formação de agrupamentos.

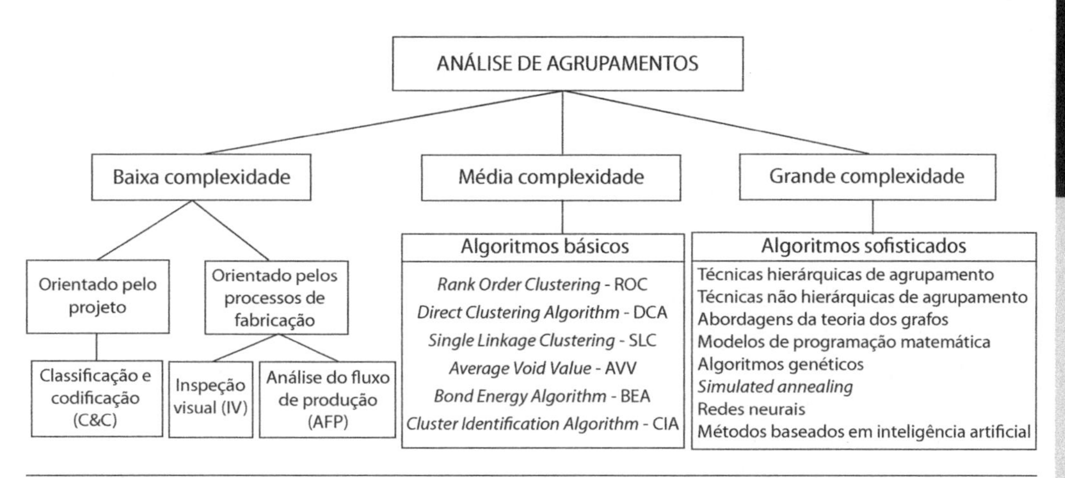

FIGURA 16.2
Classificação dos métodos para formação de Agrupamentos.

16.3.1.1 Problemas de Baixa Complexidade

Para os problemas de baixa complexidade, nos quais se enquadram cerca de 55% das empresas, inicialmente nos reportamos a classificação proposta por Kamrani *et al.* (1997). Segundo os autores os métodos para formação de células de manufatura e montagem podem ser classificados com base em duas abordagens principais, informações vindas do processo de manufatura ou do projeto das peças (produto).

A abordagem escolhida define o tipo de informação que será trabalhada. Tais informações podem ser manipuladas de forma a descrever e modelar o problema a ser resolvido de inúmeras maneiras, definindo uma metodologia a ser empregada. Vale destacar que a matriz final será diferente quando se usarem distintos métodos de agrupamento.

a) Abordagem orientada pelo processo de manufatura (*process oriented*)

Os atributos de processo de manufatura se referem ao processo requerido para produzir a peça (roteiros de produção e ferramentas necessárias para fabricação da peça). Os métodos orientados ao processo de manufatura se baseiam nas similaridades de processo das peças. Esse tipo é mais utilizado na indústria atual, visto que é utilizado para organizar o setor produtivo no sentido de aumentar a produtividade e flexibilidade minimizando os custos associados à produção.

Nos Planos de Processos (ou folhas de processos), que são documentos que contêm todas as informações necessárias à produção de um componente qualquer, desde que ele entra no setor produtivo ainda como matéria-prima, até sua transformação em peça acabada.

Segundo a literatura especializada, a fase de análise e identificação de agrupamentos na aplicação da Tecnologia de Grupo gera resultados específicos conforme sua orientação principal. Os principais resultados dessa aplicação orientada pelos processos de fabricação encontrados na literatura seguem basicamente a mesma linha das vantagens da manufatura celular, o que faz todo sentido. Dentre os principais resultados da aplicação destacam-se:

- Ordens de produção podem ser agrupadas;
- Ferramentas e dispositivos de fixação e máquinas podem ser compartilhados pela família de peças;
- Redução no tempo de *setup*;
- Redução do custo com transporte de material;
- Redução dos tempos improdutivos associados a processos de fabricação;
- Implementação de melhorias de fluxo;
- Redução do tempo de produção;
- Reduções de inventários em processos;
- Redução da obsolescência dos materiais;
- Melhoria na satisfação dos empregados;
- Aumento da capacidade;
- Melhoria de qualidade.

Os métodos que utilizam a abordagem orientada pelo processo de manufatura utilizam o método de Análise de Fluxo de Produção (AFP). A AFP propõe a construção de matrizes de incidência através das quais se espelham os fluxos de produção.

b) Abordagem orientada pelo projeto das peças (*design oriented*)

Enquanto os métodos orientados por produção o fazem baseando-se nos processos de manufatura requeridos para sua produção, os métodos orientados por projeto agrupam partes baseando-se em características de seu projeto. Nestes sistemas as famílias de peças podem ser formadas conforme características geométricas semelhantes.

Os atributos de projeto são características das peças associadas com o projeto e a função da peça (tamanho e propriedades geométricas ou do material ou do tipo da peça). Essa abordagem utiliza informações sobre características de similaridades de projeto para a formação de famílias como a geometria física das peças (formato). As formas geométricas são utilizadas em sistemas CAD, CAM, CAE e CAPP.

Os métodos que utilizam a abordagem orientada pelo projeto, baseados em características físicas das peças/componentes fabricados, utilizam métodos de classificação e codificação. Esses métodos geralmente não são muito difundidos, já que sua influência na configuração das Células Flexíveis de Manufatura - CFM (*Flexible Manufacturing Cell* - FMC) é limitada.

Nesse contexto, a fase de análise e identificação de agrupamentos na aplicação da TG orientada pelo projeto gera um grupo de resultados específicos. Dentre os principais resultados dessa aplicação destacam-se:

- Padronização do projeto de peças e minimização da duplicação de projetos, projeto de novas peças podem ser feitos baseados em projetos anteriores;
- Planos de processo podem ser padronizados e programados de modo eficiente;
- Os custos de fabricação podem ser estimados mais facilmente;
- Com o uso de CAD/CAM/CIM, pode-se aumentar a produtividade e diminuir custos na fabricação de lotes pequenos.

Burbidge (1996) destaca que o simples fato de implantar a Tecnologia de Grupo não garante os resultados, ou seja, é necessário que sejam tomadas ações no sentido de atingir o objetivo que se deseja, principalmente com relação às pessoas envolvidas tanto na operação quanto no gerenciamento e planejamento.

16.3.1.2 Problemas de Média Complexidade

Para os problemas de média complexidade, nos quais se enquadram quase 45% das empresas brasileiras, o processo de identificação de agrupamentos é realizado através da aplicação dos chamados algoritmos de agrupamento. Os métodos de formação de agrupamentos são procedimentos baseados em informações empíricas, extraídas dos processos de fabricação, das características das peças e da máquina, do fluxo da peça na fábrica, do roteiro de fabricação etc.; ou seja, por mais informações que o algoritmo possa considerar, jamais contemplará todas as variáveis que influenciam na decisão de formar uma célula; portanto, os métodos são apenas uma sugestão inicial de agrupamento, requerendo uma posterior análise para a efetivação das células.

Em grande parte dos casos práticos precisamos encontrar uma solução viável bem razoável, de forma rápida e sem grandes investimentos. Existem diversos modelos e técnicas para isso, a começar pelos classificados como busca heurística, que é uma técnica que melhora a eficiência de um processo de busca, possivelmente sacrificando uma abordagem mais detalhada do problema. Sem a heurística, estaríamos irremediavelmente presos em uma explosão combinatória. Só isto já é argumento suficiente em favor do seu uso, mas há outros argumentos também:

- Raramente precisamos da solução ótima: uma boa aproximação normalmente será aceita. Em outras palavras, as pessoas buscam qualquer solução que satisfaça a um grupo de exigências, e quando encontram uma, param de procurar.
- Embora as aproximações produzidas pela heurística possam não ser, na pior das hipóteses, muito boas, a pior hipótese raramente surge no mundo real.
- Tentar entender por que uma heurística funciona ou por que não funciona geralmente resulta em uma compreensão mais profunda do problema.

Alguns dos algoritmos básicos que veremos adiante utilizam a similaridade como critério para formação de agrupamentos. Similaridade é a medida de igualdade entre dois objetos. Como critério de similaridade, a análise de agrupamentos utiliza unicamente como informação a relação das peças que são processadas em cada máquina disposta em uma matriz binária, também chamada de Matriz de Incidência (MI), que representam os processos de fabricação das peças através de matrizes de incidência peças X máquinas.

Nesse sentido, é necessário definir o coeficiente de similaridade a ser utilizado. Conceitualmente, um coeficiente de similaridade é uma medida aplicada a dois elementos de uma mesma natureza cujo objetivo é estabelecer quão semelhantes esses dois elementos são (SEIFODDINI, 1998). Eles são normalmente usados em formulação matricial, na aplicação de Tecnologia de Grupo para análise de semelhança entre peças, visando à sua composição em células (JHA, 1991).

De forma geral, os coeficientes de similaridade podem incorporar outros dados de manufatura e, em função disso, uma variedade de medidas de similaridade têm sido definidas. Mas para a formulação matricial, somente os dados binários da matriz de incidência partes/máquinas. Portanto, em aplicações de formação de células de produção, comumente tenta-se estabelecer a similaridade entre um par de máquinas ou um par de produtos. Esses objetos, no caso da formulação matricial, poderão assumir valores "0" e "1" e por isso, serão particularmente úteis neste estudo.

Quadro 16.2 Relações de contingência entre objetos

Tabela de Relações	1	0	Total
1	A	B	A+B
0	C	D	C+D

Para aplicar as "relações de contingência" entre objetos às Matrizes de Incidência (MI), pode-se assumir como "objetos" tanto as máquinas (linhas de MI) quanto as peças (colunas de MI). A aplicação de medidas de similaridade às peças considera que:

- quanto maior a coincidência ou semelhança entre os roteiros das peças (objetos), maior a similaridade entre as peças;
- portanto, para as peças cujo fluxo de produção provoca a sua passagem pelas mesmas máquinas, terão o valor máximo de similaridade.

Por outro lado, peças em cujo fluxo de produção não são encontradas máquinas comuns, terão valor mínimo de similaridade. Analogamente às peças, a consideração dos objetos feita para as máquinas mostra que:

- quanto maior a semelhança entre o conjunto de peças que passa por duas máquinas determinadas, maior a similaridade entre elas;
- máquinas que executam operações nas mesmas peças terão similaridade máxima, e máquinas que executam operações em peças diferentes, sem operações comuns, terão similaridade mínima.

Existem muitos coeficientes de similaridade na literatura, entre estes destaca-se o Coeficiente de Jaccard, a Medida de distância Euclidiana e a Medida de distância de Hamming. Por existirem inúmeras medidas de similaridade, também foram desenvolvidos um grande número de algoritmos que se baseiam nelas. Os algoritmos baseados em medidas de similaridade apresentam as seguintes características:

- São de simples aplicação, quando comparados a outros algoritmos de agrupamento, pois não exigem muitas manipulações das matrizes de incidência (SEIFFODINI, 1989);
- Permitem a identificação de diferentes soluções, para a mesma configuração original da matriz de incidência;
- As medidas de similaridade usadas por estes algoritmos são simples de serem calculadas, facilitando a sua utilização;
- Variando-se os limites de similaridade pode-se obter soluções em que o número de máquinas e peças presentes em cada célula será também variável, aumentando a flexibilidade de escolha por uma solução de layout mais adequada.

16.4 Matriz de incidência

As operações necessárias para a fabricação de peças nas máquinas podem ser representadas na forma de uma matriz, chamada de matriz de incidência (MI). A matriz de incidência é uma ferramenta utilizada para facilitar a visualização do agrupamento das peças em famílias e das máquinas em grupos. Em razão de que todos os algoritmos de agrupamentos baseiam-se em informações que são obtidas dessas matrizes de incidência, este é o ponto de partida tanto para o desenvolvimento quanto para a implementação das várias técnicas voltadas à formação de células.

Regra de formação

A regra de formação das MI é bastante simples. Segundo este procedimento, primeiro se constrói uma matriz de incidência peça-máquina. Nessa matriz, as linhas representam os tipos de máquinas e as colunas representam as peças (produtos). Cada elemento *aij* da MI assume valores binários, em que seu valor será definido pela relação:

- aij=1 significa que o produto j requer processamento na máquina i;
- aij=0 significa que o produto j não requer processamento na máquina i.

O Quadro 16.3 exibe um exemplo de uma matriz de incidência peça-máquina. Esta tabela mostra uma matriz de incidência inicial com 8 máquinas e 10 peças.

Quadro 16.3 Matriz de Incidência peça-máquina

		Peças									
		P1	**P2**	**P3**	**P4**	**P5**	**P6**	**P7**	**P8**	**P9**	**P10**
Máquinas	M1	1	0	0	0	0	1	0	1	1	0
	M2	0	1	0	1	1	0	0	0	0	0
	M3	0	0	1	0	0	0	1	0	0	1
	M4	0	1	0	1	1	0	0	0	0	0
	M5	0	0	1	0	0	0	1	0	0	1
	M6	0	0	1	0	0	0	1	0	0	1
	M7	1	0	0	0	0	1	0	1	1	0
	M8	1	0	0	0	0	1	0	1	1	0

A matriz de incidência MI consiste, portanto, em um conjunto de elementos "0" e "1", distribuídos por suas linhas e colunas, que obedecem ao processo de fabricação de cada peça no chão de fábrica.

Assim, quando se observa cada linha de MI, verifica-se pelo número de elementos "1", quais as peças que sofrem operação na máquina que corresponde a esta linha. Analogamente, para cada coluna da matriz, representada pelo número de elementos "1" presentes, tem-se as máquinas que são necessárias para o processamento completo da peça correspondente a esta coluna.

O objetivo dos algoritmos de formação de famílias de máquinas-peça é rearranjar as linhas e as colunas da matriz de incidência, de tal maneira que a matriz resultante fique com todos os elementos iguais a 1 agrupados em blocos na diagonal, em que cada bloco na matriz rearranjada indique um grupo de peças e o correspondente grupo de máquinas. A formação de células nessa representação acontece a partir da diagonalização da MI.

Dessarte, as famílias de peças e as células de máquinas podem ser identificadas. Uma perfeita estrutura de blocos diagonais poderá ser constituída caso seja possível formar células de máquinas e famílias de peças de modo que cada família possa ser processada em uma única célula de máquinas.

O tamanho de uma matriz genérica MI, composta por m máquinas e n peças, é definida por M x N elementos, sendo M o número de máquinas e N o número de peças. Cada peça do sistema de manufatura é definida por uma das *n* colunas de MI, enquanto cada linha de MI corresponde a uma máquina *m*.

Exemplo:

O Quadro 16.4 apresenta a matriz resultante depois do agrupamento em três células de máquinas-peças distintas. Nela, pode-se observar a formação de três células de produção, em que três grupos distintos de máquinas processam três famílias distintas de peças.

A primeira célula é composta pelo grupo de máquinas M3, M5 e M6, e processa a família de peças P3, P7 e P10. A segunda célula é composta pelo grupo de máquinas M8, M1 e M7, e processa a família de peças P1, P6, P9 e P8. A terceira célula é composta pelo grupo de máquinas M2 e M4, e processa a família de peças P5, P4 e P2.

Assim, a família de peças 1 é processada pelo grupo de máquinas 1; a família de peças 2 é processada pelo grupos de máquinas 2, e a família de peças 3 é processada pelo grupo de máquinas 3, formando as células de manufatura 1, 2 e 3, respectivamente.

Quadro 16.4 Matriz de blocos diagonalizada

		Peças									
		P3	**P7**	**P10**	**P1**	**P6**	**P9**	**P8**	**P5**	**P4**	**P2**
Máquinas	M3	1	1	1	0	0	0	0	0	0	0
	M5	1	1	1	0	0	0	0	0	0	0
	M6	1	1	1	0	0	0	0	0	0	0
	M8	0	0	0	1	1	1	1	0	0	0
	M1	0	0	0	1	1	1	1	0	0	0
	M7	0	0	0	1	1	1	1	0	0	0
	M2	0	0	0	0	0	0	0	1	1	1
	M4	0	0	0	0	0	0	0	1	1	1

É possível observar também na matriz formada, que todos os produtos são completamente fabricados dentro da sua respectiva célula. Ou seja, as células são independentes, visto que não há transporte de material entre as duas.

Essa é uma situação ideal. Na prática, de acordo com as sequências de fabricação dos produtos, é improvável que essa partição ideal de células e de produtos exista. A situação normal é que na matriz de incidência encontrem-se elementos excepcionais e vazios (Quadro 16.5). Quando ocorre tal situação, as peças e as máquinas são agrupadas com o objetivo de minimizar os elementos excepcionais para um dado número de células de máquinas.

Elementos excepcionais são peças ou componentes que não podem ser produzidos numa célula simples, o que permitiria a transferência de peças entre células ou a duplicação de máquinas requeridas para a fabricação de uma determinada peça. Portanto, os elementos excepcionais ocorrem quando algum produto precisa fazer uma operação fora da célula na qual é processada, representando o número total de processamentos que as peças terão em máquinas em outras células. Esses elementos são os que estão fora da diagonal e são representados por valores '1' fora das regiões sombreadas da matriz.

Vazios ocorrem quando uma peça não necessita de uma máquina alocada à célula na qual é processada. São representados por valores '0' dentro das regiões sombreadas.

Quadro 16.5 Exemplo de matriz de incidência com elementos excepcionais e vazios

		Peças									
Máquinas		P3	P7	P10	P1	P6	P9	P8	P5	P4	P2
	M3	1	1	0	1	1	0	0	0	0	0
	M5	1	1	1	1	0	0	0	0	0	0
	M6	1	1	1	0	0	0	0	0	0	0
	M8	0	0	0	1	0	1	1	1	1	0
	M1	0	0	1	0	1	1	1	0	0	0
	M7	1	1	0	1	1	1	0	0	1	1
	M2	0	0	0	0	0	0	0	1	1	1
	M4	0	0	0	0	0	0	0	1	0	1

A dificuldade em se encontrar a matriz de blocos diagonalizada com menor número de elementos excepcionais e vazios é que trata-se de um problema NP-difícil, e, até o momento, não se conhecem algoritmos eficientes para encontrar a solução ótima para problemas de escala real. Em consequência, o objetivo passa a ser encontrar uma solução satisfatória, por meio de um procedimento heurístico.

Normalmente existem duas possíveis soluções que podem ser obtidas:

a) Estrutura bloco diagonal perfeita (EBD): ocorre quando todos os grupos gerados pelo reordenamento de elementos não apresentam intersecções entre si. Neste caso, refere-se aos grupos obtidos como "grupos mutuamente exclusivos", e os elementos são facilmente identificados;
b) Estrutura Bloco diagonal incompleta ou imperfeita: ocorre quando não é possível definir com exatidão a composição de cada grupo, face às intersecções que ocorrem. Esta refere-se aos resultados como "grupos parcialmente separáveis", e a tarefa de identificar os elementos de cada grupo fica prejudicada. Nestes casos, deseja-se então encontrar a matriz de bloco cujas células sejam o mais independentes quanto possível. (Quadro 16.6).

Quadro 16.6 Exemplo de matriz de incidência com grupos parcialmente separáveis

		Peças									
		P3	**P7**	**P10**	**P1**	**P6**	**P9**	**P8**	**P5**	**P4**	**P2**
Máquinas	M3	1	1	0	1	1	0	0	0	0	0
	M5	1	1	1	1	0	0	0	0	0	0
	M6	1	1	1	0	0	0	0	0	0	0
	M8	0	0	0	1	0	1	1	1	1	0
	M1	0	0	1	0	1	1	1	0	0	0
	M7	1	1	0	1	1	1	0	0	1	1
	M2	0	0	0	0	0	0	0	1	1	1
	M4	0	0	0	0	0	0	0	1	0	1

Como exemplo, analisando-se a situação (Quadro 16.6), percebe-se que a necessidade de executar uma operação das peças P3 e P7 na máquina M7, assim como a necessidade de executar uma operação da peça P10 na máquina M1 impede a separação perfeita dos grupos: as peças P3, P7 e P10 podem ser consideradas como pertencentes tanto ao primeiro agrupamento quanto ao segundo.

A mesma situação ocorre com as máquinas M1 e M7, que podem estar alocadas em qualquer dos dois grupos gerados. No exemplo analisado, tanto as peças P3, P7 e P10 quanto as máquinas M1 e M7 podem ser caracterizados como elementos de exceção. Para esses elementos de exceção várias alternativas podem todas, incluindo:

- Produzir as peças fora dos grupos transportando lotes da peça entre as células: resulta em utilização de máquina mais elevada, mais custo de movimentação de materiais e complexidade de PCP;
- Subcontratar produção da peças fora do grupo: evita desvantagens da opção anterior, mas pode custar mais caro do que fazer na própria empresa;
- Produzir as peças em ambiente *job-shop*: evita as desvantagens anteriores, uma vez que as máquinas nas quais as peças são feitas já estão no layout celular. Pode precisar mais máquinas para o ambiente *job-shop*;
- Comprar máquinas adicionais para produzir as peças na própria célula: simplifica programação e evita atravessamentos, mas há o custo adicional da máquina nova a ser considerado;
- Reprojetar as peças para que não precisem utilizar máquinas problemáticas.

É importante salientar que os exemplos apresentados são didáticos. No caso da matriz analisada, têm-se 8 máquinas e 10 peças (80 elementos ao todo), que é um número pequeno de elementos para representar uma situação real. No entanto, foram utilizados exemplos de MI com número reduzido de elementos, em função de dois aspectos:

a) facilitar a visualização dos métodos de análise de agrupamentos por formulação matricial, bem como de seus principais conceitos, potencial de utilização e problemas;
b) todos os aspectos analisados para as MI com poucos elementos podem ser considerados para as situações reais, em que o número de elementos pode chegar a 100 ou mais, em função do porte da empresa.

Objetivos da Formulação Matricial

Uma vez obtida a MI representativa para a situação do chão de fábrica que se pretende analisar, o passo seguinte deve ser a identificação dos agrupamentos. Os agrupamentos são definidos pelos conjuntos de peças e máquinas representados pelo aglomerado de elementos "1" em regiões determinadas da matriz. Procurar agrupar os elementos "1" da MI é, portanto, a tarefa fundamental dos algoritmos de agrupamentos baseados em formulação matricial – e seu objetivo principal.

Métodos para problemas de Baixa Complexidade

1) Agrupamento Intuitivo (visual)

O método de Inspeção Visual é um método mais simples e rápido, com a vantagem de requerer pouco investimento no qual as similaridades existentes entre as peças fabricadas são identificadas baseadas apenas na intuição e na memória.

O método Inspeção Visual caracteriza-se por realizar o estudo, a análise e a interpretação dos fatos baseando-se na capacidade mnemônica de identificação de similaridades suficientes entre máquinas e peças para um possível agrupamento. Neste contexto necessita de grande experiência de quem irá fazer a classificação e o tempo gasto com a manipulação física das peças (LORINI, 1993).

Se o número de peças e máquinas for pequeno, pode-se identificar as células pelo método de agrupamento visual, entretanto se mais peças e máquinas estiverem envolvidas, deve-se aplicar um método mais efetivo.

Principais características:

- Uma equipe experiente atribui produtos a grupos lógicos;
- Método rápido e viável se houver 20 produtos ou menos;
- O agrupamento intuitivo pode ser usado para projetar uma célula para aprendizado.

2) Sistema de Classificação e Codificação (C&C)

Os Sistemas de Classificação e Codificação são geralmente utilizados para caracterizar peças/componentes em relação à sua geometria e necessidades de fabricação. Com base nesses atributos, procede-se à divisão das peças em famílias, de acordo com a similaridade física e de processos que as mesmas apresentam. As famílias de peças assim determinadas, combinadas aos grupos de máquinas necessárias ao seu processamento, originam as células de fabricação.

É um método no qual os atributos de projeto e/ou manufatura de cada peça são examinados e usados para gerar um código alfanumérico pelo qual os tipos de peças são identificados, normalmente variando entre seis e 30 dígitos (GROOVER, 1995).

O sistema de Classificação e Codificação utiliza-se de códigos que representam os atributos ou características de itens ou objetos e de um conjunto específico de critérios de similaridade que determinam classes. Esse código poderá ser usado para identificação do produto dentro do sistema de fabricação, permitindo a informatização do sistema e a ligação das informações com outros setores, como por exemplo, o PCP da empresa ou envio de informações para o sistema CAD/CAM.

As informações codificadas podem ser usadas em projetos, manufatura, compras, estimativas de custos etc. e podem ser classificadas em grupos, uma vez que possuam características semelhantes. Peças com atributos semelhantes serão classificadas em uma mesma família, sendo as semelhanças vindas de informações de projeto ou processo. Os principais atributos de projeto consistem em similaridades físicas:

- formas e dimensões externas e internas;
- relações de dimensões (comprimento/largura, comprimento/diâmetro);
- tolerâncias dimensionais;
- acabamento superficial;
- função da peça.

Os sistemas de Classificação e Codificação de peças são normalmente projetados para incluir tanto os atributos de projeto quanto os atributos de manufatura. As razões para usar codificação são:

- procura de projetos já existentes;
- planejamento automático do processo;
- projeto de células de máquinas.

As técnicas de Classificação e Codificação são empregadas de acordo com as características do problema a ser tratado, possibilitando que informações relativas ao projeto, processos de fabricação e insumos em geral possam ser armazenadas através de códigos e recuperadas a qualquer tempo conforme a necessidade.

O fator mais relevante neste caso é o fato de a classificação e, portanto, também, a codificação poderem ser feitas de maneira natural, ou seja, utilizando os próprios códigos da empresa com gerenciamento através do software. A flexibilização do sistema permite que informações pertinentes aos planos de processos possam ser usadas na reorganização dos processos produtivos com a intenção de otimizar o chão de fábrica.

A estrutura básica usada nesses sistemas de classificação e codificação são o hierárquico, tipo cadeia ou híbridos, tais como o sistema Opitz, Multiclass, Code, Cutplan, Dclass etc.

Características:

- Associa um código a todo produto e/ou processo;
- Esse código transmite informações sobre as características do produto e métodos de processo;
- Funciona bem mesmo para milhares de itens;
- Permite examinar a base de dados sob muitas perspectivas;
- Famílias para compras (ordens conjuntas), características de projeto, ferramentas e meios de inspeção podem ser padronizados.

Exemplo:

A figura a seguir ilustra um exemplo de codificação para um eixo roscado com furo. Neste exemplo, um código GT 12422313 indicaria um eixo confeccionado através de uma barra laminada (A=1) de aço ao carbono (B=2), sendo o diâmetro externo da peça de 25mm (C=4) e do furo de 15mm (D=2), com tolerância de 0,020mm (E=2); a rosca seria uma M18 (F=3) e o acabamento externo como em bruto (G=3), sem tratamento superficial.

Qualquer alteração no código seria uma peça diferente e, em caso de coincidência, é fácil criar um novo campo ou um novo item em capôs já existentes. A classificação pode ocorrer, por exemplo, através do uso de um ou mais desses critérios para a formação do grupo ou família de produtos, sendo procedimento facilitado com uso

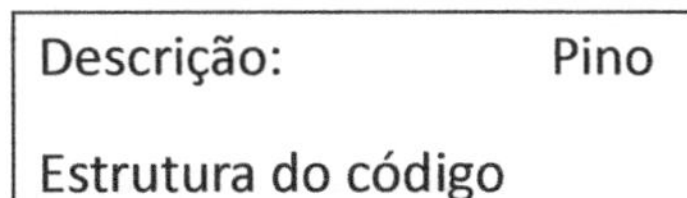

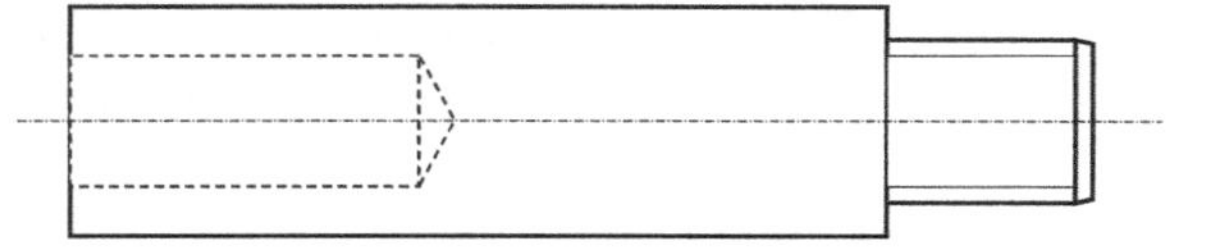

Campo	Descrição	Campo	Descrição
A - Origem do material bruto	1. Barra laminada 2. Forjado na forma	E - Tolerância do furo (em mm)	1. 0,010 2. 0,020
B - Material	1. Aço ao carbono 2. Aço liga 3. Liga Al 4. Liga Cu	F - Rosca	1. M12 2. M15 3. M18
C - Diâmetro externo	1. 20mm 2. 22mm 3. 24mm 4, 25mm	G - Acabamento externo	1. Como em bruto 2. Usinagem fina 3. Polido 4. Tratamento superficial
D - Furação	1. Furo 10mm 2. Furo 15mm 3. Sem furo	H - Tratamentp supeficial	1. Cromado 2. Zincado 3. Sem tratamwento

FIGURA 16.3
Exemplo de aplicação de codificação à tecnologia de grupo.

de planilhas eletrônicas ou outros sistemas computacionais. Ao final da tarefa são obtidos os Grupos ou famílias de produtos, um registro documental organizando as informações de produtos e processos em seus respectivos grupos.

3) Análise do Fluxo de Produção – AFP (*Production Flow Analysis* - PFA)

Os problemas de Tecnologia de Grupos (TG) com a abordagem baseada nos processos de fabricação requererem a utilização da técnica de Análise do Fluxo da Produção (AFP), quando da necessidade da substituição do sistema de produção tradicional por um Sistema de Produção Celular.

A Análise do Fluxo da Produção é um dos métodos mais simples e mais utilizados para agrupar famílias de peças e organizar as máquinas no chão de fábrica. Foi criada por Burbidge em 1975 e segundo o autor, a AFP é uma técnica para encontrar famílias de componentes em grupos de máquinas para layout celular.

Na Análise do Fluxo da Produção, a preocupação principal é com os processos de fabricação, não se levando em conta as características de projeto ou a forma dos componentes. Leva-se em consideração o fluxo de materiais pela fábrica e sua manipulação, ou seja, apenas as máquinas e ferramentas que estão realmente em uso. A AFP é o método pelo qual a informação contida na rota de processo de fabricação da peça é usada para classificar a peça em uma determinada família.

Após uma Análise do Fluxo de Produção (AFP), método utilizado para agrupar famílias de peças e organizar as máquinas no "chão de fábrica" e que requer um certo poder de análise, julgamento e decisão, as peças que possuem processos de fabricação similares são agrupadas em famílias de peças, e as máquinas em grupos de máquinas, formando assim as células tecnológicas.

No método AFP todas as peças envolvidas são examinadas, e as máquinas usadas são listadas junto com as peças numa matriz. Como a matriz contém informações sobre máquinas e peças, é denominada de matriz máquina-peça ou matriz de incidência. É exatamente na etapa de projeto de um sistema de manufatura celular que se dispõe de uma matriz de incidência, a qual indica as operações requeridas pelas peças.

A AFP utiliza uma matriz de incidência de máquinas/peças. O objetivo é agrupar peças que requerem processos similares de fabricação. No final da Análise do Fluxo de Produção, peças que possuem processos de fabricação similares são agrupadas em famílias de peças e as máquinas em grupos de máquinas, formando, assim, as células tecnológicas.

Ao contrário de outras técnicas utilizadas para a geração de Tecnologia de Grupo, um sistema baseado em AFP requer uma interação maior com o usuário, pois requer um certo poder de análise, julgamento e decisão.

Os resultados parciais devem ser analisados e decisões devem ser tomadas antes do prosseguimento das etapas subsequentes, exigindo muito domínio do assunto por parte da pessoa ou equipe que aplica o método. No entanto, este tipo de análise se torna mais fácil devido ao problema ser atacado por partes e não em toda a sua complexidade.

Características:

É o método pelo qual a informação contida na rota de processos da peça é usada para classificar a peça em uma determinada família. A AFP trabalha com dados relativos aos processos de fabricação (planos de processos) para a otimização da planta.

A AFP envolve o exame do roteamento e o agrupamento simultâneo das máquinas em células e as peças em famílias, baseado em informações de processos de fabricação. Leva-se em consideração o fluxo de materiais pela fábrica e sua manipulação, ou seja, apenas as máquinas e ferramentas que estão realmente em uso.

Segundo De Souza (1991), o algoritmo de Análise do Fluxo da Produção (AFP) é aplicado quando da reorganização do sistema de produção e possui as seguintes entradas:

- matriz de incidência de máquinas/peças;
- número de células;

- tempo de operação de cada peça;
- tempo de máquina;
- número de máquinas do mesmo tipo.

Essas informações procedentes dos planos de processos referentes às peças produzidas fundamentam a aplicação da AFP. Vide Figura 16.4.

Folha de processo: Nome da peça: Material:			NRP: Código:	
Operação	**Máquina**	**Descrição da operação**	**Tempo**	**Departamento**

FIGURA 16.4
Folha de Processos dividida em departamentos e codificada.

Fonte: Burbidge (1996)

A análise é feita de forma progressiva, através dessas informações, cujas divisões naturais em grupos e famílias são obtidas, assim como elementos excepcionais que não se ajustam à solução encontrada para a maioria. A lista de máquinas utilizadas para executar cada processo é chamada de unidade produtiva (UP) ou departamentos.

Segundo Montevechi (1996), esta técnica pode ser resumida em três fases:

- na primeira fase estuda-se o fluxo de materiais e peças entre os departamentos da empresa e depois o fluxo em cada departamento;
- na segunda fase agrupam-se as rotas similares, formando as famílias de peças;
- na terceira fase estuda-se o fluxo dentro da célula formada para processar uma determinada família de peças.

Exemplo:

A Análise de Fluxo de Produção (AFP) é realizada, tal qual ilustrado na Figura 16.5, em uma matriz na qual são listadas máquinas (representadas por letras) utilizadas e as peças produzidas (identificadas por números) em determinados processos a serem estudados. Na sequência, para cada peça estudada, são marcadas com "X" as máquinas necessárias para sua fabricação, resultando na matriz da Figura 16.5(a).

Finalizando a AFP, as colunas da matriz inicial devem ser rearranjadas, de forma a aproximar ao máximo os "X" da diagonal da matriz. A Figura 16.5(b) ilustra o resultado final. Nesta figura se pode notar que a peça 5, que preferencialmente seria produ-

	1	2	3	4	5
A	x		x		x
B		x		x	x
C		x		x	x
D	x		x		
E		x		x	x

(a)

	1	3	2	4	5
A	x	x			x
D	x	x			
B			x	x	x
C			x	x	x
E			x	x	x

(b)

FIGURA 16.5
Tecnologia de grupo - Matriz da Análise de Fluxo de Produção (AFP).

zida pelo conjunto apresentado no canto inferior direito da matriz, necessita da máquina A, que seria preferencialmente alocada a outro grupo. Essa situação é comum, e pode ser solucionada por diferentes ações, como, por exemplo:

- Produzir a peça 5 transportando lotes da peça entre as células;
- Subcontratar produção da peça 5;
- Produzir peça 5 em ambiente *job-shop*;
- Comprar uma máquina A adicional para produzir a peça 5 na segunda célula;
- Reprojetar peça 5 para que não precise utilizar máquina A.

A figura ilustra uma aplicação da TG, através da AFP, em um processo de adaptação de equipamentos eletrônicos importados às condições nacionais, cujas tarefas são realizadas manualmente. Com o objetivo de estabelecer células baseadas em TG, foram estudados os diferentes produtos importados, sendo as ferramentas e atividades realizadas consideradas em substituição às "máquinas" usualmente empregadas na AFP. Neste exemplo as linhas e colunas já foram rearranjadas, tendo sido identificados três grupos, indicando, por exemplo, a necessidade de duplicação de ferramentas (consideradas de baixo custo) entre os grupos 2 e 3.

Métodos para problemas de Média Complexidade:

Segundo Cormack (1971), a existência de uma série de conceitos que geram distintas definições as quais cada investigador tem uma maneira diferente para formar agrupamentos dão origem aos diferentes algoritmos, que nem sempre são aceitos universalmente. Porém, todas as definições se baseiam em duas ideias básicas: coesão interna dos objetos e isolamento externo entre os grupos.

Os métodos para problemas classificados como de média complexidade, também classificados como métodos baseados em formulação matricial, constituem um gru-

	Ferramentas	D8	B8	A1	E1	C1	D11	D1	D10	B3	B4	B5	B6	D2	D3	D4	D5	D6	D7	D9	B1	B2	total
		Produtos																					
1	Chave de fenda			✓	✓																		2
12	Dispositivo gaxeta			✓																			1
13	Aquecedor							✓	✓														2
4	Parafusadeira	✓	✓	✓																			3
10	Chave de boca					✓																	1
2	Chave cachimbo			✓	✓	✓																	3
3	Alicate	✓	✓	✓	✓		✓	✓															6
14	Chave phillips	✓				✓	✓	✓	✓	✓	✓	✓											8
7	Teste 02										✓	✓											2
11	Cortador fita 01	✓		✓				✓	✓				✓	✓	✓	✓	✓	✓	✓	✓			12
9	Leitor de código de barras	✓	✓	✓	✓	✓	✓	✓	✓	✓	✓	✓	✓	✓	✓	✓	✓	✓	✓	✓	✓	✓	21
5	Pano para limpeza	✓	✓	✓	✓	✓	✓	✓	✓	✓	✓	✓	✓	✓	✓	✓	✓	✓	✓	✓	✓	✓	21
8	Teste 03	✓	✓	✓	✓	✓	✓	✓	✓	✓	✓	✓	✓										12
6	Teste 01	✓	✓	✓	✓	✓	✓	✓	✓	✓	✓	✓	✓										8

Grupo 1

Grupo 2

Grupo 3

FIGURA 16.6

Exemplo de aplicação de TG em um processo simples, manual.

Fonte: elaborado por Janaina Geisler Corrêa.

po de propostas muito utilizados para identificação de peças e máquinas visando à configuração de células, pois apresentam resultados a curto prazo e não necessitam de grandes investimentos.

Os métodos de formulação matricial representam os processos de fabricação das peças através de matrizes de incidência peças X máquinas. A manipulação das linhas e colunas das matrizes de incidência através de algoritmos de agrupamento permite identificar os grupos, que formarão, após as etapas de dimensionamento e balanceamento, as células de manufatura. Esses métodos são muito utilizados por reunirem uma série de vantagens:

- as informações necessárias para sua utilização são simples e obtidas com facilidade: restringem-se ao fluxo de peças/componentes pelas máquinas do sistema de manufatura;
- custo relativamente baixo de implantação e a velocidade de resposta é extremamente alta.
- computacionalmente é mais simples de ser implementada;
- com o desenvolvimento dos microcomputadores, o tempo de processamento dos algoritmos usados diminuiu para frações de segundos, e a capacidade de memória permite que se trabalhe com volume muito grande de dados, eliminando-se as restrições que existiam anteriormente para aplicação desses métodos.

A característica principal que classifica estes algoritmos em métodos matriciais é a maneira de atuar sobre a matriz de incidência (MI). Os métodos matriciais têm base em uma matriz de incidência binária que descreve o fluxo de peças através das diferentes máquinas que poderiam compor as células de manufatura. Ou seja, a MI indica quais peças são processadas por quais máquinas.

A partir deste ponto, algoritmos matemáticos de manipulação de matrizes são aplicados para a obtenção de uma nova configuração da matriz que permite uma fácil identificação dos agrupamentos máquinas-peças. Como os algoritmos de manipulação são vários, existem várias soluções diferentes para uma mesma MI. Estas podem (ou não) ser um resultado satisfatório.

O objetivo dos algoritmos é identificar um conjunto de máquinas e peças que possam ser agrupadas sem que essas peças necessitem de outras máquinas e que essas máquinas não processem outras peças, essa configuração final desejada é definida como Estrutura Bloco Diagonal (EBD).

Os algoritmos atuam sobre a matriz de incidência permutando suas linhas e colunas e procuram, através de procedimentos baseados em alguma “lógica de agrupamento” predeterminada, reordenar as linhas e colunas da MI, de modo a agrupar os elementos “1” em estruturas bloco diagonais, que permitem identificar as peças e máquinas que compõem os grupos.

Nesses métodos, linhas e colunas são rearranjadas para obtenção da diagonal de blocos, da qual as células de máquinas e famílias de peças são obtidas. Pode-se citar o

Rank Order Clustering (ROC) de King (1980), o *Direct Clustering Analysis* (DCA) de Chan e Milner (1982), e o *Cluster Identification Algorithm* (CIA) de Kusiak e Chow (1987).

Algoritmos Básicos:

Estas metodologias utilizam procedimentos específicos para a determinação das células. Tais procedimentos são executados sobre atributos e características identificadas nas peças e máquinas, as atribuições e características utilizadas devem ser suficientemente excludentes também para a execução em computadores.

De modo a completar o algoritmo, as peças precisam ser alocadas nos grupos de máquinas determinados pelo algoritmo. Isso pode ser obtido alocando cada peça em um grupo de máquinas, no qual ela poderá fazer o máximo de operações.

1) Algoritmo ROC (*Rank Order Clustering*)

A clusterização por ordem de ranqueamento (ROC) é um algoritmo que usa a lógica de agrupamento, em que as colunas e linhas da matriz de incidência são reorganizadas por intermédio de uma representação binária. O algoritmo ROC pode ser entendido ou traduzido por "algoritmo por ordem de grandeza". King (1980) foi um dos primeiros a propor um procedimento heurístico para formação de células de produção baseados na matriz de incidência.

O algoritmo ROC tem como objetivo a formação de células através de manipulações na matriz binária de incidência de forma a obter os agrupamentos de peças e máquinas. *Grosso modo,* ele converte cada linha em um número decimal, como se a linha fosse um número escrito em base binária, e depois ordena as linhas de forma decrescente de cima para baixo; em seguida coloca as colunas em ordem decrescente da esquerda para a direita utilizando o mesmo critério, até que essa matriz não possa ser mais modificada.

O algoritmo ROC é uma técnica para formação de células de manufatura orientada à produção (método matricial) que se baseia na análise do fluxo de produção. Ele considera cada linha e cada coluna da MI como um número binário e realiza ordenações sucessivas até que o resultado desejado seja atingido. Seu princípio básico é arranjar as linhas e colunas da matriz de incidência de modo a obter uma matriz diagonal de blocos.

A aplicação do ROC é um procedimento heurístico e iterativo, ao realizar a 1ª simulação, se houver elementos de exceção, ou seja, operações fora das células, esses elementos são identificados e temporariamente removidos. O algoritmo é reaplicado à matriz na tentativa de se obter uma solução chamada estrutura bloco diagonal perfeita (EBD). Se existirem gargalos de produção os equipamentos são duplicados e o algoritmo é reaplicado. Se uma máquina duplicada for projetada dentro da mesma célula, ela é eliminada. (KING; NAKORNCHAI, 1982); (CHAN; MILNER, 1982); (CHU; TSAI, 1990). Segundo King (1980), este algoritmo consiste nos seguintes passos:

- **Passo 1:** Para cada linha da matriz de incidência, designar um peso binário e calcular o peso equivalente;
- **Passo 2:** Rearranjar as linhas da matriz na ordem decrescente dos valores dos pesos decimais equivalentes;
- **Passo 3:** Para cada coluna da matriz obtida no passo 2, designar um peso binário e calcular o peso decimal equivalente;
- **Passo 4:** Rearranjar as colunas da matriz na ordem decrescente dos valores dos pesos decimais equivalentes;
- **Passo 5:** Repetir os passos de 1 a 4 até não haver mais mudanças de posições dos elementos em cada linha ou coluna.

Os pesos para cada linha i e coluna j são calculados da seguinte forma:

n = nº de peças;

m = nº de máquinas

$$\text{linha i: } \sum_{k=1}^{n} a_{ik}\ 2^{n-k} \qquad \text{(Fórmula 16.1)}$$

$$\text{coluna j: } \sum_{k=1}^{n} a_{ik}\ 2^{n-k} \qquad \text{(Fórmula 16.2)}$$

Exemplo:

Dada a matriz de incidência abaixo, determine os agrupamentos de máquinas e peças utilizando o algoritmo *Rank Order Clustering* – ROC:

Matriz de incidência

	Peças																				
		1	2	3	4	5	6	7	8	9	10	11	12	13	14	15	16	17	18	19	20
Máquinas	1	0	0	1	0	0	1	1	0	0	0	0	1	0	0	0	0	0	0	0	0
	2	1	0	1	0	0	1	1	0	0	0	0	1	0	0	0	0	0	0	0	0
	3	1	0	1	1	0	1	1	0	0	0	1	1	0	0	0	0	0	0	0	0
	4	0	1	0	0	1	0	0	0	1	1	1	0	1	1	1	1	1	0	0	0
	5	0	1	0	0	1	0	0	1	0	0	1	0	1	1	1	1	1	0	0	0
	6	0	1	0	0	1	0	0	1	0	0	1	0	1	1	1	1	1	0	0	0
	7	1	0	0	0	0	1	1	0	0	0	0	1	0	0	0	0	0	0	0	0
	8	0	1	0	0	1	0	0	1	0	0	1	0	1	1	1	1	1	0	0	0
	9	0	1	0	0	1	0	0	1	0	0	1	0	1	1	1	1	1	0	0	0
	10	1	0	1	0	0	1	1	0	0	0	0	1	0	0	0	0	0	0	0	0
	11	1	0	1	1	0	0	0	0	1	1	0	0	0	0	0	0	0	1	1	1
	12	0	0	0	1	0	0	0	0	1	1	0	0	0	0	0	0	0	1	1	1
	13	0	0	0	1	0	0	0	0	1	1	0	0	0	0	0	0	0	1	1	1
	14	0	0	0	1	0	0	0	0	1	1	0	0	0	0	0	0	0	1	1	1
	15	0	0	0	1	0	0	0	0	1	1	0	0	0	0	0	0	0	1	1	1

Resolução:

Calculando o peso binário das linhas e ordenando em ordem decrescente:

Linhas	Soma
1	155.904
2	680.192
3	746.240
4	298.744
5	299.768
6	299.768
7	680.192
8	299.768
9	299.768
10	680.192
11	723.924
12	68.614
13	68.614
14	68.614
15	68.614

Linhas	Ordem dec.
3	746.240
11	723.974
2	680.192
7	680.192
10	680.192
5	299.768
6	299.768
8	299.768
9	299.768
4	298.744
1	155.904
12	68.614
13	68.614
14	68.614
15	68.614

Processo semelhante para as colunas

Colunas	Somas
1	31.744
2	992
3	31.760
4	24.590
5	992
6	23.568
7	23.568
8	960
9	8.238
10	8.238
11	17.376
12	23.568
13	992
14	992
15	992
16	992
17	992
18	8.206
19	8.206
20	8.206

Colunas	Ordem dec.
3	31760
1	31744
4	24590
6	23568
7	23568
12	23568
11	17376
9	8238
10	8238
18	8206
19	8206
20	8206
2	992
5	992
13	992
14	992
15	992
16	992
17	992
8	960

Seguindo os passos do algoritimo esta seria a matriz final:

Máquinas \ Peças	3	1	4	6	7	12	11	9	10	18	19	20	2	5	13	14	15	16	17	8
3	1	1	1	1	1	1	1													
11	1	1	1					1	1	1	1	1								
2	1	1		1	1	1														
7	1	1		1	1	1														
10	1	1		1	1	1														
5							1						1	1	1	1	1	1	1	1
6							1						1	1	1	1	1	1	1	1
8							1						1	1	1	1	1	1	1	1
9							1						1	1	1	1	1	1	1	1
4							1	1	1				1	1	1	1	1	1	1	
1	1			1	1	1														
12			1					1	1	1	1	1								
13			1					1	1	1	1	1								
14			1					1	1	1	1	1								
15			1					1	1	1	1	1								

Após uma análise qualitativa para aprimorar a solução:

Máquinas \ Peças	3	1	6	7	12	2	5	8	11	13	14	15	16	17	4	9	10	18	19	20
3	1	1	1	1	1				1						1					
2	1	1	1	1	1															
7	1	1	1	1	1															
10	1	1	1	1	1															
1	1		1	1	1															
4						1	1		1	1	1	1	1	1		1	1			
5						1	1	1	1	1	1	1	1	1						
6						1	1	1	1	1	1	1	1	1						
8						1	1	1	1	1	1	1	1	1						
9						1	1	1	1	1	1	1	1	1						
11	1	1													1	1	1	1	1	1
12															1	1	1	1	1	1
13															1	1	1	1	1	1
14															1	1	1	1	1	1
15															1	1	1	1	1	1

Utilizar o algoritmo *Rank Order Clustering* – ROC na matriz de incidência inicial resultou na formação de 3 células de manufatura, restando ainda 6 elementos excepcionais:

Células de manufatura formadas utilizando o algoritmo ROC

Célula	Máquinas	Peças
1	3;2;7;10;1	3;1;6;7;12
2	4;5;6;8;9	2;5;8;11;13;14;15;16;17
3	11;12;13;14;15	4;9;10;18;19;20

2) Algoritmo DCA (*Direct Clustering Algorithm*)

O algoritmo de Análise de Clusterização Direta (DCA) foi proposto por Chan e Milner (1982) para formar grupos compactos junto à diagonal da matriz partes/máquinas. Esta heurística é muito semelhante a ROC. A diferença principal consiste no uso direto do número de células positivas nas linhas e colunas, em vez de transformar o vetor binário em um decimal correspondente.

O algoritmo reorganiza a matriz movendo as linhas com células positivas mais à esquerda para o topo e colunas com células positivas mais ao topo para a esquerda, na qual uma célula positiva significa aij=1. Efeitos idênticos resultam partindo-se de qualquer matriz inicial, ao contrário de ROC. DCA não tem qualquer limitação de tamanho devido ao tamanho da palavra e converge em relativamente poucas iterações.

Este algoritmo rearranja continuamente a ordem das colunas e linhas da matriz máquina-peça até que um critério de parada seja atingido. Segundo Chu e Tsai (1990), os passos para aplicação do procedimento são:

- **Passo 0:** Conte o número de elementos positivos em cada coluna e linha. Rearranjar a matriz com as colunas em ordem decrescente e as linhas em ordem crescente de células "1".
- **Passo 1**: Iniciando com a primeira linha, mova as colunas que possuam entradas positivas mais à esquerda possível da matriz. Repetir este procedimento com cada linha até que todas as colunas sejam rearranjadas.
- **Passo 2**: Se a matriz resultante for idêntica à anterior pare, senão vá para o passo 3.
- **Passo 3**: Iniciando com a 1ª coluna, mova as linhas que possuam entradas positivas para a parte superior da matriz. Repetir este procedimento com cada coluna até que todas as linhas estejam rearranjadas.
- **Passo 4**: Se a matriz resultante for idêntica à anterior pare.
- **Passo 5**: Repetir a partir do passo 1.

Exemplo:

Dada a matriz de incidência abaixo, determine os agrupamentos de máquinas e peças utilizando o algoritmo *Direct Clustering Algorithm* – DCA:

Matriz de incidência

Máquinas	Peças																			
	1	2	3	4	5	6	7	8	9	10	11	12	13	14	15	16	17	18	19	20
1		1	1					1	1		1		1	1		1	1		1	
2			1	1		1	1							1				1		1
3		1						1	1		1		1	1		1	1		1	
4			1	1		1	1			1								1		1
5	1				1	1				1		1			1		1			
6	1				1				1	1		1			1					1
7			1	1		1	1				1	1						1		1
8			1	1		1	1											1		1

Resolução:

Máquinas	Peças																				
	1	2	3	4	5	6	7	8	9	10	11	12	13	14	15	16	17	18	19	20	
1		1	1					1	1		1		1	1		1	1		1		10
2			1	1		1	1							1				1		1	7
3		1						1	1		1		1	1		1	1		1		9
4			1	1		1	1			1								1		1	7
5	1				1	1				1		1			1		1				7
6	1				1				1	1		1			1					1	7
7			1	1		1	1				1	1						1		1	8
8			1	1		1	1											1		1	6
	2	2	5	4	2	5	4	2	3	3	3	3	2	3	2	2	3	4	2	5	

Máquinas	Peças																				
	3	6	20	4	7	18	9	10	11	12	14	17	1	2	5	8	13	15	16	19	
8	1	1	1	1	1	1															6
2	1	1	1	1	1	1					1										7
4	1	1	1	1	1	1		1													7
5		1						1		1		1	1		1			1			7
6			1				1	1		1			1		1			1			7
7	1	1	1	1	1	1			1	1											8
3							1		1		1	1		1		1	1		1	1	9
1	1						1		1		1	1		1		1	1		1	1	10
	5	5	5	4	4	4	3	3	3	3	3	3	2	2	2	2	2	2	2	2	

	Peças																			
Máquinas	**3**	**6**	**20**	**4**	**7**	**18**	**10**	**12**	**1**	**5**	**15**	**11**	**9**	**14**	**17**	**2**	**8**	**13**	**16**	**19**
8	1	1	1	1	1	1														
2	1	1	1	1	1	1								1						
4	1	1	1	1	1	1	1													
7	1	1	1	1	1	1		1				1								
5		1					1	1	1	1	1				1					
6			1				1	1	1	1	1		1							
3												1	1	1	1	1	1	1	1	1
1	1											1	1	1	1	1	1	1	1	1

Utilizar o algoritmo *Direct Clustering Algorithm* – DCA na matriz de incidência inicial resultou na formação de 3 células de manufatura, restando ainda 9 elementos excepcionais:

Células de manufatura formadas utilizando o algoritmo DCA

Célula	Máquinas	Peças
1	8;2;4;7	3;6;20;4;7;18
2	5;6	10;12;1;5;15
3	3;1	11;9;14;17;2;8;13;16;19

3) Algoritmo SLC (*Single Linkage Clustering*)

O algoritmo baseado em medidas de similaridade mais conhecido é o algoritmo SLC. Ele utiliza como medida de similaridade o coeficiente de *Jaccard*, cujo cálculo é exemplificado no Quadro 16.7.

Quadro 16.7 Valores do coeficiente de Jaccard para medida de similaridade de máquinas

	Máquina J				
Máquina (J + 1)		1	0	Total	Medida
	1	A	B	A + B	$\frac{A}{A+B+C}$
	0	C	D	C + D	

Onde:

- A: indica o número de peças que sofrem operação tanto na máquina J como na máquina (J+1), simbolizado pelo elemento "1" em ambas as passagens;
- B: indica o número de peças de MI que sofrem operação na máquina (J+1);
- C: indica o número de peças de MI que sofrem operação na máquina J.

Uma vez definida a medida de similaridade, os algoritmos obedecem à mesma lógica de agrupamento. O procedimento de aplicação do algoritmo SLC (SEIFFODINI, 1989) está detalhado a seguir e serve como base para se entender o funcionamento desse tipo de algoritmos. Os passos para aplicação do procedimento são:

- **Passo 1:** Obter a matriz de incidência (MI) representativa da situação que se pretende estudar.
- **Passo 2:** Definir o coeficiente de similaridade a ser usado para calcular a medida de similaridade (neste caso é utilizada a medida de Jaccard).
- **Passo 3:** Calcular a similaridade entre cada par de máquinas da MI e registrar o valor na denominada "matriz de similaridade".
- **Passo 4:** Formar as primeiras células com os valores mais altos encontrados para a similaridade.
- **Passo 5:** Definir os valores limite (*threshold value*), que serão o parâmetro utilizado para estabelecer o nível de similaridade que duas ou mais máquinas devem possuir para formar um grupo.
- **Passo 6:** Estabelecer as diferentes configurações de agrupamentos, baseando-se em diminuições gradativas do valor limite, e usando a seguinte lógica:
  - Máquinas ou grupos de máquinas com medida de similaridade inferior ao valor limite são agrupadas em células maiores;
  - Máquinas ou grupos de máquinas com medidas de similaridade igual ou superior aos valores limite formam células entre si.
- **Passo 7:** O passo anterior é repetido até que se consiga agrupar adequadamente todas as máquinas.

Para a mesma matriz anterior o agrupamento de máquinas pode então ser efetuado nesses coeficientes, considerando que aqueles pares com valores acima de um número real chamado de filtro ($0 < \lambda < 1$) sejam agrupados.

De forma simplificada adota-se para o algoritmo SLC o cálculo do coeficiente de similaridade Sij ; onde i e j são indicadores de máquinas.

$$Sij = \frac{Nij}{Nij + Mij} \quad \text{(Fórmula 16.3)}$$

Onde:

N*ij* = nº de peças que visitam ambas as máquinas *i* e *j*;

Mij = nº de peças que visitam ou a máquinas i ou a máquina j; mas não ambas.

Exemplo:

Dada a matriz de incidência abaixo, determine os agrupamentos de máquinas e peças utilizando o algoritmo *Single Linkage Clustering* – SLC: Utilizar $\lambda \geq 0,75$.

Matriz de incidência

	Peças											
Máquinas	**1**	**2**	**3**	**4**	**5**	**6**	**7**	**8**	**9**	**10**	**11**	**12**
1	0	0	1	0	0	1	1	0	0	0	0	1
2	1	0	1	0	0	1	1	0	0	0	0	1
3	1	0	1	1	0	1	1	0	0	0	1	1
4	0	1	0	0	1	0	0	0	1	1	1	0
5	0	1	0	0	1	0	0	1	0	0	1	0
6	0	1	0	0	1	0	0	1	0	0	1	0
7	1	0	0	0	0	1	1	0	0	0	0	1
8	0	1	0	0	1	0	0	1	0	0	1	0
9	0	1	0	0	1	0	0	1	0	0	1	0
10	1	0	1	0	0	1	1	0	0	0	0	1

Resolução:

Par de Máquinas	Nij	Mij	Sij
1 - 2	0	9	0
1 - 3	0	6	0
1 - 4	0	6	0
1 - 5	0	5	0
1 - 6	0	8	0
1 - 7	0	5	0
1 - 8	3	2	0,60
1 - 9	0	8	0
1 - 10	3	1	0,75
2 - 3	0	7	0
2 - 4	0	7	0
2 - 5	2	2	0,50
2 - 6	1	7	0,13
2 - 7	0	6	0
2 - 8	2	5	0,29
2 - 9	2	5	0,29
2 - 10	0	7	0
3 - 4	2	2	0,50
3 - 5	0	5	0
3 - 6	3	2	0,60
3 - 7	1	3	0,25
3 - 8	0	8	0
3 - 9	2	4	0,33
3 - 10	0	7	0

Par de Máquinas	Nij	Mij	Sij
4 – 5	0	5	0
4 – 6	3	2	0,60
4 – 7	1	3	0,25
4 – 8	0	8	0
4 – 9	2	4	0,33
4 – 10	0	7	0
5 – 6	0	7	0
5 – 7	0	4	0
5 – 8	1	5	0,17
5 – 9	1	5	0,17
5 – 10	0	6	0
6 – 7	1	5	0,17
6 – 8	0	10	0
6 – 9	3	4	0,43
6 – 10	0	8	0
7 – 8	0	7	0
7 – 9	1	5	0,17
7 – 10	1	4	0,20
8 – 9	0	10	0
8 – 10	3	3	0,50
9 – 10	0	9	0

Apresentamos também estes resultados através da matriz diagonolizada, com destaque as maiores similaridades encontradas:

Máquinas										
Máquinas	**1**	**2**	**3**	**4**	**5**	**6**	**7**	**8**	**9**	**10**
1		0,00	0,00	0,00	0,00	0,00	0,00	0,60	0,00	0,75
2			0,00	0,00	0,50	0,13	0,00	0,29	0,29	0,00
3				0,50	0,00	0,60	0,25	0,00	0,33	0,00
4					0,00	0,60	0,25	0,00	0,33	0,00
5						0,00	0,00	0,17	0,17	0,00
6							0,17	0,00	0,43	0,00
7								0,00	0,17	0,00
8									0,00	0,50
9										0,00
10										

Para λ ≥ 0,75, tem-se apenas os pares de máquinas 1 e 10. Constata-se, porém, que a máquina 10 também tem alto nível de similaridade (0,50) com a máquina 8, que por sua vez também tem alto nível de similaridade (0,60) com a máquina 1, formando-se assim o primeiro grupo de máquinas.

Na sequência constata-se que os pares formados pelas máquinas 3; 4; 6 e 9 têm entre si altos níveis de similaridade, formando-se assim o segundo grupo de máquinas. Encontramos os níveis de similaridade mais baixos formados pelos pares máquinas 2; 5 e 7; formando-se assim o terceiro grupo de máquinas. A formação das células é representada a seguir com a reorganização das peças.

Peças												
Máquinas	**9**	**10**	**11**	**1**	**3**	**5**	**8**	**4**	**2**	**12**	**7**	**6**
1	1	1	1									
8	1	1	1						1		1	
10	1	1	1									1
3				1		1	1					
4				1	1		1					
6				1	1	1	1				1	
9					1	1	1	1		1		
5								1	1			
7							1					1
2								1	1	1	1	

Utilizar o algoritmo *Single Linkage Clustering*– SLC na matriz de incidência inicial resultou na formação de 3 células de manufatura, restando ainda 7 elementos excepcionais:

Células de manufatura formadas utilizando o algoritmo SLC

Célula	Máquinas	Peças
1	1;8;10	9;10;11
2	3;4;6;9	1;3;5;8
3	5;7;2	2;12;7;6

4) Algoritmo AVV (*Average Void Value*)

O algoritmo consiste em mensurar a dissimilaridade entre pares de máquinas através de um coeficiente, chamado AVV. A matriz AVV é construída com base na Matriz de Incidência (MI). Nesta matriz, cada peça processada por uma máquina é representada com peso um, do contrário zero. O algoritmo criado funciona da seguinte maneira:

- **Passo 1**: O primeiro passo e a construção da matriz AVV: a matriz AVV relaciona cada máquina com as demais. Assim, compara-se cada par de máquinas da seguinte maneira:
  - se para uma determinada peça, uma das máquinas a processa e a outra não, o conjunto recebe peso um;
  - ao final, somam-se todos os pesos que expressam o quanto essas máquinas não são similares.
- **Passo 2**: O segundo passo é encontrar o menor valor de AVV para um grupo de máquinas (a análise pode ser feita aos pares de máquinas) da matriz AVV. Caso ocorra um empate entre os valores, selecione um grupo de máquinas aleatoriamente.
- **Passo 3**: Após comparar e analisar os valores do AVV, o próximo passo é agrupar as máquinas em células. Caso o desejado número de células não for atingido, devem-se repetir os passos anteriores.

Exemplo:

Dada a matriz de incidência abaixo, determine os agrupamentos de máquinas e peças utilizando o algoritmo *Average Void Value* – AVV:

Matriz de incidência

Máquinas \ Peças	1	2	3	4	5	6	7	8	9	10	11	12
1									1	1	1	
2	1		1		1			1				
3		1					1					1
4		1		1								1
5	1		1					1				
6		1		1	1		1					1
7			1		1	1		1				1
8	1		1		1				1	1	1	
9				1			1	1				1
10						1			1	1	1	

Resolução:

O primeiro passo é a construção da matriz AVV (máquina x máquina):

Matriz AVV

Máquinas \ Máquinas	1	2	3	4	5	6	7	8	9	10
1		7	6	6	6	8	8	3	7	1
2			7	7	1	7	3	4	6	8
3				2	6	2	6	9	3	7
4					6	2	6	9	3	7
5						7	4	4	6	6
6							6	9	3	8
7								8	4	4
8									10	4
9										8
10										

Agora encontramos o menor valor de AVV e agrupamos as máquinas em células:

		Peças											
Máquinas		9	10	11	7	6	1	3	5	8	2	4	12
	1	1	1	1									
	10	1	1	1	1	1							
	8	1	1	1	1		1	1	1				
	5						1	1		1			
	2				1		1	1	1	1			
	7					1		1	1	1			1
	3										1		1
	4										1	1	1
	6								1		1	1	1
	9									1		1	1

Utilizar o algoritmo *Average Void Value* – AVV na matriz de incidência inicial resultou na formação de 3 células de manufatura, restando ainda oito elementos excepcionais:

Células de manufatura formadas utilizando o algoritmo AVV

Célula	Máquinas	Peças
1	1;10;8	9;10;11;7;6
2	5;2	1;3;5;8
3	3;4;6;9	2;4;12

5) Algoritmo BEA (*Bond Energy Algorithm*)

O algoritmo de energia de vinculação (BEA) é um algoritmo de agrupamento de propósito geral que pode ser aplicado em qualquer matriz de números não negativos. Explora a interconexão (ou vínculos) entre um elemento na matriz e seus quatro elementos vizinhos. Tais vínculos criam uma "energia" que é definida como a soma dos produtos dos elementos adjacentes. Para uma específica permutação de linhas e de colunas, a Energia de Vinculação Total – EVT (*Total Binding Energy* – TBE) é dada pela seguinte fórmula:

$$EVT = \frac{1}{2}\sum_{i=1}^{m}\sum_{j=1}^{n} a_{ij}\left[a_{i,j-1} + a_{i,j+1} + a_{i-1,j} + a_{i+1,j}\right] \qquad \text{(Fórmula 16.4)}$$

Onde:

EVT = Energia e vinculação
$a_{0,j} = a_{m+1,j} = a_{i,j} = a_{i,n+1} = 0$
m = número de máquinas
n = número de partes

O algoritmo BEA procura maximizar a EVT sobre todas as permutações possíveis. McCormick *et al.* (1972) observou que desde que os vínculos verticais não são afetados pela reorganização de colunas e igualmente para os vínculos horizontais em relação às linhas, o problema é decomposto em dois problemas de otimização separados. Embora BEA produza agrupamentos compactos, eles às vezes assemelham-se mais a um tabuleiro de xadrez do que uma diagonal de blocos na matriz. O algoritmo BEA consiste nos seguintes passos:

- **Passo 1**: Assuma *j*=1. Arbitrariamente selecione uma coluna.
- **Passo 2**: Coloque cada uma das n-1 colunas restantes em cada uma das j+1 posições (ou seja, ao lado da coluna já alocada), uma de cada vez, e determine a energia de ligação da coluna para cada alocação usando a Fórmula 16.3. Selecione posição que maximiza a energia de ligação.
- **Passo 3**: Após achar a melhor configuração para as colunas, fazer o mesmo procedimento para as linhas.

Exemplo:

Dada a matriz de incidência abaixo, determine os agrupamentos de máquinas e peças utilizando o algoritmo *Bond Energy Algorithm* – BEA.

Matriz de incidência

		Peças			
		1	**2**	**3**	**4**
Máquinas	**1**	1	0	1	0
	2	0	1	0	1
	3	0	1	0	1
	4	1	0	1	0

Resolução:

Selecionado arbitrariamente a coluna 1 e calculando o valor de EVT tem-se:

Ordem das colunas	EVT
1;2;3;4	3,0
1;2;4;3	4,5
1;3;2;4	6,0
1;3;4;2	6,0
1;4;3;2	3,0
1;4;2;3	4,5

Agora fixando a coluna 1 e trocando de posição as colunas 3 e 2, resulta em:

		Peças			
Máquinas		1	3	2	4
	1	1	1	0	0
	2	0	0	1	1
	3	0	0	1	1
	4	1	1	0	0

Selecionado arbitrariamente a linha 1, tem-se que

Ordem das linhas	EVT
1;2;3;4	6,0
1;2;4;3	3,5
1;3;2;4	6,0
1;3;4;2	3,5
1;4;3;2	8,0
1;4;2;3	8,0

Logo, a solução encontrada com utilização do algoritmo BEA é:

	Peças				
Máquinas		1	3	2	4
	1	1	1	0	0
	4	1	1	0	0
	2	0	0	1	1
	3	0	0	1	1

Utilizar o algoritmo *Bond Energy Algorithm* – BEA na matriz de incidência inicial resultou na formação de 2 células de manufatura, formando uma matriz de blocos diagonalizada.

Células de manufatura formadas utilizando o algoritmo BEA

Célula	Máquinas	Peças
1	1;4	1;3
2	2;3	2;4

6) Algoritmo CIA (*Cluster Identification Algorithm*)

O Algoritmo de Identificação de Agrupamentos (*Cluster Identification Algorithm* – CIA) é uma eficiente heurística de formação de células que trabalha somente com conjuntos de dados perfeitos, isto é, conjuntos de dados sem nenhum elemento excepcional ou partes/máquinas com gargalo.

Kusiak e Chow (1987) aplicaram o conceito apresentado por Iri (1968) no desenvolvimento deste algoritmo. O CIA permite chegar a existência de grupos mutuamente separáveis na matriz de incidência. O algoritmo consiste nos seguintes passos:

- **Passo 1:** Selecionar uma linha i na matriz de incidência e desenhar uma linha horizontal hi;
- **Passo 2**: Para cada elemento igual a 1 encontrado na linha hi passar uma linha vj passando por esse elemento;
- **Passo 3**: Para cada elemento 1 encontrado na linha vj, desenhar uma linha horizontal hk passando por esse elemento;
- **Passo 4**: Repetir os passos 2 e 3 até não ser mais possível desenhar linhas passando por um elemento igual a 1 pertencente a uma linha vj ou hk. Todos os elementos que estão no cruzamento de uma linha hk com vj formam uma célula de máquinas MC-k e uma família de peças PF-k;

- **Passo 5**: Definir a matriz de incidência inicial, retirando as linhas e as colunas que já fazem parte de uma célula e família. Se a matriz obtida contiver todos os elementos iguais a 0, significa o fim do algoritmo.

Exemplo:

Dada a matriz de incidência abaixo, determine os agrupamentos de máquinas e peças utilizando o algoritmo *Cluster Identification Algorithm* – CIA.

Matriz de incidência

		Peças					
		1	2	3	4	5	6
Máquinas	1	1	0	1	1	0	0
	2	0	1	0	0	1	1
	3	0	1	0	0	1	1
	4	1	0	1	1	0	0
	5	0	1	0	0	1	1
	6	1	0	1	1	0	0

Resolução:

Selecionando aleatoriamente a linha 2, desenhamos uma linha horizontal e outra linha vertical para cada elemento igual a 1 encontrado.

		Peças					
		1	2	3	4	5	6
Máquinas	1	1	0	1	1	0	0
	2	0	1	0	0	1	1
	3	0	1	0	0	1	1
	4	1	0	1	1	0	0
	5	0	1	0	0	1	1
	6	1	0	1	1	0	0

Logo, a solução encontrada com utilização do algoritmo CIA é:

	Peças					
Máquinas	2	5	6	1	3	4
2	1	1	1	0	0	0
3	1	1	1	0	0	0
5	1	1	1	0	0	0
1	0	0	0	1	1	1
4	0	0	0	1	1	1
6	0	0	0	1	1	1

Utilizar o algoritmo *Cluster Identification Algorithm* – CIA na matriz de incidência inicial resultou na formação de 2 células de manufatura, formando uma matriz de blocos diagonalizada.

Células de manufatura formadas utilizando o algoritmo CIA

Célula	Máquinas	Peças
1	2;3;5	2;5;6
2	1;4;6	1;3;4

Medidas de Desempenho das Células de Manufatura

Muitas medidas têm sido utilizadas na indústria e na academia para avaliar a qualidade de um sistema de manufatura celular. A seguir são relacionadas as medidas mais comuns encontradas na literatura.

a) Movimentação intercelular de material

Como um dos objetivos da manufatura celular é obter células independentes, qualquer tipo de movimentação de material intercelular é indesejada. Um produto que requeira processamento em múltiplas células torna o controle de produção mais complicado, desequilibra o balanceamento da carga de trabalho, e necessita de mais recursos de movimentação.

No entanto, observa-se na prática que é bastante comum a movimentação de lotes entre células devido à dificuldade em se formarem células independentes.

Kher e Jensen (2002) adicionam as seguintes considerações: devido a disponibilidade limitada, tamanho e toxicidade, certos equipamentos não podem ser fisicamente alocados em células. Exemplos incluem tipos especiais de operações de acabamento, banho químico, tratamento térmico, limpeza química e retirada de impureza. Quando não é possível dedicar os equipamentos necessários para processar uma família de produtos completamente em sua própria célula, se faz necessária a movimentação entre células.

b) Movimentação de materiais dentro da célula

Essa medida de desempenho está relacionada principalmente ao layout físico da célula, ou seja, a posição relativa das máquinas. O layout da célula influencia o padrão de fluxo entre máquinas, de acordo com a sequência de fabricação dos produtos, e pode demandar maior capacidade do sistema de movimentação interna caso não seja bem projetado (GUPTA *et al.*, 1996).

c) Nível de balanceamento

Células de produção assemelham-se as linhas de produção com tamanhos de lotes pequenos ou médios (Pattersosn; Fredendall; Craighead, 2002). Logo, células de produção devem ter sua carga balanceada para que os níveis de estoque em processo sejam menores e tenham menor variabilidade.

Ao se avaliar uma alternativa de projeto de células de produção, o balanceamento das células é medido com base nas demandas dos produtos e nos tempos de processamento nas máquinas. Uma célula balanceada possui máquinas com carga de trabalho semelhante.

d) Inventário em processo e tempo de atravessamento

Essas medidas de desempenho operacional são de difícil predição na fase de projeto, pois são fortemente influenciadas pela variação da demanda, pelo *mix* de produção, e pelas regras operacionais de controle de produção. Não obstante, pesquisadores, consultores e gerentes de produção têm crescentemente se preocupado com o problema de projeto de sistemas de manufatura celular que favoreçam baixos inventários. Modelos analíticos da teoria das Filas e modelos de simulação têm sido propostos para o auxílio na avaliação de medidas operacionais de fluxo em sistemas de manufatura.

e) Medidas de flexibilidade

Vakharia, Askin e Selim (1999) definem os seguintes tipos de flexibilidade que um sistema de manufatura celular pode apresentar:

- Flexibilidade de tipo de máquina: possibilidade de que as máquinas em uma células sejam capazes de processar um grande número de operações distintas;

- Flexibilidade de roteamento: habilidade de um sistema de manufatura em processar partes em múltiplas células;
- Flexibilidade de volume: habilidade de um sistema de manufatura em lidar com variações de demanda;
- Flexibilidade de mix de produção: habilidade de um sistema de manufatura em tratar diferentes composições de volume e variedade de produtos com pequena perturbação nas operações.

Medidas de Desempenho de Algoritmos

Os projetistas de sistemas de manufatura celular defrontam-se com várias decisões a respeito de uma metodologia de formação de células. Estas incluem:

- o algoritmo a ser empregado,
- o critério para usar como base para agrupamento;
- ações para manipular elementos excepcionais e máquinas com gargalo.

A determinação da medida de efetividade de agrupamento é, em si mesma, uma tarefa desafiadora. É necessário algum critério de medição para comparar a solução do agrupamento aos dados originais, um resultado padrão ou soluções de outros algoritmos.

É possível utilizar várias técnicas, comparar soluções e determinar qual é uma das mais apropriadas. Entretanto para problemas até mesmo de tamanho moderado, a determinação do desempenho de um algoritmo se torna muito difícil.

Chu, (2005) diz que o desempenho de algoritmos de formação de células pode ser baseado em sua eficiência computacional ou efetividade de seu agrupamento. Existem vários parâmetros ou metodologias para avaliar o desempenho de um algoritmo. Para os algoritmos aplicados na solução de problemas de formação de famílias e células, chamados de máquina-peça, vamos utilizar três medidas:

1. Porcentagem de Elementos Excepcionais (PEE)

A qualidade do método de agrupamento pode ser avaliada pelo número de elementos excepcionais. A porcentagem de elementos excepcionais pode ser obtida pela seguinte fórmula:

$$PEE = \frac{NEE}{N} \qquad \text{(Fórmula 16.5)}$$

Onde:

NEE = número de elementos excepcionais

N = número total de elementos com valor 1 na matriz final

2. Utilização de Máquinas (UM)

Utilização das máquinas é a porcentagem de tempo em que as máquinas de cada grupo estão em produção. A UM pode ser calculado da seguinte forma:

$$UM = \frac{N1}{\sum_{r=1}^{R} mr * nr} \quad \text{(Fórmula 16.6)}$$

Onde:

N1 = número total de 1 nos grupos;

R = número de grupos;

mr = número de máquinas pertencentes ao grupo r;

nr = número de peças pertencentes ao grupo r.

3. Eficiência dos Agrupamentos - EA (*Grouping Efficiency* -GE)

É uma medida de eficiência de desempenho agregada. Uma solução perfeita com nenhuma lacuna nos blocos nem elementos excepcionais tem uma eficiência de 100%, mas esta não é a regra geral. A EA pode ser calculado da seguinte forma:

$$EA = 0{,}5 * UM + 0{,}5[1 - \frac{NEE}{(MN - \sum_{r=1}^{R} mr * nr)}] \quad \text{(Fórmula 16.7)}$$

Onde:

UM = utilização das máquinas;

NEE = número de elementos exepcionais;

MN = dimensões da matriz de incidência;

mr = número de máquinas pertencentes ao grupo r;

nr = número de peças pertencentes ao grupo r.

Exemplos:

Calcule a percentagem de elementos exepcionais (PEE) e a eficiência dos agrupamentos (EA) para os agrupamentos de máquinas e peças determinados pelos seguintes algoritmos:

a) ROC

	Peças																			
Máquinas	**3**	**1**	**6**	**7**	**12**	**2**	**5**	**8**	**11**	**13**	**14**	**15**	**16**	**17**	**4**	**9**	**10**	**18**	**19**	**20**
3	1	1	1	1	1				1						1					
2	1	1	1	1	1															
7	1	1	1	1	1															
10	1	1	1	1	1															
1	1		1	1	1															
4						1	1		1	1	1	1	1	1		1	1			
5						1	1	1	1	1	1	1	1	1						
6						1	1	1	1	1	1	1	1	1						
8						1	1	1	1	1	1	1	1	1						
9						1	1	1	1	1	1	1	1	1						
11	1	1													1	1	1	1	1	1
12															1	1	1	1	1	1
13															1	1	1	1	1	1
14															1	1	1	1	1	1
15															1	1	1	1	1	1

b) DCA

	Peças																			
Máquinas	**3**	**6**	**20**	**4**	**7**	**18**	**10**	**12**	**1**	**5**	**15**	**11**	**9**	**14**	**17**	**2**	**8**	**13**	**16**	**19**
8	1	1	1	1	1	1														
2	1	1	1	1	1	1								1						
4	1	1	1	1	1	1	1													
7	1	1	1	1	1	1		1				1								
5		1					1	1	1	1	1				1					
6			1				1	1	1	1	1		1							
3												1	1	1	1	1	1	1	1	1
1	1											1	1	1	1	1	1	1	1	1

c) SLC

Peças												
Máquinas	**9**	**10**	**11**	**1**	**3**	**5**	**8**	**4**	**2**	**12**	**7**	**6**
1	1	1	1									
8	1	1	1						1		1	
10	1	1	1									1
3				1		1	1					
4				1	1		1					
6				1	1	1	1				1	
9					1	1	1			1		
5								1	1			
7							1					1
2								1	1	1	1	

d) AVV

Peças												
Máquinas	**9**	**10**	**11**	**7**	**6**	**1**	**3**	**5**	**8**	**2**	**4**	**12**
1	1	1	1									
10	1	1	1	1	1							
8	1	1	1	1		1	1	1				
5						1	1		1			
2				1		1	1	1	1			
7					1		1	1	1			1
3										1		1
4										1	1	1
6								1		1	1	1
9									1		1	1

e) BEA

Peças				
Máquinas	**1**	**3**	**2**	**4**
1	1	1	0	0
4	1	1	0	0
2	0	0	1	1
3	0	0	1	1

f) CIA

Peças							
Máquinas		2	5	6	1	3	4
	2	1	1	1	0	0	0
	3	1	1	1	0	0	0
	5	1	1	1	0	0	0
	1	0	0	0	1	1	1
	4	0	0	0	1	1	1
	6	0	0	0	1	1	1

Resolução:

a) ROC

$$PEE = \frac{6}{104} = 0{,}057 = 5{,}7\%$$

$$UM = \frac{98}{(5x5) + (5x9) + (5x6)} = 0{,}980 = 98{,}0\%$$

$$EA = 0{,}5 * 98{,}0 + 0{,}5\left[1 - \frac{6}{\left(300 - (5*5 + 5*9 + 5*6)\right)}\right] = 0{,}975 = 97{,}5\%$$

b) DCA

$$PEE = \frac{9}{61} = 0{,}148 = 14{,}8\%$$

$$UM = \frac{52}{(4x6) + (2x5) + (2x9)} = 1{,}00 = 100\%$$

$$EA = 0{,}5 * 1{,}0 + 0{,}5\left[1 - \frac{9}{\left(160 - (4*6 + 2*5 + 2*9)\right)}\right] = 0{,}958 = 95{,}8\%$$

c) SLC

$$PEE = \frac{6}{35} = 0{,}171 = 17{,}1\%$$

$$UM = \frac{29}{(3x3) + (4x4) + (3x5)} = 0{,}725 = 72{,}50\%$$

$$EA = 0{,}5 * 0{,}725 + 0{,}5\left[1 - \frac{6}{\left(120 - (3*3 + 4*4 + 3*5)\right)}\right] = 0{,}958 = 95{,}8\%$$

d) AVV

$$PEE = \frac{8}{40} = 0{,}200 = 20{,}0\%$$

$$UM = \frac{32}{(3x5) + (3x4) + (4x3)} = 0{,}725 = 72{,}50\%$$

$$EA = 0{,}5 * 1{,}0 + 0{,}5\left[1 - \frac{8}{\left(120 - (3 * 5 + 3 * 4 + 4 * 3)\right)}\right] = 0{,}861 = 86{,}1\%$$

e) BEA

$$PEE = \frac{0}{8} = 0{,}00 = 0{,}0\%$$

$$UM = \frac{8}{(2x2) + (2x2)} = 1{,}00 = 100\%$$

$$EA = 0{,}5 * 1{,}0 + 0{,}5\left[1 - \frac{0}{\left(16 - (2 * 2 + 2 * 2)\right)}\right] = 1{,}00 = 100\%$$

f) CIA

$$PEE = \frac{0}{18} = 1{,}00 = 100\%$$

$$UM = \frac{18}{(3x3) + (3x3)} = 1{,}00 = 100\%$$

$$EA = 0{,}5 * 1{,}0 + 0{,}5\left[1 - \frac{0}{\left(36 - (3 * 3 + 3 * 3)\right)}\right] = 1{,}00 = 100\%$$

Questões e Tópicos para Discussão

1) **Descreva qual a origem das células de manufatura.**
2) **Cite quais as principais vantagens e desvantagens da manufatura celular.**
3) **Qual a relação entre manufatura celular e Tecnologia de Grupos?**
4) **Quais os métodos para formação de uma família de peças?**
5) **Qual a relação entre Tecnologia de Grupos e Análise de Agrupamentos?**
6) **Como se classificam os problemas de Análise de Agrupamentos?**
7) **Como se classificam os métodos de formação de agrupamentos?**
8) **O que está representado numa Matriz de Incidência?**

9) O que é uma Matriz de Blocos Diagonalizada?

10) Quais as principais opções para o caso de termos células de manufatura com elementos excepcionais?

11) Descreva os métodos para problemas de baixa complexidade.

12) Quais são os algoritmos básicos utilizados para problemas de baixa complexidade?

13) Descreva os passos dos algoritmos ROC, DCA e CIA.

14) Quais são as principais medidas de desempenho dos algoritmos?

15) Dada a matriz de incidência abaixo, determine os agrupamentos de máquinas e peças utilizando o algoritmo *Rank Order Clustering* – ROC e calcule a percentagem de elementos exepcionais (PEE) e a eficiência dos agrupamentos (EA) para os agrupamentos de máquinas e peças:

		Peças																			
		1	2	3	4	5	6	7	8	9	10	11	12	13	14	15	16	17	18	19	20
Máquinas	1		1	1					1	1		1		1	1		1	1		1	
	2			1	1		1	1							1				1		1
	3		1						1	1		1		1	1		1	1		1	
	4			1	1		1	1			1								1		1
	5	1				1	1				1		1			1		1			
	6	1				1				1	1		1			1					1
	7			1	1		1	1				1	1						1		1
	8			1	1		1	1											1		1

16) Dada a matriz de incidência abaixo, determine os agrupamentos de máquinas e peças utilizando o algoritmo *Direct Clustering Algorithm* – DCA e calcule a percentagem de elementos exepcionais (PEE) e a eficiência dos agrupamentos (EA) para os agrupamentos de máquinas e peças:

		Peças											
		1	2	3	4	5	6	7	8	9	10	11	12
Máquinas	1									1	1	1	
	2		1		1			1					1
	3	1				1			1				
	4	1		1					1				
	5		1		1								
	6	1		1		1		1	1				
	7						1		1				
	8		1		1			1		1	1	1	
	9			1		1			1				1
	10						1			1	1	1	

17) Dada a matriz de incidência abaixo, determine os agrupamentos de máquinas e peças utilizando o algoritmo *Single Linkage Clustering* – SLC. Utilizar $\lambda \geq 0{,}75$ e calcular a percentagem de elementos exepcionais (PEE) e a eficiência dos agrupamentos (EA) para os agrupamentos de máquinas e peças:

	Peças																				
Máquinas		**1**	**2**	**3**	**4**	**5**	**6**	**7**	**8**	**9**	**10**	**11**	**12**	**13**	**14**	**15**	**16**	**17**	**18**	**19**	**20**
	1	0	0	1	0	0	1	1	0	0	0	0	1	0	0	0	0	0	0	0	0
	2	1	0	1	0	0	1	1	0	0	0	0	1	0	0	0	0	0	0	0	0
	3	1	0	1	1	0	1	1	0	0	0	1	1	0	0	0	0	0	0	0	0
	4	0	1	0	0	1	0	0	0	1	1	1	0	1	1	1	1	1	0	0	0
	5	0	1	0	0	1	0	0	1	0	0	1	0	1	1	1	1	1	0	0	0
	6	0	1	0	0	1	0	0	1	0	0	1	0	1	1	1	1	1	0	0	0
	7	1	0	1	0	0	1	1	0	0	0	0	1	0	0	0	0	0	0	0	0
	8	0	1	0	0	1	0	0	1	0	0	1	0	1	1	1	1	1	0	0	0
	9	0	1	0	0	1	0	0	1	0	0	1	0	1	1	1	1	1	0	0	0
	10	1	0	1	0	0	1	1	0	0	0	0	1	0	0	0	0	0	0	0	0
	11	1	0	1	1	0	0	0	0	1	1	0	0	0	0	0	0	0	1	1	1
	12	0	0	0	1	0	0	0	0	1	1	0	0	0	0	0	0	0	1	1	1
	13	0	0	0	1	0	0	0	0	1	1	0	0	0	0	0	0	0	1	1	1
	14	0	0	0	1	0	0	0	0	1	1	0	0	0	0	0	0	0	1	1	1
	15	0	0	0	1	0	0	0	0	1	1	0	0	0	0	0	0	0	1	1	1

18) Dada a matriz de incidência abaixo, determine os agrupamentos de máquinas e peças utilizando o algoritmo *Average Void Value* – AVV e calcule a percentagem de elementos exepcionais (PEE) e a eficiência dos agrupamentos (EA) para os agrupamentos de máquinas e peças:

	Peças															
Máquinas		**1**	**2**	**3**	**4**	**5**	**6**	**7**	**8**	**9**	**10**	**11**	**12**	**13**	**14**	**15**
	1		1	1					1	1		1		1	1	
	2			1	1		1	1							1	
	3		1						1	1		1		1	1	
	4			1	1		1	1			1					
	5	1				1	1				1		1			1
	6	1				1				1	1		1			1
	7			1	1		1	1				1	1			
	8			1	1		1	1								

19) **Dada a matriz de incidência abaixo, determine os agrupamentos de máquinas e peças utilizando o algoritmo** *Bond Energy Algorithm* **– BEA e calcule a percentagem de elementos exepcionais (PEE) e a eficiência dos agrupamentos (EA) para os agrupamentos de máquinas e peças.**

	Peças															
		1	**2**	**3**	**4**	**5**	**6**	**7**	**8**	**9**	**10**	**11**	**12**	**13**	**14**	**15**
Máquinas	**1**	0	0	1	0	0	1	1	0	0	0	0	1	0	0	0
	2	1	0	1	0	0	1	1	0	0	0	0	1	0	0	0
	3	1	0	1	1	0	1	1	0	0	0	1	1	0	0	0
	4	0	1	0	0	1	0	0	0	1	1	1	0	1	1	1
	5	0	1	0	0	1	0	0	1	0	0	1	0	1	1	1
	6	0	1	0	0	1	0	0	1	0	0	1	0	1	1	1
	7	1	0	1	0	0	1	1	0	0	0	0	1	0	0	0
	8	0	1	0	0	1	0	0	1	0	0	1	0	1	1	1
	9	0	1	0	0	1	0	0	1	0	0	1	0	1	1	1
	10	1	0	1	0	0	1	1	0	0	0	0	1	0	0	0
	11	1	0	1	1	0	0	0	0	1	1	0	0	0	0	0
	12	0	0	0	1	0	0	0	0	1	1	0	0	0	0	0
	13	0	0	0	1	0	0	0	0	1	1	0	0	0	0	0
	14	0	0	0	1	0	0	0	0	1	1	0	0	0	0	0
	15	0	0	0	1	0	0	0	0	1	1	0	0	0	0	0

20) **Dada a matriz de incidência abaixo, determine os agrupamentos de máquinas e peças utilizando o algoritmo** *Cluster Identification Algorithm* **- CIA e calcule a percentagem de elementos exepcionais (PEE) e a eficiência dos agrupamentos (EA) para os agrupamentos de máquinas e peças:**

	Peças												
		1	**2**	**3**	**4**	**5**	**6**	**7**	**8**	**9**	**10**	**11**	**12**
Máquinas	**1**									1	1	1	
	2	1		1		1			1				
	3		1					1					1
	4		1		1								1
	5	1		1					1				
	6		1		1	1		1					1
	7			1		1	1		1				1
	8	1		1		1				1	1	1	
	9				1			1	1				1
	10						1			1	1	1	

Bibliografia

APPLE, J.M. Plant Layout and Material Handling. 3.ed. New York: The Ronald Press Company, 1977. 488 p

ARZI, Y.; BUKCHIN, J.; MASIN, M. An efficiency frontier approach for the design of cellular manufacturing systems in a lumpy demand environment. European Journal of Operational Research, v.134, p.346-364, 2001.

ASKIN, R. G.; GOLDBERG, J. B.Design and Analysis of Lean Production Systems. New York: John Wiley & Sons Inc., 2002.

BASTOS, F. M. O., MONSANTO, P. A. R., OLIVEIRA, S. J. C. Sistema de Apoio à Formação de Células de Produção. Escola de Engenharia. Universidade do Minho. Portugal, 2002.

BESANKO, David., DRANOVE, David., SHANLEY, Mark., SCHAEFER, Scott. A Economia da Estratégia. Trad. Bazán Tecnologia e Linguística. 3ª ed. Porto Alegre: Bookman, 2006.

BLACK, J. T. O projeto da fábrica com futuro. Porto Alegre: Artes Médicas Sul, 1998

BOOTHROYD, G.; DEWHRUST, P.; KNIGHT, W. "Product Design for Manufacture and Assembly". 1 ed. New York : Marcel Dekker, Inc. 1994.

BREZET, J.C., HEMEL, C.G. VAN, UNEP Ecodesign manual, Ecodesign: a promising approach to sustainable production and consumption, United Nations Environmental Programme, 1997

BURBIDGE J.L.. The Introduction of Group Technology. New York: Halster Press and John Whiley, 1975.

BURBIDGE, J.L. The first step in planning group technology. International Journal of Production Economics, v. 43, p. 261-266, 1996.

CARRIE, A. Numerical taxonomy applied to group technology and plant layout. International Journal of Production Research, v. 11, n. 4, p. 399-416, 1973.

CHAN H.M. e MILNER D.A. Direct clustering algorithm for group formation in cellular manufacture. JMS, 1(1):65-74, 1982.

CHOI, M. J. An exploratory study of contingency variables that affect the conversion to cellular manufacturing systems. International Journal Prod Res., V. 34, n. 6, p.1475-1496, 1996.

CHU C.H. e TSAI M.. A comparison of three array-based clustering techniques for manufacturing cell formation. IJPR, 28(8):1417-1433, 1990.

CHU, L.K., Facilities Design Layout Analysis, The University of Hong Kong, Department of Industrial and Manufacturing Systems Engineering,September, (2005), em http://http://www.imse.hku.hk/lkchu/IEIMdownload/BEng-MFA.pdf.

CONTADOR, J.C. (org). Gestão de Operações: A engenharia de Produção a Serviço da Modernização da Empresa . Ed. Edgard Blücher, Fundação Vanzolini. 2ªedição. São Paulo, 1998.

COOKE, S. C. Manual de Diretrizes para a Qualidade. São Paulo: Cooke & Freitas Consultores Associados, 2004.

CORIAT, B. Pensar pelo Avesso: o modelo japonês de trabalho e organização. Revan: UFRJ. Rio de Janeiro, 1994

CORMARCK, R. A review of classification Journal of the Royal Statistical Society (Series A), 1971.

CORRÊA, H. L.; CORRÊA, C. A. Administração de Produção e Operações: Manufatura e Serviços: Uma Abordagem Estratégica. 1ª ed. São Paulo: Atlas, 2004. 690 p.

CRUZ, C.D.; REGAZZI, A.J. Modelos biométricos aplicados ao melhoramento genético. 2. ed. Viçosa: UFV, 1994. 390p.

DE SOUZA, J. U.o F. Tecnologia de Grupo: Algoritmos e Ferramenta Gráfica. Dissertação de Mestrado, CP-GEI/CEFET-PR, 203p. 1991,

DILLION, T. R. Thinking about throughput. Manufacturing Engineering, v. 130 n.3, p.168, March 2003.

DIMOPOULOS, C.; MORT, N. A hierarchical clustering methodology based on genetic programming for the solution of simple cell-formation problems. International Journal of Production Research, v.39, nº 1, p.1-19, 2001.

DOWLATSHAHI, S.; NAGARAJ, M. Application of Group Technology for design data management. Computers & Industrial Engineering, Elsevier Science, 1997.

FILHO, C. S. Produtividade e Manufatura Avançada. João Pessoa/PB: UFPB/Editora Universitária, 1998.

FRALEY, C.; RAFTERY, A.E. How many clusters? which clustering method?—answers via model-based cluster analysis. Comput. J. 41578–588. 1998.

FRANCISCHINI, P. G. Princípios da Gestão da Produção e Logística – Notas de Aula. PRO 2304. 2007.

FUNDAÇÃO NACIONAL DA QUALIDADE (FNQ). Critérios de excelência. São Paulo: FNQ, 2006.

FURTADO, J.S.; SILVA, E.R.F.; MARGARITO, A.C. Estratégias de gestão ambiental e os negócios da empresa. Programa de Produção Limpa, Departamento de Engenharia de Produção e Fundação Vanzolini, Escola Politécnica, USP, S.Paulo, 2001. Disponível em www.vanzolini.org.br/areas/desenvolvimento/producaolimpa.

GALLAGHER, C.C.; KNIGHT, W.A.: Group Technology Production Methods in Manufacture. Ellis Horwood Ltd., Chichester, England. 1986.

GHINATO, P. A Study on the Work Force Assignment in U-shaped Production Systems. Kobe. Tese de Doutorado da Graduate School of Science and Technology. 1998.

GOUVINHAS, R.P.; COSTA, G.J. As estratégias de ecodesign e o processo de desenvolvimento de produto em pequenas e médias empresas do nordeste e sudeste do Brasil: um estudo comparativo. In: Congresso Brasileiro de Gestão de Desenvolvimento de Produto. 2005.

GROOVER, M. Automation, production systems, and computer-integrated manufacturing. Prentice Hall, 1995.

GUPTA, *et. al.*, "A genetic algorithm-based approach to cell composition and layout design problems", Int. Journal of Production Research, Vol 34, No. 2, pp 447-482. 1996.

HARMON, R. L.; PETERSON, L. D. Reinventando a fábrica: conceitos modernos de produtividade aplicados na prática. Rio de Janeiro: Campus, 1991

HAYES, R.H.; WHEELWRIGHT, S.C. Restoring our Competitive Edge Competing Through Manufacturing, Jhon Wiley & Sons, Inc., USA, 1984.

HENIG, M.I."Extensions of the Dynamic Programming Method in the Deterministic and Stochastic Assembly Line Balancing Problems", Computers & Operations Research, 1 3(4), pp.443449, 1986.

HERAGU, S. S. Facilities Design, PWS Publishing Company, ISBN 0-534-95183-X. 1997.

HERAGU, S.S.; KOCHHAR, J.S., "Material Handling Issues in Adaptive Manufacturing Systems", The Materials Handling Engineering Division 75th Anniversary Commemorative Volume, ASME, New York, NY. 1994.

HILL, T. "Manufacturing Strategy". London: Macmillan education. 1985.

IRANI, S.A., Handbook of Cellular Manufacturing Systems. New York, USA: John Wiley & Sons, 1999.

IMMER, J.R. Layout planning techniques. New York: McGraw-Hill, 1950.

ISO 14001: SGA - Especificações para implantação e guia (NBR desde 02/12/96).

ISO 14004: Sistemas de Gestão Ambiental (SGA) - Diretrizes gerais (NBR desde 02/12/96).

ISO 14010: Guia para auditoria ambiental - Diretrizes gerais (NBR desde 30/12/96).

JELINEK, M.; GOLDHAR, J.D., The Interface Between Strategy and Manufacturing Technology, Columbia Journal of World Business, Spring 1983, p.28-36.

JHA, N K. Handbook of flexible manufacturing systems.New York: Academic Press Inc.,328p. 1991

JIMÉNEZ, J.B.; LORENTE, J.J.C. Environmental performance as an operations objective. International Journal of Operations & Production Management. Vol. 21, n. 12, p. 1553 - 1572, 2001.

JOHNSON, R. A.; WICHERN, D. W. Applied multivariate statistical analysis.3 ed. New Jersey: Prantice Hall, 1992. 642p

KAMRANI, A. K.; HUBBARD, P. H. R.; LEEP, H. R. – Simulation-Based Methodology for machine cell design. Computers & Industrial Engineering, Volume 34. Elsevier Science, 1998

KHER, H.V.; JENSEN, J.B. Shop performance implications of using cells, partial cells, and remainder cells. Decision Sciences, v. 33, n.2, p. 161-190. 2002.

KING J.R. Machine-component grouping in production flow analysis> as approach using a rank order clustering algorithm. International Journal of Production research. Londres, v. 18. 1980.

KING; NAKORNCHAI. Machine-component group formation in group technology:review and extension. International Journal of Production Research, 3 117-133. 1982

KODALI R.; ROUTROY, S. Performance value analysis for selection of facilities location in competitive supply chain. Internation Journal Management and Decision Making, 7 (5): 476-493. 2006.

KRAJEWSKI, L.J.; RITZMAN, L.P. Operations Management: Strategy Analysis. 5 ed. Addison-Wesley longman, Inc, 1999.

KUO, R. J.; CHI, S. C.; TENG, P. W. Generalized part family formation through fuzzy self-organizing feature map neural network. Computers & industrial engineering, Elsevier Science, v. 40, 2001.

KUSIAK A.; CHOW, W.S. Efficient solving of the group technology problema. Journal of Manufacturing Systems, v. 6. 1987.

LEE, Q. Projeto de Instalações e Local de Trabalho. São Paulo: IMAM, 1998.

LI, J. W. Improving the performance of job shop manufacturing with demand-pull production control by reducing set-up/processing time variability. International Journal of Production Economics, v.84, p.255-270, 2003.

LOPES, M. C. Modelo para Focalização da Produção com Células de Manufatura. Dissertação de mestrado apresentada à Universidade Federal de Santa Catarina, Florianópolis, 1998

LORINI, F. J. Tecnologia de grupo e organização da manufatura. Florianópolis: Ed. da UFSC. 1993

LUONG L. *et al.* A decision support system for cellular manufacturing system design. Computer & Industry Engineering. V. 42, 2002.

MASSOTE, A. A. Algoritmos de tecnologia de grupo para projetos de células de manufatura. Exacta, São Paulo, v. 4, n. especial, p. 31-44, 25 nov. 2006.

MAYER, R. Administração da Produção. 1ª ed. São Paulo: Atlas, 1990.

MCCORMICK, W.T. JR.; SCHWEITZER, P.J.; WHITE, T.W. Problem decomposition and data reorganization by a cluster technique. Operations Reaserach, 20(5):993-1009, 1972.

MELLER, R. D.; GAU, K.-Y. The Facility Layout Problem: Recent Trends and Perspectives, Journal of Manufacturing Systems, 15(5), pp 351-366. 1996.

MELLO,C.H.P. Modelo para projeto e desenvolvimento de serviço.Tese de doutorado. Universidade de São Paulo, 2005.

MILTENBURG, J. U-shaped production lines: A review of theory and practice. International Journal of Production Economics, v. 70, p.201-214, 2001.

MONDEN, Y. Toyota Production System – Practical Approach to Production Management. Norcross: Industrial Engineering and Management Press, 1983.

_____________. Sistemas de redução de custos: custo-alvo e custo kaizen. Porto Alegre: Bookman, 1999.

MONTEVECHI, J. A. B. Apostila Pesquisa Operacional (Programação Linear). Escola Federal de Engenharia de Itajubá, 2000.

MOORE, J.M.; Plant layout and design. New York: The McMillan Company, 1962, 566 p.

MOREIRA, D. A. Administração de Produção e de Operações. 2ª Ed. São Paulo: Atlas, 1993.

_____________. Introdução à administração da produção e operações.3. ed. São Paulo: Pioneira, 1998.

_____________. Administração da Produção e Operações. São Paulo: Pioneira Thomson, 2004. 619 p.

MUTHER, R. Planejamento do Layout: Sistema SLP. São Paulo: Edgard Blucher, 1978.

NADLER, G. What systems really are. Modern Materials Handling, v. 2, n. 7, pp. 41-47, Jul. 1965.

NEUMANN, C. Gestão de Sistemas de Produção e Operações: Produtividade, Lucratividade e Competitividade. Rio de Janeiro. Elsevier, 2013.

OLIVEIRA, D. P. R. Planejamento estratégico – Conceitos, Metodologia, Práticas, 11.ed. São Paulo:Editora Atlas S/A, 1997

OLIVEIRA, F. A.; MONTEVECHI, J. A. B. Avaliação da Configuração Celular de Manufatura do Ponto de Vista Econômico. Anais do XXII Encontro Nacional de Engenharia de Produção, 2001.

OTTO, K. N.; WOOD K. L. Product evolution: a reverse engineering and redesign methodology. Research in Engineering Design – Theory, Applications and Concurrent Engineering. Springer-Verlag Gmbh & Company KG,v. 10, n. 4, p. 226-243, 1998.

PATTERSOSN, J.W.; FREDENDALL L.D.; CRAIGHEAD, C.W. The impact of non-bottleneck variation in manufacturing cell. Production Planning & Control, v.13, p. 76-85. 2002.

PORTER, M. E. A vantagem competitiva das nações em competição: Estratégias Competitivas Essenciais. 2. ed. São Paulo: Campus 1999

_____________. Competitive strategy: techniques for analysing industries and competitors. New York: Free Press, 1980.

_____________. Competitive advantage: creating and sustaining competitive performance. New York: Free Press, 1985.

ROZENFELD, H.; FORCELLINI, F.A.; AMARAL, D.C.; TOLEDO, J.C. SILVA, S.L.; ALLIPRANDINI, D.H.; SCALICE, R.K. Gestão de Desenvolvimento de Produtos: uma referência para a melhoria do processo. São Paulo: Saraiva, 2006.

REED, J. R. Localizacion, "layout" y mantenimiento de planta Buenos Aires: El Ateneo, 1971.

RUSSEL, R. Operations Management and Student CD: International Edition. 4ª. ed. Prentice Hall, 2002.

RUSSELL, R.; HUANG, P.; LEU, Y. A study of labor allocation strategies in cellular manufacturing. Decision Sciences. Vol 22, p. 594-611. 1991.

SARKIS, J. Manufacturing strategy and environmental consciousness. Technovation.Vol. 15, n. 2, p. 79-97, mar. 1995.

SEBRAE-NA, "Sobrevivência das Empresas no Brasil". Coleção Estudos e Pesquisas. Brasília, julho/2013.

SEIFFODINI, H. A note on the silimarity coefficient method and the problem of improper machine assignmet in group technology applications. International Journal of Production Research. Londres. 1989.

SELIM, H.M.; Askin, R.G.; Vakharia, A.J. Cell formation in group technology: Review, evaluation and directions for future research, Computers & Industrial Engineering, v.34, n.1, p.3-20, 1998.

SERRA, Fernando A. Ribeiro; TORRES, Alexandre Pavan; TORRES, Maria Cândida S. Administração estratégica: conceito, roteiros práticos e casos. Rio de Janeiro: Reichmann & Affonso Editores, 2004.

SEVERIANO F. C. Produtividade & manufatura avançada. João Pessoa: Edições PPGEP, 1999.

SILVA JUNIOR, A. B. Redes organizacionais como ativos intangíveis no desenvolvimento da gestão das empresas. In: ZANINI, M. Tulio (Org.). Gestão integrada de ativos intangíveis. Rio de Janeiro: Ed. Qualitymark, 2008.

SILVEIRA. G. Layout e Manufatura Celular. PPEG/UFRGS, Porto Alegre, 1998.

SILVEIRA, G. J. C. Uma metodologia de implantação da manufatura celular. Porto Alegre. Dissertação de Mestrado em Engenharia, Universidade Federal do Rio Grande do Sul, 1994.

SINGH, N.; RAJAMANI, D. Cellular Manufacturing Systems:Design, Planning and Control. Chapman & Hall, London, 1996.

SKINNER, W.; Manufacturing the Formidable Competitive Weapon. New York: Wiley, 1985.

SLACK, Nigel; CHAMBERS, Stuart; JOHNSTON, Robert. Administração da Produção. 2ª ed. São Paulo: Atlas, 2002. 747 p.

SLACK, N. Administração da Produção. São Paulo: Atlas, 1997.

Social Accountability International. SA 8000/2001. Disponível em: <http:/www.cepaa.org> Acesso em: 23 out. 2010.

TAHARA, C. S.; CARVALHO, M., M.; GONÇALVES FILHO, E. V. 1997, Revisão das Técnicas para Formação de células de manufatura. XVII ENEGEP, CONGRESSONACIONAL DE ENGENHARIA DE PRODUÇÃO, ANAIS de Congresso, Gramado, RS,06-09 out.

TOMPKINS, JAMES A; WHITE, JOHN A. Facilities Planning. New York: Courier Companies, Inc. 1984.

VAKHARIA, A. J.; SELIM, H.M.; ASKIN, R. G. Cell Formation in GroupTechnology: Review, Evaluation and Directions for Future Research. PERGAMON, Great Britain, v. 34, n. 1, p. 3-20, 1998.

VALE, C. E. Implantação de Indústrias. Rio de Janeiro: Livros Técnicos e Científicos, 1975.

VON NEWMANN, J.; MORGENSTERN, O. Theory of Games and Economic Behavior. Princenton: Princenton University Press, 1948.

WEBER, A. Theory of the Locations Industries. 2ª ed. Chicago, Universiy of Chicago Press; New York, Russel & Russel (translation), 1909.

WEMMERLÖV, U.; JOHNSON D. Cellular manufacturing at 46 user plants: implementation experiences and performance imrovements. International Journal of Production Research, v. 32, n. 1, 1997.

WEMMERLÖV, U.; JOHNSON, D. J. Empirical findings on manufacturing cell design. International Journal of Production Research, v. 38, p. 481-507, 2000.

WHITE J.A. Facilities Planning ISBN:0471032999, 1984.

WON, Y.; LEE K. Group technology cell formation considering operation sequences and production volumes. International Journal of Production Research, Vol.39, n.13, p.2755-2768, 2001.

YASUDA, K.; YIN, Y. A dissimilarity measure for solving the cell formation problemin cellular manufacturing. Computers & Industrial Engineering, v. 39, p.1-17, 2001.

Gabarito das Questões Objetivas

Capítulo 4

Questão	Alternativa
5	D
6	C
7	C
8	E
9	C
10	C
11	E
12	C
13	B
14	B
15	E
16	C
17	D
18	A

Capítulo 5

Questão	Alternativa
10	D
11	A
12	D
13	D
14	B

Capítulo 6

Questão	Alternativa
1	C
2	E
3	C
4	B
5	E
6	C
7	E
8	C
9	B
10	C
11	E
12	A
13	D
14	A

Capítulo 7

Questão	Alternativa
5	A
6	D
7	A
8	B
9	C
10	E
11	A
12	C

Capítulo 8

Questão	Alternativa
7	E
8	E
9	B
10	D

Capítulo 9

Questão	Alternativa
10	E
11	D
12	E
13	D
14	E
15	C
16	B
17	D
18	A
19	C
20	A
21	B
22	D

Capítulo 10

Questão	Alternativa
3	A
4	C
5	E
6	A
7	B
8	E

Capítulo 11

Questão	Alternativa
1	C
2	D
3	B
4	E
5	A
6	A
7	B
8	B
9	B
10	A

Capítulo 12

Questão	Alternativa
1	A
2	A
3	C
4	E
5	E
6	D
7	A
8	B
9	A
10	B

Capítulo 13

Questão	Alternativa
1	D
2	C
3	A
4	E
5	E
6	B
7	A
8	D
9	B
10	E
11	A
12	C
13	D

Capítulo 14

Questão	Alternativa
9	C
10	B
11	C
12	B
13	A
14	A
15	B
16	E
17	C
18	B
19	C
20	D
21	D
22	B
23	A
24	E
25	E
26	A
27	D
28	C
29	A
30	D
31	B
32	B
33	B
34	C
35	B
36	C
37	B
38	D

Glossário

Abordagem orientada pelo processo de manufatura (*process oriented*): Os atributos de processo de manufatura se referem ao processo requerido para produzir a peça (roteiros de produção e ferramentas necessárias para fabricação da peça). Os métodos orientados ao processo de manufatura se baseiam nas similaridades de processo das peças. Este tipo é mais utilizado na indústria atual, visto que é utilizado para organizar o setor produtivo no sentido de aumentar a produtividade e flexibilidade minimizando os custos associados à produção.

Abordagem orientada pelo projeto das peças (*design oriented*): Enquanto os métodos orientados por produção o fazem baseando-se nos processos de manufatura requeridos para sua produção, os métodos orientados por projeto agrupam partes baseando-se em características de seu projeto. Nestes sistemas as famílias de peças podem ser formadas conforme características geométricas semelhantes.

Agrupamento Intuitivo (visual): Um dos métodos para problemas de Análise de Agrupamentos de baixa complexidade orientado pelos processos de fabricação. O método de Inspeção Visual é um método mais simples e rápido, com a vantagem de requerer pouco investimento no qual as similaridades existentes entre as peças fabricadas são identificadas baseadas apenas na intuição e na memória.

Algoritmo AVV (*Average Void Value*): Um dos algoritmos utilizados para resolução de problemas de média complexidade. O algoritmo consiste em mensurar a dissimilaridade entre pares de máquinas através de um coeficiente, chamado AVV. A matriz AVV é construída com base na Matriz de Incidência (MI), nesta matriz, cada peça processada por uma máquina é representada com peso um, do contrário zero.

Algoritmo BEA (*Bond Energy Algorithm*): Um dos algoritmos utilizados para resolução de problemas de média complexidade. O algoritmo de energia de vinculação (BEA) é um algoritmo de agrupamento de propósito geral que pode ser aplicado em qualquer matriz de números não negativos. Explora a interconexão (ou vínculos) entre um elemento na matriz e seus quatro elementos vizinhos. Tais vínculos criam uma "energia" que é definida como a soma dos produtos dos elementos adjacentes.

Algoritmo CIA (*Cluster Identification Algorithm*): Um dos algoritmos utilizados para resolução de problemas de média complexidade. O Algoritmo de Identificação de Agrupamentos (*Cluster Identification Algorithm* – CIA) é uma eficiente heurística de formação de células que trabalha somente com conjuntos de dados perfeitos, isto é, conjuntos de dados sem nenhum elemento excepcional ou partes/máquinas com gargalo. O CIA permite chegar a existência de grupos mutuamente separáveis na matriz de incidência.

Algoritmo DCA (*Direct Clustering Algorithm*): Um dos algoritmos utilizados para resolução de problemas de média complexidade. O algoritmo de Análise de Clusterização Direta (DCA) foi proposto por Chan e Milner (1982) para formar grupos compactos junto à diagonal da matriz partes/máquinas. O algoritmo reorganiza a matriz movendo as linhas com células positivas mais à esquerda para o topo e colunas com células positivas mais ao topo para a esquerda, em que uma célula positiva significa aij=1. Efeitos idênticos resultam partindo-se de qualquer matriz inicial, ao contrário de ROC. DCA não tem qualquer limitação de tamanho devido ao tamanho da palavra e converge em relativamente poucas iterações.

Algoritmo ROC (*Rank Order Clustering*): Um dos algoritmos utilizados para resolução de problemas de média complexidade. A clusterização por ordem de ranqueamento (ROC) é um algoritmo que usa a lógica de agrupamento, em que as colunas e linhas da matriz de incidência são reorganizadas por intermédio de uma representação binária. O algoritmo ROC tem como objetivo a formação de células através de manipulações na matriz binária de incidência de forma a obter os agrupamentos de peças e máquinas.

Algoritmo SLC (*Single Linkage Clustering*): Um dos algoritmos utilizados para resolução de problemas de média complexidade. O algoritmo baseado em medidas de similaridade mais conhecido é o algoritmo SLC. Ele utiliza como medida de similaridade o coeficiente de *Jaccard*.

Ambientes de Produção e Operações: O ambiente de produção/operações, em que de fato ocorrerá a produção, é função direta da seleção da estratégia de produção e operações. De acordo com a forma em que a empresa interage com os consumidores, ou seja, dependendo dessa forma de interação com os clientes, ela pode adotar diversos ambientes de produção diferentes para seu sistema de produção. Os ambientes de produção podem ser classificados da seguinte forma: Produção para o Mercado (Make-to-Market - *MTM);* Produção para Estoque (Make-to-Stock-MTS)*;* Montagem sob Encomenda (Assemble-to-Order-ATO)*;* Fabricação sob Encomenda (Make-to-Order - *MTO);* Obter Recursos contra Pedido (Resource-to-Order – RTO) e Engenharia sob Encomenda (Engineering-to-Order-ETO).

Análise Ambiental: Um dos três princípios para implementação das estratégias. Corresponde ao estudo dos diversos fatores e forças do ambiente, às relações entre eles ao longo do tempo e seus efeitos ou potenciais efeitos sobre a empresa, sendo baseada nas percepções das áreas em que as decisões estratégicas da empresa deverão ser tomadas.

Análise das restrições dos processos de fabricação: Cada processo de fabricação possuirá limitações únicas que devem ser consideradas diante da tomada de decisão por uma determinada tecnologia. Deve-se ter conhecimento de quais são as restrições de tolerância de cada processo, quais geometrias são possíveis de se obter e quais não, e tudo mais o que limita o processo (dimensões, velocidades, forças, volumes, potência, tempo, custo).

Análise de Agrupamentos (AA): A Análise de Agrupamentos é um método utilizado na Tecnologia de Grupo para examinar cada par de objetos com o objetivo de obter relações de similaridade entre eles para agrupar objetos, entidades ou seus atributos em grupos, de modo que cada elemento se associe dentro de um grupo e os grupos tenham uma determinada associação entre si. Para isto requer a formação de uma matriz de incidência componente-máquina.

Análise do Ciclo de Vida do Produto (ACV): A ACV é o método apresentado pela ISO14000, de gestão ambiental, para a realização de análises de impacto ambiental. Sua importância tem sido crescente na indústria, inclusive no PDP, pois permite à empresa analisar e comparar diferentes cenários de produção, uso ou descarte de um determinado produto. Uma ACV completa é feita em quatro fases:objetivo e escopo; análise e inventário; avaliação do impacto e interpretação.

Análise do Fluxo de Produção – AFP (*Production Flow Analysis* - PFA): Um dos métodos para problemas de Análise de Agrupamentos de baixa complexidade orientado pelos processos de fabricação. A Análise do Fluxo da Produção é um dos métodos mais simples e mais utilizados para agrupar famílias de peças e organizar as máquinas no chão de fábrica.

Análise dos Modos de Falhas e Efeitos: A FMEA (*Failure Modes And Effects Analysis*) é uma ferramenta de projeto de grande importância para a garantia da qualidade de um produto. Existem vários tipos de FMEA, mas para o desenvolvimento de produtos o mais interessante é o de projeto. A FMEA projeto é uma ferramenta destinada a detectar e prevenir defeitos e falhas de no produto ainda em seu desenvolvimento.

Análise FOFA: O mesmo que análise SWOT, neste caso o acrônimo é formado pelas primeiras letras do português: pontos Fortes (*Strenghts*), Oportunidades (*Opportunities*); pontos Fracos (Weakness) e Ameaças (*Threats*).

Análise SWOT: É uma ferramenta utilizada para fazer análise de cenário (ou análise de ambiente, diagnóstico), sendo usada como base para otimizar a gestão e planejamento estratégico de uma corporação ou empresa, mas podendo, devido a sua simplicidade, ser utilizada para qualquer tipo de análise de cenário, desde a criação de um blog à gestão de uma multinacional. O termo é derivado das primeiras letras do inglês para os pontos fortes (*Strenghts*), pontos fracos (*Weakness*), oportunidades (*Opportunities*) e ameaças (*Threats*).

Balanceamento de Linhas de Produção: O balanceamento de linha de fabricação e montagem como método de dimensionamento de capacidade de produção permite obter melhor aproveitamento dos recursos disponíveis. O balanceamento também mostra-se necessário devido à ocorrência de mudanças nos processos, como a inclusão ou exclusão de novas operações, mudanças no tempo de processamento, alteração de componentes e alteração na taxa de produção.

Benchmarking: Pode ser definido como um processo contínuo e sistemático utilizado para investigar o resultado (em termos de eficiência e eficácia) de unidades com processos e técnicas comuns de gestão. *Benchmarking* é a busca das melhores práticas na indústria que conduzem ao desempenho superior, através de um processo de comparação do desempenho entre dois ou mais sistemas.

Bens: Um dos dois tipos de produto. Os bens são produtos materiais, resultantes dos processos de produção. É tudo aquilo que é tangível, podendo ser estocado, transportado e resultante dos processos de manufatura/operações.

Caminho Crítico: Caminho crítico é um termo criado para designar um conjunto de atividades vinculadas a uma ou mais atividades que não têm margem de atraso (folgas). O caminho que contém a sequência mais longa das atividades é chamado de caminho crítico da rede. É chamado caminho crítico porque qualquer atraso em qualquer atividade neste caminho atrasará o projeto todo.

Capacidade de Projeto (CP): O sistema é considerado ideal, sem perdas. Neste caso não são consideradas atividades tais como: *setups*, manutenções programadas, transporte entre setores e limitações relacionadas ao fluxo produtivo.

Capacidade Efetiva (CE): São levadas em consideração as necessidades e as perdas do sistema. Nesta consideram-se as necessidades de processo (perdas programadas), entretanto sem considerar questões relativas ao fluxo fabril e ao tamanho dos lotes.

Capacidade Instalada: A capacidade instalada (também denominada de capacidade produtiva ou de capacidade agregada) é a quantidade total produtos que um sistema de produção/operações deve ser capaz de produzir ao longo de um período específico. O dimensionamento da capacidade produtiva de uma nova Unidade Produtiva pode ser realizado em horizontes de longo, médio e curto prazos, e depende do volume de produção efetivo da unidade a ser projetada (o quanto produzir) e em que escala esta capacidade deve estar disponível (o quando produzir).

Capacidade Operacional (CO): É a capacidade com que de fato, o administrador da planta pode contar para o seu planejamento.

Carta Multiprocesso: A carta multiprocesso, também denominada de carta de processos múltiplos, é uma técnica que representa numa única carta o roteiro de fabricação de diferentes produtos ou de atendimento a diferentes serviços, sendo aplicado na avaliação comparativa de diferentes alternativas de layout. É empregada quando o produto é constituído de várias partes, ou para diversos produtos que possuem partes ou processos comuns entre si.

Cartas De-Para: As cartas De-Para, também denominadas de cartas From-To, são uma boa ferramenta para minimização dos custos de transporte entre departamentos: caso dos layouts funcionais em que normalmente tem-se uma grande variedade de produtos. Essas cartas são estruturadas na forma de matrizes, em que a primeira linha possui o mesmo conteúdo da primeira coluna, sendo os cruzamentos entre linhas e coluna o local de registro dos produtos que circulam de um local (os "de") para outro (os "para").

Célula de Manufatura: Uma célula de manufatura é uma unidade produtiva capaz de satisfazer com vantagens as necessidades produtivas e requisitos de mercado. São projetadas e organizadas para fabricar um grupo específico de peças, componentes ou produtos (famílias) com roteiros de produção semelhantes. As células de manufatura são formadas por um grupo de recursos de produção (máquinas, ferramentas etc), que executam processos de manufatura diferentes, sendo que cada uma delas é capaz de processar as operações de manufatura para diferentes famílias.

Célula de uma máquina: A célula de uma máquina é composta por ferramentais e dispositivos necessários a montagem ou acabamento das partes fabricadas na célula. Aplica-se a produtos simples, compostos por um componente principal e acessório fornecidos externamente (Silveira, 1994). Esta célula também pode ser provida por um robô para o manuseio de material que deve processar uma família de peças similares.

Célula Flexível de Manufatura (CFM): A Célula Flexível de Manufatura – CFM (*Flexible Manufacturing Cell* – FMC) é o menor conjunto indivisível na fabricação que garante o cumprimento de uma etapa completa do processo, a partir do item a processar e dentro de uma família de peças predeterminada. As Células Flexíveis de Manufatura (FMC) são unidades de fabricação independentes (células) constituídas pela combinação de uma ou várias máquinas (usualmente operadas por controle numérico) associadas a recursos de manipulação de peças e ferramentas, tais como robôs e sistemas automatizados de movimentação, incluindo os sistemas pneumáticos, eletropneumáticos e eletrônicos. O termo flexibilidade está associado possibilidade e facilidade de alternância de fabricação de uma pequena variedade de peças. O termo "flexível" indica que a célula pode facilmente ser adaptada para a fabricação de peças diferentes.

Células de máquinas agrupadas e transporte manual: Estas células são compostas por várias máquinas, capazes de processar um conjunto determinado de componentes ou produto completo, sem possuir mecanismos automáticos de manuseio e transporte destas peças entre as máquinas (Silveira, 1994). Neste tipo de concepção de célula, deve-se considerar o tipo de *layout* que facilite a atuação do operador, em termos de visibilidade, comandos e circulação entre as máquinas (Lorini, 1993).

Classificação das Decisões Estratégicas: São decisões a respeito do posicionamento da UN em seu ambiente, de modo a atingir seus objetivos de longo prazo, têm de estar alinhadas à EPO, vinculando planos de produtos/serviços e estabelecendo prioridades competitivas. São usualmente classificadas em dois grupos de decisões estratégicas: decisões estratégias estruturais e decisões estratégias não estruturais.

Classificação dos problemas na Análise de Agrupamentos (AA): É um método que utiliza um conjunto de atributos necessários para classificar peças, componentes ou produtos, planejando uma divisão final dos produtos em famílias, classificando-os em problemas de baixa, média ou alta complexidade. Utiliza como atributos o número de variáveis (máquinas e peças) envolvidas no setor produtivo.

Coeficiente de Jaccard: Um dos mais conhecidos coeficientes de similaridade citados na literatura técnica.

Competitividade: É um dos principais indicadores de desempenho para avaliar a gestão do sistema de produção e operações nas empresas. Pode ser definida como a capacidade desta formular e implementar estratégias concorrenciais de sucesso, que lhe permitam ampliar ou conservar, de forma duradoura, uma posição sustentável no mercado, sem compromisso de suas margens de lucro. A competitividade da empresa não depende apenas de sua conduta individual, mas também de variáveis macroeconômicas, político-institucionais, reguladoras, sociais e de infraestrutura, em níveis local, nacional e internacional.

Controle Numérico Computadorizado (CNC): O Controle Numérico Computadorizado (CNC) é uma tecnologia frequentemente empregada em máquinas ferramentas como tornos e centros de usinagem, que permite produzir uma peça através de uma sequência de comandos que realizam uma determinada sequência de operações. Criado pelo Instituto de Tecnologia de Massachusetts MIT década de 1940, o CNC substitui o trabalho humano no controle das operações de usinagem pelo automatizado. Para tanto se utiliza de uma linguagem própria de programação (código G) que permite uma sequência de movimentos e operações que gera um determinado perfil de peça, permitindo a construção de geometrias mais complexas, com maior precisão e repetibilidade do processo.

Curva ABC: A curva ABC é construída com base no Princípio de Pareto, o qual afirma que em várias situações é usual que 20% de elementos somados correspondam a 80% da importância do fator analisado. Desta forma, no caso do diagrama P-V, considera-se como grupo A os 20% dos produtos de maior volume, grupo B os 30% de volume intermediário e grupo C os 50% restantes de menor volume.

Decisão de Fazer ou Comprar (*Make or Buy*): A questão é decidir se vamos produzir totalmente ou parcialmente os produtos, ou ainda, se vamos adquirir componentes de outras empresas e apenas fazer a montagem. O objetivo é determinar se há uma alternativa de fora da organização de menor custo e/ou melhor qualidade que a disponível na empresa atualmente.

Decisões Estratégicas Estruturais: Um dos dois grupos da classificação das decisões estratégicas. São decisões que influenciam principalmente as atividades do projeto da Unidade Produtiva, mas também de toda organização. As decisões estruturais são resultantes das estratégias de negócios adotadas e afetam seu funcionamento em longo prazo, influenciam diretamente todo Projeto da Fábrica, ou seja, estas atividades de projeto são as que definem os fatores de produção que a compõem, ou seja, a forma física da produção e seus serviços.

Decisões Estratégicas Não Estruturais: Um dos dois grupos da classificação das decisões estratégicas. As decisões estratégicas não estruturais englobam procedimentos organizacionais, controles e sistemas, que definem os processos de produção, ou seja, a forma como os fatores de produção se relaciona. Necessariamente incluem principalmente a escolha das tecnologias de gestão (gestão de tempo, gestão de qualidade, gestão de valor etc.), além de atitudes, experiências e habilidades das pessoas envolvidas de várias atividades funcionais (como por exemplo: PCP, desenvolvimento de fornecedores, controle da qualidade, controle de estoques etc.).

Decisões Estratégicas: São as que têm efeito abrangente e por isso são significativas na parte da organização à qual a estratégia se refere; definem a posição da organização relativamente a seu ambiente; aproximam a organização de seus objetivos de longo prazo.

Desdobramento da Função Qualidade: O Quality Function Deployment (QFD) foi desenvolvido no Japão, com base nos conceitos de qualidade desenvolvidos nesse país, como um conjunto de matrizes interdependentes. O ponto de partida do QFD é a chamada "Casa da Qualidade", a qual relaciona as necessidades ou requisitos dos clientes (o quês fazer) com os requisitos de projeto que podem realizá-los (como fazer).

Desempenho Organizacional: Com as mudanças que estão acontecendo nas empresas neste ambiente empresarial mais competitivo são requeridos métodos que indiquem além dos resultados financeiros uma relação mais ampla tipo causa-e-efeito e/ou se o que está sendo feito é de maneira correta. O objetivo do gerenciamento do Desempenho Organizacional é garantir que a organização e todos os seus subsistemas (processos, departamentos, times, colaboradores) estão trabalhando juntos em um modelo ótimo para atingir os resultados desejados pela organização.

Desperdícios: Para a Engenharia de Produção, são classificados como desperdícios todas as atividades que consomem recursos mas não agregam valor ao produto em relação aos requisitos do cliente, nisso são incluídos todos os esforços e custos associados às falhas e inspeções. Especificamente para qualidade, desperdício é sinônimo de produção de peças defeituosas, seja em função da perda anormal quanto a perda normal do processo (índice de peças defeituosas). As principais perdas a ser evitadas são a superprodução; espera, transporte, processamento em si, estoque, movimentação, fabricação de produtos defeituosos.

Detalhamentos de Processo de fabricação: Segundo nível do Planejamento detalhado do projeto de fabricação. Estes podem variar consideravelmente, incluindo: plano de operações; plano de preparação (*setup*) da máquina; plano de preparação de ferramentas; plano de inspeção; croquis de processo; programa CN.

Diagrama de Afinidades: O Diagrama de Afinidades, também denominado de Carta de Interligações Preferenciais, é uma ferramenta que se utiliza de uma escala de afinidades denominada AEIOUX, em que a notação "4/A" representa maior grau de afinidade entre duas UPE, portanto maior necessidade de proximidade, e "–1/X" grau negativo, ou seja, deve estar separadas.

Diagrama de fluxo de processo: Diagrama que representa graficamente os arranjos dos equipamentos, os fluxos de ligação, os caudais e as composições dos fluxos.

Diagrama de Inter-relações: O diagrama de configuração, também chamado de Diagrama de Fluxo ou de Inter-relações, representa graficamente as afinidades existentes entre as diferentes UPE em estudo, sendo utilizado um processo graduação de confecção baseado nas intensidades de relacionamento.

Diagrama fluxo de material: Diagrama que representa as transformações de um material ou mais materiais pelo processo produtivo.

Diagrama P-Q: Uma das ferramentas mais simples utilizadas para o projeto de layout é o Diagrama P-Q (produto-quantidade), também chamado de Gráfico P-V (produto-volume). Estes gráficos são obtidos ao se colocar em um histograma o volume de produção de cada produto ou família, iniciando pelos de maior volume, seguindo para os de menor volume.

Diagramas de Processo: Os diagramas de processo, também conhecidos como cartas de processo ou folhas de processo, são ferramentas particularmente interessantes para a o detalhamento do processo. O diagrama de processo tem como propósito central registrar a sequência de tarefas dos principais elementos de um processo, as relações de tempo entre diferentes partes de um trabalho e registrar o fluxo de materiais, movimento de pessoas ou informações no trabalho.

Distribuição de Probabilidade Beta (μ): Determina o tempo esperado de duração para cada atividade.

Efetividade: É um dos principais indicadores de desempenho para avaliar a gestão do sistema de produção e operações nas empresas. A efetividade avalia o grau de utilidade dos resultados alcançados, ou seja, avalia se está se fazendo certo a coisa útil. Procura medir se está realmente valendo a pena ter qualidade no dia a dia, sendo eficiente, eficaz, produtivo e lucrativo. A efetividade está associada a real capacidade de os resultados promoverem os impactos esperados.

Eficácia: É um dos principais indicadores de desempenho para avaliar a gestão do sistema de produção e operações nas empresas. Mede o grau de atingimento das metas programadas. A eficácia é externa ao processo e tende a variar no tempo. Trata do que fazer, de fazer as coisas certas, da decisão de que caminho seguir. Eficácia está relacionada à escolha e, depois de escolhido o que fazer, fazer essa coisa de forma produtiva leva à lucratividade da UN.

Eficiência dos Agrupamentos - EA (*Grouping Efficiency* -GE): Uma das medidas para avaliar o desempenho das soluções encontradas pelos algoritmos. É uma medida de eficiência de desempenho agregada. Uma solução perfeita com nenhuma lacuna nos blocos nem elementos excepcionais tem uma eficiência de 100%, mas esta não é a regra geral.

Eficiência: É um dos principais indicadores de desempenho para avaliar a gestão do sistema de produção e operações nas empresas. É inerente ao processo e tende a não variar com o tempo. Mede o grau de acerto (racionalização ou economicidade) na utilização dos recursos empregados. A eficiência trata de como fazer, não do que fazer. No PCC, é a razão entre a capacidade operacional e a capacidade efetiva.

Engenharia Assistida por Computador (*Computer Aided Engineering* – CAE): É uma ferramenta de trabalho que utiliza o computador para dar suporte à engenharia, auxiliando-a no desenvolvimento de projetos, por meio de análises predefinidas, tais como: análises estáticas, dinâmicas, térmicas, magnéticas, de fluidos, acústicas, de impacto e simulações, fazendo do CAE uma ferramenta poderosa para redução de custos de um projeto e minimizando o tempo de lançamento do produto final.

Engenharia de Manufatura: Tem como principal objetivo selecionar os processos de fabricação e montagem: roteiros de fabricação, técnicas de fabricação, técnicas de montagem etc.

Engenharia de Métodos: Tem como principal objetivo selecionar os movimentos e tempos padrões necessários para que as várias partes componentes dos produtos sejam produzidas e montadas

Engenharia de Processos de Negócios (EPN): É a área do conhecimento da Engenharia que contribui como instrumento de ação nas organizações através da identificação e representação dos processos existentes. Análise dos Modos de Falhas e Efeitos. Tem como principal objetivo fazer uma análise crítica dos processos da empresa, através do mapeamento, representação e modelos de processos, com objetivo de eliminar desperdícios e melhorar as operações. Seu objetivo é o desenvolvimento ou aperfeiçoamento de um modelo de processo.

Engenharia de Produção: Área da engenharia responsável pelo projeto e gestão de sistemas produtivos com a finalidade de produzir bens e serviços de forma a otimizar a utilização dos pessoas, materiais, informações e equipamentos, respeitando os valores sociais e o meio ambiente.

Engenharia do Produto: A Engenharia do Produto determinará as especificações de um novo produto o que poderá acarretar em processos mais simples e eficazes, com consequente aumento da linha ou a necessidade de uma nova Unidade Produtiva. Tem como principal objetivo o projeto dos produtos, parâmetros dimensionais, definição de materiais, sequência de fabricação.

Engenharia Simultânea: É uma abordagem sistemática para o desenvolvimento integrado e paralelo do projeto de um produto e os processos relacionados, incluindo manufatura e suporte. Essa abordagem procura fazer com que as pessoas envolvidas no desenvolvimento considerem, desde o início, todos os elementos do ciclo de vida do produto, da concepção ao descarte, incluindo qualidade, custo, prazos e requisitos dos clientes.

Engenharia sob Encomenda (*Engineering-to-Order-ETO*): Um dos seis ambientes de produção e operações. Ambiente no qual os produtos são projetados e produzidos a partir dos pedidos dos clientes. Neste ambiente o projeto, a compra de matérias-primas, a produção de componentes (subconjuntos) e a montagem final são feitos a partir de decisões do cliente.

Equipe PFL: A equipe PFL envolve um grupo multidiscilinar que estará envolvido no projeto de forma a tornar possível/factível os projetos propostos, ou seja, todos os envolvidos precisam ter proatividade e estar engajados com o projeto. Esta equipe será responsável por promover e alinhar todos os projetos visando atingir os objetivos estratégicos selecionados.

Estratégia competitiva: É o conjunto de planos, políticas, programas e ações desenvolvidas por uma empresa ou unidade de negócios para ampliar ou manter, de modo sustentável, suas vantagens competitivas frente aos concorrentes. O desenvolvimento de uma estratégia competitiva é o desenvolvimento de uma fórmula ampla que abrange todo o modo como uma empresa competirá em seu mercado.

Estratégia Corporativa: Um dos três tipos clássicos de estratégia. A estratégia corporativa é uma estratégia de longo prazo que posicionará toda organização em seu ambiente global, econômico, político e social.

Estratégia de Negócios: Um dos três tipos clássicos de estratégia. Essa estratégia orienta o negócio em um ambiente que consiste em seus consumidores, mercados e concorrentes, mas também inclui a corporação da qual faz parte.

Estratégia de Produção e Operações (EPO): Uma EPO consiste na definição de um conjunto de políticas com foco na função produção/operações e que dá sustentabilidade à posição competitiva da empresa. Pode ser entendida como um roteiro estruturado de decisões, que engloba uma série de procedimentos nos quais serão definidos as metas e diretrizes de atuação nas áreas de gestão dos processos de produção e operações, e a partir destas tomar uma série de decisões com impacto em todas suas funcionais, com o propósito de direcionar a atividade fabril para a performance que se deseja alcançar visando dar à fábrica vantagens competitivas.

Estratégia Focada: Depois de identificados quais são os fatores competitivos ganhadores e qualificadores, dois caminhos são usualmente mencionados na definição dos objetivos de desempenho. Nesta a empresa seleciona um ou alguns dos principais fatores competitivos e foca as atenções gerenciais nesses objetivos buscando estabelecer uma diferenciação positiva em relação aos competidores, ainda que se situasse em posição ligeiramente inferior à concorrência nos demais fatores.

Estratégia Onidirecional: Depois de identificados quais são os fatores competitivos ganhadores e qualificadores, dois caminhos são usualmente mencionados na definição dos objetivos de desempenho. Nesta a empresa tenta superar seus concorrentes em todos ou quase todos os fatores de competitividade relevantes, (fatores ganhadores de pedidos), ou seja, simultaneamente, por ex: preço, qualidade, rapidez de entrega, pontualidade, flexibilidade.

Estratégia Funcional: Um dos três tipos clássicos de estratégia. A estratégia funcional é uma estratégia de curto prazo na qual todas as funções, produção, marketing, finanças, pesquisa, desenvolvimento e outros, definirão qual seu papel em termos de contribuição para os objetivos estratégicos e/ou competitivos do negócio.

Estratégia: Estratégia é o padrão global de decisões e ações que posicionam tanto a organização como as empresas em seu ambiente e tem o objetivo de fazê-las atingir seus objetivos de longo prazo. O processo pelo qual as estratégias são formadas é tradicionalmente tratado na literatura segundo os aspectos de formulação e implementação.

Estrutura Bloco diagonal incompleta ou imperfeita: Umas das soluções possíveis para Matriz de Incidência, ocorre quando não é possível definir com exatidão, a composição de cada grupo, face às intersecções que ocorrem. Esta refere-se aos resultados como "grupos parcialmente separáveis" e a tarefa de identificar os elementos de cada grupo fica prejudicada. Nestes casos, deseja-se então encontrar a matriz de bloco cujas células sejam o mais independentes quanto possível.

Estrutura bloco diagonal perfeita (EBD): Umas das soluções possíveis para Matriz de Incidência, ocorre quando todos os grupos gerados pelo reordenamento de elementos não apresentam intersecções entre si. Neste caso, refere-se aos grupos obtidos como "grupos mutuamente exclusivos", e os elementos são facilmente identificados.

Estruturação: A primeira fase da metodologia PFL tem como objetivo o desenho inicial do sistema produtivo que avalie também os importantes fatores externos que influenciam o projeto das Unidade de Negócios (UN).

Etapas para elaboração do Planejamento Estratégico: São 9 etapas clássicas: Pré-diagnóstico; Sensibilização; Diagnóstico Estratégico; Definição da base estratégica corporativa; Definição de Estratégias; Definição de Planos de Ação; Definição de Recursos; Implementação; Monitoração, Avaliação e Controle.

Fabricação sob Encomenda (*Make-to-Order* - *MTO*): Um dos seis ambientes de produção e operações. Ambiente no qual os produtos são produzidos a partir de projetos prontos e depois dos pedidos dos clientes. Em certo nível o produto pode ser customizado a partir do pedido/contato com o cliente, que pode gerar exclusividade do produto final (com subconjuntos existentes). Nestes casos, o projeto e execução dos produtos ao mesmo tempo (semelhante ao ETO).

Família de peças: Na Tecnologia de Grupo uma família de peças é um conjunto de peças que possuem necessidades similares em termos de ferramentas, preparação e operações para sua fabricação. Muitas vezes, famílias de peças são designadas para uma célula com base nas sequências de operações de forma que o fluxo de materiais e o sequenciamento são simplificados, apesar do fato de famílias de peças produzidas por uma mesma célula poderem requerer ferramentas diferentes.

Fatores Competitivos (ou Fatores Críticos de Sucesso – FCS): Para identificação dos Fatores Competitivos são consideradas principalmente as necessidades dos clientes que constituem os segmentos-alvo de mercado de uma unidade de negócios e devem refletir a importância atribuída pelos clientes de um determinado segmento de mercado a diferentes dimensões de desempenho. Preço, qualidade, prazo de entrega e grau de customização são exemplos de fatores competitivos. São divididos em três categorias: fatores ganhadores de pedidos; fatores qualificadores e critérios menos importantes.

Flexibilidade da capacidade operacional: É a habilidade de entregar o que o cliente quer, em um prazo relativamente curto. Essa flexibilidade é obtida a partir dos seguintes requisitos: plantas flexíveis; processos flexíveis; trabalhadores flexíveis; uso de subcontratação e compartilhamento da capacidade externa; mas não pelo uso de mão de obra interna. São quatro os tipos de flexibilidade de capacidade operacional: flexibilidade de produto e serviço; flexibilidade de composto (mix); flexibilidade de volume; flexibilidade de entrega.

Folgas: Os tempos de folga para as atividades que precedem as atividades podem ser obtidos pela diferença entre os tempos de conclusão tarde e cedo para cada atividade. O valor da folga corresponde ao atraso da atividade i pode sofrer sem comprometer a duração total determinada pelo comprimento do caminho crítico.

Função Produção/Operações (FPO): Uma das principais funções organizacionais nas Unidades de Negócios. É considerada central para a organização porque produz os produtos que são a razão de sua existência. A função produção representa a reunião de recursos destinados à produção de seus bens e serviços.

Gestão de Resíduos: É o conjunto de tarefas que procuram garantir o controle efetivo da geração e destinação de resíduos industriais nas várias etapas do processamento, com o objetivo de promover a melhoria contínua da qualidade ambiental.

Gestão de Sistemas de Produção e Operações (GESPO): Em sua essência a GESPO é um processo multidisciplinar com impacto muito abrangente, responsável pela gestão de todos os processos internos que produzem os produtos e/ou serviços que as UN disponibilizam no mercado. Seu objetivo é alcançar a integração dos processos de negócios e de apoio em todos os níveis hierárquicos, áreas funcionais e em todas as atividades finalísticas e de suporte, buscando a convergência para os resultados desejados, a eliminação dos conflitos e a integração de atividades de longo, médio e de curto prazo.

Gestão do Desenvolvimento de Produtos (GDP): A GDP tem como objetivo fornecer valor para os clientes, de modo a possibilitar benefícios financeiros para as organizações que desenvolvem produtos e para a sociedade em geral.

Gestão Energética: A gestão de energia envolve aspectos importantes como o combate ao desperdício, o reaproveitamento de energia, o uso de tecnologias ou programas de racionalização de energia, cogeração, entre outros. Racionalizar energia significa também diminuir os impactos ambientais causados na geração e uso de energia.

Gestão por processos: A gestão por processos está calcada nas atividades conhecidas como mapeamento, representação e modelagem de processos. O primeiro é fundamental para identificação dos processos essenciais, o segundo para a representação destes processos essenciais e para sua análise sob uma visão sistêmica e o terceiro são os meios que as empresas utilizam para melhorar seus processos, analisando sua performance e definindo mudanças.

Gestão: Gestão é o processo contínuo de interpretar e implementar um conjunto de estratégias de uma empresa em atividade (ou organização) e decidir o que fazer para atingir seus objetivos, ou dito de forma simples, a gestão é a ação contínua de tomar decisões de como ajustar o curso para chegar até o destino definido. A gestão é sempre um processo contínuo presente (em maior ou menor escala) em todas as empresas ativas e que, operados a partir de um processo decisório estratégico (ou não), faz a conexão entre o que foi projetado e as decisões no curto, médio e o longo prazo, através da operação, coordenação e controle de seus processos de negócios, com o propósito de conduzir e avaliar a execução de um projeto, processos ou das atividades de uma unidade de negócios, visando a obtenção de eficiência, eficácia e efetividade na produção dos resultados desejados.

Gráfico de Gantt: É um gráfico de barras horizontal, que consiste em listar as ordens programadas no eixo vertical e o tempo no eixo horizontal, tendo sido desenvolvido como uma ferramenta de controle de produção em 1917 por Henry L. Gantt, um engenheiro americano e cientista social. Este gráfico muito é utilizado para o planejamento e controle dos trabalhos planejados e apresentação dos resultados ao término dos trabalhos em relação ao tempo.

Grupo de máquinas: Na Tecnologia de Grupo um grupo de máquinas é um conjunto de máquinas capazes de processar inteiramente todos os componentes de uma família de peças.

Heurística do número de sucessores imediatos: Uma das heurísticas para balanceamento de linhas. Esta heurística acrescenta tarefas a uma estação de trabalho em ordem de precedência de tarefa, uma de cada vez, até que a utilização seja de 100% ou que se observe que tal utilização caia. Depois esse processo é repetido na estação de trabalho seguinte para as tarefas remanescentes.

Heurística do tempo de processamento: Uma das heurísticas para balanceamento de linhas. Nesta heurística a aplicação das operações a postos de trabalho é feita de acordo com o tempo de processamento destas. Esta regra faz com que as operações com menor tempo de processamento fiquem para o fim, o que permitirá distribui-las de modo a preencher os tempos mortos nos postos de trabalho.

Heurísticas: São métodos primários que permitem obter soluções que serão, à partida, próximas da ótima, não permitindo a resolução de problemas mais complexos de balanceamento. Métodos Heurísticos, baseados em regras simples, têm sido usados para desenvolver boas soluções (não soluções ótimas) para problemas de balanceamento de linha e assim fazer o agrupamento de atividades em estações de trabalho.

Implementação de Estratégias: Uma das etapas de formação das estratégias. A implementação de estratégias coloca em prática as estratégias previamente planejadas. É uma atividade gerencial que tem como objetivo aplicar as estratégias, além de apresentar e analisar as dificuldades para sua implementação.

Indicadores de Desempenho: É um índice de monitoramento de algo que pode ser mensurável. Indicadores de desempenho nos permitem manter, mudar ou abortar o rumo de nossas ações, de processos empresarias, de atividades etc. São ferramentas de gestão ligadas ao monitoramento e auxiliam no desenvolvimento de qualquer tipo de empresa. Eficiência, eficácia, produtividade, lucratividade no ambiente interno da UN e a efetividade e a competitividade no ambiente externo à UN são alguns dos principais indicadores de desempenho para avaliar a gestão do sistema de produção e operações nas empresas.

Inputs: São os recursos de entrada utilizados pelo sistema, geralmente classificados em recursos a serem transformados e recursos de transformação.

Interação de operações no processamento de consumidores: Quanto às tecnologias de processamento de consumidores, são três os tipos básicos possíveis: tecnologia sem nenhuma interação do consumidor; tecnologia com interação passiva do consumidor e tecnologia com interação ativa do consumidor.

Layout Celular: Um dos tipos clássicos de layout. As células são agrupamento de peças ou produtos que possuem algum grau de similaridade entre si, criando subunidades produtivas (células) dedicadas a estes produtos ou a partes de sua fabricação e montagem.

Layout curto-gordo: No layout por produto o número de estágios da operação, a forma e o arranjo dos estágios na linha determina espectro de arranjos "curto-gordo" que se referem à quantidade de trabalho alocado a cada estágio.

Layout longo-magro: No layout por produto o número de estágios da operação, a forma e o arranjo dos estágios na linha determinam espectro de arranjos "longo-magro" que se referem ao número de estágios.

Layout Mistos: Os layouts mistos, também denominados de híbridos, são o resultado da utilização de mais de um dos tipos clássicos de layout numa mesma Unidade Produtiva, devido a alta variedade de volumes num grande mix de produção.

Layout por Processos: Um dos tipos clássicos de layout. No layout por processos, também é conhecido por layout funcional e por *job shop*, a organização funcional das máquinas em um chão de fábrica agrupa máquinas que desempenham a mesma função. O layout por processos consiste na formação de departamentos ou setores especializados na realização de determinadas tarefas, no qual se agrupam todas as máquinas e operações semelhantes criando seções dedicadas.

Layout por Produto: Um dos tipos clássicos de layout. O layout por produto, também denominado de layout em linha ou *flow shop*, é usado quando um produto ou um conjunto de produtos muito semelhantes são fabricados em grandes volumes. No layout por produto as máquinas ou estações de trabalho são organizadas na forma de linhas de fabricação ou montagem de acordo com as sequências de operações do produto.

Layout Posicional: Um dos tipos clássicos de layout. O layout posicional, também denominado de layout fixo ou *project shop*, é talvez o tipo mais básico de layout e é utilizado quando o produto a ser produzido tem dimensões muito grandes e não pode ser facilmente deslocado. Nestes casos, o produto é fabricado ou montado num local fixo e os recursos materiais e/ou humanos deslocam-se à volta do produto.

Layout: O layout de qualquer empresa, quer seja uma indústria ou prestadora de serviços, é o resultado final de uma análise e proposições após as decisões relacionadas aos produtos, processos e recursos de produção tenham sido tomadas. Quando uma alternativa de layout é considerada, vem à tona o problema de um completo planejamento para a produção de um novo bem ou serviço.

Lean Manufacturing: O Lean Manufacturing (produção enxuta) foi o sistema de produção a partir do Sistema Toyota de Produção e que tem levado a Toyota a atingir resultados expressivos no setor automobilístico, adotando princípios diferentes dos da produção em massa, particularmente em relação à gestão dos materiais (matérias-primas, produtos em processo, componentes, conjuntos e produtos acabados) e ao trabalho humano nas fábricas.

Linhas Transfer: Empregado quando a variedade de produtos é pouca e o volume de produção é muito grande. Nestes casos há a criação de equipamentos específicos para a realização das operações de fabricação, reduzindo-se seu tempo de fabricação. Outra característica está na redução de movimentação de materiais, a qual passa a ser realizada no interior do sistema.

Localização da Unidade Produtiva: A seleção do local para implantação de uma nova planta é uma decisão ligada à estratégia empresarial. Para uma decisão adequada quanto à localização, deve-se determinar qual o foco da empresa, sua capacidade, onde e quando, ao longo de sua vida útil, esta será necessária, visando otimizar as rotas de transporte e assegurar um bom mercado de mão de obra e suprimento de materiais. Determinar a localização da industrial significa definir a localização da capacidade de produção, ou seja, a posição geográfica de uma operação relativamente aos recursos, a outras operações ou clientes com as quais interage. Uma análise adequada deve determinar a demanda para os próximos anos, determinar qual a capacidade a instalar e considerar a forma de medir a capacidade. As decisões a respeito da localização são bastante complexas, pois muitas variáveis e incertezas estão presentes, tornando difícil entender todas as informações simultaneamente.

Loja de Serviços (LS): Um dos tipos de processos para o caso de serviços, classificados pela relação volume x variedade, utilizados para distinguir os tipos de operações. São caracterizados por níveis de contato com o cliente, customização, volumes de clientes e liberdade de decisão do pessoal, que as posiciona entre extremos do serviço profissional e de massa. O serviço é proporcionado através de combinações de atividades dos escritórios da linha de frente e da retaguarda, pessoas e equipamentos e ênfase no produto/processo.

Lucratividade: É um dos principais indicadores de desempenho para avaliar a gestão do sistema de produção e operações nas empresas. A lucratividade é um dos principais objetivos de desempenho das empresas. A lucratividade mede a relação entre o valor obtido (R$) pelas saídas geradas e o valor gasto (R$) com as entradas consumidas. É a medida de como as UN ganham dinheiro para cobrir os investimentos realizados e gerar lucro para mantê-la operando.

Manufatura Assistida por Computador (*Computer Aided Manufacturing* – CAM): São softwares que possibilitam a diminuição da variabilidade do processo de produção. Podemos definir CAM como auxílio via computador da preparação da manufatura, representando as tecnologias usadas no chão de fábrica, dizendo não só a respeito da automação da manufatura, como: CNC (Comando Numérico Computadorizado), CLP (Controle Lógico Programável), coletores de dados (DNC), como também a tomada de decisão, plano operacional etc. Softwares de CAM simulam o processo de fabricação, o que permite identificar eventuais erros e potenciais melhorias no processo.

Manufatura Integrada por Computador (CIM): A Manufatura Integrada por Computador (CIM) busca a integração das operações de produção da empresa com o desenvolvimento do produto e do processo de fabricação, através da integração de ferramentas de Desenho Auxiliado por Computador (CAD) e Manufatura Auxiliada por Computador (CAM) com os sistemas de gestão das operações de produção da empresa (Planejamento dos Recursos da Empresa – ERP), incluindo toda a gestão de recursos, dos processos de manufatura, compras, vendas, estoques etc. A manufatura integrada por computador tem como um de seus pilares a Tecnologia de Grupo, em que os bens de consumo a serem produzidos são avaliados juntamente com os processos de manufatura e todos os insumos necessários para sua produção, e através de análises consecutivas é estabelecido um procedimento padrão para a produção otimizada.

Manufatura: Termo aplicado à produção industrial, na qual as matérias-primas são transformadas (produção ou montagem de elementos) em bens acabados em grande escala.

Mapeamento de Processos: O mapeamento de processos é um mecanismo que possibilita identificar as sequências dos processos, atividades e operações na situação atual. Seu principal objetivo é o entendimento dos processos essenciais da empresa através da identificação dos seus processos de negócios que serão utilizados para representar, projetar e modelar a visão futura dos processos de negócios.

Mapofluxograma: O mapofluxograma, também denominado de mapa-fluxograma, representa a movimentação física de um ou vários itens através dos centros de processamento dispostos no layout de uma instalação produtiva, seguindo uma sequência de rotina fixa. É obtido desenhando sobre a planta da organização o caminho percorrido pelos produtos a partir das informações constantes nos diagramas de processos, sempre se obedecendo ao diagrama de processos.

Matriz de Incidência (MI): A matriz de incidência é uma ferramenta utilizada para facilitar a visualização do agrupamento das peças em famílias e das máquinas em grupos. Em razão de que todos os algoritmos de agrupamentos baseiam-se em informações que são obtidas destas matrizes de incidência, este é o ponto de partida tanto para o desenvolvimento quanto para a implementação das várias técnicas voltadas à formação de células.

Matriz GUT: Esta matriz é uma forma de se tratarem problemas com o objetivo de priorizá-los. Leva em conta a gravidade, a urgência e a tendência de cada problema. Gravidade: impacto do problema sobre coisas, pessoas, resultados, processos ou organizações e efeitos que surgirão a longo prazo, caso o problema não seja resolvido. Urgência: relação com o tempo disponível ou necessário para resolver o problema. Tendência: potencial de crescimento do problema, avaliação da tendência de crescimento, redução ou desaparecimento do problema.

Matriz Importância-Desempenho: Utilizada para identificar a lacuna entre a classificação da importância de cada objetivo de desempenho e a classificação do desempenho em relação à concorrência é que fornece o guia para a priorização dos objetivos. As medidas de desempenho das UN somente adquirem significado quando comparadas com o desempenho dos concorrentes.

Medidas de desempenho das células de manufatura: Muitas medidas têm sido utilizadas na indústria e na academia para avaliar a qualidade de um sistema de manufatura celular. As medidas mais comuns encontradas na literatura são: movimentação intercelular de material; movimentação de materiais dentro da célula; nível de balanceamento; inventário em processo e tempo de atravessamento e medidas de flexibilidade.

Método do Diagrama de Precedência (MDP): O MDP é um método de construção de um diagrama de rede do cronograma do projeto que usa caixas ou retângulos, chamados de nós, para representar atividades e os conecta por setas que mostram as dependências. Esta técnica também é chamada de atividade no nó (ANN) e é o método usado pela maioria dos pacotes de software de gerenciamento de projetos.

Método do Diagrama de Setas (MDS): O MDS é um método de construção de um diagrama de rede do cronograma do projeto que usa setas para representar atividades e as conecta nos nós para mostrar suas dependências. Esta técnica é também chamada de atividade na seta (ANS) e, embora menos adotada do que o MDP, ainda é usada no ensino da teoria de rede do cronograma e em algumas áreas de aplicação.

Metodologia GESPO: Esta metodologia atua como roteiro contra as deficiências na implantação da gestão nas empresas, pois para alcançar a competitividade e se manterem competitivas as empresas precisam implantar uma trajetória consistente para gestão dos seus sistemas de produção e operações. A metodologia GESPO é formada por três fases, estruturação, análise sistêmica global e implantação.

Metodologia PFL: proposta metodológica para o Projeto de Fábrica e Layout, que tem como objetvo apresentar um roteiro estruturado de fácil assimilação para seu desenvolvimento. Composta por 4 fases e 16 etapas.

Métodos de Formação de Agrupamentos: Os métodos de formação de agrupamentos são procedimentos baseados em informações empíricas, extraídas dos processos de fabricação, das características das peças e da máquina, do fluxo da peça na fábrica, do roteiro de fabricação etc.; ou seja, por mais informações que o algoritmo possa considerar, jamais contemplará todas as variáveis que influenciam na decisão de formar uma célula, portanto os métodos são apenas uma sugestão inicial de agrupamento, requerendo uma posterior análise para a efetivação das células.

Modelagem de Processos: A modelagem dos processos nas empresas tem por objetivo garantir a melhoria dos processos, tendo como objetivo eliminar processos e regras obsoletas e ineficientes e gerenciamento desnecessário. Consiste em fazer que os objetivos da empresa, quer seja o fornecimento de produtos e/ou de serviços, sejam atingidos com maior eficácia atendendo às expectativas dos clientes. Assim, a empresa é modelada como um conjunto de processos que permite identificar as necessidades dos clientes e transformá-las numa entrega: o produto ou o serviço.

Modelo de referência para o Projeto do Layout Fabril: O modelo proposto pelos autores objetiva facilitar sua utilização e projetos de melhoria de layout fabril, principalmente no tocante à gestão de projetos. Apresenta fases, atividades e tarefas necessárias para o correto planejamento e execução de um layout fabril.

Modelo de referência para Projeto Desenvolvimento de Produtos: Modelo constituído por três macrofases: Pré-Desenvolvimento; Desenvolvimento e Pós-Desenvolvimento.

Modelo de referência: Pode ser entendido como um mapa elaborado para cada processo da organização como, por exemplo, Marketing, Compras, Vendas, Produção. Um modelo de referência deve conter as fases, atividades e tarefas a serem realizadas durante o transcorrer do processo, com suas entradas, saídas e os respectivos objetivos, os papéis a serem desempenhados pelas pessoas e as ferramentas a empregar em cada atividade.

Modelo do Centro de Gravidade: Uma das técnicas uilizadas para identificação da melhor localização de unidades produtivas. O modelo do centro de gravidade é usado quando se quer localizar uma nova instalação dentro de uma rede de instalações e/ou mercados já existentes, formada pelas localizações existentes e suas principais fontes de insumos e clientes, considerando também os volumes a serem transportados entre estes locais ou intensidade de serviços.

Modelo para implantação da GESPO: Este modelo engloba as principais áreas de decisão, os indicadores de desempenho e o horizonte de tempo necessário para sua implantação. Este modelo para implantação está dividido em três etapas: modelo para o curto prazo, modelo para o médio prazo e modelo para o longo prazo.

Modelo processo de concepção e desenvolvimento serviços: Modelo constituído por quatro fases: projeto e concepção do serviço; projeto do processo do serviço; projeto das instalações do serviço e avaliação e melhoria do serviço.

Montagem sob Encomenda (*Assemble-to-Order-ATO*): Um dos seis ambientes de produção e operações. Ambiente no qual os componentes dos produtos são produzidos e aguardam o pedido dos clientes para a montagem final, ou seja, após o pedido do cliente monta-se o produto solicitado. Estoques de subconjuntos prontos para configurar o produto que é pedido (especificação) pelo cliente.

Níveis de decisão para o Projeto de Fábrica e Layout: Os temas relacionados ao Projeto de Fábrica e Layout integram um amplo conjunto de conhecimentos de diversas áreas envolvidas no planejamento racional das atividades da produção, que iniciam na Estruturação do projeto da Unidade de Negócios e vão até ao Projeto da Edificação, sintetizados de forma hierárquica em quatro macro níveis de decisão.

Nível ótimo de capacidade: A maioria das organizações precisa decidir sobre o tamanho (em termos de capacidade) de cada uma de suas Unidades Produtivas. Estas decisões têm grande impacto na habilidade da empresa atender a demanda futura, pois o nível de capacidade instalada será o limite de atendimento possível da produção.

Objetivo Confiabilidade: Um dos cinco objetivos de desempenho clássicos. O objetivo confiabilidade significa entregar o produto no prazo prometido. Está relacionado ao princípio de realizar as atividades em tempo para os consumidores receberem seus bens ou serviços quando foram prometidos.

Objetivo Custo: Um dos cinco objetivos de desempenho clássicos. O objetivo custo significa alta margem, baixos preços ou ambos. Através da qualidade dos processos é possível fazer barato o que gera uma vantagem em custo devido a diminuição do estoque em processo. O objetivo de desempenho denominado "custo" em uma empresa está relacionado ao desejo de produzir com o menor custo possível.

Objetivo Flexibilidade: Um dos cinco objetivos de desempenho clássicos. O objetivo flexibilidade significa a capacidade que uma empresa tem de mudar muito e rápido o que se está fazendo, ou seja, em alterar sua forma de operar ou produzir. Mudar o que é feito gera uma vantagem em flexibilidade, reflexo da qualidade dos processos e da gestão da organização. É a capacidade de alteração da produção, seja no que faz, como faz ou quando faz.

Objetivo Qualidade: Um dos cinco objetivos de desempenho clássicos. O objetivo qualidade significa produtos e serviços sob especificação. Fazer certo gera uma vantagem em qualidade através da diminuição do percentual de produtos defeituosos. Fazer certo as coisas, em outras palavras, significa fornecer bens e serviços isentos de erros, de modo que seus consumidores fiquem satisfeitos. Isso proporciona uma vantagem de qualidade para a empresa.

Objetivo Velocidade/Rapidez: Um dos cinco objetivos de desempenho clássicos. Objetivo velocidade é executar as tarefas o mais rápido possível, ou seja, menor tempo de entrega. Fazer no tempo gera uma vantagem em pontualidade, reflexo da qualidade na organização, através da diminuição do ciclo para produção dos produtos. É um conceito relacionado a quanto tempo os consumidores precisam esperar para receber seus produtos ou serviços. O tempo de espera começa a ser contado desde o momento do pedido até a sua entrega.

Objetivos de Desempenho: Os objetivos de desempenho são definidos a partir da determinação dos Fatores Competitivos. São destinações pretendidas que indicam a direção para o planejamento da empresa. Por um lado, são os guias básicos que suportam a tomada de decisão e por outro são a lógica dos critérios de avaliação e controle dos resultados através dos indicadores de desempenho. Os cinco objetivos de desempenho clássicos são: confiabilidade, flexibilidade, qualidade, velocidade/rapidez e custo.

Obter Recursos contra Pedido (*Resource-to-Order* – RTO): Um dos seis ambientes de produção e operações. Ambiente no qual as matérias-primas para produção dos produtos projetados são obtidas somente após a confirmação dos pedidos. Em condições de demanda dependente, neste ambiente a operação somente vai começar o processo de compra dos insumos necessários à produção de bens ou serviços quando o pedido estiver confirmado.

Operações: Descreve o grupo de todos os processos empresariais relacionados com a produção de bens e/ou serviços, com o uso de máquinas e equipamentos. Também denomina o departamento de uma UN responsável pela gestão dos sistemas de operações empregados para transformar *inputs* em *outputs*, tanto na produção de bens físicos como na prestação de serviços.

Organização das suas operações: Uma das três formas de classificação dos processos de produção. Quanto ao fluxo, os modelos de organização produtiva seguem um espectro contínuo, havendo a possibilidade de diversas combinações destas formas clássicas. A adoção desses modelos clássicos resulta em unidades de negócios predominantemente organizadas por processos ou organizadas por produtos.

Organização por Processos: Um dos dois tipos de organização das operações. Nas organizações por processos (de fabricação de bens ou prestação de serviços) os equipamentos com funções iguais são agrupados entre si.

Organização por Produtos: Um dos dois tipos de organização das operações. As instalações de produção são organizadas por produtos, quando os equipamentos são posicionados segundo a sequência específica para a melhor conveniência do produto.

Organização: No mundo dos negócios, uma organização, também denominada de corporação, é composta por duas ou mais unidades de negócios, através da combinação de um conjunto de recursos com a finalidade de realizar objetivos comuns, podendo ser, por exemplo: empresas, associações, órgãos do governo, ou seja, qualquer conjunto de entidades pública ou privadas. É um sistema complexo, que tem propriedades e capacidades cujas UN isoladamente não têm.

Outputs: Os *outputs* são as saídas (bens e/ou serviços) produzidas nos processos de um sistema.

Pacote de Serviços: O pacote de serviços pode ser definido como um conjunto de bens e serviços oferecidos por uma empresa e pode ser dividido em quatro elementos: instalações de apoio; bens facilitadores; serviços explícitos e serviços implícitos.

PERT/CPM (*Program Evaluation and Review Technique/Critical Path Method*): PERT/CPM são técnicas de planejamento e controle de grandes projetos, a partir do escalonamento das diversas atividades é possível montar gráficos e estudar o planejamento do projeto e por consequencia, as necessidades de recursos e espaços para execução de cada uma destas atividades. As redes PERT evidenciam relações de precedência entre atividades e permitem calcular o tempo total de duração do projeto bem como o conjunto de atividades principais e de apoio, pois todas necessitam de atenção especial, caso contrário os atrasos e em sua execução e o aumento dos custos impactam no projeto como um todo.

Planejamento detalhado do projeto de fabricação: Tal ação é realizada em dois níveis: o Planejamento Macro de fabricação e os Detalhamentos de Processo. Existem dois tipos de plano macro.

Planejamento do Projeto: Uma das etapas da modelo de referência para o projeto de layout. Envolve a adaptação do modelo de referência apresentado neste capítulo às necessidades específicas do projeto do novo arranjo físico. Em todos os projetos o planejamento de projetos surge como um aspecto central, sendo o elemento norteador para a execução do projeto e a base para as alterações em seu controle.

Planejamento dos Recursos da Empresa (ERP): Softwares ERP são sistemas integrados de informação, de estruturas abrangentes e complexas que tentam tratar, integradamente, o máximo do modelo de informação da organização. De modo geral, tais modelos foram originados em processos de automação da cadeia produtiva de empresas, somente depois adaptados para outros setores de atividades.

Planejamento e Controle da Capacidade (PCC): Planejamento e Controle de Capacidade é a tarefa de determinar a capacidade efetiva de toda a operação produtiva, de forma que ela possa responder à demanda. Isto normalmente significa decidir como a operação irá reagir a flutuações na demanda.

Planejamento Estratégico: Este é um processo gerencial contínuo e sistemático, que diz respeito à formulação de objetivos para a seleção de programas de ação e para sua execução, levando em conta as condições internas e externas à empresa e sua evolução esperada. Esclarece a missão, traduz a visão e a estratégia em objetivos claros, associados a indicadores, metas e prazos.

Plano de inspeção: Instrui ao operador na forma de realização da inspeção final da peça, ao final do processo.

Plano de operações: Trata-se de um detalhamento de cada operação descrita no plano macro de processo, incluindo o passo a passo de cada operação, as ferramentas utilizadas e as condições de processamento.

Plano de preparação (*setup*) da máquina: Descreve o procedimento de ajustes a serem feitos na máquina antes do início do processo.

Plano de preparação de ferramentas: Similar ao plano de preparação (*setup*) da máquina, porém enfocando as ferramentas a serem utilizadas.

Plano Estratégico de Negócios (PEN) / Plano de Negócios (PN): É um documento que descreve o resultado concreto do planejamento estratégico, e serve de referência para o que é ou o que pretende ser uma empresa, assim como um guia para um negócio que se quer iniciar ou que já está iniciado. O Plano de Negócio especifica um conjunto de informações consolidadas e contempla de forma objetiva essa formulação estratégica da empresa.

Plano Macro de Montagem: Um dos tipos de planejamento macro de fabricação. É o registro da sequência de montagem de um conjunto ou do próprio produto final, e pode conter informações sobre o posto de montagem, da ferramenta utilizada e dos tempos de montagem.

Plano Macro de Processo: Um dos tipos de planejamento macro de fabricação. É um registro da sequência global de fabricação de uma determinada peça do produto, sendo usual também o registro da máquina ou equipamento a ser utilizado e dos tempos homem (TH), máquina (TM) e de preparação da máquina (TP) dedicados a cada etapa do processo.

Ponderação Qualitativa: Uma das técnicas uilizadas para identificação da melhor localização de unidades produtivas. A ponderação qualitativa pode ser usada quando não se conseguir apropriar uma estrutura de custos a cada localidade considerada. Consiste em se determinar uma série de fatores julgados relevantes para a decisão, nos quais cada localidade alternativa recebe um julgamento.

Porcentagem de Elementos Excepcionais (PEE): Uma das medidas para avaliar o desempenho das soluções encontradas pelos algoritmos. A qualidade do método de agrupamento pode ser avaliada pelo número de elementos excepcionais.

Prazo Esperado de Projeto: Sendo os tempos esperados das atividades valores discretos, o prazo esperado de projeto é igual ao maior tempo para execução do projeto.

Princípio da Contribuição aos Objetivos: Um dos três princípios para implementação das estratégias.Neste aspecto o planejamento deve sempre visar aos objetivos máximos da empresa. No processo de planejamento devem-se hierarquizar os objetivos estabelecidos e procurar alcançá-los em sua totalidade, tendo em vista a interligação entre eles.

Princípio da Precedência do Planejamento: Um dos três princípios para implementação das estratégias. Corresponde a uma atividade administrativa que vem antes das outras (organização, direção e controle). Na realidade é difícil separar e sequenciar as atividades administrativas, mas pode-se considerar que, de maneira geral, o planejamento "do que é como vai ser feito" aparece no início do processo. Como consequência, o planejamento assume uma situação de maior importância no processo administrativo.

Princípios para implementação das estratégias: São três princípios: princípio da precedência do planejamento; princípio da contribuição aos objetivos; análise ambiental.

Problemas de Baixa Complexidade: Para os problemas de Análise de Agrupamentos de baixa complexidade, nos quais se enquadram cerca de 55% das empresas, inicialmente nos reportamos a classificação proposta por Kamrani *et al* (1997), segundo os autores os métodos para formação de células de manufatura e montagem podem ser classificados com base em duas abordagens principais, informações vindas do processo de manufatura ou do projeto das peças (produto).

Problemas de Média Complexidade: Para os problemas Análise de Agrupamentos de média complexidade, nos quais se enquadram quase 45% das empresas brasileiras, o processo de identificação de agrupamentos é realizado através da aplicação dos chamados algoritmos de agrupamento. Estes também classificados como métodos baseados em formulação matricial, constituem um grupo de propostas muito utilizados para identificação de peças e máquinas visando configuração de células, pois apresentam resultados a curto prazo e não necessitam de grandes investimentos. Nesses métodos, linhas e colunas são rearranjadas para obtenção da diagonal de blocos, da qual as células de máquinas e famílias de peças são obtidas.

Processo de Desenvolvimento de Produtos (PDP): O Processo de Desenvolvimento de Produtos é a forma pela qual a empresa organiza e gerencia o desenvolvimento de produto, determina a obtenção de vantagens competitivas e constitui um ponto-chave dentro de qualquer empresa que busca a liderança em seu setor de atuação. Antigamente, produzir um produto a baixo custo e vender em larga escala era receita certa de sucesso. Tal premissa não se aplica às empresas de hoje. Saber criar valor é a chave do negócio. Neste ponto, o PDP tomou outra proporção, tendo suas atividades iniciadas na compreensão das necessidades do mercado e terminando com o fim do ciclo de vida do produto.

Processos com formação de cavaco (ou remoção de materiais): São processos de fabricação de metais que implicam na retirada de material de uma em bruto, geralmente utilizando ferramentas de corte. Nesta categoria estão inclusos os processos de torneamento, fresamento, retificação, furação, eletro erosão, mandrilamento e vários outros.

Processos de conformação: São processos de fabricação de metais que consistem atual sobre atual com força suficiente em uma determinada peça em bruto de modo a deformá-la para que atinja as características geométricas desejadas. Os processos de forjamento, laminação e estampagem fazem parte desta categoria.

Processos de Fabricação: Um dos quatro tipos de processos produtivos. São denominados processos de fabricação quando o foco de sua atuação são os processos de fabricação (para bens). Os Processos de Fabricação envolvem a configuração do processo de conversão física dos materiais e insumos pelo qual se produz algo e estão normalmente associados a uma abordagem de processamento individual de um bem físico. São resultantes da atividade de projeto produtos desenvolvidas pela Engenharia do Produto em que são definidas as especificações dimensionais dos produtos, os métodos e as técnicas de fabricação a serem empregados e o roteamento a ser seguido para sua fabricação e montagem (a ordem). A seleção dos processos de fabricação deve ser feita sob duas principais considerações: técnicas e econômicas.

Processos de Montagem: Um dos quatro tipos de processos produtivos, classificado quanto ao foco de atuação. Os Processos de Montagem envolvem as submontagens físicas das peças e componentes pelo qual se produz algo e estão normalmente associados a uma abordagem de processamento individual de um bem físico. Os processos de montagem mais utilizados são: soldagem, colagem, encaixe e junção.

Processos de Prestação de Serviços: Um dos quatro tipos de processos produtivos, classificados quanto ao foco de atuação. São denominados processos de prestação de serviços quando o foco de sua atuação são os processos de prestação de serviços (para serviços). Os Processos de Prestação de Serviços envolvem as transações e interações ocorridas na prestação do serviço e também levam à transformação de entradas em saídas, baseando-se sempre na necessidade específica de cada usuário. Normalmente estão associados a uma abordagem de processamento individual de cada serviço.

Processos de Produção Contínuos (PC): Os processos de produção contínuos envolvem a produção de bens ou serviços que não podem ser identificados individualmente. Neste caso os equipamentos executam as mesmas operações de maneira contínua e o material se move com pequenas interrupções entre eles até chegar ao produto acabado. Nos processos contínuos os produtos fluem fisicamente, porque eles são líquidos ou gasosos, ou no caso de processos de prestação de serviços, não são produtos tangíveis.

Processos de Produção Discretos (PD): Um dos tipos de processos para o caso de bens, classificados pela relação volume x variedade, utilizados para distinguir os tipos de operações. São classificados como processos discretos todos os processos de produção em que os produtos podem ser identificados individualmente, ou seja, o produto pode ser individualizado. Envolvem a produção de bens que podem ser isolados, tanto em lotes quanto em unidades, particularizando-os uns dos outros. Os processos discretos subdividem-se: processos de produção em massa; em lotes, *jobbing* ou por projeto.

Processos de Produção em Lotes (PL): Um dos tipos de processos de produção discretos. Caracterizam-se pela produção em lotes, também denominado como processo de produção intermitente ou em bateladas, de um volume médio de bens ou serviços padronizados. São utilizados quando muitos produtos ou serviços são processados na mesma facilidade (centro de produção). São sistemas mais flexíveis, que utilizam equipamentos do tipo universal. Como existem setups envolvidos, as tarefas são organizadas em lotes para melhor aproveitamento desses tempos de setups. Os processos de produção em lotes caracterizam-se por fluxo intermitente, que não é constante, ou seja, que ocorre em intervalos. O fluxo intermitente é característico de processos de produção por lotes.

Processos de Produção em Massa (PM): Um dos tipos de processos de produção discretos. Caracterizam-se pela produção em grande escala de produtos altamente padronizados, com baixíssima variação nos tipos dos produtos finais. Envolvem processos específicos utilizados na fabricação de um produto ou realização de um serviço. Têm procedimentos fixos e abrangência limitada. As facilidades de produção utilizadas são compostas de equipamentos específicos, projetados para atender às tarefas requisitadas pelo produto e/ou serviço.

Processos de Produção por Jobbing (PJ): Um dos tipos de processos de produção discretos. Em processos de *jobbing* (tarefas ou processos) cada produto deve compartilhar os recursos da operação (máquinas múltiplas) com diversos outros. Diferem entre si pelo tipo de atenção às necessidades do cliente. Os processos de *jobbing* produzem mais itens e usualmente menores dos que os processos de projeto, mas, como também para os processos de projeto, o grau de repetição é baixo. Criam a flexibilidade necessária para produzir uma variedade de produtos e serviços em quantidades significativas.

Processos de Produção por Projeto (PP): Um dos tipos de processos de produção discretos. A essência dos processos de projeto é que cada trabalho tem início e fim bem definidos, o intervalo de tempo entre o início de diferentes trabalhos é relativamente longo e os recursos transformados que fazem o produto serão organizados de forma especial para cada um deles. Cada produto tem recursos dedicados mais ou menos exclusivamente para ele.

Processos de Produção: Os Processos de Produção englobam a maneira pela qual as empresas organizam seus órgãos e realizam sua produção, adotando uma interdependência lógica entre todas as etapas do processo de produção, desde o momento em que os materiais e as matérias-primas saem do almoxarifado até chegarem ao depósito como produto acabado. As principais formas de classificação dos processos de produção está a relação volume e variedade dos *outputs* das operações.

Processos metalúrgicos: Nesta categoria de processos de fabricação de metais o material bruto é usualmente submetido a grandes diferenças de temperatura. Nos diferentes processos de fundição o objetivo é a fusão do material para posterior endurecimento em uma determinada forma. Já na soldagem, o objetivo é utilizar o material fundido para fazer a ligação entre outros dois materiais.

Processos Produtivos: O processo produtivo é uma visão agregada da organização dos processos de fabricação de bens e de prestação de serviços, sem entrar nas especificidades de cada produto. Os processos produtivos determinam a abordagem de gerenciar o processo geral de transformação, são usados termos diferentes para identificar tipos de processos nos setores de manufatura e serviços, sob diversas formas de classificação, em que cada modelo de organização do processo em manufatura implica uma forma diferente de organizar as atividades das operações. De forma geral, são classificados quanto ao foco de sua atuação em processos de produção, processos de prestação de serviços e processos de fabricação.

Processo: É definido como um conjunto de atividades sequenciais e conectadas, relacionadas e lógicas que tomam um *input* com um fornecedor, acrescentam valor a este e produzem um *output* para o cliente externo.

Produção para Estoque (*Make-to-Stock-MTS*): Um dos seis ambientes de produção e operações. Ambiente no qual os produtos são planejados e produzidos antes do recebimento do pedido. Os produtos são padronizados com base em previsões de demanda sem customização. Apresenta alto volume de estoque de produtos acabados.

Produção para o Mercado (*Make-to-Market - MTM*): Um dos seis ambientes de produção e operações. Ambiente no qual os produtos e serviços são planejados e produzidos sem qualquer pedido. Os produtos são padronizados com base em previsões de demanda e sem customização. Não há formação de estoque. Ex: Programas de TV, Rádio, sites, jornais etc.

Produtividade: É um dos principais indicadores de desempenho para avaliar a gestão do sistema de produção e operações nas empresas. A produtividade da organização se caracteriza pela relação entre as quantidades de produtos e de insumos que são usadas no seu processo produtivo, ou seja, mede as saídas geradas em relação às entradas consumidas, ou simplesmente, é o quanto se produz em relação aos recursos utilizados.

Produtos: Conjunto de bens e serviços produzidos pelas UPs para o mercado consumidor. São classificados em bens e serviços.

Programa CN: Trata-se da lista de comandos para a fabricação em equipamentos controlados por comando numérico. Podem ser gerados à mão ou através de softwares de CAM.

Projeto Assistido por Computador (*Computer Aided Design* – CAD): São softwares especializados na função projeto, que permitem simular montagens e analisar consequências antes da execução. Abrange o uso da tecnologia de desenho e projeto assistido por computador na preparação de desenhos detalhados de máquinas e peças de projetos mecânicos, contendo as informações necessárias para a sua produção e documentação, elaborando relatórios e desenhos de acordo com as normas técnicas vigentes. Permitem simular montagens e analisar consequências antes da execução.

Projeto Conceitual: Uma das etapas do modelo de referência para o projeto de layout. Essas etapa lida com definição e escolha de alternativas de projeto de layout adequado às especificações determinadas na fase anterior. Composto por duas atividades: analisar afinidades e escolher alternativas.

Projeto da Edificação: Na quarta e última fase da metodologia PFL, uma vez otimizadas todas as variáveis relacionadas às decisões estratégicas estruturais e não estruturais, visando a obtenção do máximo desempenho do sistema de produção, devem ser realizados estudos para o projeto e a construção da edificação e de suas respectivas instalações de apoio à produção, que abrigarão as atividades relacionadas à produção dos bens e/ou serviços da unidade produtiva.

Projeto de Fábrica: A segunda fase da metodologia PFL foca no conjunto dos núcleos de decisões estruturais para o projeto de uma nova Unidade Produtiva, considerados os elementos principais para o Projeto de Fábrica.

Projeto de Layout: Terceira fase da metodologia PFL, determina de forma detalhada o posicionamento relativo entre as áreas da Unidade Produtiva e são estabelecidas as posições específicas de cada máquina, equipamento, insumos e serviços de apoio. O Projeto do Layout de uma unidade produtiva é de grande importância para as organizações visto que é o layout que vai assegurar o entrosamento interno e a harmonia no funcionamento da empresa.

Projeto de processos produtivos: O objetivo do projeto de processos produtivos é assegurar que o desempenho do projeto seja adequado ao que se esteja tentando alcançar. A inter-relação entre processos produção, processos de prestação de serviços (para serviços) e processos de fabricação (para bens) significa que estas três atividades de projeto de processos deveriam ser consideradas como atividades que se sobrepõem.

Projeto de Processos: Projetar é conceber a aparência, o arranjo e a estrutura de algo antes que este entre de fato em operação. O objetivo do projeto de processos é assegurar que o desempenho dos processos seja adequado ao que se esteja tentando alcançar. Deve haver uma ligação entre o que a operação pretende e os objetivos de desempenho de seus processos.

Projeto de Produto: O desenvolvimento de projeto de produto consiste basicamente na transformação de ideias e informações em representações bi ou tridimensionais. A atividade principal de transformação ocorre entre um estágio inicial de busca de informações, assimilação, análise e síntese; e um estágio conclusivo no qual as decisões tomadas são organizadas num tipo de linguagem que possibilite a comunicação e o arquivamento dos dados e a fabricação do produto.

Projeto Detalhado: Uma das etapas da modelo de referência para o projeto de layout. Esta etapa visa o detalhamento e a otimização da alternativa selecionada. Composto por três atividades: consolidar layout, otimizar layout e detalhar postos de trabalho.

Projeto Informacional: Uma das etapas da modelo de referência para o projeto de layout. Esta etapa é focada no levantamento e análise das informações necessárias para realização do projeto fabril. Composto por duas atividades: levantamento das informações e análise das informações.

Projeto para manufatura e montagem: O Design for Manufacturing and Assembly (DFMA) é a combinação de duas técnicas de projeto: o Projeto para Manufatura (*Design for Manufacturing* – DFM) e o Projeto para Montagem (*Design for Assembly* – DFA). Técnicas de DFMA auxiliam consideravelmente na eliminação dos desperdícios, ainda mais quando associadas à Manufatura Auxiliada por Computador (CAM).

Projeto para Manufatura: O Projeto para Manufatura (*Design for Manufacturing* – DFM), uma filosofia que utiliza diversos conceitos, técnicas, ferramentas e métodos para aperfeiçoar ou simplificar a fabricação de componentes, traduz a busca durante o projeto, em tornar mais fácil a manufatura dos componentes que formarão o produto depois de montado. O DFM consiste em um conjunto de diretrizes e recomendações voltadas à eliminação de operações desnecessárias na fabricação de cada componente de um produto. Uma das recomendações básicas de DFM é reduzir o número de peças de um produto. Tal recomendação é particularmente interessante para empresa, pois não se fabricar um conjunto de componentes implica em não ter custos de fabricação para eles.

Projeto para Montagem: O Projeto para Montagem (*Design for Assembly* – DFA) é um método estruturado de melhoria do processo de montagem de um produto e tem como objetivo tornar a montagem dos produtos a menos custosa e mais otimizada possível. Para isto avalia todo o produto, não só as peças individualmente, e tende a simplificar a estrutura do produto enquanto mantém o projeto flexível procurando o mais eficiente uso da função do componente.

Projeto para o meio ambiente: O *Design for Environment* (DFE), ou Ecodesign, tem por objetivo, ainda na fase de projeto do produto, reduzir o impacto ambiental durante o ciclo de vida de um produto, desde a extração de suas matérias-

-primas, até o seu final de vida, focando em seu reuso, remanufatura, reciclagem, ou em outras estratégias. É o termo para uma crescente tendência mundial nos campos da arquitetura, engenharia e design em que o objetivo principal é desenvolver produtos, sistemas e serviços que reduzam o uso de recursos não renováveis e/ ou minimizem o seu impacto ambiental. É a consideração de critérios e estratégias ambientais no processo de desenvolvimento do produto.

Projetos de Re-layout: Embora a maioria da literatura se concentre nos procedimentos para projeto de um novo layout, constata-se que a grande maioria dos casos práticos envolvem a necessidade de melhorias de desempenho dos layouts em operação, através de reprojetos de layouts baseados nos já existentes, ou seja, projetos de re-layouts.

Projetos: São esforços temporários empreendidos para criar um produto, serviço ou resultado exclusivo, suas metas são temporárias e únicas, possuindo início e fim definidos, assim como os recursos destinados são específicos e limitados.

Recursos produtivos: Os recursos produtivos são as máquinas, equipamentos e dispositivos utilizados pelas empresas nos processos de fabricação para transformar materiais, informações e consumidores de forma a agregar valor e atingir os objetivos estratégicos da empresa.

Rede de forecedores: Nenhuma operação produtiva, ou parte dela, existe isoladamente. Todas as operações fazem parte de uma rede maior, interconectadas com outras operações. Essa rede inclui fornecedores e clientes. Também inclui fornecedores dos fornecedores e clientes dos clientes e assim por diante. Da rede de fornecedores resultam relacionamentos dinâmicos ao longo do tempo, e o nível de complexidade deste tema faz com que a gestão de cadeia de suprimentos seja um dos importantes assuntos do mundo dos negócios, pois analisa como as organizações estão vinculadas entre si do ponto de vista de uma empresa em particular.

Rede imediata de fornecimento: É formada por um grupo de fornecedores e clientes que têm contato direto com a operação em questão. Em geral são denominados de fornecedores e clientes de primeira camada.

Rede total de fornecimento: É formada pelo conjunto de todos os fornecedores e clientes que formam a rede de fornecedores e clientes.

Relação Volume x Variedade: Um dos quatro aspectos utilizados para distinguir os tipos de operações. Os processos de produção também são normalmente classificados em função de combinações de variáveis, nesta o volume está associado ao número de produtos e/ou serviços produzidos pela operação produtiva; a variedade está associada ao composto (*mix*) de produtos e serviços resultantes de uma operação produtiva. Existem classificações distintas para bens e serviços.

Representação de Processos: A representação de processos significa desenvolver diagramas que mostram as atividades da empresa, ou de uma área de negócios, e a sequência na qual são executadas. É a representação visual das atividades, que permite identificar oportunidades de simplificação. Ocorre que muitos negócios são relativamente complexos, assim um modelo poderá consistir de diversos diagramas.

Representação Polar: É uma forma útil de representar a importância relativa dos objetivos de desempenho. É chamado de representação polar (ou diagrama polar) porque as escalas que representam a importância de cada objetivo de desempenho possuem a mesma origem. Nesse sentido, a representação polar é muito útil em planejamentos estratégicos que solicitam análises comparativas considerando os objetivos de desempenho.

Robótica: A robótica é grande avanço tecnológico. Similarmente ao CNC, a robótica se utiliza de programação, computação e máquinas para a realização de processos antes realizados por seres humanos. A grande diferença está no equipamento: o robô. Na indústria, a imagem de máquinas no formato de humanos (os androides) não é verdadeira, apesar de haver um grande número de pesquisas para o desenvolvimento de tais máquinas.

Seleção da Tecnologia: A seleção da tecnologia é uma decisão estrutural que avalia se deveria usar tecnologia de ponta ou tecnologia estabelecida; avalia também quais tecnologias desenvolver e quais comprar; e essas decisões influenciam o tipo de Unidade Produtiva, os equipamentos e layout, que por sua vez influenciam decisões não estruturais, como a seleção da tecnologia de gestão e a análise do fluxo do processo de produção. Na seleção de máquinas e equipamentos deve-se priorizar aqueles menos geradores de ruídos e vibrações, que utilizam menos energia e/ou que geram menos poluição e com fontes energéticas mais limpas e/ou renováveis.

Seleção da Tecnologia de Fabricação: A tecnologia de fabricação afeta o projeto do produto e o sistema de manufatura, seu controle, o perfil das pessoas contratadas e os materiais a serem processados. Uma vez tomada a decisão de quais produtos ou processos fazer internamente, os critérios para seleção da tecnologia a ser utilizada na fabricação devem ser feitos sob quatro principais dimensões: Técnico; Econômico; Socioambiental; Gestão da tecnologia.

Seleção dos processos de fabricação: A seleção dos processos de fabricação envolvem inicialmente as decisões sobre o que comprar e o que produzir, a organização do trabalho e seus aspectos ergonômicos. Os resultados dessa atividade são as especificações detalhadas dos processos, equipamentos, matérias-primas e utilidades necessárias.

Serviços em Massa (SM): Um dos tipos de processos para o caso de serviços, classificados pela relação volume x variedade, utilizados para distinguir os tipos de operações. Compreendem muitas transações de clientes, envolvendo tempo de contato limitado e pouca customização. São em geral baseados em equipamentos (back *room)* e orientados para o "produto", com a maior parte do valor adicionado no escritório de retaguarda, com relativamente pouca atividade de julgamento exercida pelo pessoal de linha de frente. Tem baixo grau de: contato, de personalização e de autonomia.

Serviços Profissionais (SP): Um dos tipos de processos para o caso de serviços, classificados pela relação volume x variedade, utilizados para distinguir os tipos de operações. São definidos como empresas de alto contato, em que os clientes despendem tempo considerável no processo do serviço. Esses serviços proporcionam altos níveis de customização, sendo o processo do serviço altamente adaptável para atender às necessidades individuais dos clientes.

Serviços: Um dos dois tipos de produto. Os serviços são produtos não materiais, resultantes dos processos de operações, que pessoas ou empresas prestam a terceiros para satisfazer determinadas necessidades, como qualquer ato ou desempenho que uma parte possa oferecer a outra.

Setup: O tempo de setup é definido como o tempo decorrido na troca do processo da produção de um lote até a produção da primeira peça boa do próximo lote.

Simbologia padrão ASME (*American Society of Mechanical Engineers*): Para a representação de processos são utilizados um conjunto de símbolos. Entre os diversos padrões utilizados, a simbologia padrão ASME é uma das mais utilizadas.

Sistema de Classificação e Codificação (C&C): Um dos métodos para problemas de Análise de Agrupamentos de baixa complexidade orientado pelo projeto. Os Sistemas de Classificação e Codificação são geralmente utilizados para caracterizar peças/componentes em relação à sua geometria e necessidades de fabricação. Com base nesses atributos, procede-se à divisão das peças em famílias, de acordo com a similaridade física e de processos que as mesmas apresentam.

Sistemas Dedicados de Manufatura: Empregado quando a variedade de produtos é pouca e o volume de produção é muito grande. Nestes casos há a criação de equipamentos específicos para a realização das operações de fabricação, reduzindo-se seu tempo de fabricação. Outra característica está na redução de movimentação de materiais, a qual passa a ser realizada no interior do sistema.

Sistemas Flexíveis de Manufatura (SFM): Os FMS (*Flexible Manufacturing System*) são sistemas mais eficientes de manufatura, que são extensamente aplicados para aprimorar as requisições de flexibilidade em vários aspectos dos procedimentos de sistemas de manufatura. Os Sistemas Flexíveis de Manufatura (FMS) podem ser vistos como uma evolução do conceito de FMC, uma vez que incorporam sistemas de movimentação de materiais entre máquinas, inclusive integrando diferentes células.

Sistemas Produtivos: são sistemas que produzem algo lhes adicionando valor e atendendo a objetivos predefinidos pela organização. Dentre esses, têm-se os que produzem bens físicos, os que prestam serviços ou ambas as coisas.

Sistemas Produto Serviço (ou, *Product Service System* – PSS): Sistema no qual a empresa oferece uma combinação de produtos e serviços em vez de apenas disponibilizar os produtos para venda no mercado. Existem três tipos de PSS: orientado ao produto, orientado ao uso e orientado ao resultado.

Stakeholders: É um termo usado em administração que se refere a qualquer pessoa ou entidade que afeta ou é afetada pelas atividades de uma empresa. Estes são o conjunto consistente de objetivos que a empresa prioriza para competir no mercado.

Sustentabilidade Ambiental: A política de sustentabilidade ambiental deve ser orientada para a obtenção de um comportamento tal dos agentes geradores dos resíduos e responsáveis pelos mesmos em todas as etapas de seu ciclo de vida, de forma a minimizar o impacto sobre o meio ambiente, preservando-o como um conjunto de recursos disponíveis em iguais condições para as gerações presentes e futuras.

Tecnologia com interação ativa do consumidor: Um dos três tipos de interação possíveis em operações de processamento de consumidores, nesta é quando, além de haver o contato direto entre o consumidor e a tecnologia, o consumidor utiliza e dirige a tecnologia. Isto contribui para um alto grau de participação do consumidor no serviço. Exemplo: um consumidor pode fazer suas compra pela internet ou efetuar transações bancárias num caixa automático.

Tecnologia com interação passiva do consumidor: Um dos três tipos de interação possíveis em operações de processamento de consumidores, nesta é quando há contato entre o consumidor e a tecnologia, porém o consumidor não exerce muita influência sobre a tecnologia. Neste caso, a tecnologia processa e controla o consumidor, enquanto ele exerce um papel passivo de passageiro da tecnologia. Entre outras coisas, este tipo de interação pode ser reponsável pela redução de variabilidade na operação. Os aviões são bons exemplos deste tipo de tecnologia, pois o passageiro entra em contato com a tecnologia, mas não exerce influência sobre ela.

Tecnologia de atividades de linha de frente: Um dos tipos de tecnologia utilizada no processamento de consumidores, nesta normalmente são processados os consumidores.

Tecnologia de fabricação: A tecnologia de fabricação afeta o projeto do produto e o sistema de manufatura, o meio pelo qual o sistema de manufatura é controlado, o tipo de pessoas contratadas e os materiais que podem ser processados.

Tecnologia de Grupo (TG): A Tecnologia de Grupo é uma metodologia que define a solução de problemas de sistemas de manufatura celular, ajudando a gerir a diversidade dos processos e aumentar a produtividade de sistemas de manufatura em lotes. A TG consiste em analisar, identificar e relacionar a similaridade de famílias de peças, componentes, produtos e/ou processos de fabricação num espectro mais amplo; e depois agrupá-las de modo a obter vantagens de sua similaridade ao longo das atividades de projeto e manufatura. Esta similaridade pode ser em função dos processos de fabricação e/ou montagem, da geometria ou dos materiais necessários.

Tecnologia de Movimentação de Materiais: O sistema de movimentação consiste no mecanismo pelo qual todas as interações do layout são satisfeitas. No projeto do sistema de manufatura o gerente de produção deve decidir por qual meio de transporte vai ser utilizado para movimentação da peça, visando diminuir os altos custos diretos de implantação.

Tecnologia de Processamento de Materiais: Segundo Black (1997), a tecnologia de fabricação de materiais afeta o projeto do produto e o sistema de manufatura, o meio pelo qual o sistema de manufatura é controlado, o tipo de pessoas contratadas e os materiais que podem ser processados.

Tecnologia em atividades de retaguarda: Um dos tipos de tecnologia utilizada no processamento de consumidores, nesta normalmente são processadas informações e/ou materiais (no caso de facilitadores).

Tecnologia sem nenhuma interação do consumidor: Um dos três tipos de interação possíveis em operações de processamento de consumidores, nesta é quando não há contato entre o consumidor e a tecnologia, mas os funcionários da empresa utilizam a tecnologia pelo consumidor. Neste caso, o consumidor pode guiar o processo através dos funcionários da empresa, mas não a dirige. Este tipo de tecnologia tem a finalidade de aumentar a eficiência do serviço, quer seja em rapidez ou redução de custos. Exemplos: sistema de reservas em hotel, sistemas de reservas de passagens aereas.

Tecnologia: No sentido geral, o termo tecnologia é utilizado como um conjunto complexo e diversificado de conhecimentos, *know-how*, abordagens e metodologias, mas especificamente para o caso das indústrias de transformação, são denominadas tecnologias as máquinas, equipamentos e dispositivos que concretizam a tecnologia, ou seja, ajudam a empresa a transformar materiais, informações e consumidores de forma a agregar valor e atingir os objetivos estratégicos da empresa.

Tecnologias de Processamento de Consumidores: Tradicionalmente, as operações de processamento de consumidores têm sido vistas como de "baixa tecnologia", quando comparadas com as operações de processamento de materiais. Mas todavia, mesmo que as operações de processamento de consumidores, em média, de fato invistam menos em tecnologia de processo do que suas parceiras manufaturas, sua competitividade pode também ser afetada criticamente pelas boas ou más decisões de tecnologia de processo. Podemos distinguir três tipos de tecnologias utilizadas: tecnologia em atividades de retaguarda; tecnologia de atividades de linha de frente e tecnologia utilizada para integrar as atividades de retaguarda com as atividades de linha de frente.

Tecnologias de Processamento de Informações: As tecnologias de processamento de informação incluem qualquer dispositivo que colete, manipule, armazene ou distribua informação. A maioria desses dispositivos classifica-se sob o termo geral "tecnologias baseadas em computador", apesar de também dever incluir aquelas associadas com operações de telecomunicações.

Tempo do ciclo (TC): é o tempo máximo permitido em cada estação, ou seja, o intervalo de tempo entre duas peças consecutivas, ou ainda a frequencia com que uma peça deve sair da linha.

Tempo Mais Provável (TMP): Estimativa de tempo mais exata possível. É a estimativa que seria usada se tudo correr satisfatoriamente

Tempo Otimista (TO): O menor tempo possível no qual a atividade pode ser executada. É o tempo necessário para completar o trabalho, caso tudo corra melhor do que se espera.

Tempo Pessimista (TP): O máximo de tempo necessário à execução da atividade.

Terceirização: A terceirização *(outsourcing)* foi um movimento de mudança importante no projeto de sistemas de operações iniciado na década de 1980 em grande parte das atividades realizadas pelas empresas, fossem industriais ou de serviços, para outras organizações especializadas na produção de peças, subconjuntos, conjuntos, módulos ou prestadoras de serviços de segurança, alimentação, transporte etc. Tal mudança buscava inicialmente uma redução de custos para as médias e grandes empresas. Liberadas de atividades não relacionadas diretamente com seu *core business*, poderiam concentrar-se no seu negócio principal.

Teste Assistido por Computador (*Computer Aided Testing* – CAT): Aplicação dos computadores ao controle de técnicas de verificações analógicas ou digitais para avaliar a qualidade dos componentes e dos produtos. A prova (teste) assistida por computador é utilizada para testar se as partes dos componentes submontados e sistemas completos se encontram dentro de tolerâncias específicas e se também têm o rendimento específico esperado. É necessário que se note que esse rendimento pode requerer que a unidade ou sistema opere sob condições extremas, que não ocorreriam em operação ou uso normal. Os parâmetros (critérios de prova) para os testes assistidos por computador derivam, com frequência, do projeto assistido por computador.

Tipos Clássicos de Estratégia: Considerando as responsabilidades, os níveis decisões e a estrutura de tempo envolvida, são sintetizados em três tipos clássicos de estratégia: estratégia corporativa, estratégia de negócios, estratégia funcional.

Tipos Clássicos de Tecnologia: Tomada historicamente, as tecnologias mudam mais em alguns períodos do que em outros. Desde os anos 1980, a maioria das operações produtivas tem visto um notável aumento na taxa de inovação de suas tecnologias de processo. São quatro os tipos clássicos de tecnologias: tecnologias de processamento de informações; tecnologia de movimentação de materiais; tecnologias de processamento de consumidores; tecnologia de processamento de materiais.

Tipos de Operações: Uma das três formas de classificação dos processos de produção. Eles determinam a abordagem geral de gerenciar o processo de transformação. As operações apresentam diferenças em quatro aspectos importantes (4 Vs da Produção) que podem ser utilizadas para distinguir as diferentes operações de uma UN: volume produzido de *output*; variedade produzida de *output*; variação da demanda do *output*; visibilidade do *output* (grau de contato com o consumidor envolvido na produção de um bem ou serviço).

Trade-off: O conceito de *trade-off* parte da premissa de que dificilmente uma empresa poderá ser excelente em todos os objetivos de desempenho. Ao menos na visão tradicional, variáveis como custo, qualidade, flexibilidade, entrega e serviço ao cliente colocam a administração constantemente diante de situações de decisão em que escolhas são inevitáveis.

Unidade de Negócios (UN): No contexto de projetos, o termo Unidade de Negócios representa o projeto conceitual e está associado aos aspectos clássicos ao projeto de novos empreendimentos.

Unidade Produtiva (UP): No contexto de projetos, o termo Unidade Produtiva representa o projeto operacional, que parte da seleção dos investimentos em máquinas, equipamentos ou infraestrutura específicos de uma empresa em particular e segue por toda sua operação.

Utilização (U): São levadas em consideração as perdas não planejadas do sistema. Nesta consideram-se as necessidades de processo (perdas não programadas), incluindo questões relativas ao fluxo fabril a ao tamanho dos lotes.

Utilização de Máquinas (UM): Uma das medidas para avaliar o desempenho das soluções encontradas pelos algoritmos. A utilização das máquinas é a porcentagem de tempo em que as máquinas de cada grupo estão em produção.

Vantagem Competitiva: A vantagem competitiva da empresa se origina do reflexo da contribuição de cada uma das atividades empresariais para a formação do custo total ou na criação de uma base para a diferenciação, ou seja, quando uma empresa consegue alcançar um desempenho melhor do que seus concorrentes na execução do conjunto de atividades de forma integrada e compatível.

Variabilidade: Uma das cinco características dos serviços. Expressa a noção de que um serviço pode variar em padrão ou qualidade de um fornecedor para outro ou de uma ocasião para outra.

Variação/Variabilidade (de demanda) de Output: Um dos quatro aspectos utilizados para distinguir os tipos de operações. Contrapõe negócios de alta variação de demanda (demanda instável – por exemplo, um *resort* que fica cheio na alta temporada, mas vazio na baixa) com negócios de demanda estável (por exemplo, um hotel na frente de uma rodoviária movimentada).

Variedade de Output: Um dos quatro aspectos utilizados para distinguir os tipos de operações. Refere-se aos diferentes tipos de produtos e serviços prestados. A variedade está associada ao composto (*mix*) de produtos e serviços resultantes de uma operação produtiva.

Veículos Guiados Automaticamente (AGV): Um sistema de movimentação pode ser definido como o meio pelo qual as interações entre unidades produtivas do layout são realizadas. Diferentes graus de automação também são possíveis entre os sistemas de movimentação, variando deste simples sistema de roletes e esteiras, passando por transportadores por correias, chegando até aos Veículos Guiados Automaticamente (AGV).

Visão Sistêmica: A visão sistêmica consiste na compreensão do todo a partir de uma análise global das partes e da interação entre estas. Várias forças atuam num sistema em funcionamento, sejam estas internas ou externas. A visão sistêmica nada mais é do que perceber o movimento integrado entre o ambiente, nossas decisões e nosso futuro.

Visão: A visão deve representar um sonho a ser perseguido. Há organizações que querem sobressair pelo tamanho (porte) e outras pela qualidade de seus produtos e serviços, e há ainda as que querem as duas coisas. Cabe a cada organização, e a seu gestor ou gestores, escolher o caminho e o seu sonho.

Visibilidade de Output: Um dos quatro aspectos utilizados para distinguir os tipos de operações. É o grau de contato com o consumidor envolvido na produção do *output*. A visibilidade depende do quanto da operação é exposto para os clientes.

Volume de Output: Um dos quatro aspectos utilizados para distinguir os tipos de operações. O volume está associado ao número de produtos e/ou serviços produzidos pela operação produtiva. A implicação mais importante disto é o custo unitário baixo, pois no mínimo, os custos fixos são diluídos em um grande número de produtos.

2021/4